北疆明珠

可可托海矿务局

甲子仲夏 方毅

中共中央政治局委员、国务委员方毅
为可可托海题字"北疆明珠"

可可托海 8859 选矿厂外景

可可托海 8766 选矿厂外景

1975年可可托海8859选矿厂与新疆有色冶金研究所科技人员合作开展锂铍分离试验研究（右一孙传尧）

发明证书

000164

发明名称　鋰辉石碱法正浮选簡化流程

发明者　冶金工业部北京矿冶研究院、有色金属研究院

申請書号　　　　发明紀录号　0291

此項发明，業經审查批准，特发给証書，以资証明。

中华人民共和国
科学技术委員会　主任　聶荣臻

一九六五年二月十日

北京矿冶研究院、有色金属研究院共同荣获国家发明证书
（锂辉石碱法正浮选简化流程）

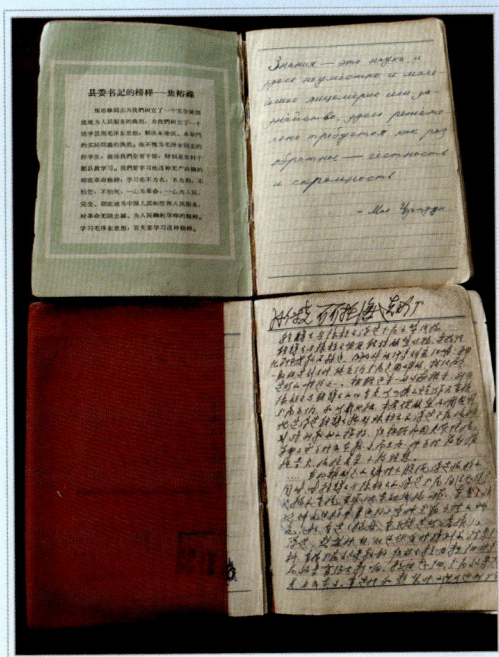

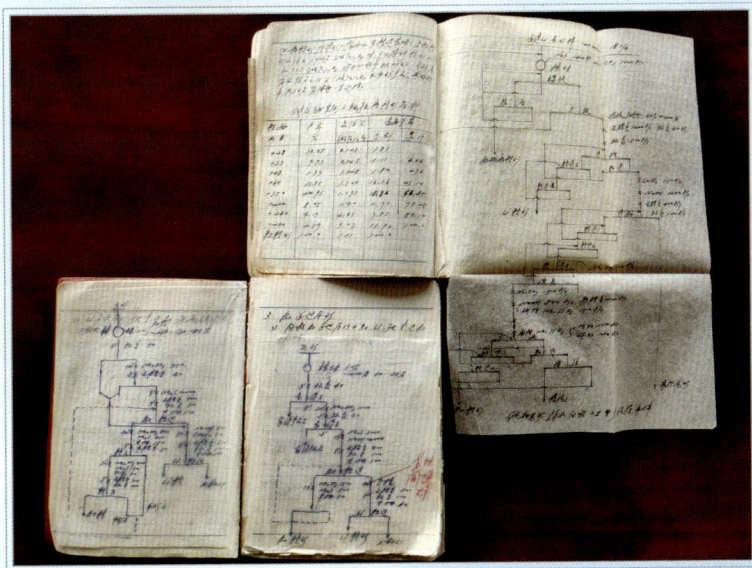

孙传尧在可可托海选矿厂的工作学习笔记

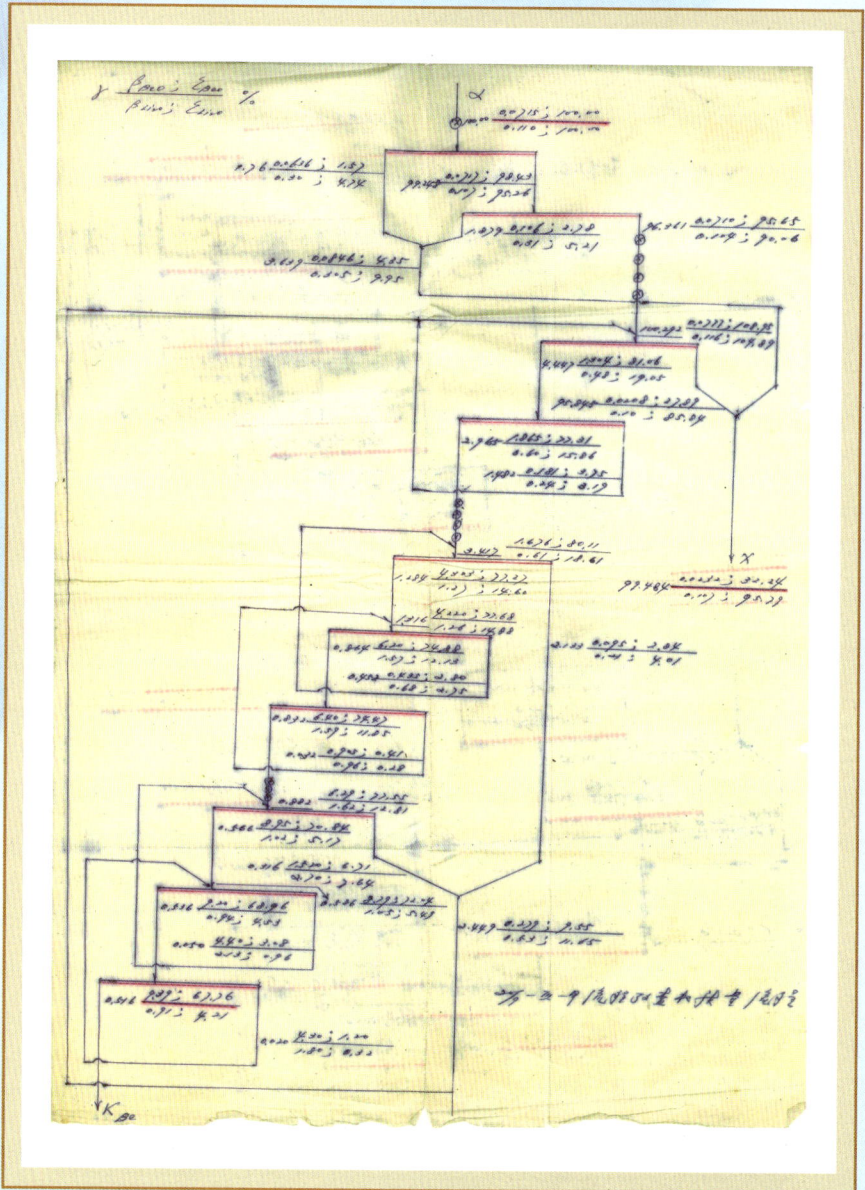

1975 年孙传尧与广州有色金属研究院姚万里等专家合作在可可托海 8859 选矿厂完成了优先选铍流程的工业试验，孙传尧独自完成了流程考察及计算的全部工作，该图为孙传尧计算并手绘出的数质量流程图

可可托海 3 号矿脉露天开采闭坑后的场景

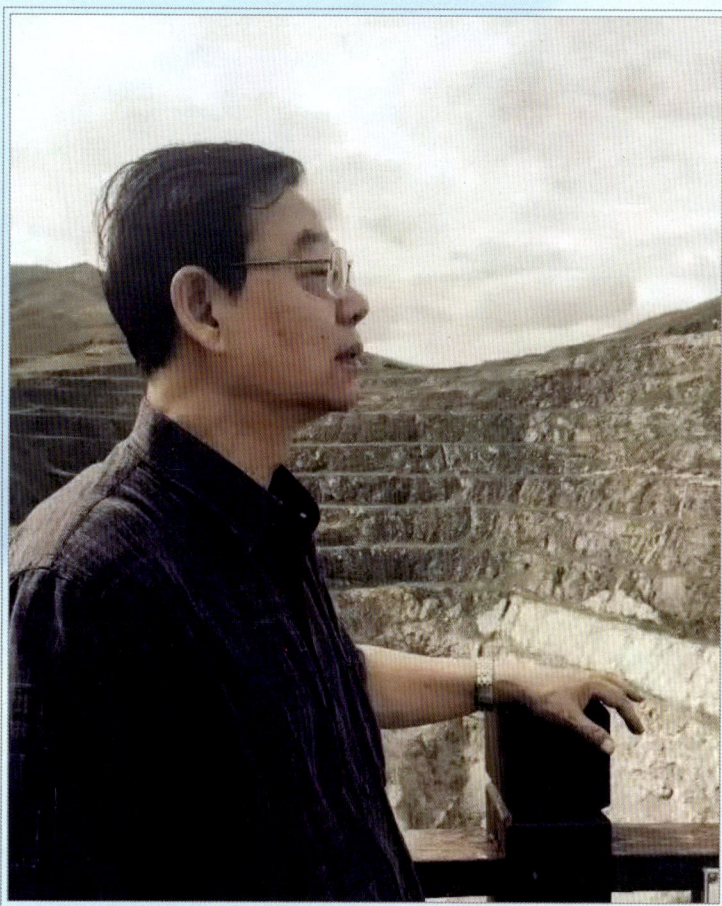

2016 年中国工程院院士孙传尧重返可可托海，
面对 3 号矿脉露天采场浮想联翩

1976 年孙传尧把一台偏光显微镜放在 8766 选矿厂，教会了浮选工观察选矿产品，
2023 年孙传尧重返 8766 选矿厂时又见到了这台显微镜

可可托海绿柱石标本

可可托海锂辉石标本

李家沟锂矿选矿厂

宜春钽铌矿选矿厂

中国锂铍钽铌
选矿技术与工业实践

孙传尧　周宝光　肖柏阳　著

北　京

冶 金 工 业 出 版 社

2025

内 容 提 要

本书详细介绍了国内外锂铍钽铌矿产资源情况，并以新疆可可托海花岗伟晶岩锂铍钽铌矿物综合回收的选矿技术研究和工业实践为主线，系统阐述了国内外主要研究和设计机构以及生产企业对该类型矿石中锂铍钽铌选矿技术研发与工业实践长达 70 年的奋斗历程。此外，还介绍了川西伟晶岩资源及选矿技术概况。关于花岗岩型锂矿石的选矿，主要介绍了江西不同类型资源的锂云母和钽铌矿物的特点与选矿技术。

本书内容充实、真实可靠，其中绝大部分科技资料属首次公开。本书是行业内具有重要价值的科技专著，叙述了中国锂铍钽铌选矿技术研究和产业化的创业史和发展史，可为从事锂铍钽铌选矿的科研、设计和管理人员，以及大专院校相关专业的师生提供重要的借鉴与参考。

图书在版编目（CIP）数据

中国锂铍钽铌选矿技术与工业实践／孙传尧，周宝光，肖柏阳著. -- 北京 ：冶金工业出版社，2025. 6.
ISBN 978-7-5240-0159-1

Ⅰ. TD955

中国国家版本馆 CIP 数据核字第 2025YJ4223 号

中国锂铍钽铌选矿技术与工业实践

出版发行	冶金工业出版社	电　　话	(010)64027926
地　　址	北京市东城区嵩祝院北巷 39 号	邮　　编	100009
网　　址	www. mip1953. com	电子信箱	service@ mip1953. com

策划编辑　徐银河　责任编辑　卢　蕊　于昕蕾　美术编辑　彭子赫
版式设计　郑小利　责任校对　王永欣　责任印制　禹　蕊
北京瑞禾彩色印刷有限公司印刷
2025 年 6 月第 1 版，2025 年 6 月第 1 次印刷
710mm×1000mm　1/16；20.5 印张；6 彩页；414 千字；314 页
定价 108.00 元

投稿电话　(010)64027932　投稿信箱　tougao@ cnmip. com. cn
营销中心电话　(010)64044283
冶金工业出版社天猫旗舰店　yjgycbs. tmall. com
（本书如有印装质量问题，本社营销中心负责退换）

前　言

    锂铍钽铌是关系到国家科技、经济、军事乃至国防安全的关键战略性金属，广泛应用于航空航天、国防军工、能源电池、导弹核武器、信息、医疗等前沿领域，在关键领域具有不可替代性，因此世界各主要经济体都把锂铍钽铌矿产列入关键矿产资源的行列。锂铍钽铌资源的安全、稳定供应是支撑国家战略性新兴产业稳定发展的关键，因此无论是以往还是当今，中国对锂铍钽铌资源勘查、开发和深加工技术的研发和产业化一直都高度重视。

    中国锂铍钽铌资源主要共伴生在花岗伟晶岩中的锂辉石、绿柱石和钽铌矿物中，少部分存在于花岗岩中的锂云母和钽铌矿物中。此外，有部分铍资源以羟硅铍石的形式赋存在新疆某地，也有部分钽铌资源赋存在其他类型的矿床中。除了硬岩锂外，在青海和西藏的盐湖中也赋存锂资源。本书涉及了中国最重要的花岗伟晶岩锂铍钽铌矿石资源、选矿技术研究和工业实践，此外还涉及了花岗岩中的锂云母和钽铌矿物的选矿。

    在锂铍钽铌资源开发的产业链中，选矿过程中资源的综合回收是最重要和极难攻克的环节。因为在花岗伟晶岩中锂辉石、绿柱石共伴生关系密切且可选性相近，与硅酸盐脉石矿物的可选性也相近，是世界选矿的难题；此外钽铌矿物品位低、分散，综合回收困难。因此，关于锂铍钽铌矿石的选矿技术研究和工业实践，在中国无论是已过去的 70 年还是当代，都是持之以恒、不断进取和发展的历程。其中关于锂辉石和绿柱石的浮选分离，中国的技术水平毫无疑问居世界领先。

    谈到中国花岗伟晶岩锂铍钽铌矿石的选矿技术研究和工业实践，离不开新疆可可托海。可可托海 3 号伟晶岩脉闻名世界，过去在苏联米哈诺布尔选矿研究设计院、有色金属研究院、北京矿冶研究院、新疆冶金研究所、广州有色金属研究院、北京有色冶金设计院等国内外著名的研究设计机构与可可托海现场长期合作共同努力下，完成了系列选矿科研攻关和工业实践。可以说，新疆可可托海是中国锂铍钽铌矿石选矿技术和工业实践的发源地和辐射源。因此，本书以可可托海的选矿技术开发为主线，阐述了中国花岗伟晶岩锂铍钽铌矿石的选矿技术研究和工业实践的发展历程，兼顾川西伟晶岩锂辉石选矿和江西花岗岩型锂云母和钽铌矿物选矿，以及新疆南疆地区花岗伟晶岩锂矿石选矿。

　　新疆可可托海矿区位于北疆富蕴县的阿尔泰山里，这里有国际地质学界著名的新疆可可托海稀有金属矿床及 3 号伟晶岩脉，蕴藏着丰富的锂铍钽铌资源。20 世纪 50 年代初，该矿区是中苏有色及稀有金属股份公司可可托海矿管处，1954 年底苏方股权全部移交中方后，1955 年起成为中方独资的可可托海矿务局（最初保密代号是 111 矿），下属一、二、三、四、五矿。20 世纪 50—70 年代，可可托海矿区建成过五座选矿厂，其中 8859 选矿厂和 8766 选矿厂在中心矿区，综合回收锂铍钽铌。

　　本书介绍了国内外锂铍钽铌的资源概况，中国新疆可可托海稀有金属矿床和 3 号伟晶岩矿脉的地质概况，锂铍钽铌选矿科研和生产的发展过程。北京矿冶研究院吕永信领导的团队，有色金属研究院赵常利、罗家珂领导的团队，新疆冶金研究所刘兴来、李明山领导的团队以及可可托海矿务局周宝光、李金海领导的企业团队，对该矿区锂铍钽铌选矿工艺流程研究和生产实践付出了艰辛的努力，取得了十分重要的业绩。此外，有关锂铍钽铌选矿的大量基础研究成果不但为工艺流程的制定提供了依据，并且引领了该领域的学术发展。这些不朽的贡献会永远载入中国稀有金属选矿史册。

　　本书重点介绍了可可托海 8859 选矿厂和 8766 选矿厂以及与这两座选矿厂相关的科研、设计和工程转化工作。这两座选矿厂不仅代表了

20 世纪 60—90 年代中国锂铍钽铌选矿综合回收技术的最高水平，而且也是当今中国锂铍钽铌选矿的技术原型。

　　8859 选矿厂原本是一座选矿试验厂，当年北京矿冶研究院、有色金属研究院、新疆冶金研究所、广州有色金属研究院、北京有色冶金设计院大量的工业试验都是在该厂完成的，该厂是中国锂铍钽铌选矿技术真正的发源地和辐射源，为 8766 选矿厂提供了工艺、技术、装备和人才支撑。8766 选矿厂建成后，8859 选矿厂完成了自身的历史使命，全部人员接管 8766 选矿厂，为新建的当时中国最大的锂铍钽铌选矿厂的投产和运营提供了重要保证。

　　8766 选矿厂在可可托海最后建成投产，几乎汇集了所有选矿研究成果和生产经验。该厂为中国生产了大量的锂铍钽铌精矿，直接用于航空航天、国防军工和战略高新技术领域，其工艺流程和工业实践堪称经典，直到当今在行业内仍起到引领和示范作用。

　　可可托海 8766 选矿厂是当年冶金工业部重点建设项目，该厂由北京有色冶金设计院设计，由新疆有色金属工业管理局建筑安装工程公司建设，可可托海矿务局 8859 选矿厂为其接收单位并组织试车投产。历经 10 年的设计与建设，该厂于 1975 年 9 月竣工剪彩，又经过 1 年多的技术改造、调试和试运行，于 1977 年春季全面投产。8766 选矿厂从国家立项到设计、建设与投产，历经 10 多年之久，原因是多方面的：

　　可可托海海拔 1200m 左右，不算高，但冬季气温很低，一般在零下 30 至零下 40 摄氏度，也遇到过零下 50 至零下 60 摄氏度的极冷天气，如何保证全年正常运行是一大难题。

　　零下 50 多摄氏度的严寒里矿浆管道输送和尾矿库如何设计与管理？

　　选矿厂处理的原矿是 3 号脉的岩钟部分，矿石分布在七个矿带，不同矿带的锂、铍和钽铌矿物组成和含量不同。露天采矿方案与选矿工艺如何衔接？是混合开采混合入选还是分采分选？

　　锂铍钽铌选矿以往没有成熟的生产经验可借鉴，矿石难选，尤其是锂辉石与绿柱石的浮选分离是世界选矿领域的难题。工艺流程和设备种类复杂，涉及了破碎筛分、磨矿分级、重选、浮选、弱磁选、强磁选和高压电选。这在中国的选矿史上当时绝无仅有。

北京有色冶金设计院是中国当时最权威的选矿设计院，但是面对这样一个复杂的工程，也显得经验不足。至于新疆有色金属工业管理局建筑安装工程公司，也是从未干过如此复杂的大工程项目。

可可托海地处边远的阿尔泰山中，当时主要靠围绕准噶尔盆地的西线公路运输，单程行车距离 900 km，一切设备、建筑材料都靠汽车运输。

当时国家对该项工程的建设方针是"因陋就简、加快速度、抢出产品、运往内地、准备打仗"。搞设计革命控制建设成本，取消"肥梁胖柱"等，这些都给设计和建设带来了难度。

该项目最初是 1958 年立项，冶金工业部和新疆有色金属工业管理局对建设规模和设计方案多次变更，直到 1966 年该项目设计方案才基本确定，建设过程中停停建建耗费了不少时间。

此工程的设计和建设期正处于中国 1966—1976 年十年特殊的历史时期，工程设计和建设受到较大程度的影响。

本书作者之一周宝光，1955 年于中南矿冶学院选矿专业毕业分配到可可托海工作，几十年间他长期在选矿第一线从事科研和生产工作，曾任 8859 选矿厂厂长和 8766 选矿厂书记，后任可可托海矿务局局长和新疆有色金属公司总经理。他是可可托海锂铍钽铌选矿事业发展的见证人、亲历者和领导者。

本书另外两位作者孙传尧和肖柏阳是 1968 年东北工学院选矿专业本科毕业的同学，毕业分配到可可托海矿务局工作。孙传尧先后在四矿选矿厂、五矿达尔恰太选矿厂建设工地、8859 选矿厂和 8766 选矿厂工作，长期在选矿生产第一线，参加过多项不同规模的选矿试验研究，曾任 8766 选矿厂副厂长，领导和参加了 8766 选矿厂负荷联动试车、全厂的技术改造、工艺和设备调试以及投产运营的全过程，对锂铍钽铌选矿技术、工艺流程和装备很熟悉。肖柏阳先后在二矿和8859选矿厂工作，与孙传尧同时转入8766选矿厂，在选矿机械设备的设计与维修管理方面有丰富的经验，曾担任8766选矿厂厂长和可可托海矿务局副局长、新疆有色金属公司副经理、总经济师。

周宝光、孙传尧、肖柏阳三人是可可托海几十名选矿工程技术人员的代表，他们对8859选矿厂的工艺流程和设备很熟悉，对8766选矿厂的设计和施工安装也足够了解，领导并参加了8766选矿厂试车、改造、投产直到转入正式生产的全过程。

当年参加8859选矿厂试验研究和生产以及参加8766选矿厂设计、建设、安装和试车投产的骨干人员现在都已是八九十岁的老人，有的人做了很多贡献但令人遗憾地已离世，有不少人退休后失去联系，并且由于时间久远，获取详细准确的历史资料已很困难。

8766选矿厂原设计服务年限是30年，如今40多年已过仍在运行，可可托海3号脉岩钟部分已采完，现处理尾矿库中的尾砂和堆存的部分铍矿石，回收钽铌矿物和锂辉石。

从8859选矿厂到8766选矿厂的建设投产至今已过去60多年。但是，对这一段最重要的选矿技术发展和工业实践的历史缺乏详细的记载。《新疆通志》（有色金属工业志）一书，限于通志的定位，不可能对可可托海锂铍钽铌选矿技术开发和工业生产历程作详细的描述。因此，这在新疆有色及稀有金属选矿史乃至中国锂铍钽铌稀有金属选矿史上是件非常遗憾的事。如今孙传尧、周宝光和肖柏阳虽然年事已高但精力尚好，三人合作梳理自身的工作经历与当时的工作环境，尽可能地查阅相关档案资料，访问知情的老人，力图挖掘、还原这段历史，甚至抢救这段历史。

2023年，孙传尧作为负责人承担了中国工程院的战略咨询项目"当代锂铍钽铌战略性矿产资源选冶加工及综合利用战略研究"，在该项目执行过程中，主要承担单位矿冶科技集团有限公司（北京矿冶研究总院）的孙传尧、周秀英、朱阳戈、宋振国、孙志健、何文洁等人，以及新疆有色金属工业（集团）有限责任公司肖柏阳、何建璋，东北大学韩跃新、朱一民，中南大学王毓华等专家进行了相关企业调查。在掌握了大量文献资料的基础上，补充了国内外锂铍钽铌矿产资源、川西伟晶岩资源及选矿技术，江西宜春地区含锂云母、钽铌矿物的花岗岩资源及选矿技术，还有国家重大科技专项南疆大红柳滩锂铍钽铌选矿在研的工作。由于有众多单位和专家的支持与合作，本书的内容更加充实，可读性强，能够如实地阐明中国锂铍钽铌矿产资源、选矿技术研发和工业实践的历程，这不仅为本行业留下一份有价值的史料，也可为业内从事锂铍钽铌科研、设计、生产经营的同行提供参考与借鉴。

　　因本书涉及的时间久远，做出贡献的单位和人员很多，对资料和事件的把握尺度难免有错漏，不当之处请各位当事者和广大读者批评指正，作者深表感谢！

2023 年 2 月

目　录

1 国内外锂铍钽铌资源

1.1 国外锂铍钽铌资源

1.1.1 国外锂资源

全球锂资源量丰富，分布不均。根据美国地质调查局数据，自 2013 年至 2022 年，世界锂资源量由 3950 万吨增至 9800 万吨，增幅达 148.1%（见表 1-1 和图 1-1）。2022 年世界锂资源量主要分布如下：玻利维亚 2100 万吨、阿根廷 2000 万吨、美国 1200 万吨、智利 1100 万吨、澳大利亚 790 万吨、中国 680 万吨、德国 320 万吨、刚果（金）300 万吨、加拿大 290 万吨等（见表 1-2）。其中玻利维亚锂资源量虽然占到全球 20% 以上（见图 1-2），但由于其锂资源主要赋存于镁杂质含量较高的 Uyuni 盐湖中，加之政治因素影响，使得玻利维亚的锂储量占比整体仍然很低。

表 1-1　2013—2022 年世界锂资源量和储量

年份	锂资源量/万吨	锂储量/万吨
2022	9800	2600
2021	8900	2200
2020	8600	2100
2019	8000	1700
2018	6200	1400
2017	5300	1600
2016	4690	1400
2015	4070	1400
2014	3950	1350
2013	3950	1300

数据来源：Mineral Commodity Summaries（2014—2023）。

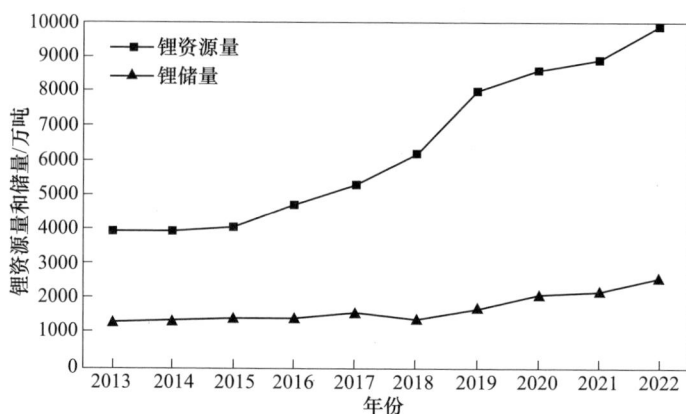

图 1-1　2013—2022 年世界锂资源量和储量变化趋势

［数据来源：Mineral Commodity Summaries（2023）］

表 1-2　2022 年世界锂资源量分布

排名	国别	资源量（锂金属）/万吨	全球占比/%	资源量（碳酸锂当量 LCE）/万吨	全球占比/%
1	玻利维亚	2100	21.43	9643	17.11
2	阿根廷	2000	20.41	12634	22.42
3	美国	1200	12.24	9902	17.57
4	智利	1100	11.22	6489	11.52
5	澳大利亚	790	8.06	2408	4.27
6	中国	680	6.94	3442	6.11
7	德国	320	3.27	2596	4.61
8	刚果（金）	300	3.06	1082	1.92
9	加拿大	290	2.96	3885	6.90
10	墨西哥	170	1.73		
11	捷克	130	1.33	739	1.31
12	塞尔维亚	120	1.22		
13	俄罗斯	100	1.02		
14	秘鲁	88	0.90		
15	马里	84	0.86		
16	巴西	73	0.74		
17	津巴布韦	69	0.70		
18	西班牙	32	0.33		
19	葡萄牙	27	0.28		

排名	国别	资源量（锂金属）/万吨	全球占比/%	资源量（碳酸锂当量LCE)/万吨	全球占比/%
20	纳米比亚	23	0.23		
21	加纳	18	0.18		
22	芬兰	6.8	0.07		
23	奥地利	6	0.06		
24	哈萨克斯坦	5	0.05		
	其他	68.2	0.71	3525	6.26
	总计	9800	100.00	56345	100.00

数据来源：Mineral Commodity Summaries（2023），江思宏等（2024）。

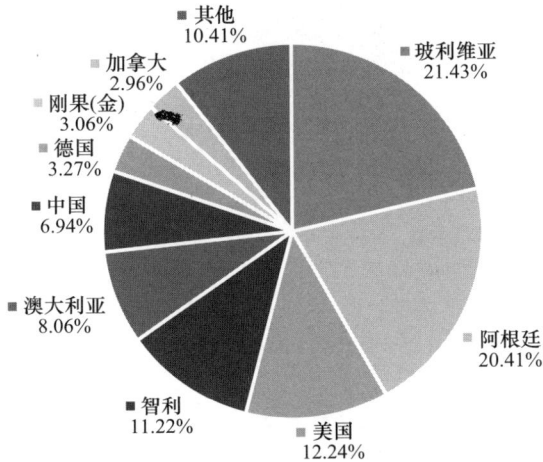

图 1-2　2022 年世界锂资源量分布情况

［数据来源：Mineral Commodity Summaries（2023）］

图 1-2 彩图

美国地质调查局数据显示，自 2013 年至 2022 年，世界锂储量由 1300 万吨增至 2600 万吨，增幅达 100.0%（见表 1-1 和图 1-1）。目前，世界锂储量主要分布在智利、澳大利亚和阿根廷，分别占到 35.7%、23.8% 和 10.4%；另外，中国、美国、加拿大和津巴布韦的锂储量也比较多，分别占世界锂储量的 7.7%、3.8%、3.6% 和 1.2%；此外，巴西和葡萄牙的锂储量也占到了世界锂储量的 1.0% 和 0.2%；其他国家的锂储量则较为分散（见图 1-3）。我国已查明的锂储量不算丰富，仅排在世界第四位，全球占比不足 10%。

全球锂资源主要在液态的卤水和固态的岩石中，液体锂资源占比达 64%，固体锂资源占比为 36%。锂矿床成因类型包括封闭盆地卤水型（58.0%）、伟晶岩（包括富锂花岗岩）型（26.0%）、锂黏土（锂蒙脱石）型（7.0%）、油田卤水型（3.0%）、地热卤水型（3.0%）、锂沸石型（jadarite；3.0%），如图 1-4 所示。盐湖卤水型、伟晶岩型及沉积岩型（包括锂黏土型和锂沸石型等）锂资源是当前最重要的三种锂成矿类型。

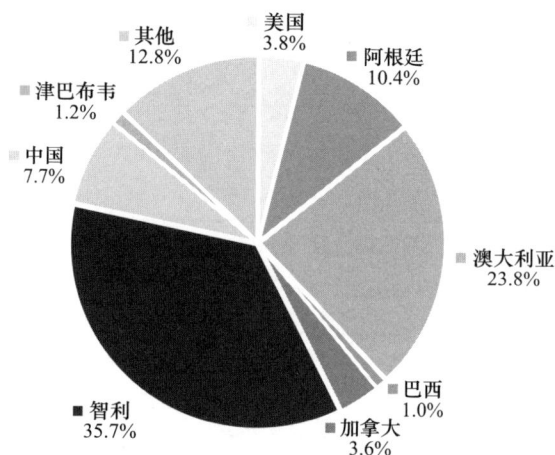

图 1-3 2022 年世界锂储量分布情况

[数据来源：Mineral Commodity Summaries（2023）]

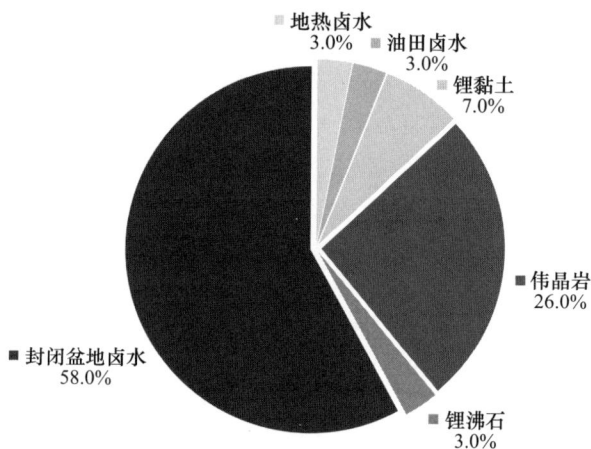

图 1-4 世界锂资源分布类型

[数据来源：美国地质调查局。Lithium, chapter K of critical mineral resources of the United States—Economic and environmental geology and prospects for future supply. Bradley 等（2017）]

盐湖锂资源主要分布在南美洲的"锂三角"地区（智利、阿根廷和玻利维亚及毗邻地区）、美国的内华达州、中国的青海和西藏等地区，盐湖中常含钾、钠、镁、溴、硼、碘等多种有用组分。

伟晶岩型锂矿主要分布在澳大利亚西部、加拿大魁北克省、美国内华达州、津巴布韦、墨西哥中部沉积盆地，以及中国四川、新疆等地。

沉积岩型锂矿主要分布在北美西部盆地（美国和墨西哥）、南美秘鲁东南部及塞尔维亚贾达尔盆地等地。

1.1.2 国外铍资源

全球铍矿产资源丰富，每个地区均有分布，但是由于铍金属的产销量相对小，且大多数被用于军工行业，保密性高，因此铍产业的公开数据（包括储量、产量、消费量、贸易量、工艺技术等）很少。美国地质调查局数据显示，截至2022年，世界上已查明的铍资源量超过13万吨，其中美国60000 t、俄罗斯32423 t、巴西31000 t、中国5175 t、哈萨克斯坦3603 t、印度1009 t，澳大利亚、莫桑比克、马达加斯加、乌干达等国也有可观的铍资源量。世界铍资源量分布情况见图1-5。

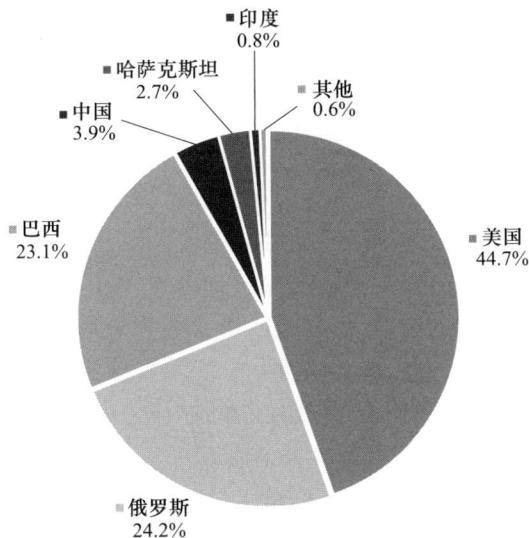

图 1-5 世界铍资源量分布情况

［数据来源：Mineral Commodity Summaries（2023）］

全球范围内的铍矿床多为共伴生矿床，近半数铍矿与锂、钽、铌共（伴）生，其余与稀土矿和钨矿共（伴）生。按矿物成分和矿床成因不同分为含绿柱石花岗伟晶岩型、含绿柱石云英岩型、含硅铍石碱性交代岩型、含羟硅铍石火山-热液脉型和接触交代碳酸盐型五种。目前工业上经济利用的有两种：一种是含羟硅铍石火山-热液脉型矿床；另一种是含绿柱石花岗伟晶岩型矿床。

美国铍资源主要以羟硅铍石形式存在，经济可开采绿柱石资源较少。美国羟硅铍石的蕴藏是世界上最丰富的，至 2000 年已探明的资源量有 769 万吨（实物量），矿层的平均铍含量为 0.263%，主要分布在犹他州斯波山脉地区、内华达州麦卡洛山脉布特地区。其中，犹他州斯波山包括霍戈斯拜克（Hogs Back）与托帕兹（Topaz）两个低温热液矿床，霍戈斯拜克目前是世界上最大的铍矿床和铍矿石产地。资料显示，截至 2018 年，犹他州的羟硅铍石矿中已证实和概略的铍金属储量总计约为 2.1 万吨，霍戈斯拜克的氧化铍（BeO）探明储量为 3.56 万吨（实物量），总储量为 6.17 万吨，BeO 品位为 0.69%；托帕兹铍矿床铍矿石的推测储量为 40.7 万吨（实物量），BeO 品位为 0.67%。内华达州产在硅化石灰岩中的芒特惠勒铍矿床，经对其储量重新估算，铍矿石的证实储量为 25 万吨（实物量），潜在储量为 27 万~45 万吨（实物量），铍含量为 0.75%。其他已知铍矿床中，另有查明铍金属资源约 6.6 万吨（实物量）。

巴西铍资源以绿柱石形式为主，含绿柱石的伟晶岩分布于巴伊亚州、塞阿腊州、米纳斯吉拉斯州，已查明有几万条伟晶岩脉。米纳斯吉拉斯州戈韦尔纳多-瓦拉达雷斯伟晶岩矿床的绿柱石矿石储量为 38.6 万吨（实物量），BeO 含量为 11.5%，折合铍金属量约 1.6 万吨。另外，该州还查明有两个大型独立云英岩铍矿床（博阿维希塔），矿石中 BeO 含量为 0.3%，已探明的 BeO 储量为 4.14 万吨，折合铍金属约 1.5 万吨，两处已探明矿床的金属储量合计约 3.1 万吨。

苏联有 27 处铍矿床，25 处位于俄罗斯，2 处位于哈萨克斯坦。预计苏联的 BeO 储量大约有 10 万吨，其中俄罗斯占 9 万吨左右（包括战略储备）。俄罗斯的大部分铍矿储量是以稀有金属伟晶岩或绿柱石-云母交代矿的形式存在的，这两种类型组成的矿层含有大约 80% 的铍储量，估测量（BeO）为 7.2 万吨。叶尔马科夫斯克（Yermakovskoye）矿床是俄罗斯最大的铍矿床，储量约 1 万吨，矿床平均品位（BeO）为 1.3%。

印度是第四大铍资源国，含巨晶绿柱石的伟晶岩矿床分布于拉贾斯坦邦、比哈尔邦、奥里萨邦、安得拉邦和中央邦。在比哈尔邦已知的 250 多个伟晶岩体中，约有一半以上伟晶岩体的绿柱石具有工业价值，总共约有 BeO 储量 2800 t。

澳大利亚铍储量的一半以上集中在布罗克曼含硅铍石稀有金属矿床中，该矿床于 1985 年探明。探明储量（矿石量）为 0.74 万吨，总储量为 3.94 万吨，BeO 品位 0.08%。其余铍储量分布在含绿柱石的伟晶岩中，如南澳欧莱里、西澳皮尔巴拉和布罗肯希尔等地区的含绿柱石的伟晶岩。

1.1.3 国外钽铌资源

全球确切的钽、铌资源量和储量很难统计。据美国地质调查局资料，全球钽资源分布广泛，但储量分布较为集中。全球钽储量超过 14 万吨，主要分布在澳大利亚和巴西，此外俄罗斯、刚果（金）、卢旺达、中国、加拿大、美国、布隆迪、埃塞俄比亚、莫桑比克和尼日利亚等地也有钽资源分布。

全球铌矿资源分布较为广泛，美国地质调查局资料显示，安哥拉、澳大利亚、中国、格陵兰、马拉维、俄罗斯、南非和美国等国均有铌矿床分布；但铌储量的分布却相对集中，世界铌矿资源储量超过 1700 万吨，仅巴西就占了全球储量的近 90%，其余主要分布在加拿大和美国。

钽、铌两种元素的地球化学特性相似，成因密切相关。钽、铌矿床的形成通常与火成岩有关，成矿类型包括花岗伟晶岩型、蚀变花岗岩型、花岗岩型、碳酸岩型、碱性岩浆岩型（霞石正长岩）、风化壳型和冲积型。但国内外对钽铌矿床类型划分不尽相同，如英国地质调查局将钽铌矿床划分为原生碳酸岩矿床、次生碳酸岩矿床、碱性岩矿床、锂铯钽富集花岗岩矿床和锂铯钽富集伟晶岩矿床五种类型。

原生钽铌矿床经过自然风化、搬运和沉积作用可以富集形成次生钽铌矿，次生钽铌矿往往品位高，开采成本低，在全球钽铌生产中占有重要地位，例如全球最重要的钽矿生产地——非洲大湖地区开采的钽矿和全球最大的铌矿开采区——巴西的 Araxá 地区目前开采的铌矿，均以次生矿床和风化矿床为主。

全球主要钽资源的分布情况为：澳大利亚的钽资源主要赋存于富含锂铯钽伟晶岩矿床中，钽通常与锂辉石和锡石等共伴生；巴西的钽资源主要赋存于大型碳酸岩型烧绿石矿床中或与花岗伟晶岩型锡矿共伴生。此外，其他国家钽资源类型为：刚果、卢旺达的钽矿主要为花岗伟晶岩的风化残积型钽矿，钽矿物主要为钽铁矿和细晶石等，矿山多为手工开采；由于锡石-黑钨矿热液矿床中的钽矿物与锡石矿物关系密切，分离困难，印尼、泰国、马来西亚、澳大利亚、巴西、尼日利亚和玻利维亚等国均生产富含钽铌的锡渣。

全球铌资源的分布情况为：巴西和加拿大的铌矿床为碱性岩-碳酸岩型特大型铌矿床，主要铌矿物为烧绿石，品位较高；其他国家的铌矿床多为碱性花岗岩或碱性正长岩型铌矿床，这类矿床也具有很大的规模，但铌的品位较低，并且地质情况和铌矿物赋存状态复杂，开采成本高，铌的回收率低，经济性较差。

1.2 中国锂铍钽铌资源

1.2.1 中国锂资源

中国锂资源较为丰富。美国地质调查局数据显示，2013—2017 年中国锂资源量波动上升，由 540 万吨增加至 700 万吨，2018 年中国锂资源量断崖式减少至 450 万吨，随后缓慢回升，2022 年回升至 680 万吨，较上一年度增长约 33%。中国锂储量与锂资源量的变化趋势相近，2013—2017 年有小幅降低，自 350 万吨降低至 320 万吨，2018 年断崖式下跌至 100 万吨，随后缓慢回升，并于 2022 年增加至 200 万吨，较上一年度增长约 33%（见表 1-3 和图 1-6）。

表 1-3　2013—2022 年中国锂资源量和储量

年份	锂资源量/万吨	锂储量/万吨
2022	680	200
2021	510	150
2020	510	150
2019	450	100
2018	450	100
2017	700	320
2016	700	320
2015	510	320
2014	540	350
2013	540	350

数据来源：Mineral Commodity Summaries（2023）。

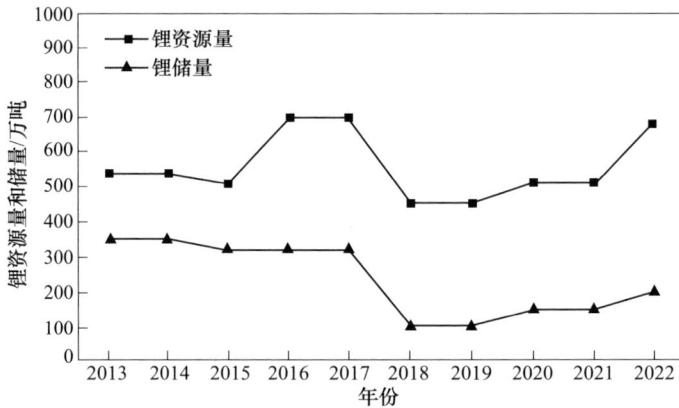

图 1-6　2013—2022 年中国锂资源量和储量变化趋势
［数据来源：Mineral Commodity Summaries（2023）］

　　我国的锂资源分布相对集中，根据我国自然资源部数据，青海、四川、西藏和江西四省（自治区）合计查明的锂矿储量分别占全国锂矿储量的 47.07%、29.11%、14.13% 和 9.25%，合计为 99.56%（见图 1-7）。

　　中国的锂矿床数量多、规模大，主要可分为盐湖型锂矿床、地下卤水型锂矿床、硬岩型锂矿床，硬岩型锂矿床可进一步分为伟晶岩型锂矿床、花岗岩型锂矿床和黏土型锂矿床。

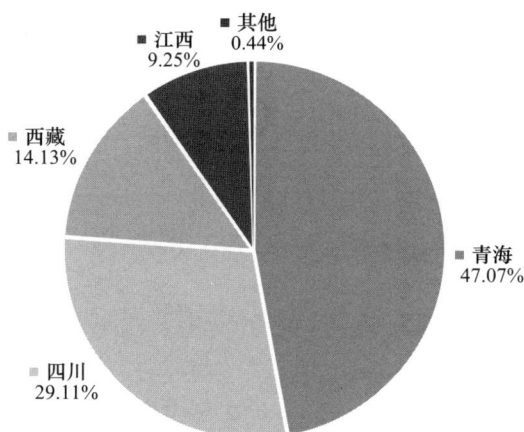

图 1-7 2020 年中国锂矿储量分布情况

[数据来源：自然资源部（2021）]

　　中国约 79% 的锂资源都储存在盐湖之中，此类矿床主要分布在青海和西藏，可分为碳酸盐型、硫酸盐型和卤化物型三种，目前主要开发的盐湖卤水为碳酸盐型和硫酸盐型，前者以西藏扎布耶盐湖为代表，后者以西台吉乃尔盐湖、大浪滩、一里坪、南翼山等盐湖为代表。其中碳酸盐型盐湖锂铷铯等金属易于提取，开发利用成本低。

　　地下卤水型锂矿床以四川自贡、湖北潜江地区的地下卤水为代表，这些锂矿床具有 LiCl 含量高（300~1200 mg/L）、镁锂比低（0~47.35）的特征，但因勘查程度较低以及环境问题，目前国内开采较少。

　　目前，由于国内盐湖普遍镁锂比高及一些其他因素，导致对其中锂的开发利用仍存在一定难度，有近 80% 的锂资源仍来源于硬岩型锂矿床。伟晶岩型锂矿床是硬岩型锂矿床中最重要的矿床类型，主要分布在中国西北和西南地区，代表性矿床有新疆阿尔泰山成矿带中可可托海 3 号脉和川西松潘-甘孜成矿带中甲基卡、可尔因等稀有金属矿床，此类伟晶岩型锂矿床的矿石质量较高，品位较高（通常 Li_2O 含量为 0.8%~2.0%）且埋藏相对较浅。

　　花岗岩型锂矿床是中国分布最广的锂矿床类型，主要位于华南地区，以广西栗木、湖南正冲和尖峰岭、江西宜春 414 等矿床最为典型，最近（2022 年）吴福元等在西藏喜马拉雅淡色花岗岩带中也发现了类似的锂辉石矿化。2021 年之前，由于锂价格不高，花岗岩型锂资源选矿技术未突破、成本过高，这类含锂花岗岩一直被当成含锂瓷石开发；2021 年后锂价格突飞猛涨，加上选矿技术突破、成本降低，很多 Li_2O 含量为 0.2% 以上的花岗岩都可以作为锂矿开采，选完 Li_2O 之后的剩余物质还可作为建筑陶瓷利用。

我国的黏土型锂矿床以伴生为主，多产于含煤、铝沉积岩系中，并赋存于黏土矿物中，锂元素往往是作为煤、铝大宗矿产的伴（共）生有益组分在综合勘查评价过程中被发现，但因多数矿体平均品位普遍未达到综合利用的品位（Li_2O含量<0.05%），难以综合回收利用。近年来，我国于黔滇地区贵州、云南发现了黏土型锂矿床，锂元素主要以离子吸附态赋存在蒙脱石中；在滇中地区的玉溪及其周边等地发现了碳酸盐黏土型锂矿床，这一类型锂矿床在我国具有分布范围广、层位稳定、资源潜力大（Li_2O含量平均为0.3%）、易开采等特点。

1.2.2 中国铍资源

我国铍资源分布广泛，目前已有15个省份发现了铍资源储量，但其分布具有高度集中的趋向。依据我国自然资源经济研究院数据，2020年我国铍矿资源量为51.82万吨（以BeO计）。其中，湖南17.3万吨，占全国铍矿资源总量的33.4%；新疆12.9万吨，占比24.9%；四川9.3万吨，占比17.9%；内蒙古6.8万吨，占比13.1%；江西2.8万吨，占比5.4%。这5个省（自治区）铍矿资源量49.1万吨，占全国铍矿资源总量的94.8%。另有云南、甘肃、广东、河南、福建、浙江、广西、黑龙江、河北和陕西10个省（自治区）拥有铍矿资源量合计占5.3%（见图1-8）。需要指出，由于我国制定的铍矿工业指标较低，故以低品位指标计算的储量占比很大。

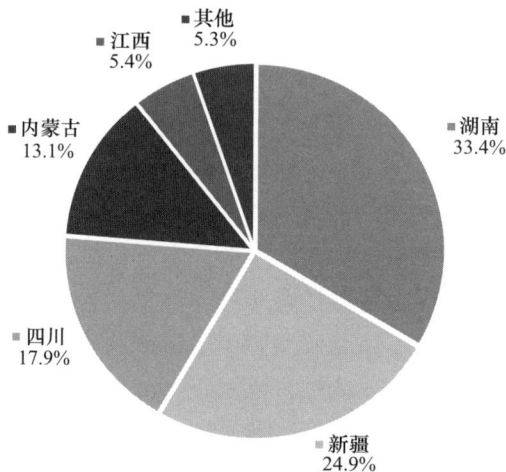

图 1-8　2020 年中国铍矿资源量分布情况

[数据来源：中国自然资源经济研究院（2021）]

我国自然资源部全国矿产资源储量统计结果显示，截至2020年底，我国铍矿储量为57121.98 t。其中，四川铍矿储量29031.06 t，占比50.8%；江西铍矿储量 18065.81 t，占比 31.6%；新疆铍矿储量 8576.36 t，占比 15.0%。这 3 个省（自治区）铍矿储量占全国铍矿储量总量的 97.4%。此外，云南、河南、内蒙古、广东和湖南省（自治区）拥有铍矿储量合计占 2.6%（见图 1-9）。

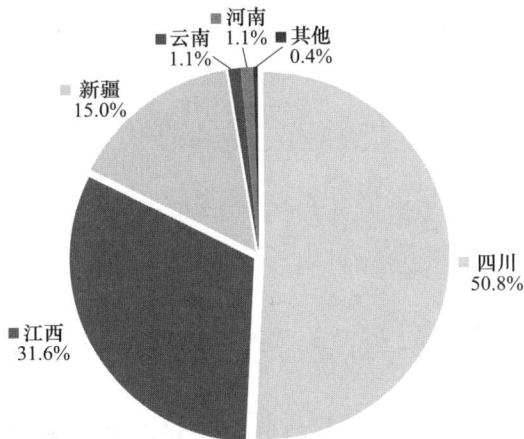

图 1-9　2020 年中国铍矿储量分布情况

[数据来源：自然资源部（2021）]

图 1-9 彩图

　　中国的单一铍矿产地虽然很多，但基本都是矿点或小型矿，所占储量不及总储量的 1%。经勘探表明，中国铍矿床大部分为综合性矿床，其储量以共伴生矿床为主。根据中国地质矿产信息研究院数据，在中国铍矿床中，以储量计，与锂、铌、钽矿伴（共）生占 48%，与稀土矿伴生占 27%，与钨矿伴（共）生占 20%，尚有少量与钼、锡、铅、锌等有色金属和云母、石英岩等非金属矿产相伴生。

　　中国的铍矿资源主要集中于花岗伟晶岩型、气成热液型及坡积-残积型等三种类型。其中花岗伟晶岩型、气成-热液脉状型两种类型占所有铍矿床类型的 85% 以上。

　　花岗伟晶岩型铍矿是中国最主要的铍矿类型，占国内铍矿储量的 50% 以上，主要分布在新疆阿尔泰成矿带、川西松潘-甘孜成矿带，典型矿床为新疆可可托海稀有金属矿床、新疆富蕴县柯鲁木特稀有金属矿床、川西甲基卡稀有金属矿床等，此类矿床的特点是矿物结晶粗大、品位高、易于开采，是中国最主要的铍矿开采类型。新疆可可托海稀有金属矿床 3 号脉铍矿石储量为 1377 万吨，矿石品位（BeO）为 0.052%，年产绿柱石 1600 t；与可可托海稀有金属矿床相似，新疆富蕴县柯鲁木特大型锂铍钽铌稀有金属矿床对伴生铍进行综合回收，该矿床绿柱石储量为 952 t；川西甲基卡锂铍铌钽铷矿床中的铍主要赋存于绿柱石中，矿石储量为 2900 万吨。

　　气成-热液脉状型矿床具有品位较富、中等规模、矿脉分带性明显、矿物结晶较粗等特点，是中国分布较广的铍矿床类型，在内蒙古、福建、江西、湖南、广东、云南等省（自治区）均有分布。新疆和布克赛尔县白杨河地区铀铍矿床属于火山热液型铍矿床，该矿床中的铍赋存于羟硅铍石中，羟硅铍石储量为 5.2 万吨，平均品位（BeO）为 0.1319%。

1.2.3　中国钽铌资源

依据我国自然资源经济研究院数据，截至 2020 年底，我国铌钽矿区 94 处，铌钽矿资源量为 13.99 万吨（Ta_2O_5）。其中，探明资源量为 3.16 万吨，控制资源量为 5.60 万吨，推断资源量为 5.23 万吨。2020 年，我国铌钽资源量中，铌资源量占比超过 90.0%，钽资源量占比不足 10.0%。我国铌钽矿主要分布在江西、四川、湖南、广东和内蒙古，上述 5 个省（自治区）铌钽矿资源量为 10.74 万吨，占全国铌钽矿资源总量的 76.8%。钽资源高度集中于江西宜春 414 等大中型矿床中。

我国铌矿可划分为铌钽矿和铌矿两类，其中铌钽矿分为铌钽铁矿物和 Nb_2O_5+Ta_2O_5，铌矿分为铌铁矿、褐钇铌矿、烧绿石等。依据全国矿产资源储量通报，2021 年我国铌矿资源量为 288 万吨（Nb_2O_5），分布极不均匀。其中，内蒙古铌矿资源量为 129 万吨，全国占比为 44.79%；湖北铌矿资源量为 93 万吨，全国占比为 32.36%；其他各地铌矿资源量合计全国占比为 22.85%。

我国自然资源部全国矿产资源储量统计结果显示，截至 2020 年底，我国铌钽矿储量（以铌钽氧化物计）为 30.94 万吨。其中，内蒙古铌钽矿储量为 24.56 万吨，占比 79.4%；江西铌钽矿储量为 4.00 万吨，占比 12.9%；四川铌钽矿储量为 1.03 万吨，占比 3.3%；广西铌钽矿储量为 0.75 万吨，占比 2.4%。这 4 个省（自治区）铌钽矿储量为 30.34 万吨，占全国铌钽矿总储量的 98.0%。另有湖南、福建、云南、广东、新疆和河南省（自治区）拥有铌钽矿储量合计占 2.0%（见图 1-10）。

我国的铌钽矿床大部分为多金属共生矿床，常与稀土、钨、锡等伴生，主要矿床类型有花岗岩型、花岗伟晶岩型、碱性岩型和碳酸岩型，但资源品位较低，碳酸岩型铌钽资源较少，尚未发现碳酸岩风化壳型资源。与全球相比，虽然我国钽储量和基础储量在数量上巨大，但钽资源品位一般未超过 0.02%，而国外典型矿山钽资源品位一般为 0.03%～0.06%；铌资源品位也较低。总体来看，我国钽矿床具有规模小、矿石品位低、嵌布粒度细而分散、多金属伴生的特征，造成其难采、难分、难选，回收率低，导致大规模露采的矿山较少。

本书主要涉及花岗伟晶岩锂铍钽铌资源、选矿技术和工业实践。谈到中国锂铍钽铌矿产资源，一定要讲中国最著名的新疆可可托海稀有金属矿床和花岗伟晶岩 3 号脉。

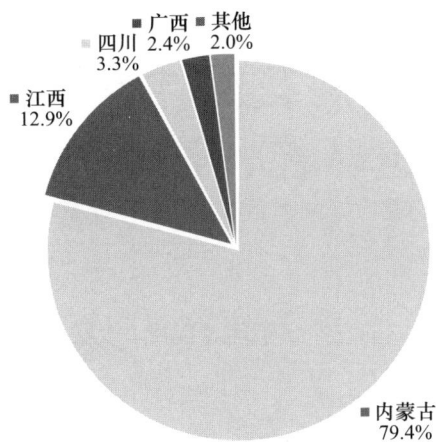

图 1-10 2020 年中国铌钽矿储量分布情况

[数据来源：自然资源部（2021）]

图 1-10 彩图

2 可可托海花岗伟晶岩稀有金属（锂、铍、钽、铌、铯）矿床地质概况

2.1 可可托海简介

可可托海坐落在新疆北部中、俄、蒙三国交界地带的阿尔泰山中，隶属于阿勒泰地区富蕴县。发源于阿尔泰山南坡的额尔齐斯河流经可可托海矿区。它是我国唯一注入北冰洋水系的外流河，新疆第二大河流。额尔齐斯河沿阿尔泰山向西北流，在哈巴河县流入哈萨克斯坦，向西北进入俄罗斯汇入鄂毕河流进北冰洋。

由于当时国防保密的需要，可可托海曾长期隐藏在深山之中——这里曾是一个神秘的地方，神秘得几乎不被世人所知。在很长一个时期，地图上找不到可可托海的名字。它在行政上虽然隶属于阿勒泰地区富蕴县，但起初富蕴县城就在可可托海，以后由于矿区保密的需要，富蕴县于1959年搬出可可托海在山外异地重建。老可可托海人习惯上把新建的富蕴县称作新县，可可托海变成富蕴县的可可托海镇。对外它曾被称为"111矿"，后来的第一矿务局。邮政没有地址，只用信箱号，例如：四矿是新疆可可托海44信箱，选矿厂是75信箱，二矿是61信箱。工程技术人员不能对外发表论文，不能参加国内外学术会议。它的产品只能用代号：01号产品是铍精矿（绿柱石精矿），02号产品是锂精矿（锂辉石精矿），03号产品是钽铌精矿（钽铌铁矿和铀细晶石）。然而，这里又是一个蕴藏着丰富宝藏的地方。闻名国内外地质界并被列入矿床学教科书的新疆阿尔泰3号花岗伟晶岩脉实际上便是在这里，具体在可可托海一矿。可可托海矿床目前已查明矿物80种，开采利用的稀有金属有锂、铍、钽、铌、铯。其中铍储量居中国首位。锂为中型，钽、铌为中、小型。其矿种之多、储量之丰富、层次之分明，为世界罕见。

额尔齐斯河流经可可托海矿区的中心地带，将矿区分为河南、河北两部分。河南是工业区，采矿、选矿、机械、运输、供变电及生产物流在此区。河北是生活、文化区，百货商场、俱乐部、灯光球场、中小学、幼儿园、医院和职工宿舍大部分在该区。连接河南、河北的是20世纪50年代初建的一座全木结构的苏式木桥（见图2-1），后来在西部建成一座水泥桥，现在苏式老木桥已不通行，供参观游览。

可可托海的交通，20世纪80年代以前，有两条公路通往乌鲁木齐，一条是

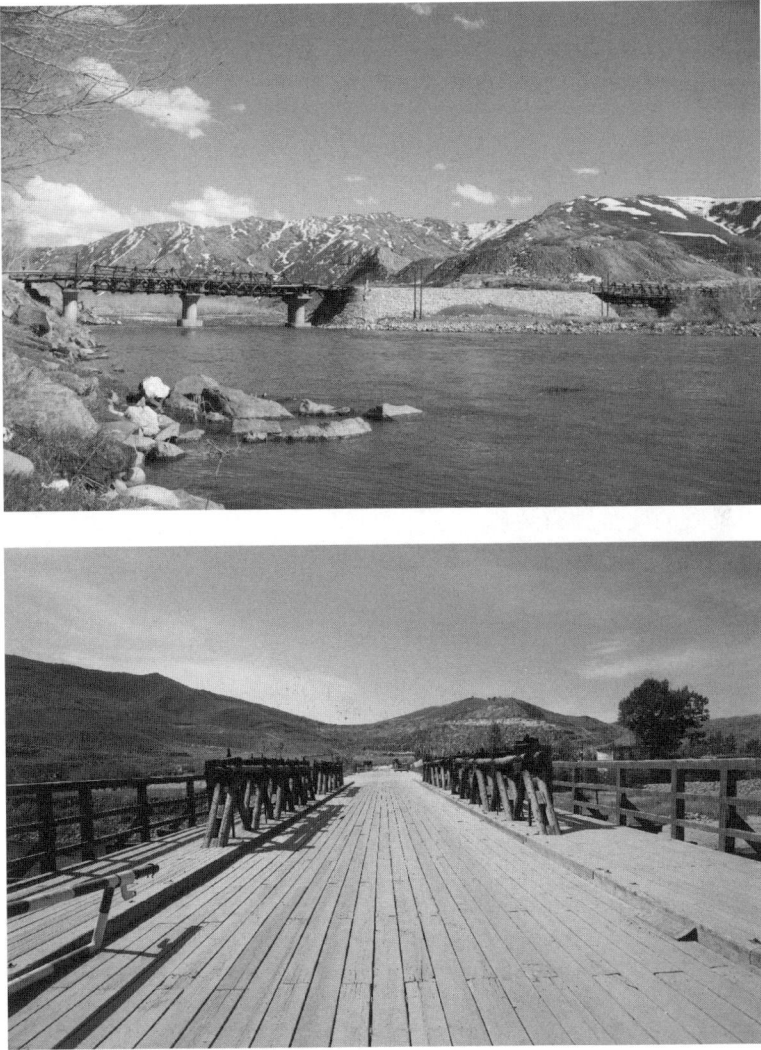

图 2-1　苏式木桥

西路，亦即围绕准噶尔盆地西沿途经福海、北屯、克拉玛依、石河子、奎屯、昌吉到达乌鲁木齐，全程 900 km，当年解放卡车白天行车两天半。另一条是东路，亦即围绕准噶尔盆地东沿途经将军庙、奇台、阜康到达乌鲁木齐，路况不好，大部分是土路，路上人烟稀少，来往车辆很少，单程 600 km，解放卡车白天行车两天。

20 世纪 80 年代穿过准噶尔盆地修建了 216 国道，全是柏油路面，从乌鲁木齐行车 5~6 h 可到可可托海。

在中苏有色及稀有金属股份公司的年代，可可托海就建有一座简易机场用于客运，只飞小型飞机。机型有苏式螺旋桨安-2、里-2，后来改飞加拿大双水獭喷气机，但都属于支线小型客机。载客人数从 12 人到 20 多人。之后飞机停航，多年后机场在富蕴县异地重建，改飞巴西庞巴迪 E-160 中型喷气客机，大大改善了航空运输条件。

进入 21 世纪后，从乌鲁木齐沿准噶尔盆地西沿已修建了一条北疆铁路，可达可可托海。现在可可托海已完成了企业结构转型，工业企业和产业工人已很少了，成为一个 5A 级旅游区，包括工业旅游、风光旅游和红色旅游。一年四季都有大批游客到可可托海观光、考察、接受革命传统教育。

可可托海夏季白天气候炎热，晚上凉爽，冬季漫长且常下大雪，一般最低气温在零下 30 摄氏度左右，极端低温可达零下 50 至零下 60 摄氏度。

一矿在矿区中心，主采 3 号伟晶岩脉。可可托海周边还有二矿、三矿、四矿、五矿。图 2-2 为可可托海矿务局矿山分布卫星图。图 2-3 和图 2-4 分别是生产时和闭坑后的 3 号脉露天矿。

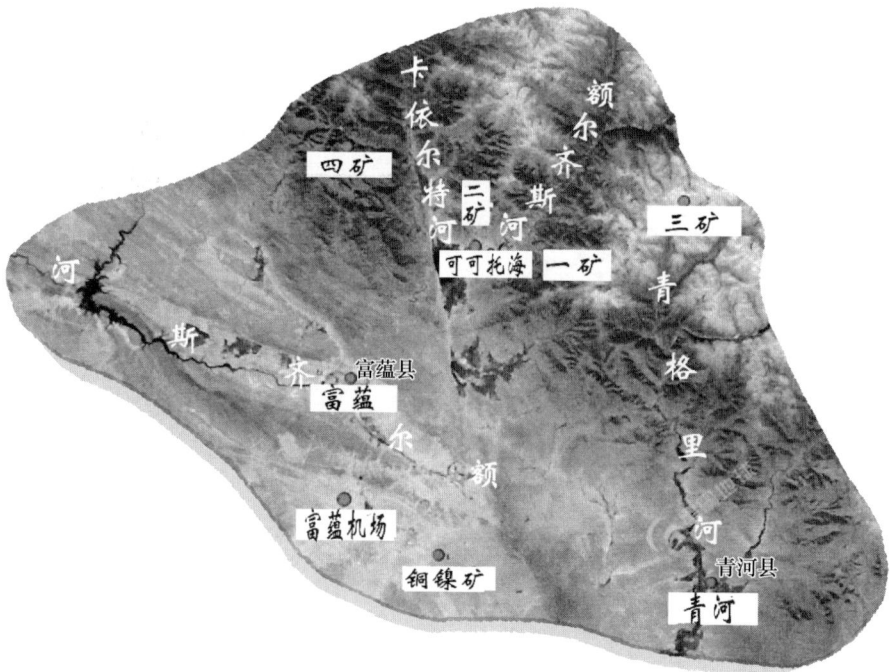

图 2-2　可可托海矿务局矿山分布卫星图
（此图由贾富义提供，其据卫星图绘制；后对该图进行了部分裁剪）

可可托海在 20 世纪 30 年代发现了含铍矿物绿柱石，此后苏联地质队多次进入可可托海进行勘查，发现了 3 号脉及周边矿脉。新中国成立后，1950 年在中苏

图2-3　可可托海3号脉露天采场
（此图由贾富义、车逸民提供，照片拍摄于2013年10月）

图2-4　可可托海3号脉露天采场停产后额尔齐斯河水倒灌成湖
（此图由贾富义提供）

友好同盟互助条约的背景下，在乌鲁木齐组建中苏有色及稀有金属股份公司，在可可托海设立矿管处。由中苏双方的领导和科技人员联合经营管理，苏方人员任正职、中方人员任副职，这一时期是中苏友好的黄金时期。苏联在赫鲁晓夫执政后，于1954年底全部撤出苏方股份。公司从1955年初开始由中方独立经营成为中国独资的稀有金属企业。从20世纪50年代初中苏合营起，历年分配到可可托海的毕业生都是品学兼优。例如，刘履中、陈谆诗、杜发青、李藩、刘灏、蔡祖风、周宝光、谢绍文、王宗泗、魏兴城、朱居敬、王建国、牟维丽、崔英明、陈玉根、杨书良、刘家明、唐富春、孙铭经、王汝聪、宁广进、李庆昌、曹惠志、林开华、张元新、张志呈、田钊、宁重华、胡久孝、贾富义、李士杰、李金海等一大批优秀的人才。仅 1968 年从全国高校分配到可可托海的大学毕业生就有 60 多人，其中东北工学院毕业生 29 人，选矿专业 23 人、机械专业 6 人。此外还有北京钢铁学院、中南矿冶学院、西安冶金建筑学院、清华大学、西安交通大学、新疆工学院、新疆医学院和江西冶金学院等高校的毕业生。

在可可托海矿区，艰苦的 20 世纪 60 年代初，可可托海人饿着肚子用锂辉石、绿柱石和钽铌产品偿还了抗美援朝期间苏联提供的武器装备和中国"一五"期间苏联援建的 156 项重点企业全部贷款的 30% ~ 40%。此外，中国"两弹一星"工程所用的锂铍和钽铌原料全部产自可可托海。中国第一颗氢弹爆炸的核聚变所用的氚化锂，所用的同位素锂 6 就是从可可托海产的锂辉石在锂冶炼厂加工成的锂盐（碳酸锂、氢氧化锂）中提取的。可以说，在中国那段严冬岁月里，中国阿尔泰山、额尔齐斯河畔这块红色的土地可可托海为祖国发了热、发了光。

2.2 阿尔泰山稀有金属成矿带和可可托海的矿产分布

横跨俄罗斯、哈萨克斯坦、中国和蒙古国的阿尔泰山，呈西北—东南方向分布，绵延 2000 km，海拔为 1000 ~ 3500 m。中国的阿尔泰山部分，处于阿尔泰山的中段南坡，长达 500 km。

阿尔泰山处于准噶尔-哈萨克斯坦板块与西伯利亚板块的接合部位，是西伯利亚古板块西南边缘古生代造山带，阿尔泰陆缘活动带。该活动带由东北向西南可以分为三个带，即诺尔特火山岩带、哈龙-青河岩浆岩带、克兰河火山岩带。阿尔泰陆缘活动带是我国稀有金属、白云母著名产地，并且有丰富的铁、铅、锌、铜、镍、金等矿产。

新疆阿尔泰山稀有金属矿产主要产于花岗伟晶岩中（稀有金属矿田分布见图2-5）。它主要分布于哈龙-青河岩浆岩带中。该带西北自哈龙经可可托海东南至青河，东西长 320 km，宽 30 ~ 40 km。据统计，全区有 10 万条伟晶岩脉，有 90% 以上的伟晶岩脉分布于 38 个伟晶岩田（伟晶岩集中区）内。

可可托海伟晶岩田是其中的 7 号岩田。位于哈龙-青河古生代岩浆带中部。它是围绕海西期阿拉尔似斑状黑云母花岗岩基分布的五个伟晶岩田之一。

可可托海伟晶岩田包括五个矿床：塔拉特 Be 矿床、小水电站 Be 矿床、库儒尔特 Be-Nb-Ta 矿床、小虎斯特 Be-Li-Nb-Ta-Cs-Rb-Hf 矿床和可可托海 Be-Li-Nb-Ta-Cs-Rb-Zr-Hf 矿床。其中，可可托海矿床规模最大、最具有代表性。

可可托海矿床（地质图见图2-6）全称为"可可托海花岗伟晶岩稀有金属矿床"，东西长 4 km，南北宽 3 km，呈四方形，面积为 12 km²。内有厚度大于 0.5 m 的伟晶岩脉 37 条，其中地表出露 23 条、盲矿脉 14 条。经过勘查，具有工业意义的矿脉有 6 条，即 1、2^{α}、2^{β}、3、3^{α}、3^{β}号脉。

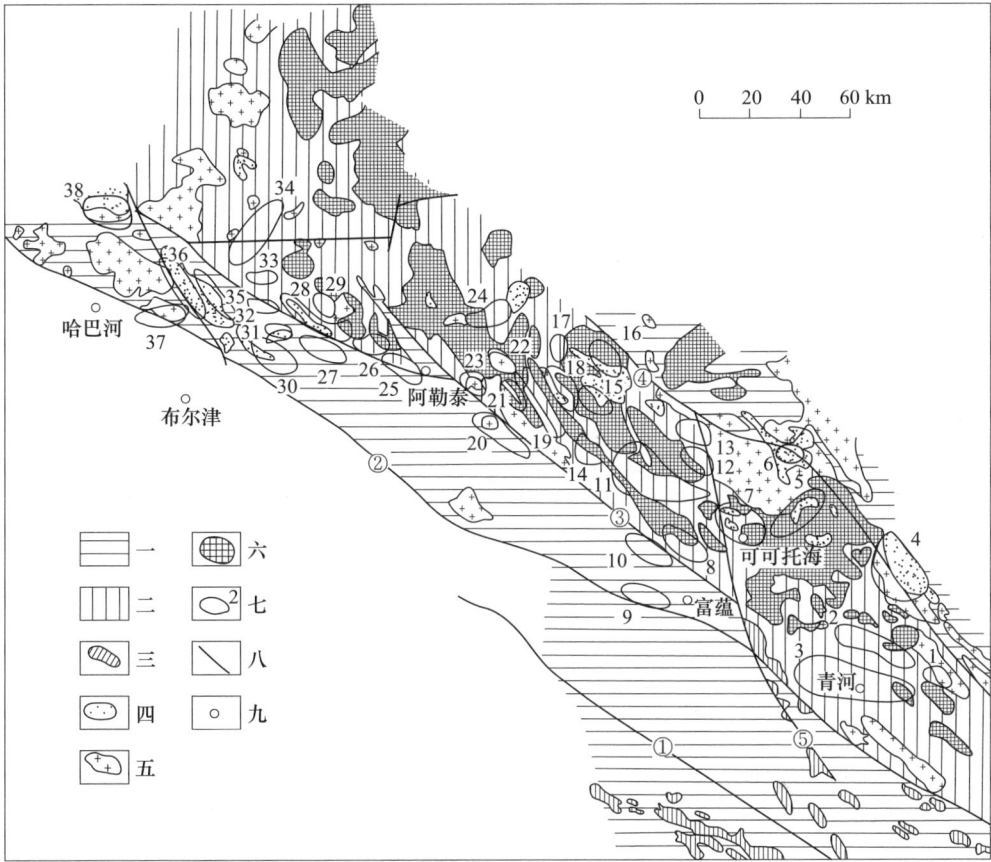

图 2-5　新疆阿尔泰山稀有金属矿田分布[①]

一—晚古生界未分；二—震旦系-早古生界未分；三—海西晚期非造山花岗岩类；

四—海西中晚期二云母花岗岩；五—海西期黑云母花岗岩；六—加里东期辉长岩、

英云闪长岩-花岗闪长岩-黑云母花岗岩；七—伟晶岩田及编号；八—断裂；

①乌伦古河深断裂；②额尔齐斯深断裂；③阿巴宫-库尔图断裂；④红山嘴-库热克特断裂；

⑤玛因鄂博断裂；九—城镇伟晶岩田名称：1—阿木拉宫；2—布鲁克特-纳林萨拉；

3—阿拉捷克-塔拉特；4—米尔特根；5—琼湖-道尔久；6—阿拉尔；7—可可托海；

8—柯布卡尔；9—富蕴西；10—库尔图；11—库威-结别特；12—丘曲拜；13—阿拉加格尔；

14—蒙库；15—阿拉山；16—柯鲁木特-吉得克；17—阿祖拜；18—群库尔；19—虎斯特；

20—大喀拉苏-可可西尔；21—胡鲁宫；22—巴寨；23—阿巴宫；24—吐尔贡；25—小卡拉苏；

26—切米尔切克；27—塔尔朗；28—切别林；29—阿拉尕克；30—阿克赛依-阿克苏；

31—阿克巴斯塔乌；32—萨尔加克；33—乌鲁克特；34—切伯罗衣-阿克贡盖特；

35—海流滩-冲乎尔；36—也留曼；37—哈巴河东；38—加曼哈巴

①　此图出处：邹天人，李庆昌. 中国新疆稀有及稀土金属矿床 [M]. 北京：地质出版社，2006.

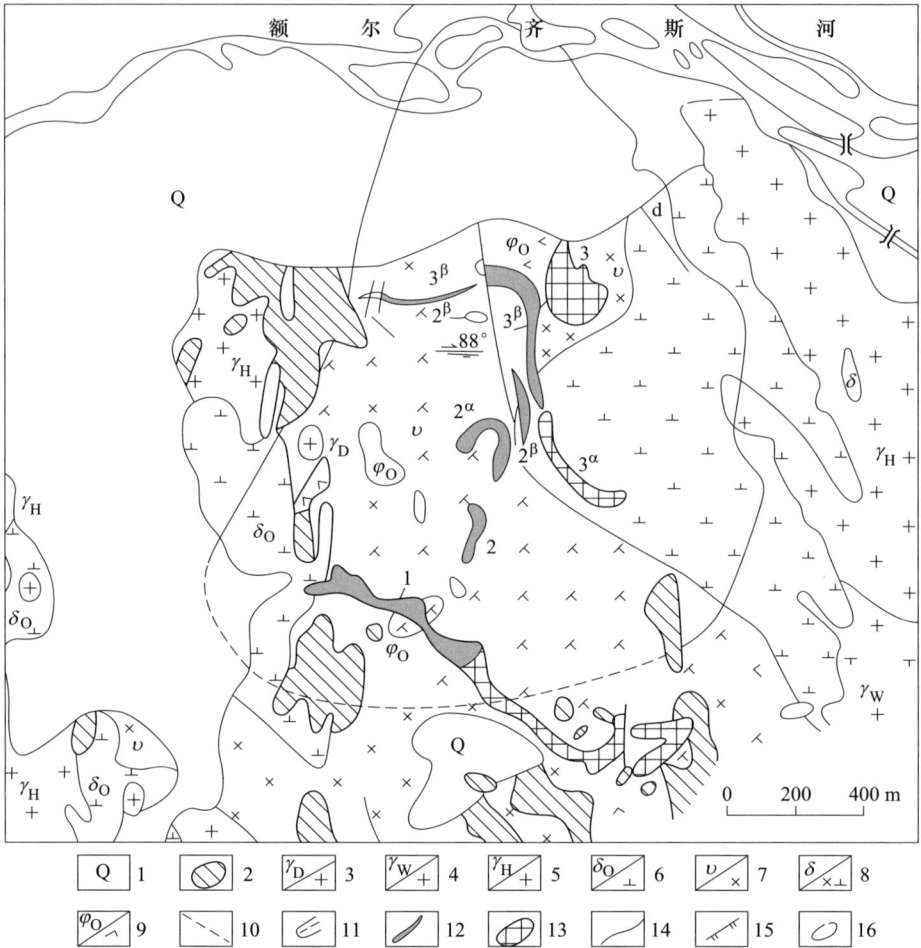

图 2-6   可可托海矿床地质图①

1—第四系沉积物；2—十字石-黑云母-石英片岩；3—淡色花岗岩；4—微晶花岗岩；5—黑云母花岗岩；
6—石英闪长岩；7—角闪辉长岩；8—辉长闪长岩；9—角闪岩；10—暗色岩墙；11—闪长玢岩脉；
12—Be-Nb-Ta 矿化伟晶岩脉；13—Li-Be-Nb-Ta-Cs-Rb-Hf 综合矿化伟晶岩脉；
14—地质界线；15—断层；16—深部缓倾斜岩脉范围

    这些矿脉主要产于片麻状黑云母斜长花岗岩顶板变辉长岩（加里东期）捕房体内。矿床所在位置为正常构造侵蚀形成山谷与山间盆地，海拔高度 1200～1572 m。

    3 号脉因其在 6 条矿脉中排序为"3"而得名。它的稀有金属资源量占可可托海花岗伟晶岩稀有金属矿床的 90% 以上。

①   此图出处：邹天人，李庆昌. 中国新疆稀有及稀土金属矿床［M］. 北京：地质出版社，2006.

2.3　可可托海矿床 3 号脉主要地质特征

3 号脉位于可可托海矿床北端、额尔齐斯河南岸，距河床 500~700 m，处于宽约 1.5 km、三面环山、北面依水的小山谷中。矿脉出露地表标高 1215~1270 m。矿脉含有锂（Li）、铍（Be）、铌（Nb）、钽（Ta）、铷（Rb）、铯（Cs）、锆（Zr）、铪（Hf）八种稀有元素。根据我国颁发的《矿区矿产资源储量划分标准》，3 号脉铍（Be）资源量属超大型，高居世界第一；锂（Li）资源量属中型；钽（Ta）、铌（Nb）资源量属中、小型。3 号脉是含有多种稀有金属的综合矿床，它与澳大利亚格林布希斯（Greenbushes）伟晶岩、加拿大伯尼克湖的坦科（Tanco）伟晶岩、津巴布韦比基塔（Bikita）伟晶岩，同属世界级超大型稀有金属花岗伟晶岩矿床。其主要地质特征如下：

（1）规模巨大，形态独特：3 号脉由椭圆形的岩钟体与底部的缓倾斜脉体两部分组成，形似偏斜的"礼帽"状，帽筒部分叫"岩钟"，帽沿部分叫"缓倾斜部分"。岩钟，地表出露标高 1272 m，向下延伸 250~265 m，长 250 m，宽 150 m，水平截面为"歪把梨"状（近似椭圆形），走向 335°，倾向北东，倾角上盘 40°~80°，下盘 80°。缓倾斜部分，为阶梯状脉状体，走向长度为 2000 m，倾斜长度为 1500 m，厚度为 20~40 m，走向 310°~335°，倾向南西，倾角 10°~40°，其上下盘有大小不等的膨胀体。3 号脉立体图见图 2-7。

简言之，一般伟晶岩矿脉规模长宽多在数十至数百米之间变化，与此相比，3 号脉规模是巨大的。3 号脉是由陡倾的椭圆柱体与缓倾的脉体构成的复合形体，这与伟晶岩大多为脉状、板状、透镜状体不同，实属复杂、独特、少有。

（2）稀有金属矿种多，矿物成分复杂：我国《稀有金属矿产地质勘查规范》所指的稀有元素有 8 种，3 号脉都有。其中，锂（Li）、铍（Be）、钽（Ta）、铌（Nb）、铯（Cs）五种元素已被开采利用。3 号脉不是单一矿种矿床，而是多矿种综合矿床。

20 世纪 60 年代后，我国地质工作者进行了许多科研工作，据《中国新疆稀有及稀土金属矿床》（邹天人、李庆昌，2006）记载，仅在 3 号脉中已累计查明矿物 80 种，其中稀有金属矿物 26 种。

在查明的这些矿物中，新发现的矿物有磷钙钍矿；国内首次发现的矿物 7 种，分别是铀细晶石、铋细晶石、磷锰锂矿、钽铋矿、锂霞石、锂绿泥石、锂蒙脱石。

此外，同质异象矿物很多，还没计算在内。例如钠长石有细粒钠长石、薄片状钠长石、叶片状钠长石；碱性绿柱石有绿色、白色、粉红色等。3 号脉几乎囊括了所有的稀有金属矿物，这在其他稀有金属矿床中是少见的，因此 3 号脉有"稀有金属矿物的天然博物馆"之称。

（3）结晶分异完好，自交代发育，共生结构带多："结晶分异"是指熔融体中某些元素结晶成矿物而分离出来。"自交代"是指熔融体内部碱金属离子彼此间的置换反应。由于结晶分异和自交代作用而形成的不同结构（指颗粒大小及相

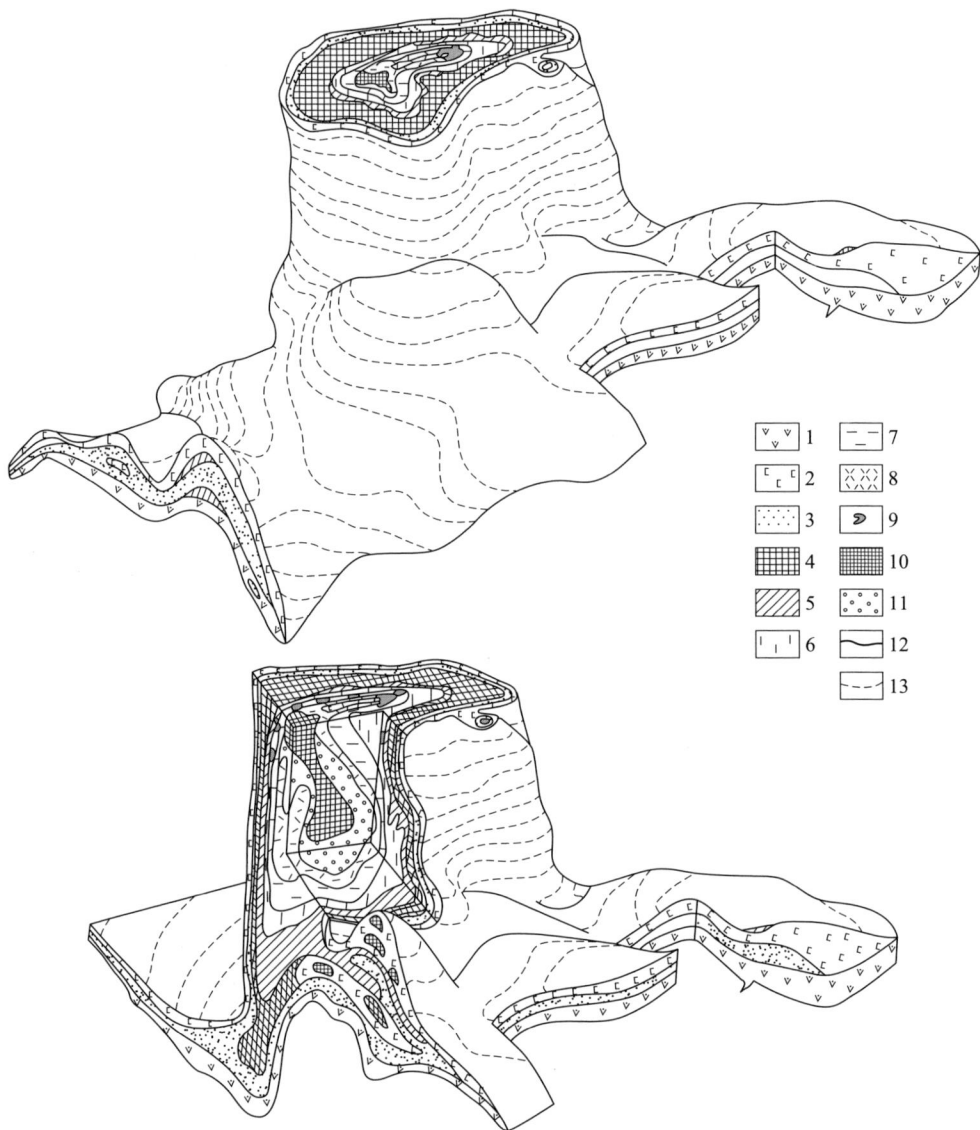

图 2-7 可可托海 3 号伟晶岩脉立体图①

1—细粒伟晶岩带（缓倾斜脉体下盘边部带）；2—文象变文象伟晶岩带（Ⅰ带）；3—糖晶状钠长石带（Ⅱ带）；

4—块体微斜长石带（Ⅲ带）；5—白云母-石英带（Ⅳ带）；6—叶钠长石-锂辉石带（Ⅴ带）；

7—石英-锂辉石带（Ⅵ带）；8—白云母-薄片状钠长石带（Ⅶ带）；

9—锂云母-薄片状钠长石带（Ⅷ带）；10—核部块体微斜长石带（Ⅸ₁带）；

11—核部块体石英带（Ⅸ₂带）；12—地质界线；13—等高线

① 此图出处：邹天人，李庆昌. 中国新疆稀有及稀土金属矿床 [M]. 北京：地质出版社，2006.

互关系）的一种或几种矿物的集合体，称为"共生结构带"，简称"结构带"或"带"。各带根据主要组成矿物和结构构造命名，并按形成先后（Ⅹ带例外）给以编号。3 号脉结晶分异完好、自交代发育，因此形成了多达 10 个结构带。其中岩钟部分有 9 个带（Ⅰ~Ⅸ带），并且这 9 个带围绕岩钟中心呈对称环带状分布，这在其他同类矿床中是绝无仅有的，这也是 3 号脉特有的地质特征。3 号脉1216 中段地质平面图见图 2-8。

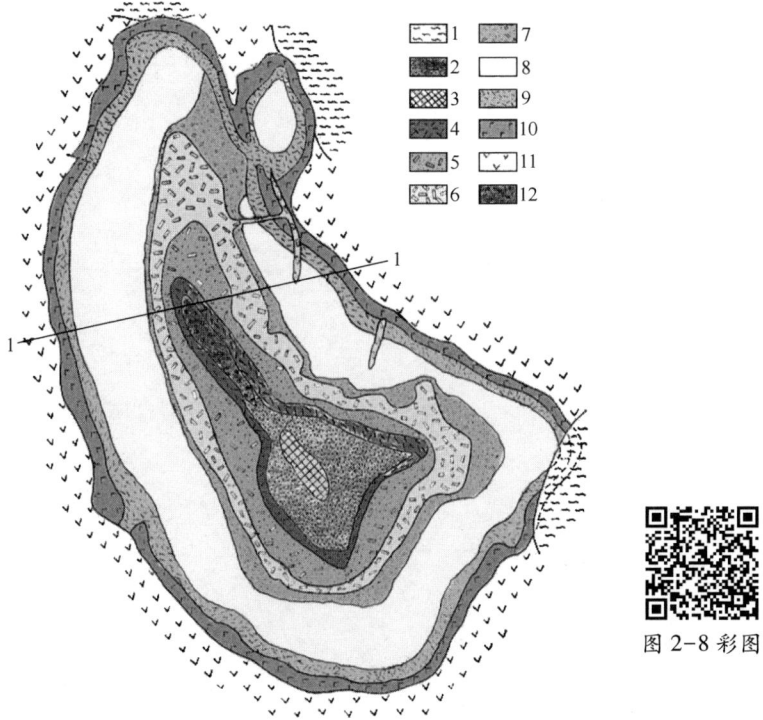

图 2-8 彩图

图 2-8 3 号脉 1216 中段地质平面图^①

1—浮土；2—Ⅸ₂—核部块体石英带；3—Ⅸ₁—核部块体微斜长石带；4—Ⅶ—白云母-薄片状钠长石带；
5—Ⅵ—石英-锂辉石带；6—Ⅴ—叶钠长石-锂辉石带；7—Ⅳ—白云母-石英带；
8—Ⅲ—块体微斜长石带；9—Ⅱ—细粒钠长石带；10—Ⅰ—文象变文象伟晶岩带；
11—变辉长岩；12—Ⅷ—锂云母-薄片状钠长石带

10 个结构带是：Ⅰ 带——文象变文象伟晶岩带；Ⅱ 带——细粒钠长石带；Ⅲ 带——块体微斜长石带；Ⅳ 带——白云母-石英带；Ⅴ 带——叶钠长石-锂辉石带；Ⅵ 带——石英-锂辉石带；Ⅶ 带——白云母-薄片状钠长石带；Ⅷ 带——锂云母-薄片状钠长石带；Ⅸ₁带——核部块体微斜长石带，Ⅸ₂带——核部块体石英带；Ⅹ 带——细粒伟晶岩带。3 号脉 1—1 地质剖面示意图见图 2-9。

① 此图出处：《新疆维吾尔自治区富蕴县可可托海花岗伟晶岩稀有金属（铍、锂、钽、铌、铯）矿床勘探地质报告》（宁广进等，1992）。

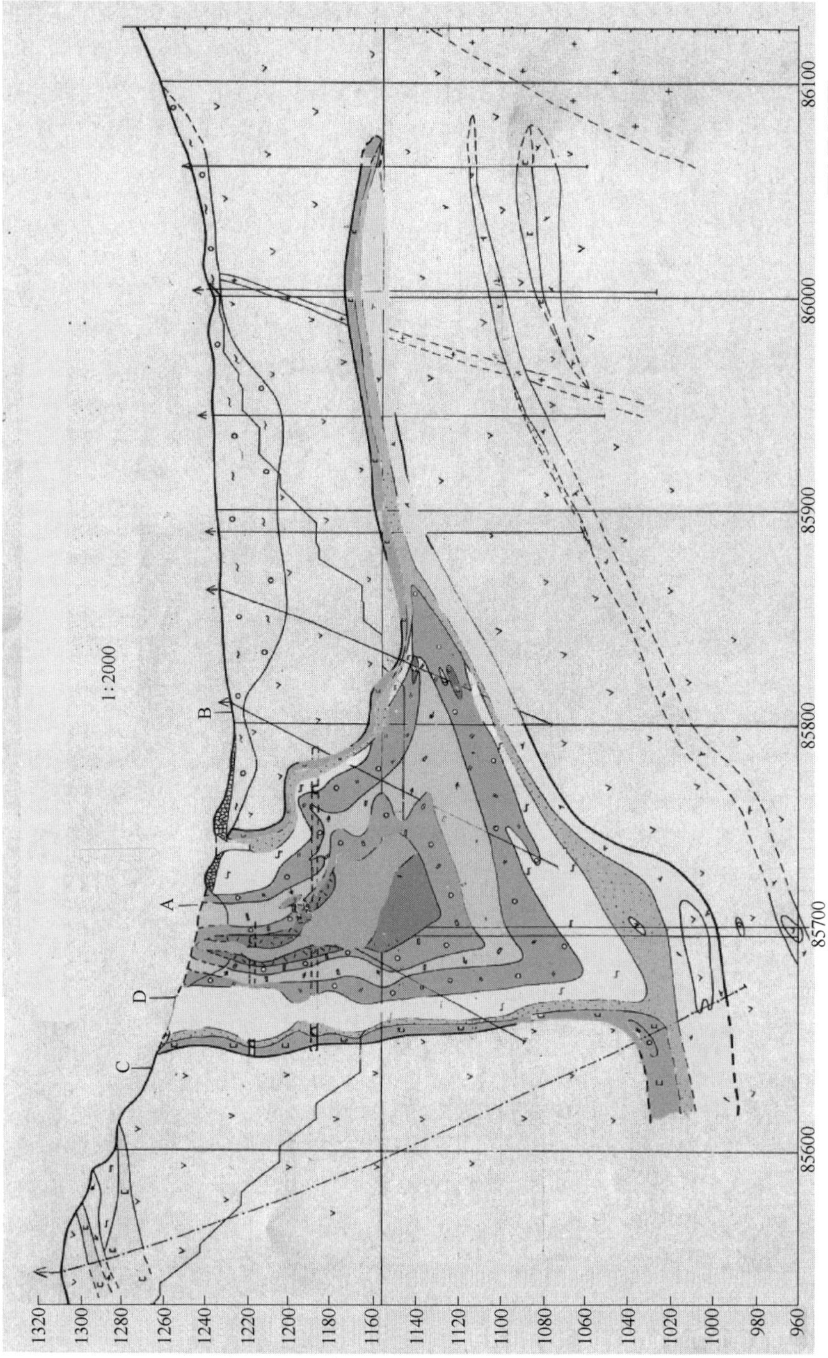

图 2-9 3 号脉 1—1 地质剖面示意图①

图 2-9 彩图

① 此图出处:《新疆维吾尔自治区富蕴县可可托海花岗伟晶岩稀有金属（铍、锂、钽、铌、铯）矿
床勘探地质报告》（宁广进等，1992）。

缓倾斜部分只有 7 个结构带，边部结构带连续，内部结构带断续，而且上下盘结构带不对称，其中细粒伟晶岩带（X 带）只在缓倾斜部分的下盘出现。

（4）7 个地球化学阶段与稀有金属矿化规律： 3 号脉形成可分为 7 个地球化学演化阶段，造岩元素与稀有元素在各阶段的变化有一定的规律性，详细情况列于表 2-1 中。

表 2-1　3 号脉 7 个地球化学演化阶段

地球化学阶段	结　构　带	占岩钟总矿石量比例 /%	稀有金属矿化
1. 早期 K 阶段	I 带——文象变文象伟晶岩带	17.68	Be 矿化
2. 早期 Na 阶段	II 带——细粒钠长石带	15.14	Be 矿化
3. 晚期 K 阶段	III 带——块体微斜长石带	37.94	III 带无矿化、
	IV 带——白云母-石英带		IV 带 Be-Nb-Ta 矿化
4. Na-Li 阶段	V 带——叶钠长石-锂辉石带、 VI 带——石英-锂辉石带	23.51	Li-Be-Nb-Ta-Hf 矿化
5. 晚期 Na 阶段	VII 带——白云母-薄片状钠长石带	3.27	Nb-Ta-Hf 矿化
6. 晚期 Na-Li-Cs 阶段	VIII 带——锂云母-薄片状钠长石带及石英-铯沸石透镜体	0.08	Ta-Cs-Li-Rb-Hf 矿化
7. Si 阶段	IX$_1$ 带——核部块体微斜长石带、 IX$_2$ 带——核部块体石英带	2.38	Rb-Cs 矿化

（5）稀有金属矿物分布特点： 锂辉石是主要锂矿物。3 号脉岩石化学成分中 Li_2O 占 0.356%，有 84% 分布在锂辉石中。由于分异作用控制，占全脉矿石量 23.59% 的 V、VI、VIII 带集中了全脉 70.8% 的 Li_2O。锂辉石有颜色的变化，白色锂辉石中 Li_2O 含量在 7.21%~7.66%，浅绿色、紫色的略低，玫瑰色锂辉石中 Li_2O 含量在 6.20%~6.87%。

锂辉石不同颜色的变化与铁锰含量有关。铁含量高的锂辉石，因 Fe^{2+} 和 Fe^{3+} 同时存在而出现浅绿色和绿色；锰含量高的锂辉石则因 Mn^{2+} 和 Mn^{3+} 的存在而出现玫瑰色—紫红色。FeO 含量+Fe_2O_3 含量 $\leqslant$ 0.2% 为低铁锂辉石，其在玻璃、陶瓷工业中应用广泛。由于铁含量由外带向内带减少，V 带锂辉石为浅绿色和绿色，铁含量高；VI 带锂辉石为玫瑰色—紫色，为低铁锂辉石。3 号脉曾生产过低铁锂辉石。

绿柱石全为碱性绿柱石（碱金属含量 $\geqslant$ 1.6%）。由外带到内带碱金属（Na、Li、Cs）含量增加，分别形成普通绿柱石—钠绿柱石—钠锂绿柱石—钠锂铯绿柱石。颜色由绿色变为白色、浅玫瑰色。结晶形状由长柱状变为短柱状—板状，矿物密度增大，折光率增大，铁含量减小。

铌钽矿物是铌锰矿-钽锰矿系列矿物，以富钽锰为特征，由外带向内带变化：含量由小到大，钽铌比由小到大，铁锰比由大到小，铌钽矿物由含 Nb、Fe 为主到以含 Ta、Mn 为主，表现在矿物上从铌铁矿向钽锰矿演化。

锆英石以富铪锆英石为特点，含量由外带向内带增高。其中的 HfO_2 含量也随之增高，最高达 14.9%，以内带（Ⅶ、Ⅷ带）最富。

铯由外带向内带含量增高。全脉只有 10% 的 Cs_2O 以铯沸石（又称铯榴石）矿物形式存在，产于成矿晚期Ⅷ、$Ⅸ_1$ 带。大部分 Cs_2O 分散在微斜-条纹长石（67.51%）、白云母（18.36%）、绿柱石（6.73%）中。

Rb_2O 全脉平均含量达 0.108%，达到铷的工业品位 0.1%~0.2%。其中，Ⅰ、Ⅱ、Ⅲ、Ⅶ、Ⅷ、Ⅸ 带 Rb_2O 平均品位为 0.1456%，Rb_2O 资源量达 12642.1 t，属超大型铷矿床。Rb 分散在与白云母、微斜长石共生的结构带中。白云母中 Rb_2O 平均含量为 0.453%，微斜长石中 Rb_2O 含量为 0.3101%。全脉铷总量的 74.34% 和 22.83% 分别含于微斜长石与白云母中。

（6）矿物结晶颗粒粗大： 如锂辉石板状晶体长达几十厘米至一米者很普遍，晶体最长者可达 12~15 m（厚 30 cm，宽 70~80 cm）。而石英、微斜长石晶体直径在几米也很普遍。在Ⅲ、Ⅳ带间白云母-石英带中曾出现质量达数千克乃至 1000 kg 以上的白色绿柱石晶体。在 3 号脉南端曾采到宽 25 cm、长 50 cm、质量约 60 kg 的锰钽矿。在岩钟体顶部采到 9 t 的等轴状铯榴石晶体和 6 t 的铯榴石集合体。

2.4　3 号脉物质组成

岩钟岩石化学成分： SiO_2（74.00%）、TiO_2（0.05%）、Al_2O_3（14.05%）、Fe_2O_3（0.76%）、FeO（0.63%）、MnO（0.22%）、MgO（0.75%）、CaO（0.34%）、Na_2O（3.33%）、K_2O（3.76%）、P_2O_5（0.30%）、H_2O^+（0.60%）、Li_2O（0.356%）、Rb_2O（0.108%）、Cs_2O（0.019%）、BeO（0.063%）、Nb_2O_5（0.0078%）、Ta_2O_5（0.0091%）、ZrO_2+HfO_2（0.0037%），总计占比 99.36%。

岩钟体以富 SiO_2、Al 过饱和、碱金属含量和稀碱金属含量较高为特征。

与缓倾斜部分相比，岩钟更富含 SiO_2、K_2O、Li_2O，而 Na_2O 含量则低于缓倾斜部分。

岩钟矿物成分： 微斜长石（33.8%）、石英（31.7%）、钠长石（22.4%）、白云母（6.5%）、锂辉石（4.15%）、绿柱石（0.49%）、电气石（0.20%）、石榴子石（0.18%）、磷灰石（0.12%）、锂云母（0.05%）、铯榴石（0.005%），以上 11 种矿物占比 99.595%，而其他副矿物仅占比 0.405%。

含量较高（>1%）的矿物有 5 种：微斜长石、石英、钠长石、白云母、锂辉石。

2.5 共生结构带（岩钟部分）简述

Ⅰ带——文象变文象伟晶岩带： 环长 665 m，厚度为 3~7 m。该带直接与围岩接触，界线清楚。以文象变文象结构伟晶岩为主，中粗粒伟晶岩次之，其中常分布一定数量的绿柱石富集在细粒钠长石及石英-白云母集合体内。

矿物组成：微斜长石（44%）、石英（31%）、钠长石（17%）、白云母（6%），还有石榴子石、电气石、磷灰石、绿柱石等。

矿石品位：BeO 0.040%~0.080%。为含铍矿带。

Ⅱ带——细粒钠长石带： 环长 620 m，厚度为 3~6 m，个别厚度达 10 m。该带主要成分为微斜长石，其次为细粒钠长石，变文象伟晶岩。细粒钠长石集合体呈不规则的巢状体分布，在巢状体边缘常伴有石英-白云母集合体。

矿物组成：微斜长石（50%）、细粒钠长石（33%）、石英（10%）、白云母（4%）、绿柱石（1%）等。

矿石品位：BeO 0.105%，Nb_2O_5 0.0063%，Ta_2O_5 0.0066%。为主要含铍矿带。

Ⅲ带——块体微斜长石带： 环长 580 m，厚度为 0~35 m，平均厚度为 18 m。该带是由块体（结晶体大于 1 m 者）微斜长石及巨文象结构块体微斜长石为主体构成的。

矿物组成：微斜长石（77%）、石英（13%）、钠长石（7%）、白云母（2%），还有石榴子石、磷灰石等。

矿石品位：稀有金属含量极低，属无矿带。

Ⅳ带——白云母-石英带： 环长 520 m，厚度为 4~13 m，平均厚度为 5 m。该带以白云母-石英集合体为主，块体微斜长石次之。

矿物组成：石英（54%）、微斜长石（21%）、白云母（15%）、钠长石（8%），此外含绿柱石、钽铌铁矿、磷灰石等。

矿石品位：BeO 0.066%~0.122%，Nb_2O_5 0.0103%，Ta_2O_5 0.008%。为含铍矿带。

Ⅴ带——叶钠长石-锂辉石带： 环长 400 m，厚度为 3~30 m，平均厚度为 11 m。与Ⅳ带接触界线清楚，与Ⅵ带呈渐变过渡关系。

矿物组成：叶钠长石（51%）、石英（30%）、锂辉石（12%）、白云母（5%）等。锂辉石多为白色、浅绿色。

矿石品位：Li_2O 0.859%~1.455%，BeO 0.059%~0.079%，Nb_2O_5 0.0087%，Ta_2O_5 0.0089%。为含钽铌的锂矿带。

Ⅵ带——石英-锂辉石带： 环长 350 m，厚度为 3~15 m，平均厚度为 7 m。

该带以石英-锂辉石集合体为主（占65%），叶钠长石-锂辉石集合体为次（占35%）。与V带为渐变过渡关系。

矿物组成：石英（55%）、叶钠长石（22%）、锂辉石（17%）、白云母（4%），还含有绿柱石、石榴子石、磷灰石、锆石、钽铌铁矿等。锂辉石主要为大晶体，低铁锂辉石（指锂辉石中FeO含量+Fe_2O_3含量≤0.3%）最大晶体长7~15 m，宽0.8~1.2 m，厚18~25 cm，呈玫瑰色和淡紫色。

矿石品位：Li_2O 0.962%~1.455%，BeO 0.056%~0.080%，Nb_2O_5 0.0136%，Ta_2O_5 0.0269%。为含钽铌的锂矿带。

Ⅶ带——白云母-薄片状钠长石带： 环长280 m，厚度为5~7 m，最厚30~50 m，局部地段不连续。该带由白云母-薄片状钠长石集合体组成。与Ⅵ带、Ⅷ带界线明显。

矿物组成：薄片状钠长石（63%）、石英（15%）、白云母（12%）、锂辉石（6%）、微斜长石（2%），此外还含有绿柱石、铌钽锰铁矿、细晶石、铯榴石和锆石等。

矿石品位：Li_2O 0.06%，BeO 0.056%，Nb_2O_5 0.0118%，Ta_2O_5 0.056%。为钽铌矿带。

Ⅷ带——锂云母-薄片状钠长石带： 呈透镜体状出现，由锂云母-薄片状钠长石集合体和少量的白云母-薄片状钠长石集合体组成。呈透镜状并切穿Ⅵ、Ⅶ带。该带长50 m，厚度为3~7 m，垂深15 m。

矿物组成：锂云母（64%）、钠长石（31%）、锂辉石（2%）、石英（2%），此外还含有铯沸石、钽铌矿、铀细晶石及锆英石等。

矿石品位：Li_2O 2.57%，Rb_2O 0.918%，Cs_2O_5 0.2%，Nb_2O_5 0.0183%，Ta_2O_5 0.0176%。为钽、铌、锂、铷、铯矿带。

Ⅸ带——块体微斜长石和块体石英带（核）： 以块体石英为主，块体微斜长石为次，位于岩钟中心。该带长35~107 m，厚度为5~40 m，垂深80 m。在石英核的中心发育有微斜长石块体（长30 m、宽20 m、延伸76 m）。在石英核周围发现晶体达8 t的铯榴石，一般都是几百千克至一吨多的大晶体。

Ⅸ带分为Ⅸ$_1$核部块体微斜长石带和Ⅸ$_2$核部块体石英带。前者占该带的25%，后者占该带的75%。

Ⅹ带——细粒伟晶岩带： 为缓倾斜部分脉体下盘所特有（≥85%）的结构带，分布连续，厚度较大，平均厚度为12 m，细粒（颗粒直径为3~4 mm）结构、块状构造。以细粒伟晶岩为主，含有少量文象变文象中粒伟晶岩异离体和细粒钠长石巢体。与底部围岩接触处有10~20 cm厚的石英-白云母边缘体。

矿物组成：钠长石（70%）、石英（20%）、白云母（9%），还有少量电气石、石榴子石、绿柱石、锂辉石等。

矿石品位：BeO 0.02%~0.04%。

2.6 矿 床 成 因

区内海西期重熔花岗岩岩浆演化的中—晚期，分异出大量的富含挥发性物质（水、硼、氟、氯、磷等）和稀有金属元素的熔融体。在地壳构造运动作用下，熔融体沿断裂侵入围岩进入容矿空间。在相对封闭的系统中，随着熔融体温度从脉壁向中心逐渐冷却，发生结晶分异和自交代作用。通过漫长的地质时期，经过 7 个地球化学阶段（先后为：早期 K、早期 Na、晚期 K、Na-Li、晚期 Na、晚期 Na-Li-Cs、Si）的演化，形成 10 个结构带，稀有元素在不同结构带中富集成矿。与元素在地壳中的丰度值相比，成矿富集倍数可以达到数百乃至数千倍。

岩钟形成的控制条件包括陡倾斜产状、椭圆柱体形状、巨大体积、复杂成分、相对稳定的构造环境、漫长的结晶时间。

在上述条件下，熔融体从脉壁开始向中心结晶，依次生成不同的结构带，每个带与脉壁大体平行，最终自然形成同心环带状结构带分布特征。

3 号脉结晶是从边部开始向中心进行的主要根据如下：

（1）3 号脉由内带（Ⅴ、Ⅵ带）穿插外带（Ⅰ~Ⅳ带）并进入围岩支脉，说明外带形成在前、内带形成在后。

（2）据邹天人等（1986）测定的同位素年龄数据：Ⅰ~Ⅶ带 15 个白云母样品经 K-Ar 法测定年龄值为 2.92 亿~1.604 亿年，Ⅱ带样品经 Rb-Sr 等时线法测定年龄值为 3.319 亿年，Ⅶ带铀细晶石样品经 U-Pb 法测定年龄值为 1.964 亿年，Ⅸ$_1$带微斜长石样品经 K-Ar 法测定年龄值为 1.20 亿年。从该 4 组数据可以看出：Ⅰ、Ⅱ带生成在先，Ⅶ、Ⅸ$_1$带生成在后，后者比前者晚 2 亿多年。

3 号脉从熔融体开始结晶到矿床最终形成，经过了漫长的地质时期。邹天人等根据同位素年龄数据作出的推测是：3 号脉结晶开始于早石炭世，结束于早白垩世，从边部到核部结晶长达 2.1 亿年。

3 号脉的母岩是阿拉尔似斑状花岗岩，它位于 3 号脉北 10~12 km 处。该花岗岩较年轻，同位素年龄为 3.30 亿~2.50 亿年。

3 号脉形成过程中，结晶早期（Ⅰ~Ⅳ带）以熔融体相为主，结晶温度为600~750 ℃；中晚期（Ⅳ~Ⅸ带）以流体相为主，结晶温度为 300~500 ℃。

矿床生成时距地表的深度推测在 6~7 km，如今人们所见到的 3 号脉是地壳运动使其抬升又历经漫长地质时期的强烈风化剥蚀作用的结果。

2.7   3号脉的学术应用价值

3号脉岩钟呈同心环带状分布的9个结构带，是伟晶岩成矿过程中地球物理化学演化的实体纪录。根据勘查与开采过程中对各个结构带元素及矿物分布规律、矿物共生组合与结构构造特征进行研究，可以复原矿床形成过程中的结晶与交代作用中各种元素的迁移、演化过程；通过同位素年龄测定可以知道各个结构带的形成时间；根据包体测温可以确定形成温度等。3号脉犹如天然成矿实验室，清楚地展示了稀有金属花岗伟晶岩形成的地球化学演化过程。关于稀有金属花岗伟晶岩成因机制的研究，极大地丰富了伟晶岩矿床乃至内生矿床成因理论，对找矿与勘查实践有重要指导作用。

3号脉是稀有金属花岗伟晶岩矿床结晶分异成因理论学说最有说服力的典型实例。从20世纪30年代发现之时起，随着地质勘查及开采的深入，越来越多的中外学者对它产生了研究兴趣。在20世纪40—50年代（含中苏合营时期），苏联学者 K. A. 弗拉索夫、И. A. 斯米尔诺夫、A. A. 别乌斯、H. A. 索勒多夫、З. A. 谢维洛夫、B. И. 邱洛契尼可夫、И. A. 列昂杰夫等都在该地区做过地质勘查工作，发表过重要成果，包括地质勘探及储量计算报告、矿物及地球化学研究等。

1953—1954年，苏联科学院 A. A. 别乌斯、K. A. 弗拉索夫及中国学者司幼东、佟城编著的《新疆阿尔泰稀有金属伟晶岩矿物学及地球化学1953年中间报告》中，首次查明了3号脉40余种矿物并对其矿化特征及矿脉成因进行了初步探讨，统一了矿带名称及图例。

1954年12月苏方撤出全部股份，企业由中方独立经营。该地区的地质勘查与科研工作也由中方独立进行并延续至今。在新疆有色金属系统及可可托海的地质勘查专家中贡献较多的有葛振北、吉新汉、宁广进、徐百淳、李玉德、张相宸、王汝聪、贾富义、曹惠志、景泽被、杨青山、韩凤鸣、吕冬梅、李志忠等。中国科学院地球化学研究所及中国地质科学院有郭承基、李维显、邹天人、王贤觉、徐建国、于学元、裴愉卓等，还有新疆工学院闫恩德等。期间有许多关于3号脉的研究成果（包括论文与专著）问世，不少学者因为研究3号脉而声名鹊起。近代出版的国内外矿床学专著和教科书中都有关于3号脉的详细介绍。

3 可可托海 3 号脉采矿概况

3.1 历史沿革简介

1951 年前 3 号脉为地下开采，竖井开拓，用浅孔留矿法采矿，进行小规模开采。

1952 年开始直到闭坑一直进行露天开采，1204 m 水平以上为山坡露天矿，1204 m 水平以下为深凹露天矿。

1952 年露天开采 1226 m 水平以上的锂辉石及钽铌矿石。1954—1958 年露天开采，开拓方式为螺旋式开拓。1958—1964 年，露天开采采用折返式开拓方式。

1964 年后扩大了开采规模，采用折返式开拓方案，主要开采 1166 m 水平以下的各带矿石。

1964 年的设计参数为最终设计，之后整个 3 号矿脉的开采工作都是在此设计参数上进行的，一直到露天采场闭坑。

3.2 1964 年的设计参数

矿石生产规模为 750 t/d，其中锂矿石为 250 ~ 300 t/d，铍矿石为 400 ~ 500 t/d，钽铌矿石为 50 t/d。

露天开采最低水平为 1056 m，平均剥采比为 3.2 m^3/m^3，最大采剥量为 80 万立方米/年。

矿山基建时间为 5 年，达到设计规模后的服务年限为 40 年。

露天采场最终边坡角为 46° ~ 47°，生产工作台阶为 10 m，最终台阶高为 20 m，安全平台宽度为 7 m。工作台阶坡面角为 68° ~ 70°，最终台阶坡面角为 65°，最小生产平台宽度为 35 m。

最终形成的露天采矿坑（深凹露天采矿部分）上部长 520 m、宽 430 m，底部长 170 m、宽 70 m。垂直深度从西部山头 1282 m 平台标高算起为 186 m，从出采坑口标高 1204 m 水平算起为 108 m。

3.3 露天矿山工作的分期

露天矿山的工作分为基本建设期和正常生产期。基本建设期主要为正常开采平台以上的道路施工、围岩的剥离，并副产一小部分矿石。正常生产期就是露天采场按照设计参数进行正常的回采工作。

3.4　露天矿山的正常开采工作

露天矿山的正常开采工作可分为两个阶段：第一阶段为开拓时期，主要工作为开挖堑沟，为下一个工作平台的回采工作修好道路；第二阶段为回采时期，主要工作为矿脉四周的围岩剥离及各带矿石的回采。

（1）开拓工作：主要是按照设计，在正在开采的工作平台上开挖堑沟，一直到达下一个工作平台。3 号矿脉的堑沟大部分是在采场的东部沿着最终的坡面进行施工，施工时用潜孔钻在不同的地段钻不同深度的炮孔，一般为 1~11.5 m。由于堑沟爆破没有相应的自由面，只能向上空进行爆破，因此布孔参数相对小一些。炮孔的深度从 1~11.5 m，一直到达下一个工作平台。炮孔的倾向与最终形成道路的倾向是相反的。堑沟的宽度为最终道路的宽度，一般为 10 m，纵向坡度为 10%，爆破后，经过挖运废石，通到下一个工作平台的道路就成了。

（2）回采工作：通往下一个工作平台的道路形成后，在该道路的终端进行围岩剥离，露出一部分矿脉，此时就可以进行正常的回采工作了。回采顺序一般是先采岩钟东部的第Ⅰ带，进行分带开采，一直采到岩钟的核心部位第Ⅷ带，然后再从第Ⅷ带开始回采岩钟Ⅶ~Ⅰ带的各带矿石。岩钟南部与北部的岩石可以根据生产需求调整各带的回采顺序，进行分带回采。

3 号矿脉露天采矿按照设计开采到最深的 1056 m 平台后，又进行了强采三个工作台阶，到 1026 m 平台。

（3）凿岩穿孔：凿岩钻机为潜孔钻，正常生产凿岩主要为 3 号潜孔钻。3 号潜孔钻经技术改造后，使用一根钻杆就可以钻 12 m 深的钻孔，不换钻杆就可以满足正常生产炮孔的深度。钻头的直径为 160 mm，一般情况下扩孔系数为 1.05，在不同的岩石中会有变化。钻孔的倾角为 68°，深度一般为 11.5 m，布孔参数一般为孔距 5 m、排距 3 m，有时按方形进行布孔，有时按梅花形进行布孔，大部分都是按照梅花形进行布孔。

在 20 世纪 80 年代末，也曾进行小孔径（孔径为 110 mm）、大孔距、小排距的爆破，也获得了一定的成果和经验。

（4）爆破工作：爆破施工前，首先要对每个炮孔进行验收，主要检查炮孔的位置、深度，以及炮孔是否有卡孔现象、孔底是否有水。上述几个方面出现任一差错，都要进行处理，以保障炮孔质量达到设计要求。

炮孔验收合格后，要组织爆破技术人员、安全技术人员、现场调度人员召开爆破讨论会，确定爆破日期、炸药单耗、设备撤离、安全警戒范围以及现场施工组织、施工安全管理等，然后根据测量人员提供的炮孔平面图、剖面图、孔距、排距，进行爆破设计，计算出每个炮孔承担的爆破量、土方量及装药量。炸药是2号岩石散装炸药，装药为分段装药，炸药分段间隔及炮孔上部充填都是利用钻孔的岩粉。

起爆系统为导爆索、火雷管、排与排之间微差 30 ms 的起爆方式。导爆索从每个孔底铺设到炮孔口，起爆网络也是用导爆索进行连接，排与排之间连接进行延时的继爆管，最后用导火索和火雷管起爆导爆索网络。

在 1136 m 平台以下，采场的西北角有些炮孔中有积水，不能再用 2 号岩石散装炸药进行爆破，矿山的采矿技术人员研制了一种直径与炮孔直径一致的防水炸药包，解决了水中爆破的问题。

爆破出现的硬根、大块，采用小风钻钻浅孔，或者用 1 号潜孔钻钻浅孔、用2 号岩石炸药的成品药包或者散装药进行爆破。

最终坡面进行光面爆破。光面爆破前，首先对两个工作台阶进行合并，形成一个 20 m 高的坡面，在设计的坡面上留有 2~3 m 的预留层，凿岩用 5 号钻机施工，炮孔倾角为 65°、孔距为 2 m。钻孔时一定要把控好炮孔的倾角、倾向、深度等关键参数。

炮孔直径为 160 mm，深度为 22~22.5 m。

采用不耦合、间隔装药、导爆索、继爆管、火雷管的起爆方式进行爆破。

爆破药包为直径 80 mm 的 2 号岩石炸药包，用直径 80 mm、长 1 m 的锯末袋作为药包间隔，炮口充填仍然使用钻孔岩粉。用这样的方式进行光面爆破后，坡面上都留有 30%~50% 的残留孔，超挖、欠挖的现象很少有。

（5）铲装、运输工作：爆破工作完成后，首先用推土机将飞散的岩石进行集中，然后进行铲装运输，将不同的岩石、矿石分别运输到指定的排土场和矿石堆进行存放。

关于铲装和运输设备及后期生产的部分内容参考曾在一矿担任领导工作的马宗善先生和张生荣先生的回忆文章，作如下详细的补充：

从 20 世纪 50 年代至今，先后有 21 台电铲在可可托海一矿和 8766 选矿厂服役，按照这些电铲来可可托海的先后顺序编号为 1~21 号。1956 年以前一矿使用的是苏联产的 257、202、505、754 型，铲斗容量只有 0.25 m³ 和 0.75 m³ 的小型电铲。1956 年一矿从苏联进口了 3 台当时最先进的 1 m³ 电铲，编号为 1、2、3号。同时把前面已有的 6 台小型电铲分别编为 4、5、6、7、8、9 号。1958 年一矿又从捷克进口了 4 台 RY-1 型电铲，编号为 10、11、12、13 号；同年一矿有了 1 台由中国抚顺挖掘机厂生产的电铲，第一次用上了国产挖掘设备，编号为 14号。在此之前是以柴油机为动力，由于当时的柴油机笨重、故障多、维修困难，而且冬季无法使用，因此一矿的工程技术人员大胆创新，经过反复试验，将动力由柴油机改为电动机，并且大获成功，以至于后来厂家制造时，用电动机作动力还是采用了一矿的革新成果。"文革"期间一矿又进了 2 台杭州产的 2 m³ 电铲，这是可可托海用过的最大的电铲，编号为 15、16 号，但该型号挖掘机使用时间不久便因气动操纵系统严冬不适用而调走。20 世纪 70 年代冶金工业部又从其他矿山调拨过来 3 台国产 1 m³ 电铲，编号为 17、18、19 号；1991 年和 1997 年一矿先后又从抚顺挖掘机厂购进 2 台 1 m³ 电铲，编号为 20、21 号。几十年来，这些挖掘设备有的调往其他矿山，有的退役，到 3 号脉（一矿）关闭时只剩 17、18、19、20、21 号几台电铲，1999 年 3 号脉关闭后，这些设备又担当起为 8766 选矿厂供矿的任务。3 号脉（一矿）电铲及运输汽车见图 3-1。

图 3-1　3 号脉（一矿）电铲及运输汽车

关于矿用自卸车，20 世纪 50 年代一矿的自卸车为 2.5 t 苏联嘎斯 51 自卸车，到 20 世纪 60 年代初国家调拨过来一批解放牌自卸车。1966 年引进了 15 辆法国产的贝利埃 8M3 承载 8 t 的矿用自卸车。这种车要比解放牌自卸车大得多，驾驶室宽敞明亮，视野开阔，操作灵活、马力大、速度快，一矿给它们编号 1～15 号。1971 年一矿又引进了第二批承载 15 t 的法国车，是贝利埃 8M3 的升级版，叫贝利埃 10M3。这种车相对前者除了多一个后桥、车厢略大和颜色不同（前者为灰色，后者为深绿色）以外，外表差距并不大，但后者的发动机马力更大，可承载的质量也大了近一倍，车的编号延续了贝利埃 8M3，从 16 号到 25 号。

到了 1975 年前后，一矿开始了大规模的生产，这些大车派上了大用场，三班运转，冬季零下四五十摄氏度也没有停产。随着生产规模的不断扩大，10 辆车远远满足不了生产需要，为此冶金工业部又从陕西金堆城矿调拨了16辆同类型大车，编号26~41号。

一矿开采了60年，真正出力最大的还是贝利埃10M3，它从1971年到1989年18年间一直承担繁重的运输任务。1984年，一矿调拨来6台苏联产的克拉斯15 t自卸车，这种车重心高、车身过轻，不符合一矿的生产条件，投入生产没多久就停用了，于1991年底卖到了河北省的企业。

20世纪90年代初，贝利埃10M3由于长时间满负荷运作，车况严重老化，运转率急剧下降，陆陆续续退出历史舞台。为保证生产，可可托海矿务局又购进了当时国内最先进的中捷合资生产的承载15 t的10辆太脱拉矿用自卸车，随后新疆有色金属工业公司又从哈图金矿调拨来4辆，一共是14辆，其中4辆调到8766选矿厂供矿。由于和贝利埃不属于同类车型，所以没有延续原车型编号，10辆车重新编号1~10号。1995年初，8766选矿厂供矿车间并入一矿，原供矿车间4辆车划归一矿，编号11~14号。1996年，当时的稀有矿又为一矿购进2辆太脱拉，编号为15、16号。1997年、1998年又分别购进2辆，编号为17、18号。一直到1999年底3号脉闭坑，一矿再没有进新车。闭坑后除了部分报废以外，其余太脱拉继续工作，为8766选矿厂供矿，一直到2007年。

矿石堆放主要分为铍矿石堆、锂矿石堆和钽铌矿石堆，以供选矿厂分不同系统进行选矿生产。

另有两个非金属矿石堆：一个是钾长石矿石堆，主要堆放Ⅲ带矿石；另一个是石英矿石堆，主要堆放Ⅷ带矿石。

排土场主要堆放开采境界以内、3号脉大岩钟部分的围岩。

（6）生产期间地质勘探工作：生产期间的地质勘探工作主要采用两种技术手段，一是钻探，二是挖探槽。

钻探就是通过对爆破钻孔的岩粉进行取样分析，确定当前工作台阶各带矿石的品位以及推算下一个工作台阶各带矿石的品位，并为下一个工作台阶的各带划界提供参考数据。

探槽勘探工作就是在工作台阶的上平台垂直于矿带走向布置探槽，间距为10 m，人工开挖0.8~1 m宽的探槽，要求将探槽上部的碎石清理干净，一直挖到基岩，因此探槽深浅不一。挖到基岩后，人工清除探槽中的碎石，露出干净的基岩。然后在探槽中进行人工素描，大致确定工作台阶上平台各矿带的界线，素描存档。之后再在探槽中沿着探槽的走向，每隔0.5 m布置钻孔，用小风钻在布置钻孔的位置钻孔，钻孔完成后，进行小爆破，接着人工在爆破后的探槽中进行取样、装袋、加工分析，分析数据为划分各矿带界线提供定量依据。最后，矿山地质技术人员根据生产爆破钻孔的岩粉分析数据、素描图及探槽取样分析数据，确定各矿带的界线，为分带回采矿石提供最终的确切的界线。

(7) 采矿场的疏干排水工作: 在露天采矿场北部约 1 km 处有一条常年流水不断、中等水量的河流——额尔齐斯河。河面水位标高大致在 1180 m 水平,因此采场采到 1186 m 水平后,就会有涌水现象,无法正常开采生产。为了保证采矿场能够正常生产,在 20 世纪 70 年代末 80 年代初,矿山成立了疏干队,采用截流的方式进行疏干排水。其方法是在采矿场与河流中间钻深井,井的深度最深可达 200 多米,直径为 30 cm 左右,井之间的距离大约为 150 m,在井中安装深水潜水泵。根据井中水位标高,确定要抽水的井数量,正常情况下有 3~4 口井进行抽水工作,每天三班轮流工作,每班都要实地测量各水井中的水位标高。

采用截流方式疏干排水后,除采矿场西北角处的部分爆破钻孔有 3~5 m 深的水外,没有涌水出现。当采到 1156 m 水平时,同在西北角工作台阶的上平台出现少量积水,但对正常的生产不造成影响。

(8) 永久边坡的管理: 采场内永久边坡的岩石普氏硬度、稳定性各有差异。采矿场南部、西部及东部偏南部分,永久边坡的围岩普氏硬度系数较大,一般都在 18~20 之间,裂隙、解理不发育,稳定性好。而在采矿场的北部、西北角及东北角边坡的岩石普氏硬度系数较小,有些地段甚至是黄土或者砂砾石,边坡很不稳定,极易出现坍塌。

永久边坡管理工作有两项:一项是在容易出现坍塌的边坡上设置观测点,目测移动情况,并定时测量点的位置,看是否发生位移;另一项是考虑永久边坡的 7 m 宽安全平台上会积累一定量的浮石,为了防止这些浮石滚到采场中砸伤人或者砸坏设备,需要定期清理平台上的浮石,以保安全。

3.5 一矿后期生产及闭坑

到了 1994 年,3 号脉岩钟部分露天矿资源临近枯竭,原可可托海矿务局对相关企业未来发展作出了战略性调整,其中之一就是加速 3 号脉露天部分的开采,计划五年内采出剩余原矿,然后关闭矿山。至此,3 号脉开采进入末期。随着 3 号脉采场深度的不断增加,开采难度也在不断加大。一矿的生产任务一年比一年繁重,开采成本一年比一年增大,尤其是最后两年遇到了前所未有的困难。

第一,工作面狭小。随着开采深度的增加,采矿工作面日趋狭小,最小时南北不足 40 m、东西不足 30 m,这样的工作面对于一个大型露天矿来说简直不可想象。工作面狭小带来了一系列的问题:一是备采矿量不足,电铲、自卸车负荷不满。以前三号潜孔钻一次可打几十甚至上百个孔,一次爆破量多达几万立方米,而且一次可以备三四个这样的工作面,每台电铲可以在不移动的情况下连续工作一周甚至十多天。而后来的情况是因工作面狭小,钻机打几个孔就得进行爆破,每次只能炸出几百吨矿,甚至遇到过打三个孔就得爆破的情况,就这样现打孔、现爆破，采场的大型采矿设备也就不得不频繁地移动。大型机械设备最忌讳的就是频繁移动，频繁移动不但大大降低了设备运转率，更为严重的是设备故障频繁发生，特别是电铲和钻机行走部件的消耗居高不下，不但增加了维修工作量，而且增加了生产成本，生产效率低下。二是工作面狭小给安全生产带来了严重威胁，首先是设备转移的安全距离不够（当时出过电铲电机被飞石砸坏的事故），其次是因为安全距离不够，爆破时只好减少装药量，装药量不够又造成爆破效果不佳，大块率超标，这又加大了二次爆破的工作量和爆破成本，形成恶性循环。

第二，地下水出水量大，难以控制。随着开采深度的增加，地下水的出水量越来越大，水位上升迅速，到了 1096 m 工作面所有爆破孔全部有积水，少则几十厘米，多则几米，有时地表都会出水。爆破孔有水装进的炸药雷管就会被水浸湿，湿水的炸药雷管就没法点火起爆，稍有不慎就会出现哑炮。因此，处理孔内积水不但是爆破前的必做工作，而且也是个大难题。因为孔内的水是不断往出涌的，刚处理完没等装药水又涌了出来，尽管想了很多办法，但前期仍然出现了多次部分孔未爆的情况，以至于严重影响生产，并对工作人员的人身安全构成了严重威胁。那两年一矿所发生的几起机械和人身事故都与此有关。耗费大量的人力、物力控制地下水不仅增加了成本，还加大了工作量。当时的排水组或是与排水相关的班组、个人 24 h 待命，只要排水系统出现故障，接到电话立刻到达现场抢修，刻不容缓，因为一旦水位失控，采场的所有大型设备根本来不及转移，都将被水淹没，那后果是不可想象的。

第三，设备陈旧。从可可托海矿务局做出 3 号脉强采决策之后，对一矿几乎就再没有投入。当时一矿的设备状况是：运矿大车有 3 台 1971 年购进的 10M3 和 10 辆使用已近 10 年的太脱拉，洒水车是 1966 年的 8M3，吊车是 1978 年的老解放；电铲除了 1 台 1991 年购进的二手电铲外，其他 3 台都是二十世纪五六十年代的老设备；3 台钻机有 2 台是 1975 年的，还有 1 台是 20 世纪 50 年代的老式钻机；推土机 1 台是 20 世纪 70 年代的，1 台是 20 世纪 80 年代的；空压机都是 20 世纪 70 年代的产品，其他辅助设备没有一样是新进的，有的连标牌都没有。这些老设备工作效率低，维修工作量大，维护保养成本高。那时的生产情况是这样一种场景——所有设备白天几乎都是在修理，到了晚上才能有部分设备投入生产，尤其是电铲和大车故障率非常高，大车出车率最低时只有 10%。

第四，人员缩减。当时的可可托海矿务局正处在一个大发展时期，铜镍矿和阜康冶炼厂都在快速建设中。为了支援阜康镍厂和铜镍矿，从 1995 年开始，就从可可托海各单位抽调了大批人员，而作为可可托海历史最悠久、称为"干部和技术人才摇篮"的一矿自然就成了抽调人员最多的单位。原来 300 多人的单位，只剩下不到 200 人，而且调走的人员中，大部分是领导干部、各类管理人员、经验丰富的老工人和技术骨干。当时的一矿，从矿领导到各车间领导乃至班组长几乎全调走，留下的是一群平均年龄三十出头的年轻人。

但是，一矿职工知难而进，不但出色地完成了每年的生产任务和各项经济技术指标，如期顺利地关闭了 3 号脉，与此同时还创造了一个又一个纪录，攻克了一个又一个技术难关。一是采矿技术得到了进一步提升，创新了一套防炸药浸水爆破新技术。二是针对工作面狭小、备采矿量不足的状况，创新了挤压式爆破，就是在前爆堆没有挖掘完时再次爆破（以前是要将爆破出的矿全部挖掘完才能进行下次爆破，也就是所谓的要挖出抵抗线），这在以前是从来没有过的。三是为了尽可能地多采剩余矿产资源，同时也为了尽可能地扩大工作面，年轻的工程技术人员大胆创新，提出了要将原来的 20 m 边坡并成 30 m，而且要进行光面爆破的设想。他们承受着来自方方面面的压力和阻力，把原来最多只能打 20 m 的钻机改造成能打 32 m，大胆实践。经过努力，长 200 m 的边坡由原来的 20 m 并成 30 m，在一矿历史上没有先例，30 m 的光面爆破更是一大创举。并段后的边坡后移了 4.5 m，不但拓宽了工作面，更重要的是多采了 52000 t 原矿。这对资源紧缺的企业来说意义非凡。仅此一项可以使 8766 选矿厂增加一个季度的供矿量，多生产锂精矿 1000 多吨、钽铌精矿 2.5 t，为企业增加收入 240 多万元。

一群工作经验尚不丰富的年轻人，一堆破旧设备，各种适当的生产条件均不具备，面临的是种种意想不到的困难挑战，但是他们硬是挺过来了。那是一段难忘的岁月，全矿上下齐心协力，共渡难关。一矿的光荣传统之一就是干群关系融洽，职工和干部没有明确的界限，不管是矿领导还是车间干部始终都在生产一线，辅助后勤的职工在做好本职工作的同时积极参与生产，电铲、钻机移动时拉电缆，修路，挖探槽，他们干的一点也不比一线职工少。尽管整个夏季几乎没有休息、没有节假日，尽管工人们因为在生产任务和成本指标的严格考核下几乎没有拿过全月工资，但在平时的工作中，在班前会上，在调度会上，争执的事都是关乎生产、成本的，没有职工为了个人利益争吵过。

一矿是两班生产，到了月底生产任务紧张时，小夜班的职工下班后主动接着上大夜班，一干就是一个通宵。供矿的司机供完矿只要采场还没有下班他们都会来支援。而这些加班的职工却从来没有多拿一分工资。更让人感动的是，夜班职工的家属为了不让加班的家人饿肚子，半夜也都来送饭。到了年底，为了完成全年指标，全矿齐动员，由原来的两班作业改为三班，人手不够，干部、后勤人员齐上阵，会开车的开车，会开电铲的开电铲，生产设备谁会哪样就干哪样（当时的一矿干部和管理人员大多是从生产一线提拔的，所以干什么都是得心应手）。而这些干部和后勤人员白天只休息一上午，下午还要上班。

可可托海 3 号脉的光荣是几代人、是各族优秀矿山儿女用勤劳、汗水，用顽强拼搏的意志铸就的。随着岁月的流逝，随着企业产业结构的调整，3 号脉完成了光荣的历史使命，走完了50年的辉煌历史！

1999年11月25日是一个载入史册的日子，也是值得每一个可可托海人铭记一生的日子。那天下午四时许，20号电铲司机于国光、铁纳克、胡福才装完17号大车和18号大车的最后两车矿，17号大车司机段志辉，18号大车司机金恩斯，开着双闪、鸣着笛将满载原矿的两辆车缓缓地驶出3号脉。一个辉煌了50年，养育了无数优秀的矿山儿女，为国家为企业培养了无数优秀人才，为祖国做出过巨大贡献的老矿山正式关闭。

站在坑口目睹这一切的一矿职工们，眼含热泪，心情五味杂陈、难以名状。那一刻，他们只希望今后的3号脉还会以一种新的姿态出现在世人面前，供世人瞻仰、缅怀、纪念；更希望吃苦耐劳、艰苦奋斗、无私奉献、为国争光的可可托海精神永远传承下去，传遍整个华夏大地。

图3-2为可可托海一矿闭坑纪念照。

图3-2 可可托海一矿闭坑纪念照

图3-2彩图

4 可可托海锂铍钽铌选矿的基础研究和工艺技术研究

4.1 冶金工业部1959年保定会议前的研究工作

保定会议前冶金工业部委托苏联米哈诺布尔选矿研究设计院和有色金属研究院对可可托海3号脉的矿样做过选矿试验。此前一个重要的背景是苏联总顾问的建议。

4.1.1 苏联总顾问的建议

为了改变锂、铍和钽铌矿物手选的长期落后局面，自1956年起，可可托海矿务局会同有关研究机构着手进行选矿厂建设前的试验研究工作。1955年3月20日，新疆有色金属公司副总经理田风与公司苏联总顾问沃斯克列辛斯基（原合资公司总经理）向重工业部有色金属工业管理局汇报中，在讨论北疆可可托海矿区建设总体设计方案时，沃斯克列辛斯基总顾问提出以下建议：

（1）开发3号脉采选设计规模：锂精矿1万~1.5万吨/年，铍精矿2500 t/d，钽铌精矿10~15 t/a。

（2）额尔齐斯河流过矿区，在开发3号脉时要充分注意矿床水文情况。

（3）可可托海是强地震区，建筑物要考虑防八级地震造成的损害。

（4）可可托海附近无煤，应考虑建设水电站。在水电站建成后，第一个十年内可使成本降低30%，第二个十年可降低50%，还可解决居民用电问题。

（5）在选矿方面，在设计上不应考虑手选，因手选损失达40%，应设计机选。

（6）关于技术样品送苏联试验问题，1955年计划内有6个样品试验费，其中铍3个、锂1个、铅锌2个。氧化铜未列费用，费用应由国家增加外汇。

（7）关于聘请苏联顾问的问题，原计划聘请86名，经苏联批准52名，后北京定为76名。

（8）请追加建设乌鲁木齐稀有金属试验研究所，以便与石油研究所分开（原有色矿物试验系由石油试验所代理）。

可可托海矿务局在之后的发展中认真考虑并采纳了某些建议。

苏联总顾问的建议之后陆续都得到了落实。特别是关于开展机械化选铍、选锂的试验研究工作，计划兴建选矿厂事宜也得到重工业部有色金属工业管理局的同意，并要求着手开展试验研究工作。

1956年1月2日至5月8日，可可托海矿务局在苏联顾问列宾科和巴达诺夫的帮助下，由宁广进、汪泽东等人对3号矿脉岩钟部分的各矿带进行选矿试验样品的取样，共采取8个试样，计两份：一份13220 kg矿样送往列宁格勒（米哈诺布尔）选矿研究设计院进行选矿试验；另一份矿样送有色金属研究院进行试验。

4.1.2 米哈诺布尔选矿研究设计院的研究工作

苏联列宁格勒（米哈诺布尔）选矿研究设计院始建于1918年，是全苏联最权威的选矿、烧结、球团专业的研究设计院。1956年，该院在北京帮助中国建立了重工业部选矿研究设计院，这就是北京矿冶研究总院的前身。目前两院仍保持密切的合作关系。

针对可可托海提供的矿样，1957年苏联米哈诺布尔选矿研究设计院提交的小型选矿试验报告中，所推荐的选铍流程为酸法混合浮选流程。该工艺流程在磨矿后除铁，在酸性（pH=1.7）介质中用阳离子捕收剂（NM-11）先浮去云母，脱除云母后的矿浆用氢氟酸调浆，在pH=2~3的介质中浮选出绿柱石及长石混合的铍精矿，石英则留在槽内。

该院推荐的选锂流程为重介质、正浮选脱泥联合流程，以处理高品位的锂辉石矿石。

苏联的试验，选铍流程用酸法和碱法均获得了较好的指标。酸法获得的绿柱石精矿氧化铍品位为8%~11.2%，回收率达71.84%~82.54%，比碱法选铍的指标好。

对于锂辉石浮选，该院选用碱法进行初步处理，用NM-21为阴离子捕收剂或NM-11为阳离子捕收剂，获得的锂辉石精矿氧化锂品位为6.4%，回收率达82%~86.88%。但该院的研究报告中，对钽铌矿物的回收和锂铍浮选分离等问题，在技术上并没有解决。

4.1.3 有色金属研究院的研究工作

对同一类矿样，有色金属研究院开始了3号矿脉矿物的4个选矿专题研究。其中，216、217、219号专题以回收锂矿物为主；218号专题以回收铍矿物为主，并研究同时回收铍和钽铌的可能性。在试验中，曾进行油酸正浮选法、胺反浮选法，以及油酸-胺联合法。在胺反浮选法中取得了较好的指标。

1959年9月，冶金工业部保定会议决定对3号脉进行重新取样，由有色金属研究院和北京矿冶研究院同时进行试验，以期早日突破技术关，为大选厂建设提供可靠依据。据当事者回忆当年做出这一决策的背景是：（1）冶金工业部对前期的科研工作不完全满意；（2）要形成两院竞争的局面，加快研究的速度。有色金属研究院派赵常利、北京矿冶研究院派岳尔敬分别于 1959 年 10 月至 11 月，到可可托海对 3 号脉重新取样。

4.2   保定会议后北京矿冶研究院的选矿试验

4.2.1   北京矿冶研究院研究工作综述

1959 年，冶金工业部保定会议之后，北京矿冶研究院（当时称为选矿研究院）接受了可可托海 3 号脉选矿试验任务，开始介入可可托海 3 号脉的锂铍钽铌选矿科研工作。前期在北京完成实验室小型试验，后期在可可托海实验室与 8859 选矿厂合作，完成了锂辉石浮选扩大试验和工业试验，并在 1961 年 7 月开创了中国工业浮选生产锂辉石的先河。

此后，又经过几年的试验研究，于 1965 年在 8859 选矿厂完成锂铍浮选分离和综合回收钽铌的工业试验，提交了研究报告，并在国家科委备案。

北京矿冶研究院的研究工作是代号为 320 的保密项目，其领军人物是吕永信先生，吕永信先生 1952 年于东北工学院选矿专业本科毕业，后来曾在苏联米哈诺布尔选矿研究设计院做访问学者两年，回国后任北京矿冶研究院第三选矿研究室（稀有金属选矿研究室）主任，后任第一选矿研究室主任、选矿室主任，北京矿冶研究总院副总工程师。

当年吕永信先生领导的团队中对可可托海选矿工业实践做出贡献的骨干人员有岳尔敬、杨敬熙、吴多才、幸伟中、于建中、陈子明、李金荣、徐新贵、印书玲、任福奎、唐顺华、郑石樵等。

1964 年 6 月至 1965 年 8 月完成了最关键的锂辉石、绿柱石浮选分离和综合回收钽铌的工业试验研究，参加人员除了以上团队人员外，还有北京有色冶金设计院（当时称为有色冶金设计总院）张启富，新疆有色金属工业管理局何炯奎，新疆冶金研究所丁锦云，可可托海 8859 选矿厂周宝光、杨书良、李金海、努尔居曼、王斌星等技术人员以及于春新、荣金活、余生仁、马玉兴、郑邦海、马文博、韩国才、王柏寿、骆贤桃、陈菊云、文义远等技术工人。

4.2.1.1   对 3 号脉高锂低铍矿石的锂辉石浮选研究

该院从 1960 年 1 月至 1961 年 6 月，重点进行了可可托海 3 号脉第 V、Ⅵ 矿带高锂铍比的难选矿石及其手选尾矿的试验研究工作，获得了较好的指标；提出了"碱法、不脱泥、不洗矿、高碱度、强烈搅拌、常温及用碱渣"的锂辉石浮选流程。

1961 年 6 月，该院又在可可托海 8859 选矿厂进行了锂辉石浮选工业性验证试验。试验结果证明：不脱泥、不洗矿、高 pH、强烈搅拌、低温不加热矿浆、用石油加工副产品药剂的"碱渣简易流程"是成功的。当试料氧化锂品位为1.8%~2.09%时，锂精矿氧化锂品位为4%~4.3%，回收率为80%~85%。采用常温、不脱泥的碱法简易正浮选锂辉石的流程，改变了国外惯用的脂肪酸类作捕收剂脱泥加温的旧工艺。以此工艺为依据，1961年7月在8859选矿厂正式开启了锂辉石浮选工业生产。

4.2.1.2 锂辉石与绿柱石浮选分离的研究

从1961年3月起，该院开始对绿柱石和锂辉石手选尾矿（除了手选出部分大块锂辉石和绿柱石使原矿锂铍品位降低外，其他性质与原矿相近，可代表原矿）进行综合回收试验。在锂铍浮选分离工艺方面，提出了两种原则流程：

（1）部分优先浮选锂辉石—锂铍混合浮选—锂铍混合精矿加温选择性解吸—锂铍混合精矿浮选分离流程。

（2）锂铍混合浮选再分离流程。

锂铍混合浮选再分离流程的试验于1962年初结束，因流程结构复杂，原矿中的锂铍比强烈地影响混合精矿中的锂铍比，对矿石的适应性较差，锂铍分离难度大，因此该流程不作为主选流程，有待进一步完善。

部分优先浮选锂辉石—锂铍混合浮选—锂铍混合精矿加温选择性解吸—锂铍混合精矿浮选分离流程的小型试验于1963年8月结束。在试验报告中提到：对于高锂低铍的难选矿石，先部分优先浮选锂辉石，然后再选出锂铍混合精矿，经加温处理后，进行锂铍分离，从而获得锂精矿及铍精矿。

1964年6月22日，北京矿冶研究院吕永信（项目负责人）、于建中等与北京有色冶金设计院（当时称为有色冶金设计总院）张启富，新疆有色金属工业管理局何炯奎，以及新疆冶金研究所丁锦云，可可托海矿务局周宝光、杨书良、李金海、塔依尔、彭立荣、成沛然等组成联合试验组，对3号脉锂、铍两种手选尾矿进行综合回收试验工作。试验以第Ⅴ、Ⅵ矿带手选锂辉石尾矿为主，以突破锂铍浮选分离为重点。试验中，先用重选回收钽铌矿物，然后再部分优先浮选锂辉石，之后再锂铍混合浮选，经加温选择性解吸，最后进行锂铍浮选分离，从而获得合格的铍精矿和锂精矿。对于最后锂铍分离槽内的锂产品，如果品位高就与部分优先选出的锂精矿合并，如果品位较低就大闭路返回到球磨机中。期间在1965年1月提出了工业试验中间报告。

1965年上半年，该联合试验组又进行了锂、铍手选尾矿综合回收生产验证试验。试验证明上述工艺流程是可行的。在试验中还创造了在强碱性、加温矿浆中，用酸性、碱性水玻璃抑制脉石和锂辉石分离锂铍矿物的新方法。该项试验于1965年8月结束，提交了完整的工业试验报告。

当原矿氧化锂品位为0.9%~1.1%、氧化铍品位为0.034%~0.044%时，可获得：锂精矿品位为5.35%~6.08%，回收率为89.53%~90.1%。在进行铍粗精矿泡沫的锂铍分离试验中（因泡沫量少可能在实验室），可获得氧化铍精矿品位为9%~10%、作业回收率为89%~95%的指标。

4.2.1.3　对阿斯喀尔特矿铍矿石的浮选研究

阿斯喀尔特矿又称可可托海矿务局新三矿，距离矿区中心远，海拔高，冬季大雪封路不通汽车，生活条件和生产环境十分艰苦，但是该矿的铍资源相当丰富，当年向苏联偿还债务时，该矿是生产铍矿产品的主力。

1959 年，北京矿冶研究院（当时称为选矿研究院）开始对该矿单一铍矿石进行浮选试验研究，主要研究对象是阿斯喀尔特矿 1 号脉和阿勒泰大哈拉苏矿段一矿 1 号脉。阿斯喀尔特矿床属气成-热液类型伟晶岩铍矿床，矿石是以含绿柱石矿物为主的白云母花岗伟晶岩。脉石矿物以长石、石英、云母等为主，并含有微量的辉钼矿、铌铁矿及镓元素等。

1959 年第三季度，北京矿冶研究院（当时称为选矿研究院）开始用酸法对阿斯喀尔特矿床的铍矿石进行浮选试验，至年底结束。试验报告提到：在原矿氧化铍品位为 0.164% 条件下，用酸法流程可获得氧化铍精矿品位为 8.1%，回收率为 83.13%，并回收部分锂辉石。后因酸法流程所需药剂及设备在当时难以解决，故该院又采用碱法流程对该矿床铍矿石进行试验，在原矿氧化铍品位为 0.058% 条件下，精矿氧化铍品位达 8% 以上，回收率达 65% 以上。故该矿床的含铍矿石均可用酸法或碱法浮选出合格的氧化铍精矿。此外还可回收钼精矿。

1962 年 9 月，联合试验组的可可托海矿务局选矿试验室杨书良、喻碧林等对阿斯喀尔特矿床 1 号脉 3110 中段铍手选尾矿进行了浮选试验。至 1963 年 6 月止，共进行了两个流程方案的试验：（1）在倾泻法脱泥流程试验中，经过两次碱处理和三次脱泥，用碳酸钠为调整剂、环烷酸皂等为综合捕收剂，pH = 9.8，温度为 35 ℃，经过一次精选，可获得品位为 6%、回收率为 87% 的铍精矿；（2）在预先浮选脱泥流程试验中，以氧化煤油为捕收剂，以松油为起泡剂，在严格控制酸碱度和磨矿细度的条件下，当原矿氧化铍品位为 0.057%～0.058% 时，精矿氧化铍品位可达 7.97%～8.26%，回收率达 86.58%～87.11%，此流程较倾泻法脱泥流程更切合该矿石特性，经济较为合理。

几家科研机构在 8859 选矿厂的工业试验将在 8859 选矿厂一章（本书第 6 章）具体表述。

4.2.2　代表性论文报告

纵观吕永信先生从 1959 年至 1965 年七年间领导北京矿冶研究院的科研团队，从单一的锂辉石、绿柱石浮选，制定出碱法、不脱泥、正浮选锂辉石简化流程，1965 年获国家发明证书，到研究成功高锂低铍难选矿石的"部分优先浮选锂辉石—绿柱石和锂辉石混合浮选—加温选择性解吸—锂铍浮选分离并综合回收钽铌矿物"的整套工艺技术路线和学术思想，可以从以下 4 篇代表性论文清晰地解读。

吕永信研究锂辉石、绿柱石等硅酸盐矿物浮选时，提出了几个独特的学术思想，奠定了他工艺技术成功和工业化应用的基础（图 4-1～图 4-4 为相关图解）。

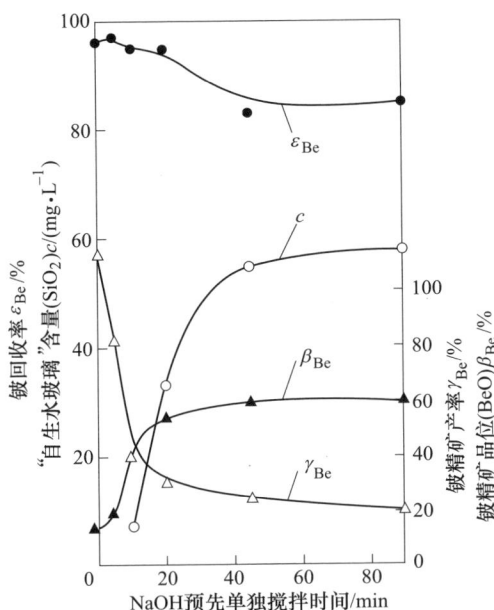

图 4-1 碱作用时间（即"自生水玻璃"含量）对油酸浮选绿柱石矿的影响
（条件：原矿用少量 Na_2CO_3 及油酸除去易浮矿物后，用 NaOH 1.5 kg/t、
油酸 0.5 kg/t、松油 17 g/t 浮选）

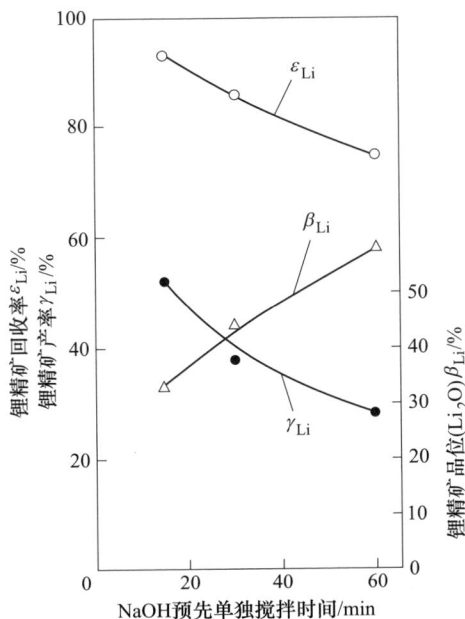

图 4-2 碱作用时间对环烷酸皂（混用氧化石蜡皂）浮选锂辉石的影响
（条件：用 NaOH 0.6 kg/t 磨矿，NaOH 1.0 kg/t 搅拌，
环烷酸皂 542 g/t、氧化石蜡皂 720 g/t 浮选）

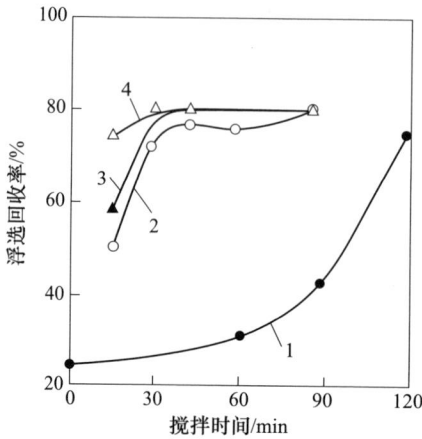

图 4-3　NaOH 用量和搅拌时间对
锂辉石浮选回收率的影响
1—未经 NaOH 处理；2—用 2.5 kg/t 的 NaOH 处理；
3—用 10 kg/t 的 NaOH 处理；
4—用 20 kg/t 的 NaOH 处理

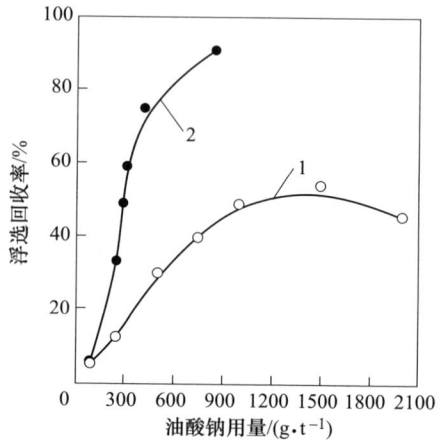

图 4-4　NaOH 预处理时锂辉石浮选
回收率与油酸钠用量的关系
1—未经 NaOH 处理；2—经 NaOH 预处理

（1）他提出"自生水玻璃"的观点。他认为传统的认识是在锂辉石、绿柱石碱法浮选时必须脱出矿泥以减少对浮选的干扰。浮选时产生的硅酸盐矿泥使浮选恶化，因此一般在制定工艺流程时需加设浓密、脱泥等工序（当时美国、苏联等的文献中均有此说法），这样做必定会使工艺复杂化。他在研究中发现，在 NaOH 形成的高碱性（pH = 11 ~ 12）介质中辅助添加 Na_2CO_3，控制好 NaOH 用量、搅拌时间、搅拌强度、矿浆浓度、温度等因素，可使矿浆中的硅酸盐矿泥变为一定量的 Na_2SiO_3。这些"自生水玻璃"本身就是一种无机调整剂，适度调整可改善锂辉石、绿柱石及脉石分离的选择性，从而得到化害为利的效果。

（2）他的研究认为，用 NaOH 预先对这些硅酸盐矿物进行处理，可以排除矿物表面的杂质和矿泥，使其净化；另外，预先用碱处理矿物表面，可以使其中的 SiO_2 发生选择性溶蚀，减少水化性较强的硅酸盐表面区，使金属阳离子富集，从而有利于阴离子捕收剂在矿物表面吸附。

（3）他的研究还认为，矿石无需预先处理和洗矿净化，不必排除磨矿过程中金属阳离子（主要为 Ca^{2+}、Fe^{3+}）对矿物的污染，他是全部利用和控制这种污染与活化效应，使用常规无机盐调整剂阴离子（主要为 F^-、CO_3^{2-}）以及酸、碱变态水玻璃对污染阳离子的选择性解吸及抑制作用，从而达到用脂肪酸类捕收剂浮选分离矿物的目的。

图 4-3 为油酸用量 1000 g/t、松油用量 130 g/t 时，NaOH 用量和搅拌时间对

锂辉石浮选回收率的影响。由图 4-3 可见，不用 NaOH 处理的锂辉石也可浮游，但搅拌时间长。当用 NaOH 处理时，随着 NaOH 用量的增加，浮选回收率逐渐提高，搅拌时间也相应缩短。图 4-4 为 NaOH 预处理后，锂辉石在不同油酸钠用量时的可浮性，可见经 NaOH 活化后的锂辉石很容易浮游，而未经 NaOH 处理的锂辉石即使在油酸钠用量很大时，其浮选回收率也不太高（<60%）。

为了深入领会吕永信先生的学术思想，以下引用吕先生的 4 篇论文。

论文一 绿柱石及锂辉石碱法浮选问题——几个控制因素作用的探讨

吕永信

一、绪论

许多研究表明，用羧基酸类阴离子捕收剂（油酸、氧化石蜡、环烷酸等）浮选伟晶岩绿柱石及锂辉石矿时介质适宜 pH 为 6~8.5，但矿物浮游性仍然不强，回收率不超过 40%~60%。当用 NaOH 预先处理矿石，随后脱泥洗矿，使矿浆呈中性或弱碱性再浮选，则绿柱石与锂辉石显著活化，回收率可达 80%~90% 及以上。此即通用的碱法浮选流程（见图 4-5）的工艺基础。

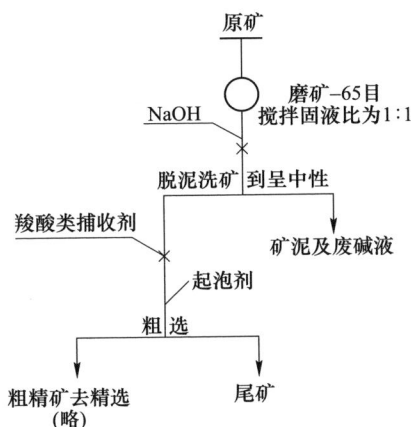

图 4-5 碱法浮选伟晶岩绿柱石、锂辉石通用流程

近来，J.S.布朗宁公布"磨矿后不脱泥、不洗矿，加 NaF 及木质素磺酸盐，直接用油酸浮选锂辉石"的简化流程并半工业试验成功。迄今尚未见有关绿柱石的类似报道。

一般矿样中主要矿物为绿柱石、锂辉石，脉石为石英、长石及白云母，伴生有磷灰石、石榴子石、电气石、硫化物及钽铌矿物等。从矿物组成来看，可视为

Li_2O 含量/BeO 含量比例不同（0.5~50）的绿柱石-锂辉石混合矿。

当按图 4-5 流程对绿柱石矿进行碱处理后的脱泥洗矿次数试验时得出表 4-1 的结果。

表 4-1　绿柱石矿碱处理后脱泥洗矿次数试验结果

试验	脱泥洗矿次数	粗精矿			矿泥		尾矿品位
		$\gamma/\%$	$\beta_{BeO}/\%$	$\varepsilon/\%$	$\gamma/\%$	$\beta_{BeO}/\%$	$\beta_{BeO}/\%$
86	0	6.62	2.19	34.50	0	0	0.2950
87	1	16.85	2.09	84.81	4.97	0.320	0.0603
88	2	26.97	1.70	92.56	7.40	0.363	0.0151
89	3	28.93	1.48	92.47	8.57	0.363	0.0060

注：磨矿细度-200 目占 54%，NaOH 用量为 1.2 kg/t，搅拌 30 min（固液比为 1:1）。浮选时加入碳酸钠 300 g/t，油酸 500 g/t，松油 30 g/t。$\mu_{BeO}=0.45$。

按通常的技术观点可得出结论：

（1）当不脱泥、不洗矿时，精矿品位虽高，但回收率太低。

（2）随脱泥洗矿次数增多，绿柱石活化，回收率由 34.5% 增至 92% 以上。

（3）脱泥洗矿有优越性，适宜次数为两次。

这就证实了通用碱法浮选流程中脱泥洗矿的必要性和合理性。但分析上列试验结果后，提出下列新的观点：

（1）不脱泥、不洗矿时工艺指标虽低，但却表明在碱处理后自发形成的胶态矿泥及废碱液存在条件下，绿柱石可浮（$\varepsilon_{Be}=34.5\%$），脉石受强力抑制，致精矿品位最高。

（2）脱泥洗矿后不只绿柱石活化，脉石亦大量上浮，粗精矿量由 6.62% 增至 26.97% 以上，显然与洗矿排除过程中的自发抑制因素有关。

（3）脱泥洗矿次数的增加，即排除自发抑制因素作用的程度增强，脉石和绿柱石均被活化，上浮率分别由约 4% 及约 34.5% 增至约 23% 及 92% 以上，但以绿柱石上浮较快。显然，有可能在不脱泥、不洗矿条件下通过调整 NaOH 预先处理所形成的自发抑制作用强度，增强目的矿物浮游性。改善分选指标是可能的。进一步试验完全证实上述观点。从而产生伟晶岩绿柱石矿经 NaOH 处理后可以不脱泥、不洗矿而直接进行浮选的工艺方案。试验证明，亦适用于伟晶岩锂辉石矿的浮选并成为不脱泥、不洗矿的碱法混合浮选绿柱石-锂辉石的工艺流程。

二、几个控制因素作用的探讨

不脱泥、不洗矿的碱法浮选过程的实质是保留、控制并利用 NaOH 预先处理矿石过程中自发形成的抑制与活化因素。伟晶岩硅酸盐矿石经 NaOH 预先处理后矿浆的基本特征是：（1）由 NaOH 形成的高 pH（pH=11~12）介质；（2）NaOH

作用结果使矿物表面层发生溶蚀；（3）NaOH 作用结果使微细矿物颗粒（包括矿泥）胶态化，甚至全部溶解。

从上述具体条件出发，应该着重研究：（1）在高 pH 介质中决定硅酸盐矿物浮游的活性阳离子及其活化规律；（2）硅酸盐矿泥在 NaOH 作用后的变态产物（包括粗粒矿物表面溶蚀产物）对分选的影响；（3）浮选用水中以 CO_3^{2-} 为主的阴离子对矿物分选的调整作用及其控制规律；（4）羧基酸类阴离子捕收剂在高 pH 介质中的主要特征及其同矿物的相互作用。

（一）高 pH 介质中硅酸盐矿物浮游活性离子及其控制

用羧基酸类阴离子捕收剂浮选时决定矿物浮游的活性阳离子来源有二：（1）在成矿时矿物阳离子组成元素及杂质污染；（2）磨矿浮选过程中难免阳离子的必然影响。纯矿物及浮选用水中主要成分分析结果列入表 4-2 和表 4-3 中。

表 4-2 天然纯矿物主要成分分析　　　　　　　　　　（%）

矿物	BeO	Li$_2$O	CsO	MgO	Fe	Mn
绿柱石	12.16	0.51	0.54	0.24	1.10	0.015
锂辉石	0.068	7.8	0.42	0.13	0.92	0.12
石英	<0.003	—	0.03	0.06	0.17	—

表 4-3 浮选用水主要成分分析　　　　　　　　　（mg/L）

水源	硬度（德）	CaO	MgO	Fe	Al	SO$_4^{2-}$	Cl$^-$	CO$_3^{2-}$	HCO$_3^-$
软水①	2	12.00	5.30	0.05	1.60	52.65	35.45	30.03	360.01

①自来水经钠离子交换器软化处理。

分析结果表明，可能影响浮选的阳离子有 Be^{2+}、Mg^{2+}、Ca^{2+}、Al^{3+}、Fe^{3+}、Mn^{4+} 及 Na^+ 等。许多研究工作已经证明，在高 pH（pH = 11 ~ 12）介质中，对硅酸盐矿物浮选而言，碱土金属离子有活化作用，而 Fe^{3+}、Al^{3+} 及 Mn^{4+} 的存在有抑制影响。用当量相等（6.8 mol/t）的 Be^{2+}、Mg^{2+} 及 Ca^{2+}（$BeSO_4 \cdot 4H_2O$、$MgCl_2 \cdot 6H_2O$ 及 $CaCl_2 \cdot 2H_2O$）对绿柱石在纯蒸馏水（固液比 1：6）中用油酸（2.6 kg/t）浮选的试验结果（见图 4-6）证明，其有共同的活化特征，但以 Ca^{2+} 为最强；在 pH 较高时，Be^{2+} 表现出某些抑制倾向，可能与其氢氧化物溶解度较小（$K_{spCa(OH)_2} = 3.1 \times 10^{-5} > K_{spMg(OH)_2} = 1.5 \times 10^{-11} > K_{spBe(OH)_2} = 2.7 \times 10^{-19}$）及其元素的两性特征，以及大量 OH^- 影响油酸离子在矿物表面上吸附有关。对比绿柱石在纯水中与被碱土金属活化后的浮选性表明，浮选用水中的碱土金属离子（尤其是 Ca^{2+}）是活化矿物的主要因素。

据 H. A. 雅妮斯及 A. M. 高登等的研究，绿柱石及石英对 Ca^{2+} 或 Ba^{2+} 的等温吸附式为

$$\ln\Gamma = a + b\mathrm{pH} \tag{4-1}$$

式中，Γ 为 Ca^{2+} 或 Ba^{2+} 吸附量；a、b 为常数。

矿物同脉石的类同活化特征造成高 pH 时分选困难，但从图 4-7、图 4-8 又可看出，当液相中 Ca^{2+} 浓度不大（或浮选用水的硬度较低）时，二者对 Ca^{2+} 的吸附尚有一定差异，我们对天然状态纯矿物的浮选结果（见图 4-9）也证实了这点。

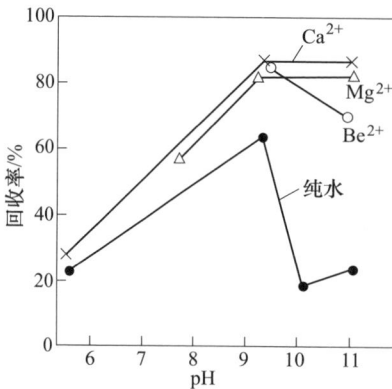

图 4-6　不同 pH 时，等当量阳离子对
绿柱石油酸浮选的活化影响

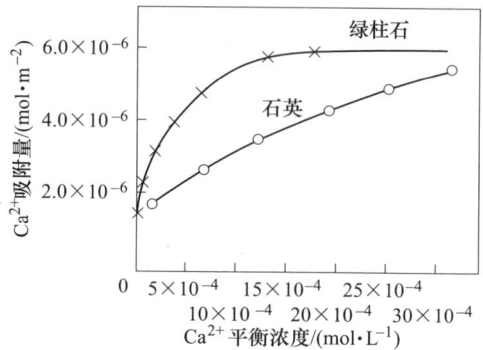

图 4-7　pH = 11~13 时绿柱石及石英对
Ca^{2+} 的吸附等温曲线

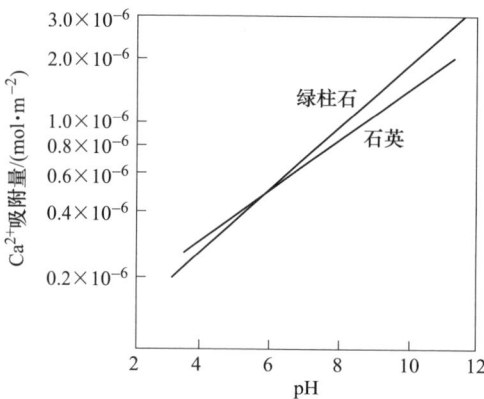

图 4-8　在 Ca^{2+} 浓度为 6.24×10^{-4} mol/L 的介质
中绿柱石及石英对其吸附量与 pH 的关系

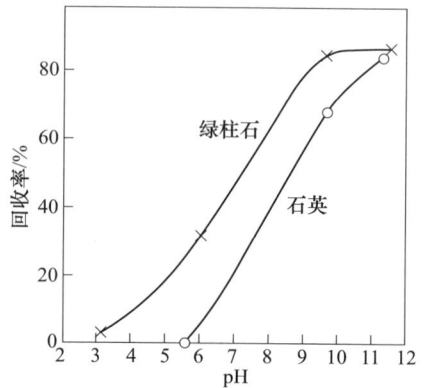

图 4-9　在 Ca^{2+}（63.6 mg/L）存在条件下
介质 pH 对绿柱石及石英浮选的影响
（条件同图 4-6）

综合上述，在高 pH 介质中，硅酸盐矿物浮游活性阳离子是以 Ca^{2+} 为代表的包括 Be^{2+} 及 Mg^{2+} 的碱土金属离子。其在矿浆的必然存在是造成矿物活化的主要因素。它对矿物及脉石的类似活化特征造成分选困难。基本的分选条件应该是保证较低的碱土金属离子浓度（或浮选用水硬度）及适宜的高 pH。

矿石试验证明，上述结论亦适用于锂辉石矿（或称含锂辉石较多的绿柱石矿）的浮选。

（二）硅酸盐矿泥在高 pH 介质中的变态产物对分选的影响

硅酸盐矿物浮选过程中，矿泥存在是不可避免的，其会对浮选产生不同的影响。已有许多关于矿泥的研究，但多认定其影响较坏，因而通常采用两种措施处理：（1）脱泥洗矿，完全排除；（2）分散稳定，缩小影响。

近年来在某些工艺方面又出现不脱泥、不洗矿的新工艺。尤其是 Д. И. 聂多果沃洛夫，将矿泥与碳酸钠共用作浮选调整剂，成功地分选钛铁矿和石英或锆石的混合物，显然，在一定的工艺条件下，硅酸盐矿泥可以成为矿物分选的特殊调整剂。但在绿柱石-锂辉石碱法浮选前、碱处理后的脱泥洗矿作业一直被认定是必不可少的。例如，С. И. 波立金认为"否则欲得优质绿柱石精矿是不可能的"。但是我们的工作表明，当控制得当时，这一作业是可以省去的。

众所周知，基于固液界面物理化学特性，固相表面将产生不同程度的表面溶蚀或溶解，尤其当 NaOH 对硅酸盐矿物表面作用时更甚。据托姆逊（Tomson）式导来的公式：

$$\ln \frac{C_1}{C} = \frac{2\sigma_{sl}}{\rho RT dr_1} \tag{4-2}$$

式中，C_1、C 为细粒及粗粒晶体溶解度；σ_{sl} 为固液界面张力；ρ 为晶体密度；r_1 为细粒晶体半径。

可知粒度越细，溶解度越大。对微细的硅酸盐颗粒（包括其矿泥）而言，NaOH 作用后将产生两种极端的变态倾向：（1）粗粒表面溶蚀；（2）极细粒全部溶解。主要表现是伟晶岩原矿经碱作用后的矿浆长期（几十昼夜）静置亦难澄清，呈黄褐色混浊而稳定的胶态分散系。七昼夜后胶体含量尚达 1250 mg/L。光谱分析（见表 4-4）证明，是含铁较多的铁铝硅酸盐混合胶体，可能是胶态的 $Fe(OH)_3$、AlO_2^- 和 SiO_3^{2-} 及固态微粒的混杂物。其对绿柱石的浮选影响显示了抑制性能（见图 4-10），并较"自生水玻璃"为强，可能与组成有关。其对矿物的分选作用在原矿浮选试验中得到明显的反映（见图 4-11、图 4-12）。增强 NaOH 作用强度，从而矿浆中溶解 SiO_2（称"自生水玻璃"），其含量增加对浮选影响的结果（见图 4-13）表明，铁铝硅酸盐混合胶体所起的总抑制效应与矿浆中"自生水玻璃"含量有明显的对应关系；"自生水玻璃"含量越大，抑制作用越强。这就进一步肯定了"自生水玻璃"是铁铝硅酸盐混合胶体抑制性能的基本作用成分。对锂辉石矿的浮选，也出现类似规律（见图 4-14）。

表 4-4　分散胶体光谱分析

概量	大	中	微	痕
	<5%	0.1%~5%	0.01%~0.1%	0.001%~0.01%
元素	Si, Al	Fe	Ca, Ti	Be, Li, Bi, Pb, Ga, Ni, V, Cu, Zr, Cr

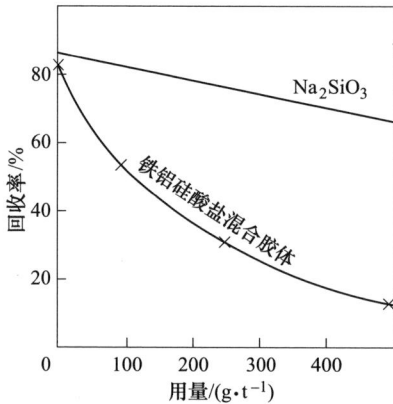

图 4-10　铁铝硅酸盐混合胶体对
Ca^{2+} 活化绿柱石浮选的影响
（条件同图 4-6, pH=11.35）

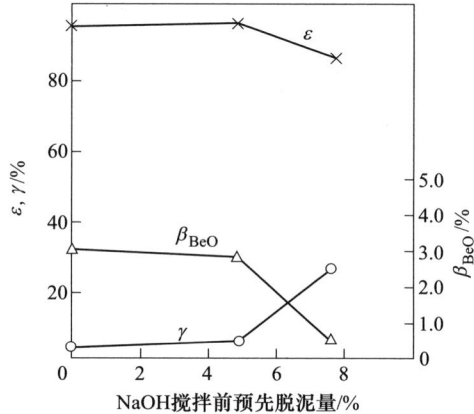

图 4-11　碱作用前脱泥量对油酸
浮选绿柱石矿的影响

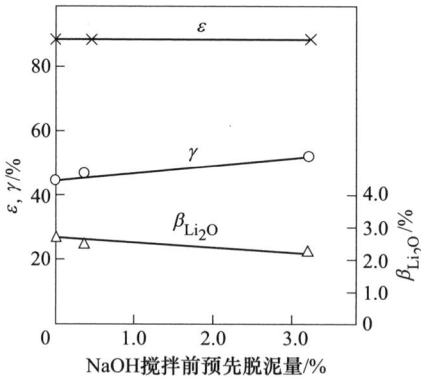

图 4-12　碱作用前脱泥量对环烷酸皂
浮选锂辉石矿的影响

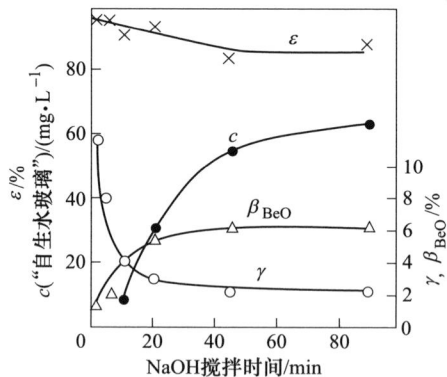

图 4-13　碱作用时间与"自生水玻璃"
含量对油酸浮选绿柱石矿的影响

除细粒硅酸盐矿粒（包括细泥）溶蚀或溶解以外，粗粒矿物表面溶蚀也是"自生水玻璃"来源之一。H. A. 雅妮斯用 4 kg/t 的 NaOH 处理绿柱石后，分析其

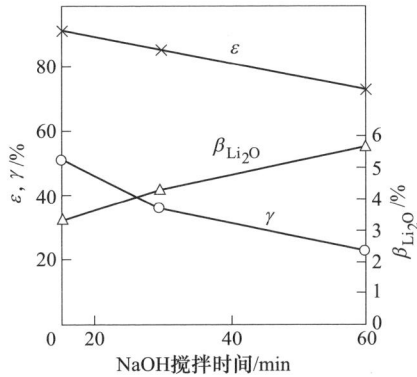

图 4-14　碱作用时间对环烷酸皂（混用氧化石蜡皂）浮选锂辉石矿的影响

溶液时已经证实了此说法。我们的测定结果（见表 4-5）进一步肯定了这个说法。同时证明，"自生水玻璃"含量与硅酸盐矿物比表面积（以 cm^2/g 计）有平行关系；矿物比表面积越大，"自生水玻璃"含量亦越多，显然与晶体溶解度同其粒度大小有关是完全相符的。从而，碱作用强度对分选结果会造成一定影响：作用过强是有害的，因目的矿物亦受其本身溶蚀产物及胶体矿泥的综合抑制作用影响；作用过弱也是不利的，因矿泥未能充分胶态化和分散稳定，难以使脉石达到足够的抑制作用，从而使产品质量降低，选择性变差。

表 4-5　天然矿物"自生水玻璃"含量与其比表面积

项目	石英	绿柱石	锂辉石	长石
"自生水玻璃"含量/$(mg \cdot L^{-1})$	27	32	54	69
"自生水玻璃"含量比值	1.00	1.19	2.00	2.56
矿物比表面积/$(cm^2 \cdot g^{-1})$	98	135	207	—
矿物比表面积比值	1.00	1.38	2.11	—

注：粒度为 $-74\ \mu m + 20\ \mu m$，50 g，蒸馏水 50 mL，NaOH 用量为 3 kg/t，搅拌 1 h，水温为 5 ℃，作用
　　后测"自生水玻璃"含量；用液体渗透法测定比表面积，粒度为 $-0.298\ mm + 0.208\ mm$。

综上所述，NaOH 作用在硅酸盐矿物（包括它的矿泥）表面，产生表面溶蚀或部分溶解。矿浆中的变态产物是组成复杂的铁铝硅酸盐混合胶体，具有强烈的抑制性能，可视为过程的特殊调整剂。溶解 SiO_2（或称"自生水玻璃"）是抑制作用的基本成分；其含量与矿物粒度、比表面积、细粒级及矿泥的含量、碱溶特性和碱作用强度等有关。碱作用后形成的自发抑制作用首先分散矿泥，进而抑制极细粒度级别、水化能力较强或粗粒难浮的硅酸盐矿物（首先是脉石矿物）；碱作用过强时将使目的矿物浮游性有较大幅度的降低，因此正确合理选择碱作用强度十分重要。

（三）浮选用水中 CO_3^{2-} 及某些阴离子对分选的调整作用及其控制

由表 4-3 知，浮选用水中可能影响过程的大量阴离子有 CO_3^{2-}（在 pH＝11～12 条件下，HCO_3^- 及 H_2CO_3 含量可忽略）、SO_4^{2-} 及 Cl^-。在碱性（pH＝10.33）水中它们对 Ca^{2+} 活化绿柱石浮选的影响试验（见图 4-15）表明，以 CO_3^{2-} 的抑制作用最强，而 SO_4^{2-} 及 Cl^- 只在量大时才出现，抑制作用强度顺序为 CO_3^{2-}＞SO_4^{2-}＞Cl^-，显然与其形成的 Ca^{2+} 盐溶解度大小有关（K_{spCaCO_3}＝$4.8×10^{-9}$＜K_{spCaSO_4}＝$6.1×10^{-5}$＜电解质 $CaCl_2$ 的 K_{sp}）。但应当指出，由于用的是 Na^+ 盐，因此关于 SO_4^{2-} 及 Cl^- 的抑制作用亦有 Na^+ 排挤 Ca^{2+} 而削弱后者活化作用的可能性。

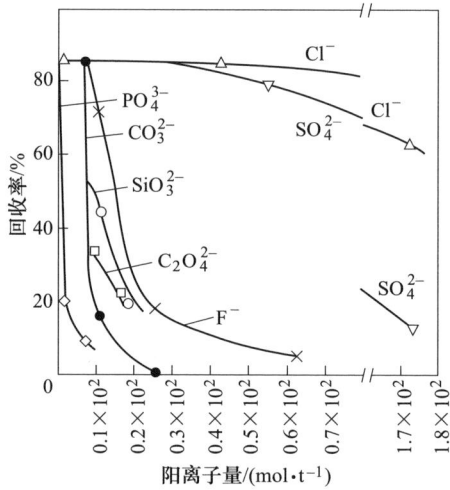

图 4-15　各阴离子对 Ca^{2+}（6.8 mol/t）活化绿柱石的油酸浮选的影响

从式（4-1）进一步可知，H^+ 对 Ca^{2+} 的吸附有排挤作用，故需 OH^- 以资抵消；从操作控制出发，OH^- 可被视为间接的活化剂，但过量时将影响 $RCOO^-$（羧酸根离子）的吸附，因此 OH^- 应有一定的浓度；而其与水中的主要抑制性阴离子 CO_3^{2-} 之间也应有一定的比例关系，下列计算完全肯定了这一点。

设 CO_3^{2-} 与 OH^- 对矿物表面上 Ca^{2+} 活性中心的争夺属于离子交换吸附类型；同时，液相中的为 CO_3^{2-}，而 HCO_3^-、H_2CO_3 及 CO_3^{2-} 的其他损耗量较小，皆忽略不计，则离子吸附应从属下列关系：

$$c(Ca^{2+})c(CO_3^{2-})/[c(Ca^{2+})c(OH^-)^2] = K'_{sp}/K_{sp} = K \qquad (4-3)$$

因 $c(Ca^{2+})$ 为常数，故

$$c(CO_3^{2-})/c(OH^-)^2 = K \qquad (4-4)$$

将实测值代入上式则得 K＝$4.8×10^{-9}/(3.1×10^{-5})^2$≈$0.5×10$。

已知，浮选用水（软水）中 $c(CO_3^{2-})$ 为 $6.5×10^{-3}$ mol/L，即约 390 mg/L（见

表4-3），则介质中 $c(OH^-)$ 至少应为 1.14×10^{-2} mol/L，从而介质应保持 pH = 11.942。

计算的介质 pH（11.942）与绿柱石及锂辉石浮选试验及实践资料（即 pH = 10.5~12）十分吻合是绝非偶然的，从而证实了预测。图4-16的结果进一步表明，从属离子交换吸附的 CO_3^{2-} 同 OH^- 对表面活性中心的争夺特征还是可逆的；因为一定的 NaOH 及 Na_2CO_3 用量比例，相应会得到一定的分选结果（除用量太少外，如 500 g/t : 500 g/t）；NaOH 过多，脉石过量上浮；Na_2CO_3 过量，目的矿物受抑制影响。

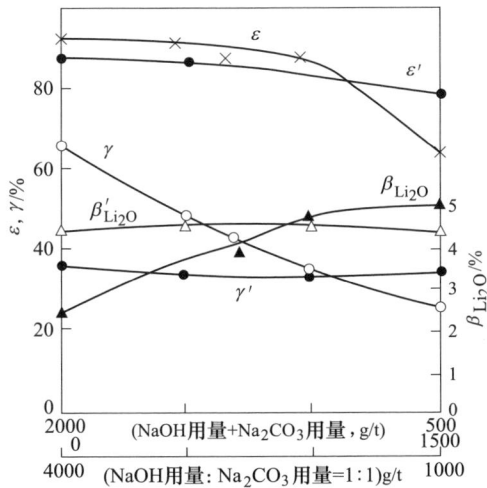

图4-16　NaOH 及 $NaCO_3$ 用量比例对环烷酸皂浮选锂辉石矿的影响

除上述着重讨论的 CO_3^{2-}、OH^-、SO_4^{2-} 及 Cl^- 外，至于浮选用水中可能存在的 PO_4^{3-}、$C_2O_4^{2-}$，SiO_3^{2-} 及 F^- 等阴离子，同 CO_3^{2-} 一样，皆有抑制作用（见图4-15）；但其作用顺序不全与其钙盐溶度积常数 K_{sp} 大小相适应，却与其离子电价大小相吻合（见表4-6）。由此可见，这些离子对 Ca^{2+} 活化绿柱石的浮选影响是从属波涅特-法扬斯（Paneth-Fajans）定则的。

表4-6　某些钙盐的溶度积常数与其离子电价

项目	$Ca_3(PO_4)_2$	$CaCO_3$	CaC_2O_4	$CaSiO_3$	CaF_2
溶度积常数 K_{sp}	3.5×10^{-21}	4.8×10^{-9}	2.6×10^{-9}	6.7×10^{-7}	4×10^{-11}
阴离子电价 n_A	3	2	2	2	1
离子价比 n_A/n_k	1.5	1.0	1.0	1.0	0.5

综合上述，可得出结论：浮选用水中 CO_3^{2-} 对 Ca^{2+} 活化的硅酸盐矿物浮选起抑制作用，而 SO_4^{2-} 及 Cl^- 含量较少，影响不大。推算和试验结果表明，

$c(CO_3^{2-}):c(OH^-)$ 浓度比对分选影响很大；它们呈可逆的离子交换吸附特征影响浮选。试验的阴离子对 Ca^{2+} 活化绿柱石的浮选影响从属波涅特-法扬斯定则。

（四）两类主要羧基酸捕收剂在高 pH 介质中的主要特征及其同矿物的作用

用滴重法测定了环烷酸（纯度 85%~88%，其余为中性烃类）及油酸在软化自来水（22 ℃）中经超声乳化后的表面活性，结果（见图 4-17、图 4-18）表明，在中性介质中环烷酸比油酸拥有较强的表面活性及低温活泼性，即使处于 0 ℃ 亦不丧失，显然与其低凝固点有关。但油酸不同，在 15 ℃ 以下时即凝固析出，失去其表面活性物质的特征。

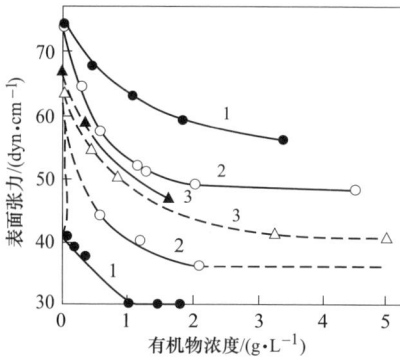

图 4-17　油酸、环烷酸及松油的表面活性
（实线表示中性介质，虚线表示碱性介质；
dyn，达因，1 dyn＝10^{-5} N）
1—油酸；2—环烷酸；3—松油

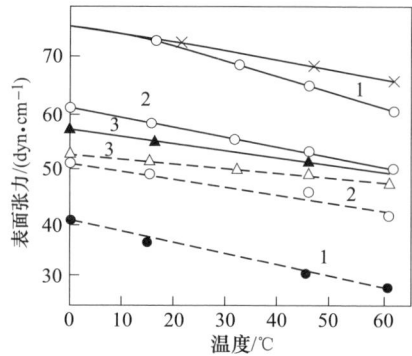

图 4-18　介质温度对各有机物的
表面活性的影响
（实线表示中性介质，虚线表示碱性介质；
dyn，达因，1 dyn＝10^{-5} N）
1—油酸；2—环烷酸；3—松油

在碱性介质（NaOH 浓度为 1.5 g/L）中，油酸及环烷酸的表面活性皆相应提高，都具有低温活泼性，给低温浮选创造了有利条件。浮选试验表明，在强碱性（pH＝10~11.5）及低温（4~6 ℃）介质中，油酸表现出强烈的起泡性能。

据 B.Г.丹尼洛夫计算图（见图 4-19），在高 pH 介质中油酸主要呈离子（$RCOO^-$）形态，而溶解的油酸分子（$RCOOH$）及未溶油酸量极少。至于皂化、溶解和解离后的环烷酸离子，由于无水解倾向，更易呈离子形态。从而，油酸和环烷酸在高 pH 介质中的表面活性增强与其皂化、分散和离子化程度增强有关。

为初步查明捕收剂同矿物作用特征，进行了矿物吸附药剂稳定性的检查（用滴重法测定），结果（见图 4-20、图 4-21）表明，油酸在绿柱石、锂辉石及石英表面上的吸附稳定性比环烷酸普遍为强。因此，当浮选需要多次精选的低品位原矿时，应用像油酸那样的直链烃羧基酸作捕收剂更为有利。锂辉石的药剂吸附量普遍较高，可能与其微观裂隙较为发育、吸附性能较强有关。

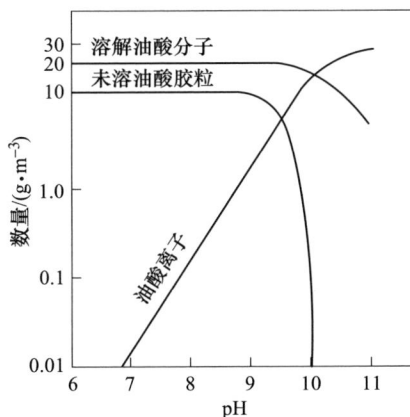

图 4-19 矿浆中油酸解离产物数量与 pH 的关系

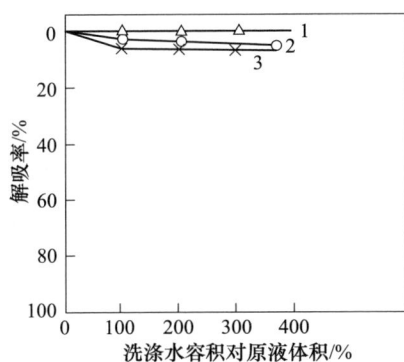

图 4-20 高 pH 介质中油酸在
矿物上的吸附稳定性

1—锂辉石（原吸附 0.432 mg/g）；

2—绿柱石（原吸附 0.376 mg/g）；

3—石英（原吸附 0.372 mg/g）

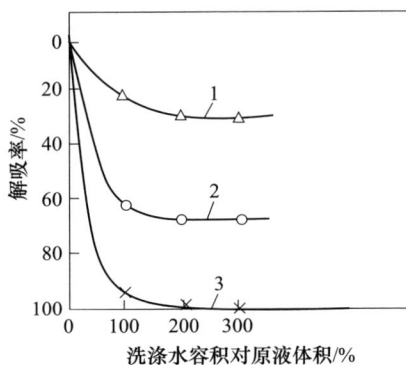

图 4-21 高 pH 介质中环烷酸在
矿物上的吸附稳定性

1—锂辉石（原吸附 0.800 mg/g）；

2—绿柱石（原吸附 0.300 mg/g）；

3—石英（原吸附 0.267 mg/g）

综合上述，在 NaOH 形成的高 pH 介质中不管是直链烃（油酸）或是环状烃（环烷酸）羧基酸都拥有强烈的表面活性及低温活泼性，为常温和低温浮选创造了有利条件；其低温活泼性与其离子化程度增强有关。低温能增强起泡剂的起泡性（$\sigma_t = \sigma_0 - at$）及泡沫稳定性的特点决定了控制单一药剂的捕收和起泡性能是十分重要的。对浮选低品位和要精选的原矿而言，用直链烃羧基酸作捕收剂更为有利。

三、结语

（1）对几个伟晶岩试样进行研究，并确定了可以省去国内外一般碱法浮选伟晶岩绿柱石-锂辉石矿通用流程中 NaOH 预先处理后的脱泥洗矿作业，从而简化了碱法混合浮选的工艺方案。

（2）NaOH 作用后矿浆中的变态产物——胶态化的硅酸盐矿泥（亦即铁铝硅酸盐混合胶体）是矿物分选的特别调整剂，"自生水玻璃"是其抑制性能的基本作用成分。

（3）高 pH 介质中用羧基酸捕收剂浮选时硅酸盐矿物活性阳离子为以 Ca^{2+} 为代表（包括 Be^{2+}、Mg^{2+}）的碱土金属离子。主要活化影响来自液相，除此之外，良好的分选条件是保持较低的 $c(Ca^{2+})$ 或浮选水硬度及相适宜的高 pH。

（4）浮选用水中 CO_3^{2-} 是主要起抑制作用的阴离子，其同 OH^- 浓度比对分选影响很大，必须适应。二者对表面活性中心的争夺属于可逆的离子交换吸附。PO_4^{3-}、CO_3^{2-}、$C_2O_4^{2-}$、SiO_3^{2-}、F^-、SO_4^{2-} 及 Cl^- 等对 Ca^{2+} 活化绿柱石的浮选影响从属波涅特-法扬斯定则。

（5）直链烃（油酸）或环状烃（环烷酸）羧基酸在高 pH 介质中都有低温表面活性能力，为低温浮选创造了有利条件。由于油酸吸附稳定性较强，故当浮选低品位原矿或要多次精选的原矿时采用较长的直链烃羧基酸作捕收剂更为有利。

吕永信先生领导的团队在北京完成实验室小型试验并制定出碱法、不脱泥、正浮选简化流程之后，在可可托海 8859 选矿厂完成了工业试验，取得了与北京矿冶研究院实验室相近的规律和试验结果。以下的一篇论文是吕永信先生的阶段总结。

论文二   NaOH 处理对绿柱石及锂辉石的活化，新的碱法低温浮选流程及其工业实践

吕永信　吴多才　杨敬熙

提要：本文介绍了伟晶岩绿柱石、锂辉石碱法低温正浮选简易（不脱泥、不洗矿）流程的制定经验、工业实践及有关过程的某些理论观点。

一、绿柱石及锂辉石碱法浮选流程的研究

（一）当前研究概况

碱法浮选伟晶岩绿柱石及锂辉石的常用捕收剂为油酸、氧化石蜡及环烷酸等烃基羧酸或其皂。当晶体破碎后，晶面上将出现 Be^{2+}、Al^{3+} 阳离子区；据 C. И. 米特洛凡诺夫的观点，它们可能成为固着羧基酸捕收剂阴离子的微弱的活性中心。

许多试验证明，绿柱石浮选的适宜 pH 为 6~8，锂辉石为 7~8.5；但其自身

浮力仍属不足，回收率只有40%~60%。若将原矿用NaOH（或其他调整剂，本文从略）预先处理后脱泥洗矿，再浮选，则绿柱石显著活化；尽管捕收剂吸附量减少37%~41%，其回收率可高达80%~90%及以上。

H. A. 雅妮斯将绿柱石预先用酸（HF）或碱（NaOH）处理后的废液进行化学分析后，发现其$c(BeO):c(Al_2O_3):c(SiO_2)$的比例与矿物化学组成比例（1:0.33:2）不相适应，实测结果是1:(0.74~0.98):(12.49~16.2)。这就表明，溶液中SiO_2相对富集，而矿物表面上Be^{2+}及Al^{3+}相对增多，按H. A. 雅妮斯的解释，从而使矿物浮游性增强。然而，捕收剂吸附量为何减少却难以理解；作者在进行了相当的解说之后，也指出了这点。

锂辉石经碱预先处理所引起的活化，C. И. 波立金认为，实质上是由于清净了矿物表面上意外杂质，因此用其他药剂，诸如Na_2CO_3、Na_3PO_4、NaCl，甚至仅予以强烈的机械搅拌处理，也可取得相应的活化效果。

应当指出，脱泥洗矿作业本身不仅使作业过程复杂化，更主要的是金属损失增大，以美国南达科他州的贺尔西齐浮选厂为例，未风化锂辉石矿的脱泥量高达20.4%，而风化矿则达38.3%；金属损失在15%~30%。采用环烷酸浮选获得下列指标：原矿品位Li_2O为0.8%~1.25%；精矿品位Li_2O为3.94%~5.13%；精矿回收率为57.1%~66.4%。

绿柱石的通用流程也有类似缺点。然而，脱泥洗矿作业一直是碱法浮选流程的关键作业。C. И. 波立金断定"否则，欲得优质绿柱石精矿是不可能的"。

简化和改进现有工艺及制定新工艺的研究一直在进行。J. S. 布朗宁在1961年公布了"磨矿后不脱泥、不洗矿，加NaF及木质素磺酸盐，直接用油酸浮选锂辉石的简易流程"，革新了原有的通用流程，而且半工业试验成功。在浮选绿柱石方面，迄今尚未见有类似报道。

从1959年以来，我们在碱法浮选伟晶岩绿柱石及锂辉石方面也做了一些工作。于1960年3月制定出不脱泥、不洗矿的简化碱法浮选流程，并在同年内最终形成了"碱性（用北京软化自来水时加NaOH，用某矿山河水时改加Na_2CO_3）介质磨矿、不脱泥、不洗矿、NaOH强烈搅拌、常温（或低温）矿浆，直接用石油副产品［碱渣（主要成分为环烷酸皂，含量为43.36%）或其与氧化石蜡皂混用］浮选绿柱石及锂辉石的简易流程"。本文作者在现场的支持与合作下，于1961年6月进行了某矿山锂辉石手选尾矿的工业试验，证明用碱渣（环烷酸皂）低温浮选是成功的，于同年7月1日将其正式用于生产。

（二）新流程的制定

研究对象的物质组成中主要有用矿物为绿柱石及锂辉石，主要脉石为石英、长石及白云母，伴生的少量矿物有磷灰石、石榴子石、电气石、硫化物及钽铌矿物等。分析表明，全部试样的矿物成分相近，都含有锂辉石及绿柱石；实际上是 $c(Li_2O)/c(BeO)$ 比例不同（0.5~50）的锂铍混合矿。此外，矿物性质亦无特殊差异。最初的试验是用原矿 BeO 含量为 0.45% 的绿柱石富矿试样进行的。当按图 4-22 流程条件进行脱泥洗矿次数试验时，得出表 4-7 的结果。

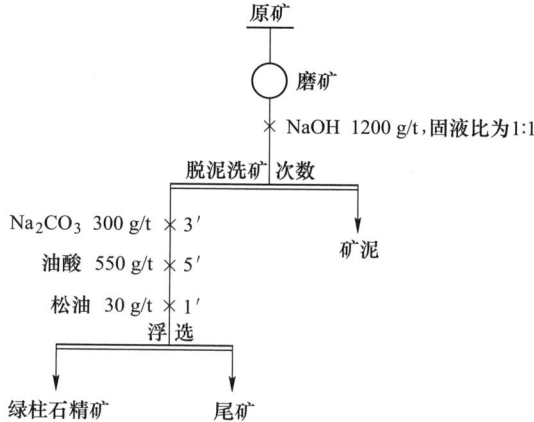

图 4-22　绿柱石碱法浮选通用的原则流程
（NaOH 亦可加入磨矿机中）

表 4-7　碱处理后脱泥洗矿对绿柱石浮选的影响

试验	脱泥洗矿次数	粗精矿			矿泥		尾矿品位（BeO）/%
		产出率/%	品位（BeO）/%	回收率/%	产出率/%	品位（BeO）/%	
86	0	6.62	2.19	34.50	0	0	0.295
87	1	16.85	2.09	84.81	4.97	0.320	0.0603
88	2	26.97	1.70	92.56	7.40	0.363	0.0151
89	3	28.93	1.48	92.47	8.57	0.363	0.006

注：磨矿细度-200 目占 54%；NaOH 用量为 1200 g/t，搅拌 30 min，固液比为 1:1；浮选前加入碳酸钠 300 g/t，油酸 550 g/t，松油 30 g/t。

按通常的技术观点，由表 4-7 结果可得出下列结论：

（1）当不脱泥、不洗矿时，精矿品位虽高，但回收率太低，只有 34.5%，方案不能采用。

（2）随脱泥洗矿次数增加，绿柱石显著活化，回收率急增达 92% 以上。显然，脱泥洗矿的方案比较优越。

（3）适宜的脱泥洗矿次数应为两次。

这就证实了通用碱法浮选流程中脱泥洗矿作业的必要性及合理性。我们从寒冷地区的生产条件出发，在全面地分析上列结果之后，持下列不同观点：

（1）当不脱泥、不洗矿时，精矿回收率虽低，但绿柱石已上浮 1/3，证明它在该条件下（即变态的矿泥及废碱液存在条件下）是可浮的，且精矿品位最高，分选条件最好。

（2）在脱泥洗矿后，绿柱石虽活化上浮，其回收率高达 92% 以上，但脉石亦大量上浮，精矿产出率由 6.62% 增达 26.97% 以上。显然，这与洗去经碱作用后自发形成的抑制作用因素有关。

（3）不管脱泥洗矿与否，绿柱石与脉石的浮游性都有相当差异，前者浮游速度较快，二者的上浮率分别约为 35% 与 5%（当不脱泥洗矿时）或 92% 与 25%（当脱泥洗矿两次时）。由此可见，在不脱泥洗矿的条件下调整碱的抑制作用强度，增强活化因素的作用，有可能进一步改善工艺指标。

紧接着的试验（减少碱用量，增加捕收剂用量）证实了上述结论。经长期研究后，制定出如图 4-23 所示的碱法混合浮选绿柱石及锂辉石的工艺流程。

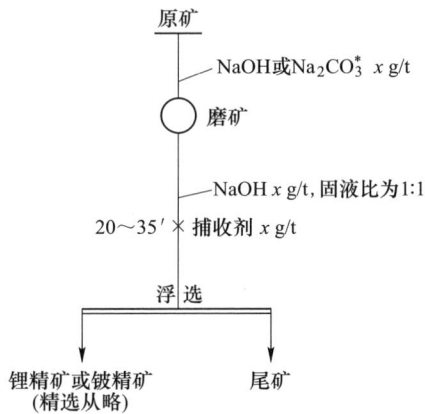

原矿
│
├── NaOH或Na$_2$CO$_3^*$ x g/t
○ 磨矿
│
├── NaOH x g/t，固液比为1:1
20~35′ × 捕收剂 x g/t
│
浮选
├──────────────┐
│   │
锂精矿或铍精矿   尾矿
（精选从略）

图 4-23　我院碱法浮选绿柱石及锂辉石简化流程
（＊当用水中缺少 CO$_3^{2-}$ 时应用）

我们的碱法流程的主要特点如下：

（1）取消了矿石用碱（NaOH）预先处理后的脱泥洗矿作业。

（2）加 NaOH 强烈搅拌矿浆后，在高 pH（11~11.5）介质中用石油副产品（碱渣单用或与氧化石蜡皂混用）直接浮选。

（3）用碱渣或其与氧化石蜡皂混用时，完全可以进行低温浮选，温度可在 7~22 ℃ 之间波动。

（4）对较富的锂辉石矿而言，可望一次粗选即获得合格精矿，但绿柱石矿需相应精选。

（三）工业试验的检定结论

　　按图 4-23 的流程条件，于 1961 年 6 月进行了工业浮选锂辉石矿的验证试验。原料是手选锂辉石矿老尾矿经螺旋选矿机处理并得出低品位[（Li₂O）2.3% ~ 3.0%]锂精矿后的尾矿。捕收剂为碱渣（含环烷酸皂约 65%）。全部的小型试验、扩大连续及工业试验的现场验证结果（见表 4-8）证明，按我院流程及其作业条件进行碱法低温生产是成功的，这完全反映在 1961 年 6 月 28 日我院与现场合作进行工业试验成功后发出的联合工作简报中，以及我们在 1961 年 7 月发出的报告中。

表 4-8　碱法浮选锂辉石的试验结果

方法	调整剂添加地点		捕收剂	试验规模	指标		
	磨矿	搅拌			原矿品位（Li₂O）/%	精矿品位（Li₂O）/%	回收率/%
我院：条件 1	NaOH	NaOH	碱渣	小型	0.86~2.0	4.0~5.0	70~90
	Na₂CO₃①	NaOH	碱渣	扩大	1.3~1.5	4.0~4.5	80~85
	Na₂CO₃①	NaOH	碱渣	工业	1.8~2.0	4.0~4.3	80~88
条件 2	Na₂CO₃①	NaOH	碱渣及氧化石蜡皂	小型	1.2~1.4	6.0~6.2	80~83
		CaO					
布朗宁法	—	NaF	油酸	小型	1.51	6.1	77.4
		RSO₃Mg		扩大			

　　① 应用矿山河水时，因缺乏 CO_3^{2-}，故改用 Na_2CO_3。

　　工业锂辉石精矿中含有绿柱石，回收率在 60% ~ 80% [原矿品位（BeO）为 0.036%]。关于锂辉石与绿柱石的浮选分离以及绿柱石矿工业浮选，有待今后补充。同时，研究对象仅限于几个伟晶岩矿样，对遭受强烈风化的矿样尚无验证。

　　全部的工业试验表明，为取得满意和稳定的工艺指标，必须保证达到下列工艺要求：

　　（1）磨矿细度必须保证，不宜过粗。从图 4-24 的结果可见，小型棒磨和工业球磨的最终产品（后者为分级溢流）虽含 -200 目同为 40%，但其产品平均粒度是不同的，分别为 $\bar{d} = 0.083$ mm，$\bar{d}_{球} = 0.105$ mm，势必影响工艺指标。试验表

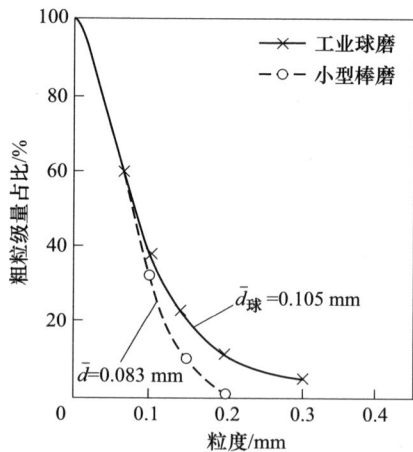

图 4-24　小型棒磨与工业球磨最终产品的粒度分布
（$\bar{d}$ 为加权平均粒度）

明，前者尾矿品位（Li_2O）可降至0.2%~0.4%，而后者尾矿品位（Li_2O）高达0.5%~0.8%。工业试验的尾矿筛析结果（见表4-9）表明，有75.13%的金属损失在+140目的粗粒级中，且其品位比总尾矿品位富集达一倍。显然，磨矿产品中粗粒级不宜过多。工业试验期间的数十个精矿筛析表明，大于70目的含量不过1%，而-200目粒级却占60%~70%。显然，粒度大于0.2(0.15) mm的锂辉石粒子是比较难浮的。可见，足够的磨矿细度、减少粗粒级（大于0.2 mm或0.15 mm）含量、力求细度均匀是必要的。

表4-9　工业浮选锂矿尾矿筛析[①]

粒级/目	产出率/%	品位（Li_2O）/%	金属占有率/%	
			部分	累计
+50	7.11	1.25	12.09	
+70	6.55	1.40	12.47	24.56
+100	17.06	1.32	30.63	55.19
+140	15.76	0.93	19.94	75.13
+200	27.49	0.40	14.96	90.09
-200	26.03	0.28	9.91	100.00
	100.00	0.74		

① Y-17工业试验。

（2）NaOH的搅拌强度必须足够。试验证明，NaOH的搅拌强度对提高矿物分选效果有十分重要的意义。从图4-25、图4-26的结果中可明显看出，工业试

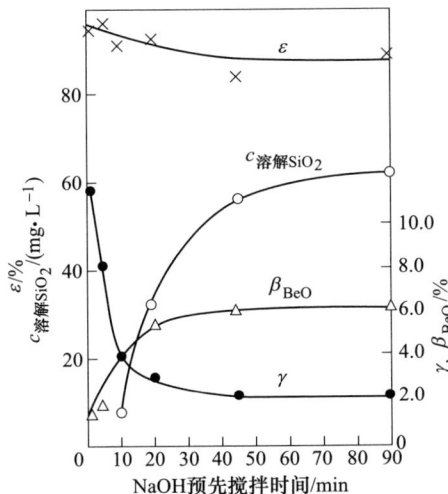

图4-25　NaOH预先搅拌时间与"自生水玻璃"含量（$c_{溶解SiO_2}$）

对油酸浮选绿柱石矿的影响

（条件：NaOH用量为1.5 kg/t，固液比为1∶2搅拌；用油酸0.5 kg/t，

搅拌5 min，松油17 g/t浮选）

验同样证实了这一点。由表4-10的对比可见，随搅拌的功率消耗（kW/m³）减少，搅拌时间需加长；搅拌力较强的小型设备所需搅拌时间为 5~20 min，而工业试验则需 35 min 以上。显然，适宜的搅拌强度应根据具体情况经试验选定。

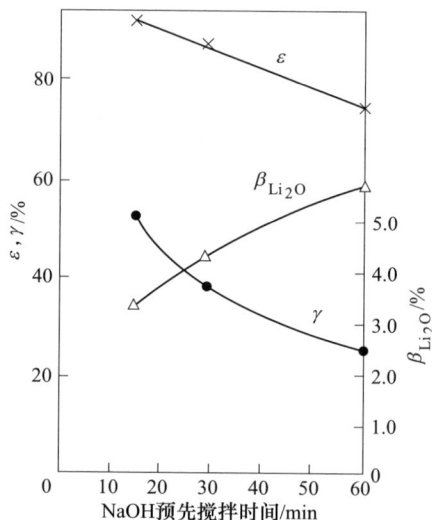

图4-26　NaOH 预先搅拌时间对环烷酸（混用氧化石蜡皂）浮选锂辉石矿的影响
（条件：NaOH 磨矿用量为 0.6 kg/t，搅拌用量为 1 kg/t，环烷酸皂用量为 542 g/t，
氧化石蜡皂用量为 720 g/t）

表4-10　NaOH 搅拌时间与设备条件

试验规模 /(t·d⁻¹)		搅拌槽			
		直径×高/(mm×mm)	功率/kW	功率消耗（矿浆）/(kW·m⁻³)	搅拌时间 /min
小型	0.5~3 （立升浮选槽）	约 16×18	0.37	约 154	5~20
连续	约 0.5	350×350①	约 1.0	约 45	25~30
工业	约 12	1000×1000	1.7	约 2	>35
		1200×1000	1.7		

① 原为长方形底面搅拌槽，此搅拌槽外形相当于圆筒形的尺寸。

（3）适当地控制浮选操作。捕收起泡剂——碱渣（主要成分为环烷酸皂）是水矿油的强力乳化剂、分散剂及起泡剂。其泡沫稳定性较强，低温尤甚。因此，对浮选机的充气量大小十分敏感；充气量稍大时，泡沫量骤增，不仅破坏选择性，且目的矿物的回收率降低。由此可见，全用碱渣作捕收起泡剂时，浮选机的工作条件必须适应其药性，以便保持适宜的捕收及起泡作用强度比例。

小型试验及工业试验的结论完全一致。

研究工作同时表明，除控制设备工作条件以适应碱渣药性外，尚可采用有机酸（氧化石蜡皂）、醇（松油）及中性烃类（煤油）等有机物与碱渣混用，以改善药剂本身的捕收起泡性能，降低药剂对浮选机充气量的敏感性，达到改善分选指标的目的。

（4）碱性介质磨矿及水质。工业实践证明，当用某矿山河水时，用 NaOH 进行的碱性介质磨矿，最好改用 Na_2CO_3。按北京软化自来水（硬度为 2 度，CaO 含量为 20 mg/L）中的 CO_3^{2-} 含量（约 390 mg/L）计，现场河水中（硬度为 1.5 度，CO_3^{2-} 含量约为 28 mg/L）CO_3^{2-} 含量不足，而改加 1000 g/t（代替在北京的 500 g/t 的 NaOH）的 Na_2CO_3，恰恰满足实需的 $c(CO_3^{2-})/c(Ca^{2+})$ 比值要求。若仍用 NaOH，则脉石上浮段多，过程选择性降低。

（5）尾矿损失的控制。工业生产操作中，工艺条件的波动不可避免，诸如磨矿分级跑粗、药剂添加不足及浮选控制不当等都将使尾矿损失增大。工业试验表明，采用螺旋选矿机作为控制作业回收粗粒尾矿（往往富集着锂辉石，见表 4-9），使其再返回磨矿处理是适宜的。根据尾矿损失多少，其作业回收率可达 40%~70%，品位相当于原矿。

（6）常温或低温浮选。全部工业试验表明，在常温或低温（7~22 ℃）条件下用碱渣浮选锂辉石是完全可行的。只要保证达到上述各项工艺要求，就可望取得满意的分选效果，否则分选将遭到破坏。

二、碱法简易流程中某些作用因素的探讨

不脱泥、不洗矿碱法浮选伟晶岩绿柱石及锂辉石的过程，实质是保留并利用碱（NaOH）预先处理过程中自发形成的抑制及活化因素。

碱处理后矿浆的基本特征是：（1）NaOH 形成的高 pH（11~12）介质；（2）NaOH 在粗级硅酸盐矿物表面上的作用，并产生表面溶蚀；（3）NaOH 作用于细级硅酸盐矿物（包括细泥），并使其进一步胶态化，甚至部分溶解。矿物活化及抑制控制因素的研究，必须从这些客观条件出发。

（一）在高 pH 介质中硅酸盐矿物的活化及浮游

许多研究工作表明，在高 pH（11~12）介质中用羧基酸捕收剂浮选时，碱土金属离子 Ca^{2+}、Be^{2+}、Mg^{2+} 及 Ba^{2+} 有活化作用，而高价金属离子 Fe^{3+}、Al^{3+} 等有抑制影响。

由矿物成分及浮选用水水质分析（表 4-11、表 4-12）结果可知，在高 pH 介质中影响矿物活化的阳离子主要为 Be^{2+}、Mg^{2+} 及 Ca^{2+}。前者来源于矿物本身，后二者主要来自浮选用水。高价阳离子不管是处于矿物表面上还是液相中，都会产生相应的影响。

表 4-11　天然矿物主要成分分析　　　　（%）

矿物	BeO	Li$_2$O	CaO	MgO	Fe	Mn	Al$_2$O$_3$	SiO$_2$
绿柱石	12.16	0.51	0.54	0.24	1.10	0.015	未化	未化
锂辉石	0.068	7.8	0.42	0.13	0.92	0.12	未化	未化
石英	<0.003	—	0.03	0.06	0.17	—	未化	未化

表 4-12　浮选用水[①]主要成分分析　　　　（mg/L）

硬度（德）	CaO	MgO	Fe	Al	SO$_4^{2-}$	Cl$^-$	CO$_3^{2-}$	HCO$_3^-$
2	12.00	5.30	0.05	1.60	52.65	35.45	30.03	360.01

① 北京自来水的 Na$^+$ 交换软化水。

　　鉴于 Ca^{2+}、Mg^{2+} 及 Be^{2+} 的沉淀 pH 不同，分别为 >12、10.5 及 7.8，亦即其氢氧化物的溶度积常数 $K_{spCa(OH)_2} = 3.1 \times 10^{-5} > K_{spMg(OH)_2} = 1.5 \times 10^{-11} > K_{spBe(OH)_2} = 2.7 \times 10^{-19}$，从而在高 pH 介质中的活泼性当以 Ca^{2+} 为最强。以当量的 Ca^{2+}（CaCl$_2$·2H$_2$O）、Mg^{2+}（MgCl$_2$·6H$_2$O）及 Be^{2+}（BeSO$_4$·4H$_2$O）试验绿柱石在不同介质 pH 条件下的浮游性结果（见图 4-27）证实了这一点。

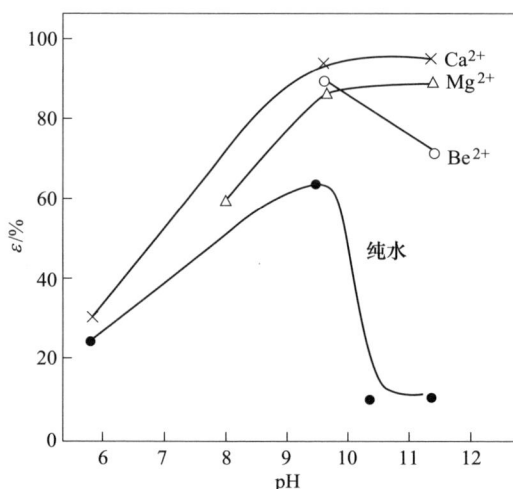

图 4-27　绿柱石在不同 pH 的纯水中浮游性与 Ca^{2+}、Mg^{2+} 及 Be^{2+} 的活化

（条件：粒度为 -0.208 mm+0.074 mm，固液比为 1:6，Ca^{2+}、Mg^{2+} 及
Be^{2+} 含量各为 6.8 mol/t，纯蒸馏水，油酸用量为 2.6 kg/t）

　　粗略计算表明，矿物表面上的杂质 Ca^{2+} 相当于吸附 1~5 g/t 的 Ca^{2+}，显然在晶体中其大量存在，必影响矿物在高 pH 介质中的浮游性。由于在结晶化学上 Ca^{2+}—Al^{3+} 或 Ca^{2+}—Be^{2+} 置换可能性不大（离子半径及其他结晶特征的差异性），

粗大的 K^+、Na^+、Cs^+ 及 H_2O 等都只存在于六硅酸环的环心空洞中，显然 Ca^{2+} 亦应与 Na^+ 一样，只能隐伏于六硅酸环的环心空洞中。从而，破坏六硅酸环的包围，似乎对激发杂质 Ca^{2+}（Mg^{2+}）的活化作用会有重要影响，但从图 4-27 的结果可知，碱土金属活化的主要影响方面是来自介质（液相）。

液相中 Ca^{2+}（或 Ba^{2+}）对硅酸盐（绿柱石及石英等）的活化等温吸附规律，按 H. A. 雅妮斯及 A. M. 高登的研究从属下式：

$$\ln \Gamma = a + b\mathrm{pH} \tag{4-5}$$

式中，Γ 为吸附量；a、b 为常数。

由此可见，在高 pH 介质中硅酸盐矿物的分选是比较困难的，当液相中碱土金属离子浓度或用水硬度过高时尤甚。

综合上述，使硅酸盐矿物在高 pH 介质中活化的活性阳离子是以 Ca^{2+} 为代表的碱土金属离子，其来源有二：矿物本身杂质及用水中难免离子。矿物分选的条件是保证较低的碱土金属离子浓度或用水硬度。

锂辉石与绿柱石在结晶化学上有许多差异性：结构不同，前者属单一硅氧链硅酸盐，后者为环状阴离子团硅酸盐类；成分不同，前者在晶面破裂后出现微弱的 Li^+ 及 Al^{3+}，而后者为 Be^{2+} 及 Al^{3+}，显然，绿柱石对羧基酸阴离子吸附稳定性应当较强；晶型不一，前者呈长板状柱体，表面微观裂隙发育，吸附性能应该较强，尤其是细粒级。它们的综合作用，形成二者在物理化学方面微弱的差异性。

探索试验表明，窄级别的粗粒锂辉石（粒度为 -0.208 mm+0.074 mm）用油酸或环烷酸在不同 pH 介质中都是难浮的，尽管捕收剂用量在 10 kg/t 以上，上浮率不过 10%~30%；但细粒级（-0.074 mm）却极易上浮，在高 pH 介质中，用环烷酸 6 kg/t 时的回收率可达 85% 以上。

有趣的是，粗粒（-0.208 mm+0.074 mm）锂辉石在高 pH 介质中，即使加入大量的 Ca^{2+}（约 300 mg/L）活化，亦难上浮，然而将矿浆稍微研磨后再浮选时，则完全上浮。可见，锂辉石的活化浮游与其细度、Ca^{2+} 的活化条件等许多因素有关，值得进一步研究。

（二）在高 pH 介质中硅酸盐矿物的抑制因素

1. 硅酸盐矿物的"自抑效应"

硅酸盐矿物表面在 NaOH 的强烈作用下，基于其物理化学稳定性不同，会受到不同程度的表面溶蚀作用，表面产生硅酸，使矿物本身拥有相当高的水化性，从而引起矿物的"自抑效应"。这一溶蚀现象，在 H. A. 雅妮斯的试验中已经证实。她用 NaOH（4 kg/t）处理绿柱石纯矿物后，分析浸出液时，发现了大量溶解 SiO_2，同时液相中 $c(\mathrm{BeO})$：$c(\mathrm{Al_2O_3})$：$c(\mathrm{SiO_2})$ 比例与矿物成分比例差距很大，SiO_2 产生了选择性溶蚀现象。这种溶解 SiO_2 我们拟称为"自生水玻璃"。

我们对绿柱石、锂辉石、石英及长石的测定结果（见表 4-13）也证实了这种溶蚀现象；同时证明，"自生水玻璃"含量与矿物比表面积有平行的对应关系。这种对应关系与托姆逊式导来的公式中晶体溶解度与其半径成反比关系是一脉相承的，即

$$\ln \frac{C_1}{C} = \frac{2\sigma_{sl}}{\rho RT dr_1} \tag{4-6}$$

式中，C_1、C 为细粒及粗粒晶体溶解度；σ_{sl} 为固液界面张力；ρ 为晶体密度；r_1 为细粒晶体半径。

表 4-13 矿物比表面积与"自生水玻璃"含量关系

项　目	石英	绿柱石	锂辉石	长石	备　　注
矿物比表面积/($cm^2 \cdot g^{-1}$)	98	135	207	未测	液体渗透法，粒度为 $-0.298\,mm+0.208\,mm$
矿物比表面积比值	1.00	1.38	2.11		
"自生水玻璃"含量/($mg \cdot L^{-1}$)	27	32	45	69	纯矿物粒度为 $-74\,\mu m+20\,\mu m$，50 g，蒸馏水 50 mL，NaOH 用量为 3 kg/t，强烈搅拌 1 h，水温为 50 ℃
"自生水玻璃"含量比值	1.00	1.19	2.00	2.56	

显然，矿泥（硅酸盐矿物细分散相）的"自抑效应"将比粗粒矿物更为强烈。不难理解，在高 pH 介质中受 NaOH 作用的矿泥首先被分散和抑制。这种"自抑效应"应该表现在 NaOH 作用矿石的强度上。从绿柱石的 NaOH 搅拌时间中得到明显的反映（见图 4-25）。

锂辉石矿的浮选试验也出现类同的规律（见图 4-26）。

2. 硅酸盐矿泥的调整作用

硅酸盐矿物在磨矿、浮选过程中产生和遭受矿泥的影响不可避免。人们进行过许多有关矿泥的研究，一般认为矿泥的存在有害于浮选。为了清除矿泥的影响，不外乎采取两种原则方案，即脱泥洗矿完全排除与分散稳定缩小影响。

从 1958 年以来，在某些浮选工艺方面，又出现许多不脱泥、不洗矿浮选矿物的新工艺。尤其 Д. И. 聂多果沃洛夫将矿泥同碳酸钠配用，并用氧化石蜡作捕收剂，使钛铁矿与石英或与锆石成功地分离。可见，矿泥在某些工艺条件下的调整性能不应忽视。

不脱泥、不洗矿的工艺条件就是允许矿泥的存在，并利用矿泥的调整性能，通过对原矿的试验（图 4-28、图 4-29）进一步证实了它的现实可行性。

当不脱泥、不洗矿，即保存自发抑制因素时，则脉石抑制，精矿品位提高；当脱去大量细泥时，引起脉石活化，目的矿物回收率反有下降的趋势。

3. 浮选用水中 CO_3^{2-} 的作用

浮选用水中含有大量 CO_3^{2-}、HCO_3^- 及 H_2CO_3 等，其在高 pH（11~12）介质

中主要呈 CO_3^{2-} 状态存在，已知其含量为 390 mg/L 或 6.5×10^{-3} mol/L。因为 $CaCO_3$ 溶度积常数小（$K_{sp} = 4.8 \times 10^{-9}$），显然，$CO_3^{2-}$ 将对 Ca^{2+} 的活化作用产生相反的影响。以锂辉石为例，用 Na_2CO_3 及 NaOH 调节 pH 时，在相同的 pH 条件下，前者具有较强的抑制力，见表 4-14。

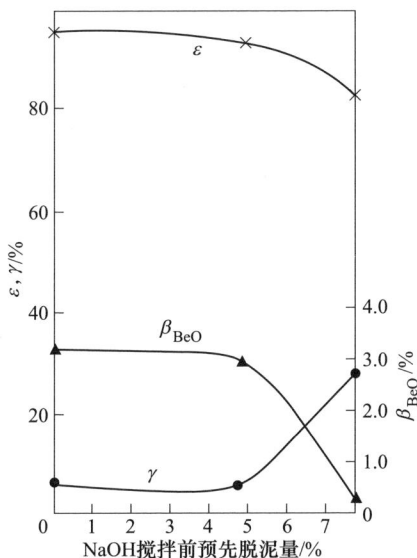

图 4-28　矿泥存在对油酸浮选
绿柱石矿的影响

（条件：同图 4-24，脱泥用同条件澄清水）

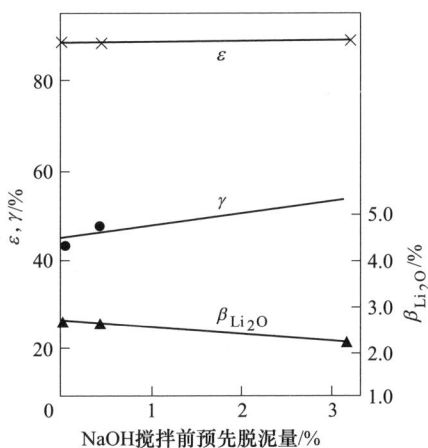

图 4-29　矿泥存在对环烷酸浮选
锂辉石矿的影响

（条件：NaOH 用量为 1 kg/t，
环烷酸用量为 900 g/t）

表 4-14　Na_2CO_3 及 NaOH 对锂辉石矿浮选的影响

调　整　剂			捕收剂环烷酸皂用量/(g·t^{-1})	锂辉石上浮率/%
名称	用量/(g·t^{-1})	pH		
NaOH	800	10.8	800	84.2
Na_2CO_3	2000	未测	1280	60.5
	3000	未测	1280	49.3
	6000	10.5	1280	未测

同时，试验表明 CO_3^{2-} 与 OH^- 的浓度比例应有一定的关系。按图 4-23 流程在某矿山进行浮选锂辉石矿的小型、扩大连续加工试验证明，磨矿中加入的 NaOH(500 g/t) 应改为 Na_2CO_3(1000 g/t)。按北京用水中 Ca^{2+}(Mg^{2+}) 对 CO_3^{2-} 浓度比例计算，用矿山河水（硬度为 1.5 德国度，含有相当于 28 mg/L 的 CO_3^{2-}）时，恰恰不足 1000 g/t 的 Na_2CO_3 所形成的 CO_3^{2-} 及 OH^- 浓度比值的重要性可由下

列计算加以证实：设 CO_3^{2-} 及 OH^- 对 Ca^{2+} 活性中心的争夺属于离子交换吸附，CO_3^{2-} 的其他损耗忽略不计，则应有下列关系，即

$$\frac{c(Ca^{2+})c(CO_3^{2-})}{c(Ca^{2+})c(OH^-)^2} = \frac{K'_{sp}}{K_{sp}} = K \qquad (4-7)$$

因 $c(Ca^{2+})$ 为常数，则

$$c(CO_3^{2-})/c(OH^-)^2 = K \qquad (4-8)$$

代入实测值可得 $K \approx 0.5 \times 10$。

已知浮选用水中 CO_3^{2-} 含量为 6.5×10^{-3} mol/L，代入式（4-8）得 $c(OH^-) = 1.14 \times 10^{-2}$ mol/L，则介质 pH 应为 11.942。

这一计算结果恰与绿柱石及锂辉石浮选实践（pH=11~12）吻合。这不仅证明 CO_3^{2-} 及 OH^- 浓度比例对浮选影响很大，同时表明它们是以离子交换吸附特征影响浮选的。

（三）在高 pH 介质中羧基酸捕收剂的低温活性

高 pH 介质有利于羧基酸捕收剂本身的皂化、溶解和解离。用滴重法测定了油酸及环烷酸（纯度88%，其余为不皂化物）在软水（硬度为 2 德国度）中，经超声波乳化后的表面活性与温度的关系。结果（见图 4-30）表明，油酸在 15 ℃以下的中性介质中，失去其表面活性物质的特征，显然已凝固析出。至于环烷酸及松油，却拥有低温活泼性，与其凝固点较低有关。

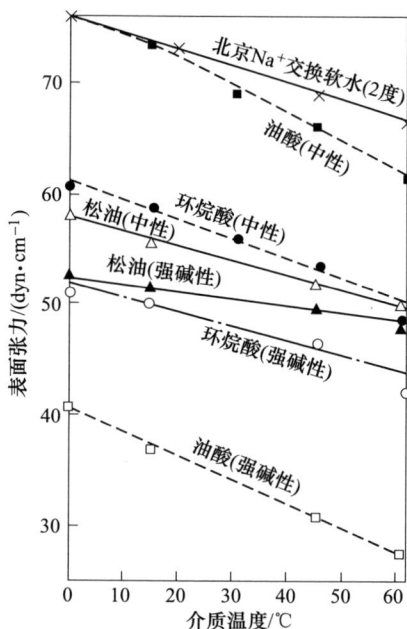

图 4-30　介质温度对各有机物表面活性的影响
（条件：油酸用量为 429 mg/L，环烷酸用量为 520 mg/L；dyn，达因，1 dyn = 10^{-5} N）

在高 pH 介质中，除环烷酸及松油表现出更强的低温活泼性外，油酸亦不逊色。根据 B.Γ.丹尼洛夫计算图（见图 4-31）可知，这种低温活泼性与其皂化、溶解及离子化程度增强有关。这就给低温浮选创造了有利的基础条件。然而，低温条件下药剂起泡性能增强，使分选选择性降低，甚至被破坏。因此，控制阴离子捕收剂的捕收起泡性能极为重要。试验表明，可采取以下两种措施对其进行控制：

（1）控制浮选机的操作，尤其是充气条件，即控制设备使它适应于药剂性能。

（2）调整捕收剂的捕收起泡性能，如配用某些有机酸（氧化石蜡皂）、醇（松油）及中性油（煤油）等起泡性能较弱的有机物，或改用氧化石蜡皂，即以改变药剂性能适应于设备条件。

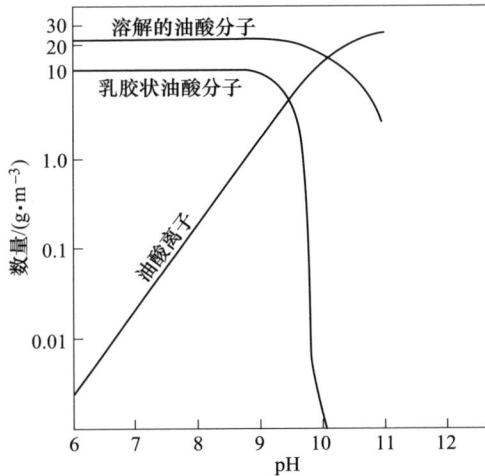

图 4-31　当油酸用量为 33 mg/L 时矿浆中各形态油酸产物数量与介质 pH 的关系

油酸及环烷酸在高 pH 介质（NaOH 用量为 1.5 g/L）下吸附于锂辉石、绿柱石及石英表面上的稳定性（用滴重法测溶液表面张力后换算）的结果示于图 4-32、图 4-33。

结果表明，油酸吸附稳定性普遍较强，环烷酸较弱。显然，对浮选品位较低和需要多次精选的锂、铍原矿，采用长碳链直链羧基酸比环烷酸更为有利。

三、结论

（1）根据几个伟晶岩绿柱石、锂辉石矿样试验结果，制定了碱法正浮选简易流程；其特点是：NaOH（或 Na_2CO_3）碱性介质磨矿，NaOH 强烈搅拌后不脱泥、不洗矿，在高 pH(11~12) 介质及常温或低温条件下可用羧基酸捕收剂（油酸、氧化石蜡皂或碱渣）或其代用品直接浮选。

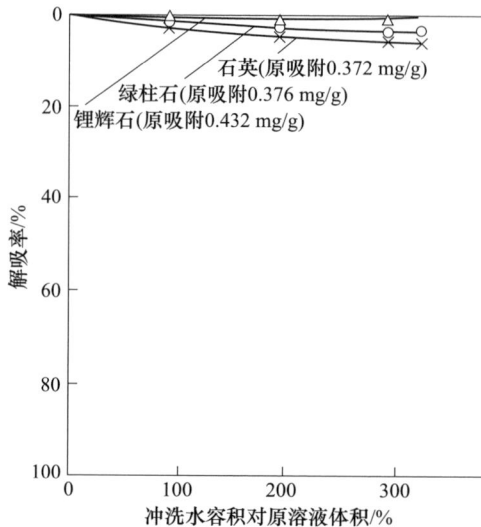

图 4-32　高 pH 介质中油酸在矿物表面上的吸附稳定性

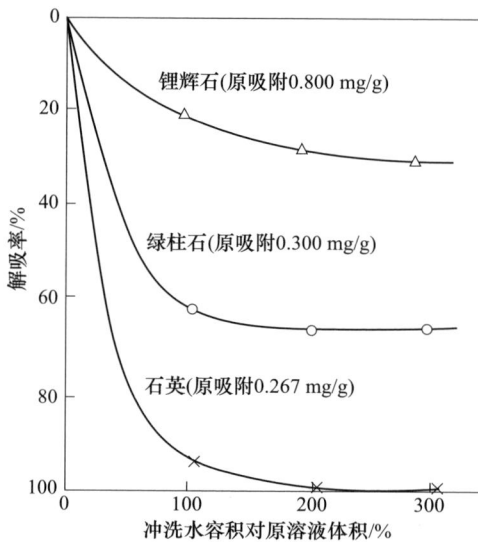

图 4-33　高 pH 介质中环烷酸在矿物表面上的吸附稳定性

（2）对某矿山手选锂辉石尾矿（经螺旋选矿机处理后的尾矿）进行的工业浮选试验证明，所制定的流程及药剂条件是成功的，取得与小型、扩大连续试验相近的结果。锂精矿中绿柱石有富集，回收率在 60%~80%。有关绿柱石的工业浮选及其分离有待今后补充。

（3）对不脱泥、不洗矿碱法浮选过程的影响因素进行了初步考察，结果表明它可能受下列活化及抑制因素控制：以 Ca^{2+} 为代表的碱土金属离子在碱性介质中的活化；浮选用水中以 CO_3^{2-} 为主要阴离子的抑制；硅酸盐矿泥变态产物的抑制作用；硅酸盐矿物表面溶蚀产物的抑制影响。

（4）试验证明，在高 pH 介质中基本分选条件是：保持较低的碱土金属离子浓度或用水硬度，必要和适宜的碱作用强度（用量、搅拌时间等），一定的用水硬度条件下 CO_3^{2-} 及 OH^- 的浓度比例，控制捕收剂本身相应的捕收起泡性能等。

（5）羧基酸捕收剂在高 pH 介质中易于皂化、溶解及解离，使其在低温介质中拥有良好的表面活性，为低温浮选创造了有利条件。同时证明，对浮选品位较低和需要多次精选的锂、铍原矿，采用长碳链直链羧基酸作捕收剂更为有效。

（6）有关不脱泥、不洗矿、直接浮选过程的理论研究工作十分不足，应该系统且深入地继续进行。同时，流程的适用范围有待多方面研究与生产考验。

本文涉及的研究工作，除作者外，尚有许多同志参加，如岳尔敬、于建中、任福奎、唐顺华、郑石樵、印书玲及徐新贵等同志。在全部工作中，不断得到陈健院长、李永泉副院长及张卯均副总工程师的具体指导，谨致谢忱。限于水平，错误难免，恳请批评指正。

关于锂辉石与绿柱石浮选分离的基础研究、实验室小型实验和可可托海 8859选矿厂的工业试验的研究成果，集中反映在如下的两篇论文中。

论文三　概论锂辉石和绿柱石矿石浮选理论与实践

吕永信　幸伟中　李金荣

锂铍矿物虽有 70 多种，但工业上提取锂铍的主要原料为锂辉石和绿柱石。也有从磷铝石、铁锂云母、锂云母、透锂长石、贝川石、似晶石、金绿宝石、日光榴石和铍榴石等矿物，以及内湖盐水中提取者，但居次位。

工业上获得锂铍精矿的方法有手选法、重介质选矿法、热裂分离法、浮选法和直接化学冶炼法，以及上述方法的联合工艺流程。尽管也有静电选矿和放射能选矿等特殊方法的报道，但尚处于实验室工作阶段。上述方法中以浮选法最有发展前途。

本文只涉及锂辉石、绿柱石的浮游性质和工艺特点的论述。

一、阴离子捕收剂浮选

（一）矿物的浮游性

按 C$_{уховолъская}$ 的概略分类，伟晶岩、云英岩和含铍花岗岩中共生的主要硅酸盐和铝硅酸盐矿物均属于难浮矿物，只有用浮选药剂或多价阳离子（晶格组分或外界污染）活化后才有良好的浮游性。许多研究表明，天然状态未经活化的锂辉石和绿柱石的浮出量一般都不超过 50%。按其浮游性排列顺序为磷灰石＞磷铝石>绿柱石>锂辉石。

由表4-15可见，除铯榴石、长石和石英外，主要矿物表面金属相对密度很接近[(1:1)~(1:3)]。一般是随着硅氧四面体配合离子的复杂化（$SiO_4^{4-} \rightarrow SiO_2$）、晶格阳离子半径的增大、价电子数的减少、表面金属相对密度的降低，矿物的浮游性也下降。然而，由于矿物浮选行为是多相系统，许多物理化学因素综合作用，故不完全遵循上述单一的内在规律。尽管如此，还可以认为硅酸盐矿物构造方式趋向两极（$SiO_4^{4-} \leftrightarrow SiO_2$）的矿物组分浮选分离应该是简易的，如石榴子石、绿柱石或锂辉石与长石、石英的分离；反之，则比较困难，如锂辉石同绿柱石的分离。

表4-15　锂辉石和绿柱石矿石中主要共生矿物的特征及其浮游性

矿物	结晶构造特征	金属阳离子	破裂面的金属相对密度 $\dfrac{\sum M^+}{\sum O^{2-}}$	矿物的浮游性		
				粒度 /mm	捕收剂用量 /(g·t⁻¹)	浮出量 /%
石榴子石	独立 SiO_4 体，$[SiO_4]^{4-}$	Fe^{2+}，Al^{3+}	1:1	—	油酸钠 300	90.0
绿柱石	独立 SiO_4 环，$[Si_6O_{18}]^{12-}$	Be^{2+}，Al^{3+}	1:1.5	-0.1+0.01	油酸钠 500	50.7
锂辉石	单链 SiO_4 体，$[SiO_3]^{2-}$	Li^+，Al^{3+}	1:1.5		油酸 750	92.0
				-0.2+0.044	油酸钠 2000	<20.0
角闪石	双链 SiO_4 体，$[Si_4O_{11}]^{6-}$	Na^+，Mg^{2+}，Ca^{2+}，Fe^{2+}，Fe^{3+}，Al^{3+}	—	—	—	
电气石	双层 SiO_4 环，$[Si_6O_{18}]^{12-}$	Na^+，Mg^{2+}，Ca^{2+}，Al^{3+}	—	—	—	
黑云母	SiO_4 层，$[Si_3O_{10}]^{8-}$	K^+，Mg^{2+}，Al^{3+}	—	-0.21+0.01	油酸钠 1400	73.1
白云母	SiO_4 层，$[Si_3O_{10}]^{8-}$	K^+，Al^{3+}	1:3	-0.15+0.06	油酸钠 1000	88.0
铯榴石	$(Al,Si)O_4$ 架，$[(Al_xSi_{n-x})O_{2n}]^{x-}$	Cs^+	1:6			
钠长石	同上	Na^+	1:8	-0.15+0.06	油酸钠 2000	11.0
微斜长石	同上	K^+	1:8	同上	同上	
正长石	同上	K^+	1:8	同上	同上	7~8
石英	同上，但 $x=0$	—	1:8	同上	同上	8~15

浮选试验表明油酸浮选锂辉石和绿柱石的适宜介质为正值两性 Be^{2+}、Al^{3+} 氢氧化物处于沉淀和开始溶解状态的弱酸到弱碱性；pH>10时，由于出现表面铍酸

和铝酸，以及大量 OH^- 的排挤作用，使浮选恶化；pH<5 时，油酸解离困难（$K_d = 1 \times 10^{-10}$）。这是硅酸盐矿物的通性。因此，单靠调整介质的 pH 很难有效地分选锂辉石、绿柱石与脉石。近年来，虽然广泛研究了烷基及烷基芳基硫酸盐或磺酸盐作捕收剂，然而除使主要矿物在酸性（pH<5）介质中拥有良好的浮游性外，不用调整剂，分选仍属困难。

（二）锂辉石和绿柱石的活化与抑制

在最合适的介质中浮选，锂辉石和绿柱石的浮游性很坏，并且和脉石矿物具有相似的浮选行为。因此，使目的矿物活化和脉石受到抑制就成为浮选锂辉石和绿柱石矿石的研究中心。

（1）阳离子对矿物浮选的影响：在成矿、磨矿和浮选过程中，特别是后两种情况下，矿物被多价阳离子污染是不可避免的，这些阳离子会影响矿物的浮选行为。ПЛаксИН 等对各矿床的绿柱石的研究表明，当 pH 在 5.5~12 时，浮选结果与含有 Ca、Mg、Fe、Cr、V 和 Ni 等杂质有关。КузЬКИН、ЛиВИуШ 进一步对绿柱石和某些原矿水浸液进行了分析测定，发现含有大量 Ca 离子、Mg 离子、Fe 离子，各达 10~40 mg/L 之多。显然，它们在磨矿和表面处理作业中将直接参与表面离子的配衡，并产生特殊的影响。

试验表明，Ca 离子、Fe 离子、Mg 离子、Ba 离子、Al 离子、Cu 离子、Pb 离子、Sn 离子、Cd 离子等阳离子在特定条件下，对硅酸盐矿物都有活化作用。在天然水和矿浆中含有明显数量的活化阳离子，主要是 Ca^{2+} 和 Fe^{3+}。

锂辉石、绿柱石、长石、石英、黑云母、阳起石等对 Ca^{2+} 的等温吸附研究表明，吸附量以锂辉石为最大，石英最小。同时前者在较低的 pH（约 5）时即趋于吸附饱和，而全部矿物都在 pH>11.0 时出现吸附飞跃。对 Ca^{2+} 的吸附是静电力和化学力的综合作用结果，有相当的可逆性。Ca^{2+} 的活化作用在于提高捕收剂的吸附及其固着稳定性，同时也增加浮选速度。Cooke 指出，在 pH<7 时 Ca^{2+} 才开始为有效活化剂，同时尚需保持一定的离子浓度比例。以石英为例，活化条件是 $c(Ca^{2+}) : c(H^+) > 10^6$ 和 $c(Ca^{2+}) : c(Na^+) > 10^{-3}$，当上述比例相应为 $<10^5$ 和 $<10^{-4}$ 时，则无活化作用。可见，凡具有能排除吸附 Ca^{2+} 的阳离子（H^+、Na^+、Fe^{3+}、Al^{3+} 等）和能与其生成难溶化合物的阴离子（F^-、CO_3^{2-}、SiO_3^{2-} 和 PO_4^{3-} 等）存在时，都会产生破坏活化的作用。我们的试验同样证实了上述论点，并且表明，利用矿物和脉石对各种离子的吸附差异，同时严格控制液相中特定的 $c(Ca^{2+}) : c(OH^-) : c(CO_3^{2-})$ 浓度比例和 NaOH 的作用强度，即使在强碱性（pH=11~12）介质中也可以使上述矿物成功地分离。

Fe^{3+} 在硅酸盐矿物上的吸附、强化影响的研究同样表明，锂辉石吸附能力最强，但不像对钙吸附的差异性那样明显。Fe^{3+} 的吸附量及吸附稳定性也与介质 pH 有关，在弱酸性和中性介质中 Fe^{3+} 的吸附量较大，而且是属于不可逆的化学吸附；在碱性介质中吸附量较少，稳定性也较差，吸附活化作用的递减顺序为 Fe^{3+}>$FeCl_3$水解产物>荷正电氢氧化铁胶体。Fe^{3+} 活化后捕收剂吸附量增加，药剂的稳定性也增强，吸附的捕收剂的解吸率由 40%~60%降为 5%~10%，只有较强的无机酸才能排除。上述 Fe^{3+} 的活化特征，也许有可能在弱酸到弱碱性介质中用来进行矿物分离。某些不预先化学处理，磨矿产品直接在中性、碱性或弱碱性介质中成功浮选锂辉石的新工艺可能与此有关。同时还有资料表明，弱碱性介质中可以加入 $FeCl_3$ 活化绿柱石进行浮选。

（2）阴离子对矿物浮选的影响：有机或无机化合物的阴离子及其胶团对纯净或为多价阳离子活化的硅酸盐矿物浮游性的影响是错综复杂的。在不同用量、温度和 pH 条件下可起活化或抑制作用，归纳某些研究资料可见，对锂辉石而言，调整剂抑制作用的递增顺序为 NaF<木质素磺酸盐<磷酸盐<Na_2CO_3<Na_2SiF_6<Na_2SiO_3<$K_4[Fe(CN)_6]$<有机物。其中大量 NaF（1000 g/t 以上）对其浮选影响不大，反能增加浮游速度，而少量（100 g/t）Na_2SiO_3 或 $K_4[Fe(CN)_6]$ 则影响很大。对绿柱石而言，上述抑制顺序虽然不能说完全相反，但至少有很大的差别；在中性和弱碱性介质中大量（1000 g/t 以上）NaF、木质素磺酸盐、磷酸盐和碳酸钠等有强烈抑制作用，而少量淀粉、Na_2SiO_3 作用不甚明显；在强碱性介质中上述药剂的抑制作用普遍减弱，但对锂辉石的抑制作用却普遍加强。尽管多价阳离子的污染明显地改变了矿物浮游行为，然而用上述调整剂却可以取得锂辉石与绿柱石直接分离的某些分选效果，而调整剂混合使用则效果更佳。Browning 的不预先化学处理直接选锂辉石抑制绿柱石流程的试验成功，为创造新工艺指出了现实的可能性。从发展趋势来看，使用两种或更多的调整剂来分选难选的锂辉石和绿柱石矿物是一条有效的途径，从表 4-16 的资料中可以明显地看出这一趋势。

表 4-16　锂辉石和绿柱石浮选分离条件

流程名称或作者	锂辉石和绿柱石浮游行为	药剂条件			效果和适应性
		中性盐	碱性盐	有机物	
苏联 MexaHoбp、ВыMeHeц	锂辉石优先上浮	—	Na_2CO_3	—	用量>1 kg/t 时可以取得选锂辉石抑绿柱石的效果，但前者也受抑制，回收率不高
Abshier	显然是选锂抑铍	NaF	Na_2CO_3	有机胶抑制剂	锂辉石浮选，指标较高
Mushtt 等	同上	NaF	—	木质素磺酸盐	同上
Browning	锂辉石优先上浮	NaF	NH_4OH	木质素磺酸盐	锂辉石优先浮游，抑制铍效果甚佳

（3）预先处理对矿物浮选的影响：为了活化锂辉石和绿柱石，抑制脉石矿物的浮游性，预先将矿石进行专门的处理是有效的措施之一。此外，硅酸盐矿物表面金属杂质污染和风化变质产物存在，往往导致矿物分选破坏。因此，普遍注意了矿物表面处理作业的研究，常用的处理方法不外乎是利用两种作用：表面摩擦和表面溶蚀。前者属于机械作用，后者附加有化学作用，其作用强度不同，效果也不同。

ПоЛвкИН 研究表明，用简单的机械搅拌可以改善锂辉石的浮游性，但需时较长（2 h），在摩擦时加入中性盐 NaCl 亦有收效。Abshier 在摩擦过程中加入 NaF 和有机胶抑制剂也改善了风化锂辉石在用油酸浮选时的浮游性，但是许多研究表明，上述方法都不如使用 Na_2CO_3、NaOH 和少量的 HF 处理的效果明显。对绿柱石也是如此，对它一直沿用着酸（HF 或 $H_2SO_4 + NaF$）或碱（NaOH、Na_2CO_3、Na_2S 和磷酸盐）预先处理后，脱泥洗矿，再浮选的酸法或碱法浮选流程。

许多试验表明，酸碱预先处理作用的实质是：不仅排除了锂辉石和绿柱石表面污染杂质和风化产物，而且发生了表面 SiO_2 选择性溶蚀，排除了准晶水化膜，减少了水化性强的硅酸表面区，而金属阳离子则富集，它有利于捕收剂阴离子向表面的 Be、Al 基自由靠拢，使吸附膜的"油酸离子/油酸分子"比例增大，定向性、稳定性提高，导致疏水性显著增加，加速了矿粒向气泡的黏着（0.005～0.007 s），从而尽管在专门处理后捕收剂的吸附量减少了，但矿物的浮游性仍然显著改善。对于脉石矿物，则由于解吸了活化的离子，使它们受到了抑制。上述酸碱预先处理的作用机理已被吸附测定、红外线光谱探测、表面电性测量、矿粒黏着速度和矿物直接浮选试验的许多研究资料所证实。

普遍认为，酸碱预先处理后产生的大量强酸或强碱性混杂物不利于油酸浮选，必须洗矿排除。但是，ХажИНскаЯ 在绿柱石纯矿物的试验中发现，用 NaOH 短时间搅拌后直接在强碱性介质中浮选时，绿柱石浮游性最高，从而指出简化碱法浮选通用流程的可能性。然而，我们在更早些时候，已经发现并制定了所谓碱法正浮选简化（不脱泥、不洗矿）流程，早已用于解决锂辉石和绿柱石两种矿石浮选问题方面。从而，动摇了碱处理后必须脱泥洗矿才能改善锂辉石和绿柱石浮游性的概念，并且为创造新工艺开辟了途径。

（4）某些其他因素的影响：捕收剂成分对浮选的影响试验表明，对绿柱石和长石的捕收以非当量（Na^+ 含量为 5%～15%）的油酸钠为最好，当量的较差，而油酸则最差。前者之所以优越主要是它在水中的溶解度较大。在氧化石蜡皂中混有部分未皂化的氧化石蜡和中性烃类，对改善捕收剂效果是有利的，特别是浮选粗粒时往往需要油酸和中性烃油混合使用，以提高粗粒矿物的回收率。

（5）矿物粒度对指标的影响：Abshier 表明，锂辉石的浮选粒度为 0.15 mm

以下，0.2 mm 粒级的回收率为 61%，而 0.3 mm 粒级的回收率只有 22%。粗粒难浮是锂辉石的浮选特点之一，加上其磨矿（分级机返砂品位往往比原矿品位高 0.5~1.0 倍）使粗粒级富集，加剧了这一矛盾。绿柱石的浮选粒度最大可达 0.2 mm。

（6）温度对脂肪酸捕收剂的影响：эйГеЛес 证明，矿浆升温 80 ℃时用油酸分选绿柱石、长石和石英的效果比较明显。在 pH＝7.13 时温度由 20 ℃升高到 80 ℃后，十三碳酸吸附稳定性提高，解吸率由 33%降至 4.5%。在强碱性（pH＝11.5）介质中尽管对捕收剂在硅酸盐矿物上的吸附不利，但升温却可使其大大改善，增加了吸附稳定的部分。因此，升温 80 ℃就成为 ВИМС 流程的基础。然而，许多研究者，包括 эйГеЛес 自己，也进行了不加温的工艺研究。用 Na_2S 在常温条件下浮选绿柱石，用环烷酸皂或烷基及烷基芳基硫酸盐或磺酸盐常温或低温（5~15 ℃）浮选绿柱石和锂辉石的研究工作，都说明了这一点。

（7）设备规模由小到大，在工艺指标上有一定的差距。Abshier 曾指出，设备由小（实验室）到大（半工业性），在精矿品位相同并合格的条件下，回收率相差 7%~10%。

二、阳离子捕收剂浮选

（一）纯矿物的浮游性

许多著作阐述了月桂胺、硬脂胺等阳离子捕收剂浮选锂辉石、绿柱石、长石和石英等硅酸盐矿物的作用，也研究了某些化学结构复杂的合成胺衍生物对矿物浮选的影响。

由于发生了溶解、解离和水解，胺在溶液中呈离子（RNH_3^+）、溶解分子（RNH_2）和未溶解分子（RNH_2）$_n$ 三种状态存在，对于硅酸盐矿物（云母等除外），以胺离子的捕收能力为最强。三者比例与介质 H^+ 和胺的浓度有关；而 H^+ 和 OH^- 又是硅酸盐矿物的定位离子，故矿物浮选在极大程度上取决于介质的 pH。

胺的吸附基本上是可逆的，在酸性和中性介质中吸附可逆良好，在碱性介质中较差；吸附属于物理吸附，其中静电力起主导作用，故表面金属性、电性、胺的状态以及介质离子组成对吸附与矿物浮选影响较大。月桂胺浮选某些矿物的结果列入表 4-17。

表 4-17　月桂胺浮选矿物的结果

矿物	表面金属相对密度	中性介质中表面 ζ 电位/mV	适应浮选 pH	回收率>80%时胺用量/(g·t⁻¹)	资料来源
锂辉石	1:1.5	—	7.5~10.5	—	Борисов 等，1955；данипова 等，1952

矿物	表面金属相对密度	中性介质中表面 ζ 电位/mV	适应浮选 pH	回收率>80%时胺用量/$(g \cdot t^{-1})$	资料来源
绿柱石	1:1.5	$-20 \sim -15$	$7.5 \sim 9.3$	400	Борисов 等, 1955; данипова 等, 1952
长石	1:8	$-30 \sim -25$	$6.5 \sim 8.5$	140	Борисов 等, 1955; данипова 等, 1952
石英	1:8	$-40 \sim -35$	$4.5 \sim 7.5$	80	Борисов 等, 1955; данипова 等, 1952

由表 4-17 可见，用阳离子捕收剂浮选时，硅酸盐矿物具有很高的浮游性，并且随矿物表面金属相对密度增强、ζ 电位（负值）降低，浮选 pH 向碱性区移动（由 4.5 移至 9.3），矿物的浮游性也下降，这种规律与使用油酸阴离子捕收剂时正好相反。

（二）调整剂对浮选的影响

介质 pH 的影响：矿物浮选 pH 通常接近中性，其范围随药剂用量增加而增大，从而为保证目的矿物上浮而增大药量时，势必造成所有矿物上浮并破坏选择性。除云母能在强碱或强酸（pH>10 或 pH<3.0）介质中有良好浮游性并可与其他硅酸盐矿物分离外，多数矿物靠调整 pH 是不能分离的，然而利用不同结构的胺类捕收剂，如硬脂酸，可使锂辉石、绿柱石同长石、石英分离。

阳离子的影响：月桂胺浮选时，ДаНИЛОВа 研究表明，一价和二价的阳离子（K^+、Na^+、Ca^{2+}、Mg^{2+}、Cu^{2+} 和 Pb^{2+} 等）影响不大，但 H^+、Fe^{3+} 和 Al^{3+} 引起强烈的抑制。然而对黑云母而言，Ca^{2+} 反能增加矿物对胺的吸附并活化其浮游。这指出，用阳离子捕收剂浮选时，水的硬度可能视为无害的，对云母浮选反而有利，并且不会造成绿柱石的损失。

阴离子的作用也是很复杂的，用月桂胺浮选时，少量 Na_2SiO_3 可以活化长石和石英，而少量 Na_2SiF_6 只能活化长石，稍多时则全部抑制，NaF 能活化上述所有矿物。当用硬脂胺浮选时，Na_2SiO_3、Na_2SiF_6、$K_4[Fe(CN)_6]$ 和 Na_2HPO_4 等却是矿物的抑制剂，Na_2S 亦是；但对绿柱石作用稍弱。六聚偏磷酸钠抑制绿柱石，淀粉或糊精在碱性介质中是锂辉石、绿柱石、含铁硅酸盐和铁矿物的抑制剂，但对长石、石英和云母等作用较弱，此为锂辉石和绿柱石矿石反浮选的工艺基础。

绿柱石和长石经 HF 处理后，直接浮选时矿物明显活化，并在 pH<3.0 时浮游性最高，但石英被强烈抑制，此为酸法流程的工艺基础。多量 HF 处理时，能抑制锂辉石的浮游，而少量 HF 处理后脱泥洗矿再浮选时，Cu^{2+}、Pb^{2+}、Fe^{3+} 和 Na_2SiO_3 都是硬脂胺浮选锂辉石的抑制剂，Na_2SiO_3 对长石抑制作用最强，然而少量（100 g/t）漂白粉可完全活化锂辉石的浮游。一价锂盐是绿柱石的抑制剂。

综上所述，混合使用某些无机盐阴离子和有机物作为分选调整剂是有前途的。在特定条件下，甚至一价和二价的阳离子也可以起到明显的调整作用。

三、浮选流程及其工业实践

锂辉石和绿柱石浮选工艺流程可分为混合浮选、优先浮选和混合反浮选（见表4-18）三种原则流程。

表4-18　锂辉石和绿柱石矿石浮选流程

流程	矿物行为	调整剂处理后脱泥洗矿再浮选				调整剂处理后直接浮选			
		主要条件			实用性	主要条件			实用性
		调整剂	捕收剂	浮选 pH		调整剂	捕收剂	浮选 pH	
混合浮选	锂辉石与绿柱石共同上浮	NaOH，Na₂S，Na₂CO₃，磷酸盐	油酸、环烷酸等或与中性油合用	中性及弱碱性，用Na₂CO₃、NaOH加Na₂SiO₃调整	通用流程，工业上应用	H₂SO₄，Na₂S	烷基硫酸盐，油酸	1.5，8.0~11.0	ВИМС流程，工业上应用
优先浮选	绿柱石优先上浮	HF或H₂SO₄，加NaF	油酸、环烷酸等或与中性油合用	中性及弱碱性，用Na₂CO₃或NaOH调整	通用流程，工业上应用	HF或H₂SO₄，加NaF（注）	月桂胺、Armac-T、Amine-220E、ИМ-11、АНП等	<3.0	通用流程，工业上应用
优先浮选	锂辉石优先上浮	Na₂CO₃，NaF，有机胺抑制剂	油酸	弱碱性，用Na₂CO₃、NaF及有机胶调整	半工业试验	NaF，丹宁，木质素磺酸盐	Oleine-C		半工业试验
						NaF，NH₄OH，木质素磺酸镁	油酸	6.5~9.0	有工业生产
						淀粉	油酸	6.5~9.0	同上小型试验结果
						烤胶	油酸	6.5~9.0	
混合反浮选	脉石上浮					CaO，淀粉或糊精	胺类	11.0	通用流程，工业上应用，小型试验
						六聚偏磷酸钠	月桂胺	8.5	

注：少量HF处理并洗矿时，锂辉石上浮。

从表4-18可以看到，近年来在优先浮选锂辉石工艺方案制定方面有突出的进展，突破了必须碱处理并随后脱泥洗矿才能改善矿物浮游性的局限，创造了直接浮选的简化工艺，为降低成本和锂铍矿物的分离创造了有利条件。

混合反浮选没有新的内容，据报道，由于过程不稳定，指标波动较大，国外某些企业已改用正浮选流程。

用胺类浮选得到的锂辉石和绿柱石混合精矿直接分离的方法尚未见有报道。用油酸浮选得到的混合精矿分离方法可以分为选择性地解吸捕收剂膜并直接浮选和排除药膜并洗矿后分选的两种方法，但以前者最为简便。目前已知的比较成功的分选方法有 NaF 法、Na_2CO_3 法、Na_2SiO_3 法和木质素磺酸盐法等。我们的研究表明，混合使用某些调整剂能有效地直接分选油酸浮选得到的锂辉石和绿柱石混合精矿。至于更完善的精矿分离方法，有待进一步研究。

四、今后的研究工作方向

总结锂辉石、绿柱石的浮选工艺，如下几方面问题值得注意和研究：

（1）发展优先浮选流程的研究。我们认为，这一工艺有很大的优越性，对于锂辉石或绿柱石矿石，将一些易浮的矿物在浮选目的矿物之前优先分离出来（如电气石、石榴子石、黄玉、绿泥石、云母、磷灰石、磷铝石和萤石等），这样既可以保证精矿质量，也可以减少精选粗精矿时的困难。对于锂辉石绿柱石矿石，采用优先浮选锂辉石（包括某些易浮矿物），从选锂尾矿中进行混合浮选及其分离流程，可以得到优异的指标。优先浮出大部分锂辉石成为合格产品，也就是先浮出易浮的较细的锂辉石，这样对于下一步分离混合精矿便创造了有利的条件；此外，此流程有较大的灵活性，能处理锂辉石、绿柱石不同比例的矿石，这在我们的工作中已经得到了证实。目前发表的资料也表明已经开始重视研究这一问题，并且取得了一定的成果，但经济效果不够明显。因此，从工艺上和经济上来看，这一流程还值得深入研究。

（2）碱处理后不脱泥、不洗矿流程。我们的研究表明，采用这一流程于某些锂辉石和绿柱石矿石中是成功的，它既简化了流程，又得到了很好的经济效果。因此，研究这一工艺的适应性是有很大意义的，特别是对风化的矿石。

（3）寻找精选方法。虽然采用优先浮选流程能够减轻精选时的困难，但是仍不免有剩余的易浮矿物污染精矿。因此，进一步寻找有效的精选精矿的方法，包括锂辉石绿柱石混合精矿的分离方法的研究是很值得注意的。

（4）混合使用调整剂的研究。调整剂当中，选择性很强的是很少的，往往不能起到选择性的活化或抑制作用。但是使用两种或两种以上的调整剂时，可以相互补充、调整，甚至改变药剂的性质，因此能够提高分选过程的选择性。除本文表 4-16 提到的资料外，在精选非硫化物矿物的精矿时，还有将碳酸钠、硅酸钠、苛性碱和硫化钠混合使用的方法。我们的工作也表明，当用碳酸钠优先浮选锂辉石时，添加 NaF 有利于浮选选择性的提高。

（5）石油磺酸盐和硫酸盐的应用。其用于浮选是很有前途的，它们对于分离非硫化物矿物精矿具有良好的选择性。在进行锂辉石和绿柱石矿石的浮选时也已经采用它们作为捕收剂，但是浮选都是在强酸性介质中进行的。我们认为，有可能在中性或弱酸性介质中浮选锂辉石和绿柱石，这方面的工作应给予一定的注意。

（6）研究具有选择性的调整剂。由于用阳离子捕收剂进行反浮选时过程不够稳定，并且处理低品位的矿石时经济上不是有利的，因此研究具有选择性的调整剂，用阳离子捕收剂进行正浮选也是值得考虑的问题。

（7）理论方面的研究。对于单一矿物的浮选性质，特别是用油酸浮选时，是研究得比较清楚的。但是，为了进一步发展浮选理论和促进生产实践，可以结合上面提到的问题研究药剂的作用机理，为寻找新的药剂、新的工艺方法和指导生产实践提供理论依据。

论文四　锂辉石-绿柱石浮选分离新方法——污染离子 Ca^{2+} 选择性解吸分离法

吕永信

提要：本文所研究和发展的伟晶岩锂辉石-绿柱石浮选分离新方法与旧方法的根本区别是矿石无需预先处理和洗矿净化以排除磨矿过程中金属阳离子（主要为 Ca^{2+}、Fe^{3+}）对矿物的污染，而是全部利用和控制这种污染与活化效应，通过常用无机盐调整剂阴离子（主要为 F^-、CO_3^{2-}）及变态水玻璃对污染阳离子的选择性解吸及抑制作用，达到羧基酸捕收剂分离矿物的目的。与 Browning-Clemmons 法相比，新方法简易可靠、经济合理，在半工业试验及生产实践中取得了令人满意的结果。

一、概论

伟晶岩矿石中除含 10%~20% 锂辉石外，常伴生少量（0.3%~0.7%）细晶绿柱石及微量（0.01%~0.02%）嵌布不均匀的钽铌铁矿。研究这些矿物的选矿综合回收，对合理利用战略资源与发展硅酸盐矿物浮选分离技术具有重要意义。钽铌矿物在磨矿-分级闭路中以螺旋重选回收较易；而锂辉石-绿柱石浮选分离较难。

多年来，国外在锂铍矿物分离浮选方面做了许多工作。应用新的原则，简化旧工艺，研究新方法，早为人们注意。新旧理论的区别在于：对污染离子 Ca^{2+}、Fe^{3+} 的处理方法，是"排除"还是"利用"。国外总的动向已从"排除"转向"部分利用"。Browning-Clemmons 法即属此例。除选锂指标较好外，选铍效果不够理想。精矿品位（BeO）为 6%~7%，回收率为 60%~62%。

本法的理论基础是对阳离子污染的矿石无需预先净化处理，而是全部利用这种污染及活化效应，化害为利，达到分离目的。工业试验表明，除选锂指标同样好外，铍精矿品位（BeO）可达10%，回收率为60%。

二、Ca^{2+}、Fe^{3+}阳离子污染和活化

伟晶岩矿基本上由硅酸盐矿物所组成。晶体结构特点是以SiO_4^{4-}四面体间共氧形式组成不同结构的阴离子基团，以及与基团配衡的金属阳离子同氧形成配位键合的密集空间群。主要共生矿物某些特性列于表4-19。

表4-19　主要共生矿物某些特性

矿物	结构特征	金属阳离子	正电荷平均密度	表面零电点 pH_{pzc}	各类捕收剂捕收能力	
					阴离子	阳离子
石榴子石	独立 SiO_4 体，$[SiO_4]^{4-}$	Fe^{2+}，Ca^{2+}，Al^{3+}	1：1	4.7~5.8	强 ↓ 弱	弱 ↓ 强
绿柱石	独立 SiO_4 环，$[Si_6O_{18}]^{12-}$	Be^{2+}，Al^{3+}	1：1.5	3.2~3.4		
锂辉石	单链 SiO_4 体，$[SiO_3]^{2-}$	Li^+，Al^{3+}	1：1.5	2.6		
电气石	双层 SiO_4 环，$[Si_6O_{18}]^{12-}$	Na^+，Mg^{2+}，Ca^{2+}，Al^{3+}	1：1.7			
角闪石	双链 SiO_4 体，$[Si_4O_{11}]^{6-}$	Na^+，Mg^{2+}，Ca^{2+}，Fe^{3+}，Al^{3+}	1：1.8			
黑云母	SiO_4 层，$[Si_3O_{10}]^{8-}$	K^+，Mg^{2+}，Al^{3+}	1：2.5			
白云母	SiO_4 层，$[Si_3O_{10}]^{8-}$	K^+，Al^{3+}	1：2.5	1.0		
铯榴石	（Al，Si）O_4 架，$[(Al_xSi_{n-x})O_{2n}]^{x-}$	Cs^+	1：6			
钠长石	同上	Na^+	1：8	1.9~2.3		
正长石	同上	K^+	1：8	1.4~1.7		
石英	SiO_4 架，$[SiO_2]$	—	1：8	1.4~2.3		

可见，硅酸盐阴离子基团大体上随SiO_4^{4-}四面体共氧数增多而增大，同氧配位键合的阳离子电荷数逐步减少，正电荷平均密度逐步降低，零电点渐向更酸性区转移，则阴离子捕收剂在矿物上的吸附性能逐渐减弱。尽管天然浮游尚取决于元素、键合及晶体结构等多种因素，但仍可认为趋向$SiO_4^{4-}\leftrightarrow SiO_2$两极的矿物组分分离较易，反之较难。

锂辉石与绿柱石天然浮游性较差，但在铁介质中湿磨后全部上浮，显然，微量Fe^{3+}是重要的活化因素。

许多研究表明，硅酸盐矿物上Fe^{3+}的吸附量与其介质pH有关。该吸附属不可逆化学吸附，Fe^{3+}是中性及弱酸性介质的活化剂。

实际上，从成矿开始就有离子污染，不少原矿及矿物浸出液中含Ca^{2+}、

Mg^{2+}、Fe^{3+}，总量约为 40 mg/L，其中以 Ca^{2+} 居多，而磨浮过程亦如此。因此，Ca^{2+} 污染活化规律应为主要研究方面。

取 −104 μm+10 μm 锂辉石及绿柱石纯矿物，用放射性同位素 ^{45}Ca（氯化物）在离子交换水中测定 Ca^{2+} 等温吸附量与 pH 的关系。其结果如图 4-34 所示。结果表明，绿柱石对 Ca^{2+} 的吸附量较小，并在宽 pH 范围符合弗连德里赫吸附方程：

$$\lg \Gamma = a + b\,pH \tag{4-9}$$

式中，Γ 为 Ca^{2+} 吸附量；a、b 为等温吸附常数。但是，锂辉石则不然，由于吸附能力很强，在弱碱性区即迅速吸附饱和，呈非线性半对数关系。显然，在强碱性介质中 Ca^{2+} 活化将使矿物共同上浮。

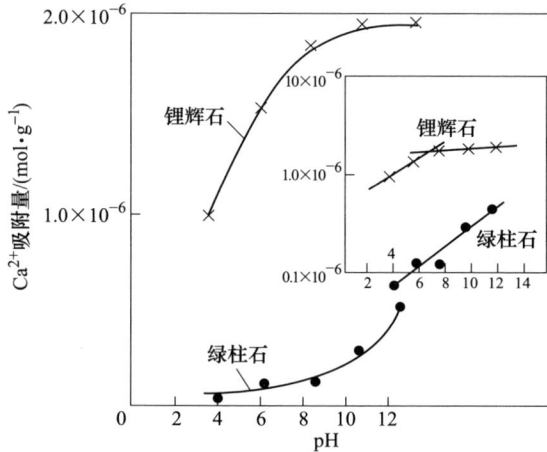

图 4-34　Ca^{2+} 在锂辉石与绿柱石上的等温吸附量与介质 pH 的关系

许多研究表明，硅酸盐矿物对 Ca^{2+} 吸附是静电力及化学力综合作用的结果，属特殊吸附，有相当可逆性。Cooke 指出 Ca^{2+} 是碱性介质中的活化剂，活化条件是 $c(Ca^{2+}):c(H^+)>10^6$、$c(Ca^{2+}):c(Na^+)>10^{-3}$。当该比例相应为 $<10^5$ 及 $<10^{-4}$ 时则失去活化作用。

由于 Ca^{2+}、Fe^{3+} 以不同活化作用特点影响矿物分选过程，因此利用和控制污染离子，特别是 Ca^{2+} 的吸附及解吸规律，化害为利，探求新的分离方法，是值得研究的重要方面。

三、表面污染 Ca^{2+} 的选择性解吸

Ca^{2+}、Fe^{3+} 的污染活化效应必将表现在原矿浮选过程中。原矿、浮选用水及药剂组成分别列于表 4-20～表 4-23。不同 NaOH 浓度下铁介质中磨矿后的锂辉石与绿柱石浮选结果见图 4-35。

表4-20 原矿成分分析

成分	SiO$_2$	Al$_2$O$_3$	CaO	MgO	TFe	Li$_2$O	BeO
含量/%	76.16	12.65	0.17	0.33	1.27	0.86	0.046
成分	Ta$_2$O$_5$	Nb$_2$O$_5$	Rb$_2$O	Cs$_2$O	K$_2$O	Na$_2$O	P
含量/%	0.0039	0.0084	0.104	0.025	2.22	1.73	0.21

表4-21 原矿矿物组成分析

矿物	锂辉石	绿柱石	钽铌铁矿	石英、长石	白云母	石榴子石、电气石、辉石、磷灰石等
含量/%	11.00	0.35	0.01	80.0	4.0	2.0

表4-22 实验室浮选用水水质分析

成分	CaO	MgO	Fe^{3+}	Al^{3+}	SO$_4^{2-}$
含量/(mg·L^{-1})	12.00	5.30	0.05	1.60	52.62
成分	Cl$^-$	CO$_3^{2-}$	HCO$_3^-$		
含量/(mg·L^{-1})	35.45	30.03	360.01		

注：浮选用水硬度约为2德国度。

表4-23 氧化石蜡皂组成分析

纯度/%	不皂化物含量/%	水分/%
34.36	9.50	37.75

结果表明，锂辉石与绿柱石浮选回收率的曲线特征全然不同，标志着由不同的活化离子所控制。选锂出现两个活化峰，显然是由于吸附了大量 Ca^{2+}、Fe^{3+}。至于选铍，只呈现单一碱土金属离子活化特点，并与图4-34及式（4-9）Ca^{2+}吸附规律相对应。从而可知，强碱性介质是上述矿物的混合浮选介质，因二者为 Ca^{2+} 强烈活化；中性及弱酸性介质是优先选锂的介质，因锂受 Fe^{3+}、Ca^{2+} 的影响更强。

矿物表面吸附 Ca^{2+} 的活化反应简式为

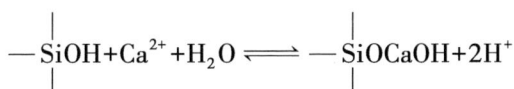

$$—SiOH + Ca^{2+} + H_2O \rightleftharpoons —SiOCaOH + 2H^+$$

Ca^{2+} 从矿物表面上选择性解吸，可采取两种途径：（1）借助同荷离子排挤作用（如 Cooke 研究 H$^+$、Na$^+$ 对 Ca^{2+} 的排挤作用）；（2）借助异荷无机或有机阴离

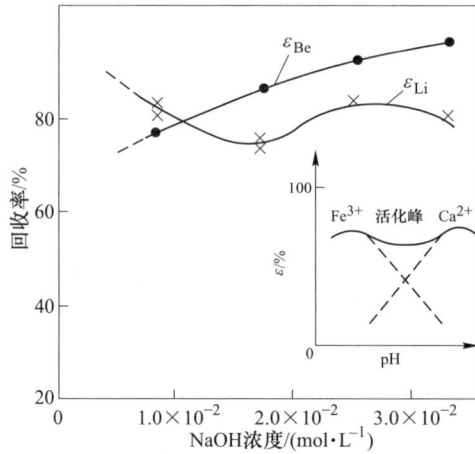

图 4-35   铁球磨机磨矿时 NaOH 浓度对锂辉石与绿柱石浮选的影响

子的沉淀解吸作用。众所周知，阴离子沉淀 Ca^{2+} 的强弱顺序为 $C_2O_4^{2-}$ > CO_3^{2-} > SiO_3^{2-} > F^- > PO_4^{3-} > AsO_4^{3-} > BO_2^- > SO_4^{2-} > OH^-。原则上都可发生不同程度的沉淀解吸作用。本文采取第二种途径，着重对 CO_3^{2-}、F^- 等常用盐阴离子进行了考察，结果见图 4-36。

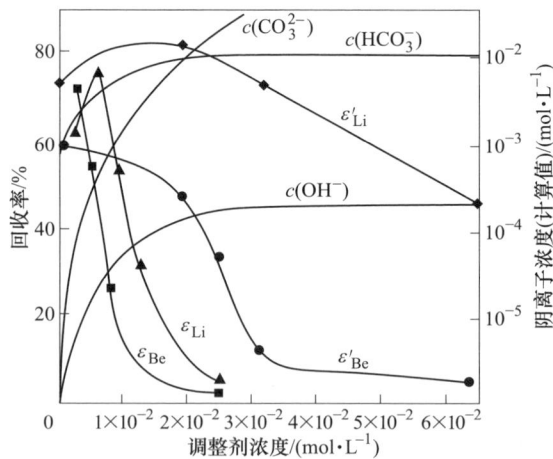

图 4-36   铁球磨机用 Na_2CO_3 或 NaF 磨矿时对锂铍矿物浮选的影响
（ε' 表示用 NaF 及 300 g/t 的 Na_2CO_3；ε 表示单用 Na_2CO_3）

结果表明，在 Na_2CO_3 作用下二者浮游曲线相似，阴离子浓度计算曲线证明，CO_3^{2-} 是其有效抑制形态。然而，F^- 却表现出明显的选择性，可能是由于其比 CO_3^{2-} 沉淀 Ca^{2+} 的作用稍弱。为查明原因，对锂、铍纯矿物，用 Ca^{2+} （用 6.17×

10^{-5} mol/L 的 ^{45}Ca）活化，再经 NaF 解吸后，测定 Ca^{2+} 吸附量，结果见图 4-37。

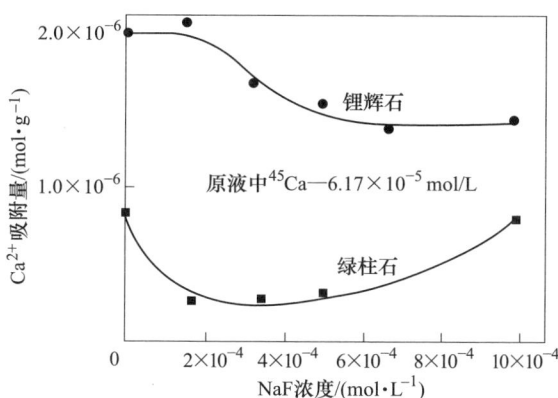

图 4-37　在 pH=9 的 Na_2CO_3 介质中 F^- 对 Ca^{2+} 在锂铍矿物上的活化解吸作用

由图 4-37 可见，两种矿物的解吸规律完全不同。在绿柱石上 Ca^{2+} 发生迅速的大量解吸并趋于最低点；而在锂辉石上则不然，只有大量 F^- 出现时 Ca^{2+} 才少量解吸并迅速趋于解吸极限。显然，F^- 对 Ca^{2+} 的解吸选择性，加上 Fe^{3+} 的污染活化（见图 4-35），是使锂辉石拥有良好浮游性的原因。

至于大量 F^- 存在时绿柱石上又出现 Ca^{2+} 的大量吸附，可能是形成—CaF_n^{1-n} 态亲水膜的结果，正如表面 Be^{2+} 形成—BeF_n^{1-n} 一样，即

$$—\overset{|}{\underset{|}{Si}}OMOH + nF^- \Longrightarrow —\overset{|}{\underset{|}{Si}}OMF_n^{1-n} + OH^-$$

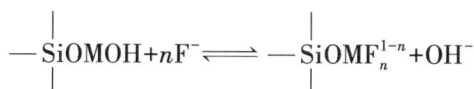

式中的 M 为 Be（+2 价）或 Ca（+2 价）。Be^{2+} 可形成 BeF^+、BeF_2、BeF_3^- 及 BeF_4^{2-}。后二者不稳定，K_{sp} 常为 1.3×10^{-8} 及 4.4×10^{-16}。而 $Be(OH)_2$ 的 K_{sp} 为 2.7×10^{-19}。可见，F^- 在中性及弱碱性介质中抑制作用是稳定的。不难推定，锂辉石上也可能存在类似—CaF_n^{1-n} 态亲水膜。

综合上述，以 F^- 为主、CO_3^{2-} 为辅的组合剂是可取的。

四、表面吸附的 $RCOOCa^+$ 的选择性解吸

优先选锂尾矿中除绿柱石外尚有少量锂辉石，矿物含量之比为 1:(2~4)，粒度以后者为粗。为消除 F^- 的抑制作用，成功地采用了 Ca^{2+} 沉淀消除法。试验证明，矿浆中 $c(Ca^{2+}):c(OH^-):c(CO_3^{2-})$ 浓度比是 Ca^{2+} 活化浮选锂铍矿物的重要工艺参数。其适宜值为（3.41×10^{-4}）:（2.80×10^{-2}）:（1.40×10^{-5}），即 1:81.8:0.041。说明在强碱性介质中 Ca^{2+} 含量不宜超过 19 mg/L。尽管锂铍混合浮选泡沫的吸附膜比较复杂，但其基本结构反应可简要表达为

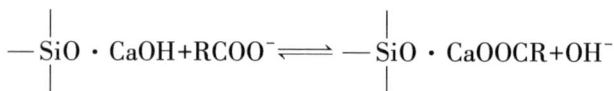

$$—\overset{|}{\underset{|}{Si}}O \cdot CaOH + RCOO^- \rightleftharpoons —\overset{|}{\underset{|}{Si}}O \cdot CaOOCR + OH^-$$

由于 $RCOO^-$ 与 Ca^{2+} 间亲和力远强于 Ca^{2+} 同硅酸盐表面（因 $K_{spCaSiO_3}/K_{spCa(OOCR)_2} = 12$，其 $RCOO^-$ 为油酸根），显然可以肯定，$RCOOCa^+$ 的解吸规律应类同 Ca^{2+} 的解吸规律。

$RCOOCa^+$ 解吸的前提条件必须是：（1）矿物对 Ca^{2+} 拥有较强的吸附能力及吸附差异；（2）同 Ca^{2+} 形成难溶或微溶物的阴离子解吸作用。从而决定必须采用"OH^--沉淀 Ca^{2+}-阴离子"组合解吸剂。

（一）"OH^--CO_3^{2-}"的选择性解吸作用

对工业锂铍泡沫进行试验，结果（见图 4-38）表明，单用 NaOH（即"OH^--OH^-"）时选择性很差；OH^- 浓度高达 80×10^{-2} mol/L 时，$\varepsilon'_{Be} - \varepsilon'_{Li} = 10\%$；单用 Na_2CO_3（即低 pH"OH^--CO_3^{2-}"）时却先出现相反的浮锂抑铍规律，即 $\varepsilon''_{Li} > \varepsilon''_{Be}$，显然是因 pH 太低，活化 Ca^{2+} 作用力不足。然而，当 Na_2CO_3 与 NaOH 合用时又出现浮铍抑锂的规律。再次肯定了 $c(OH^-) : c(CO_3^{2-})$ 浓度比对选择性分离浮选的重要作用。

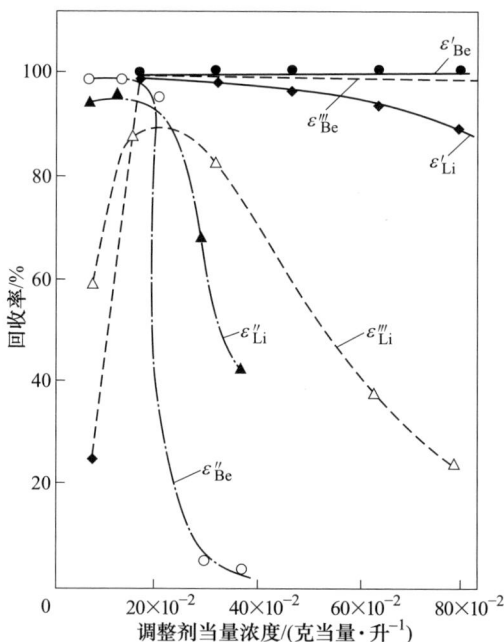

图 4-38 "OH^--CO_3^{2-}"对工业锂铍泡沫的选择性解吸规律

(85 ℃，搅拌 30 min；ε' 表示单用 NaOH；ε'' 表示单用 Na_2CO_3；

ε''' 表示用 NaOH 及 356 g/t 的 Na_2CO_3)

（二）变态水玻璃的选择性解吸作用

水玻璃在水中溶解，其解离及水解产物十分复杂。在浓度小于 $0.005N$ 时其解离式为

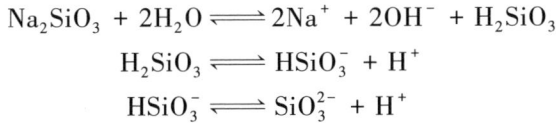

$$Na_2SiO_3 + 2H_2O \Longleftrightarrow 2Na^+ + 2OH^- + H_2SiO_3$$

$$H_2SiO_3 \Longleftrightarrow HSiO_3^- + H^+$$

$$HSiO_3^- \Longleftrightarrow SiO_3^{2-} + H^+$$

式中两段解离常数为 $K_1 = 4.2 \times 10^{-10}$，$K_2 = 5.1 \times 10^{-17}$。但当浓度大于 $0.005N$ 时则出现胶态粒子。模数大于 2 时出现聚硅酸离子态 $Si_2O_5^{2-}$，以及 SiO_2 胶粒。

显而易见，水玻璃成分变化势必会影响分选效果，将复杂水玻璃态变成单一物态，即以 SiO_3^{2-} 态或 H_2SiO_3 态为主，分别使用后的结果（见图 4-39）表明"$OH^- - H_2SiO_3$"比"$OH^- - SiO_3^{2-}$"具有更好的选择性。因此，变态水玻璃的制备和联用，不仅增大了使用灵活性，也提高了选择性。

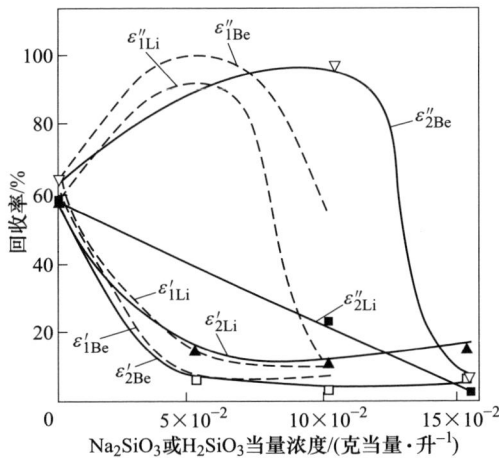

图 4-39　"$OH^- - SiO_3^{2-}$"或"$OH^- - H_2SiO_3$"对锂铍泡沫

分离的选择性作用效果

（条件同图 4-38；ε' 表示单用 Na_2SiO_3；ε'_2 表示单用 H_2SiO_3；

ε'' 表示混用 0.312 mol/L 的 NaOH）

五、水质及搅拌影响

（一）现厂水质影响

现厂水中含 Ca^{2+}、Mg^{2+}，与北京相同，水硬度皆为 1.5~2.0 德国度，但 HCO_3^- 含量却只有 24.4~42.0 mg/L，远少于北京软水含量（见表 4-22）。

计算表明，浮选用水必须补加 1200~1400 g/t 的 Na_2CO_3 才能维持要求的离子浓度比。工业实践证明，小型试验 300 g/t 的 Na_2CO_3，须改为 1500 g/t 方可。

（二）搅拌作业影响

分离浮选前的加温搅拌作业，是分离基础作业。对作用强度要求的（加温、长时间、高速度等）强烈搅拌尤为重要。通过一般数学推导，小型单元不连续与工业连续搅拌作业是两种作用规律截然不同的搅拌过程，前者服从"排队规律"，后者服从"稀释规律"。有关连续排浆数学表达式为

$$i = 1 - \exp[-Kq/(Vt)] \tag{4-10}$$

式中，i 为累计排浆率；V 为搅拌槽容积；q 为给排浆量；t 为搅拌时间；K 为排溢滞后系数（与机械因素有关）。

上列推导式曾借用 Hanvens 同位素^{110}Ag 的实测数据进行对比，结果十分吻合，二者标准离差 $S_{\bar{x}} = 0.25\%$，所得 K 值约为 0.8，证明该式可用，排浆特性曲线关系见图 4-40。由图 4-40 可见，AB 线为实验室单元排浆线，到达 T 时，一次排出；然而连续排浆时则出现 Σ_1 区——作用不足、Σ_2 区——作用过分。$\Sigma_1 + \Sigma_2 = \Sigma$ 标志"总不均度"，是影响选择性的量度。其积分值为

$\Sigma = T\left(1 - \dfrac{1}{K} + \dfrac{2}{K}e^{-K}\right)$，说明 Σ 值与 $T = V/q$ 及 K 有关；当 $K = 1$ 时，只与 T 有关；T 小，则 Σ 亦小，若实需搅拌时间长时，应以多槽串联为宜。实践证明，至少需四槽串联。只有管道化搅拌装置才在连续性上接近实验室单槽效果。

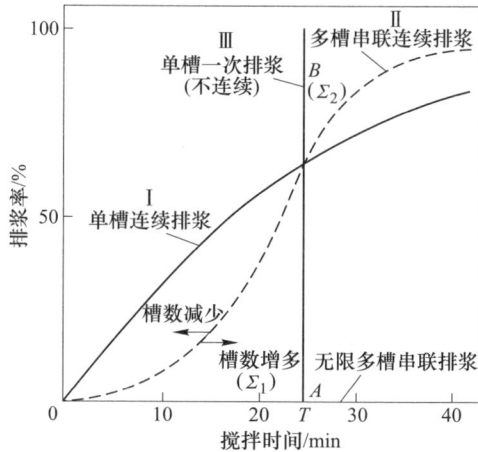

图 4-40　单槽不连续及连续搅拌过程排浆特性曲线关系

六、工业试验流程与结果

综合上述研究结果，用"$F^- - CO_3^{2-} -$变态水玻璃"药剂组合选择性解吸及抑制污染阳离子进行分离浮选的原则流程如图 4-41 所示，结果见表 4-24。

原矿处理量为10 t/d

球磨机中加NaF、Na_2CO_3

细度−200目占60%~67%，浓度为27%~31.5%

T=20~24 ℃ × 羧基酸捕收剂
×

优先选锂

× Ca^{2+}
× OH^- (pH=11~11.5)
× 羧基酸捕收剂

锂精矿
T=85 ℃ 锂铍混选
× CO_3^{2-}
× $OH^- - SiO_3^{2-}$

× H_2SiO_3 最终尾矿

精选铍

槽内产品
返回球磨

铍精矿

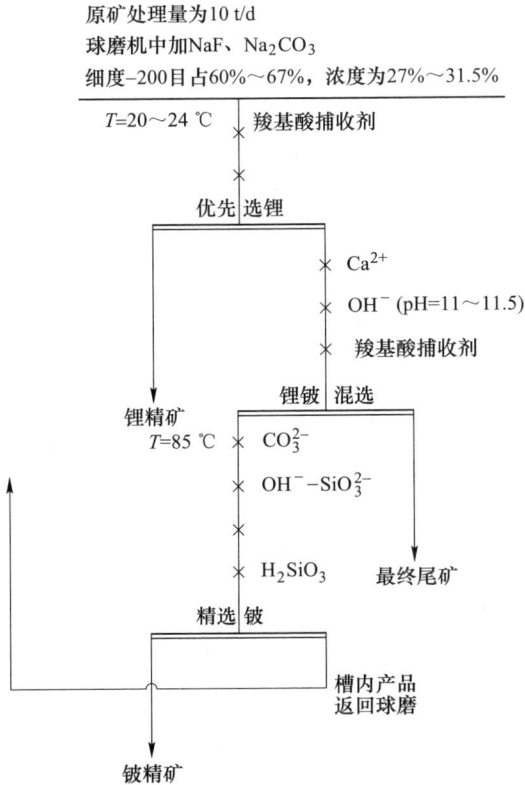

图 4-41 新方法工业试验原则流程

表 4-24 连续十八班的工业试验结果

产品	成分	原矿品位/%	精矿品位/%	回收率/%	备注
锂精矿	Li_2O	0.99±0.032	5.84±0.09	82.40±0.81	十八班中最后三班平均结果
铍精矿	BeO	0.045±0.004	9.62±0.22	54.50±3.46	
锂精矿	Li_2O	0.89	5.60	83.00	
铍精矿	BeO	0.041	10.92	60.84	

结果说明，本法在原矿铍含量较低情况下亦可取得较好的指标。

七、结语

（1）阳离子 Ca^{2+}、Fe^{3+} 等在成矿、磨浮过程中的污染，强烈活化羧基酸捕收剂浮选矿物的浮游性，导致二者浮游性差异消失，而共同活化上浮。

（2）多价阳离子污染不应被认为是有害因素。利用 Ca^{2+}、Fe^{3+} 污染，用"$F^- - CO_3^{2-}$-变态水玻璃"组合药剂对污染离子 Ca^{2+} 选择性解吸的分离法是成功的。比 Browning-Clemmons 法更简易合理，并得到工业生产验证。

有关本法的理论研究，尚需进一步深入。

此项研究的工业试验由新疆冶金工业管理局、第一矿务局、新疆冶金研究所及有色冶金设计总院共同完成。

4.3　保定会议后有色金属研究院的选矿试验

4.3.1　有色金属研究院工艺技术研究情况

1960 年上半年，有色金属研究院用可可托海 3 号脉第 Ⅰ、Ⅱ矿带含铍混合试样，对"酸法流程"进行了一系列的试验研究，取得了较好成绩。在进行"碱法脱泥流程"试验中，也获得了较好的指标。

此后，有色金属研究院李毓康主任带领工作组到可可托海现场对该院的各种流程进行小型验证试验，由赵常利全面负责。新疆冶金工业管理局和可可托海矿区领导积极支持，并派出何炯奎、侯柱山、李明山、于桂香和可可托海矿务局周宝光、杨书良、成沛然、杨恩荣等人参加试验。试验分成铍、锂、钽铌三个专题，每个试验小组负责完成一个试验专题。

（1）对铍锂浮选试验，从 1960 年 1 月起，对 3 号脉 6 个矿带的矿石进行浮选试验，至 1961 年 6 月止。对富含绿柱石的第 Ⅰ、Ⅱ、Ⅳ 矿带矿石，在以碱法不脱泥浮选绿柱石作为重点试验外，曾进行过酸法混合浮选流程、碱法预先脱泥浮选流程、先酸法浮出云母后碱法浮选绿柱石的浮选流程以及浮选-焙烧联合选矿等流程试验。对各矿带矿石分别进行单独浮选，或将各矿带矿石按不同比例混合后进行浮选。试验结果确定：第 Ⅰ、Ⅱ、Ⅳ矿带矿石混合处理，可采用碱法不脱泥的浮选工艺流程。对富含锂辉石的第 Ⅴ、Ⅵ、Ⅶ 矿带矿石在以碱法不脱泥浮选锂辉石作为重点试验外，还曾进行过单独和混合矿石的反浮选流程，以及先脱泥正浮选流程、重介质选矿回收锂辉石流程。

（2）试验结果确定：

1）第 Ⅴ、Ⅵ、Ⅶ 矿带矿石混合处理和锂辉石手选尾矿单独处理时，采用碱法不脱泥正浮选流程能获得较好技术指标，是国内外的首创。

2）对富含钽铌的第 Ⅳ、Ⅶ 矿带矿石，先单独重选回收钽铌和部分含铷铯的白云母；随后分别与第 Ⅰ、Ⅱ 矿带及第 Ⅴ、Ⅵ 矿带合并进行碱法不脱泥的绿柱石浮选或锂辉石浮选流程。

（3）上述试验获得如下指标：

1）第 Ⅰ、Ⅱ、Ⅳ 矿带的各带矿量配比为 1：2：4，原矿氧化铍品位为 0.11%，精矿氧化铍品位为 8%~8.3%，回收率为 85%~88%。

2）第 Ⅴ、Ⅵ、Ⅶ 锂辉石矿带的各带矿量配比为 1：1：1，原矿氧化锂品位为 1.44%~1.5%，精矿氧化锂品位在 4.5% 左右，回收率为 85%~88%。

3）第Ⅳ矿带原矿 $Ta_2O_5+Nb_2O_5$ 品位为 0.007%，精矿品位为 5.4%，回收率为 40%；第Ⅶ矿带原矿 $Ta_2O_5+Nb_2O_5$ 品位为 0.087%，回收率在 55% 左右。

有色金属研究院 1961 年 6 月提出了《三号矿脉铍锂矿石综合回收中间试验报告》。1961 年底，开始简化绿柱石浮选流程及回收锂辉石的研究。1962 年完成了绿柱石与石榴子石泡沫产品浮选分离，去掉了精选中的磁选作业。1963 年 7 月，制定了绿柱石简易浮选流程及绿柱石与锂辉石浮选分离流程。

通过数年的酸法与碱法、脱泥与不脱泥、精选作业磁选与不磁选、加温与不加温的多方案系统比较，确认"简易浮选流程"的优点是：不浓缩、不脱泥、不洗矿；精选作业次数少；不磁选、不加温（75～80 ℃），也不脱药、不洗矿，药剂种类少，价格低廉，流程结构简单，对原矿中含锂波动范围无需严格限制。这给以后矿山开采和选矿生产操作、控制带来了方便。

关于对锂手选尾矿的小型单元试验，在国外，浮选锂辉石大多采用复杂的脱泥作业的正浮选，或采用阳离子捕收剂的反浮选。有色金属研究院根据可可托海的偏远山区及良好水质条件，在药剂上采用廉价的氢氧化钠、碳酸钠为调整剂，以石油副产品环烷酸皂、氧化石蜡皂、柴油等为选锂的混合捕收剂，用以代替来源困难、价格昂贵的油酸等，并去掉了复杂的脱泥洗矿作业，从而简化了选锂流程，降低了选矿成本，为"碱法、不脱泥浮选锂辉石工艺流程"指明了新的发展方向。原矿氧化锂品位在 0.9% 左右，精矿氧化锂品位为 4%～4.5%，回收率达 80% 以上，为我国建立锂辉石浮选厂提供了可靠的设计资料。

北京有色冶金设计院（当时称为有色冶金设计总院）在 1960 年根据有色金属研究院提出的碱法、不脱泥正浮选的选锂流程修改了 8859 选矿厂的工艺设计。

1961 年底，有色金属研究院为了使"碱法、不脱泥浮选流程"易于工业化，又进行了简化选铍流程的研究工作。1962 年，又完成了绿柱石与石榴子石泡沫的浮选分离，去掉了精选中的强磁选作业。1963 年初，该院在含锂手选尾矿试验中，采用碱法、不脱泥、优先选铍、然后选锂，实现铍锂分离流程，并获得了较好的指标，7 月制定了单一绿柱石简易浮选和先选铍、后选锂的浮选流程。

有色金属研究院在解决了单一选铍、选锂的工艺流程后，便集中力量对 3 号脉 6 个矿带的铍、锂、钽铌等矿物进行综合回收的选矿试验。在试验中，用"三碱"作为调整剂，以"两皂一油"为捕收剂，先重选回收钽铌，然后优先选铍、再选锂，实现铍锂浮选分离综合回收的目的。1964 年初，完成了该项试验，取得了较好指标，提出了综合回收研究报告。

1965 年，该院罗家珂领导的团队在可可托海矿区与现场人员合作进行"优先选铍、后选锂，铍锂分离综合回收"的扩大连续试验和工业试验，12 月份在 8859 选矿厂完成工业试验。试验证明：先重选回收钽铌，优先选铍、后选锂，综合回收的工艺流程是可靠的，指标较高，可作为建设大选厂的设计依据。

关于锂铍分离的工艺流程，有色金属研究院还曾在实验室提出过锂辉石、绿柱石混合浮选再分离的混合流程。与北京矿冶研究院一样，由于该流程自身存在不足，特别是混合精矿中的锂辉石和绿柱石难以浮选分离的弱点，该工艺流程最终没有开展工业试验。

4.3.2 部分实验室基础研究

李毓康等在实验室进行了系列基础研究。研究表明 Ca^{2+}、Fe^{3+} 的存在足以使绿柱石、锂辉石充分活化。当 $CaCl_2$ 用量为 60 mg/L 时，在不同用量捕收剂的作用下，Ca^{2+} 的活化作用与介质 pH 的关系研究表明，Ca^{2+} 活化作用与 pH 关系密切而与捕收剂用量关系不大。绿柱石在 pH>10，锂辉石在 pH>11.2 时，被活化得相当充分。

李毓康等还研究了油酸钠浮选体系中 Na_2S 对 Ca^{2+} 和 Fe^{3+} 活化后的锂辉石和绿柱石可浮性的影响（见图 4-42、图 4-43），结果表明：Na_2S 对 Ca^{2+} 活化后的锂辉石和绿柱石均无抑制作用，而对 Fe^{3+} 活化后的两种矿物具有较强的抑制作用，在中性介质中尤为强烈。两者比较，在自然 pH 的矿浆中锂辉石受 Na_2S 的抑制程度较强，而绿柱石受 Na_2S 的抑制程度相对较弱。研究者考察了 $HS^-(S^{2-})$ 对 Fe^{3+} 吸附量的影响（见图 4-44），结果表明：$HS^-(S^{2-})$ 能使绿柱石上的 Fe^{3+} 吸附量降低，而未能使锂辉石上的 Fe^{3+} 吸附量降低。矿物表面动电位特性测试表明 $HS^-(S^{2-})$ 能使两矿物 ζ 电位数值下降，认为 Na_2S 作为一种强还原剂，能使 Fe^{3+} 还原成 Fe^{2+}，生成 FeS 胶体，从光滑的绿柱石表面脱落下来。而锂辉石因表

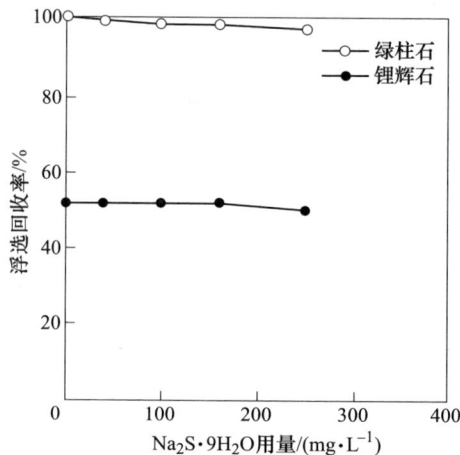

图 4-42   pH=11.5 时，$Na_2S \cdot 9H_2O$ 用量对绿柱石、锂辉石浮选的影响

（$CaCl_2$ 用量为 60 mg/L，油酸钠用量为 60 mg/L）

面微观裂隙发育，比表面积大，因此 FeS 在裂隙中不易脱落。推测 $HS^-(S^{2-})$ 与 Fe^{3+} 的亲和属于化学反应。绿柱石表面上的铁脱落下来，阴离子捕收剂可与表面露出的 Ca^{2+} 作用而吸附，故绿柱石易于上浮；而锂辉石吸附铁变化不大，与阴离子捕收剂相互作用小或不起作用，因而被抑制。这一现象还有待于深入探讨。

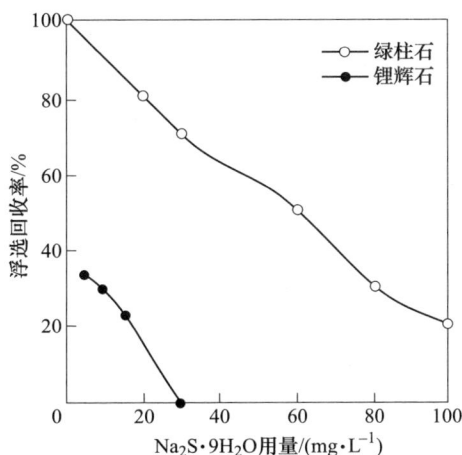

图 4-43 原始溶液中，$FeCl_3 \cdot 6H_2O$ 用量为 8 mg/L 时，

$Na_2S \cdot 9H_2O$ 用量对绿柱石、锂辉石浮选的影响

（油酸钠用量为 20 mg/L）

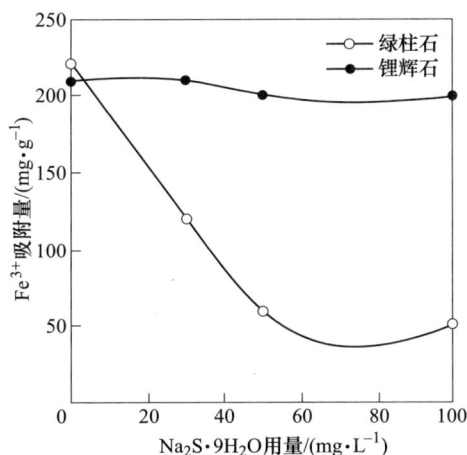

图 4-44 pH = 6.3、$FeCl_3 \cdot 6H_2O$ 用量为 8 mg/L 时，

$Na_2S \cdot 9H_2O$ 用量对绿柱石、锂辉石表面 Fe^{3+} 吸附量的影响

李毓康等还研究了 Na_2CO_3 对被 Ca^{2+} 活化的锂辉石和绿柱石可浮性的影响（见图 4-45），认为 Na_2CO_3 对已被 Ca^{2+} 活化的锂辉石有一定的抑制作用，但

在所试验的用量下，Na_2CO_3 对受 Ca^{2+} 强烈活化的绿柱石还未显示出抑制。若降低活化剂（Ca^{2+}）及捕收剂（油酸钠）用量，则绿柱石受 Na_2CO_3 的抑制作用就表现出来。另外研究者还考察了 CO_3^{2-} 在被 Ca^{2+} 活化的锂辉石和绿柱石表面的吸附。当 pH = 11.55 时，Ca^{2+} 在两矿物上的吸附最为充分。

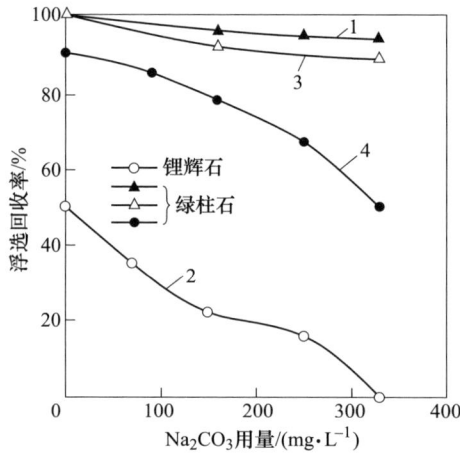

图 4-45   pH = 11.5 时，Na_2CO_3 用量对绿柱石、锂辉石浮选的影响

1, 2—$CaCl_2$ 用量为 50 mg/L，油酸钠用量为 60 mg/L；

3—$CaCl_2$ 用量为 15 mg/L，油酸钠用量为 20 mg/L；

4—$CaCl_2$ 用量为 10 mg/L，油酸钠用量为 10 mg/L

CO_3^{2-} 在绿柱石上的吸附与 Na_2CO_3 用量的关系，以 Na_2CO_3 为试剂（示踪原子 ^{14}C），测量被吸附到矿物表面的 $^{14}CO_3^{2-}$ 数量来说明，如图 4-46 所示。可见，在同样条件下，Ca^{2+} 活化的锂辉石比 Ca^{2+} 活化的绿柱石对 $^{14}CO_3^{2-}$ 的吸附量大，即前者被抑制程度强，而后者弱，则产生了浮游差。被 Ca^{2+} 活化的锂辉石之所以吸附 CO_3^{2-} 是由它的微观裂隙发育、比表面积大等造成的。通过对两矿物吸附 CO_3^{2-} 后表面动电位特性的研究认为，CO_3^{2-} 能与绿柱石表面上的 OH^- 发生离子交换，因此属于化学吸附。

罗家珂等通过研究认为，强碱性介质中 CO_3^{2-}（浮选用水中的 HCO_3^-）是分选被 Ca^{2+} 活化的绿柱石和脉石矿物具有选择性的抑制因素。以不同调整剂控制矿浆中 Ca^{2+}、OH^-、CO_3^{2-} 以及其他主要离子的数量及比例，可达到优先分离绿柱石的目的。

4.3.3   有色金属研究院的相关论文概述

在 1964 年全国选矿讨论会上，有色金属研究院的研究人员交流了有关锂辉

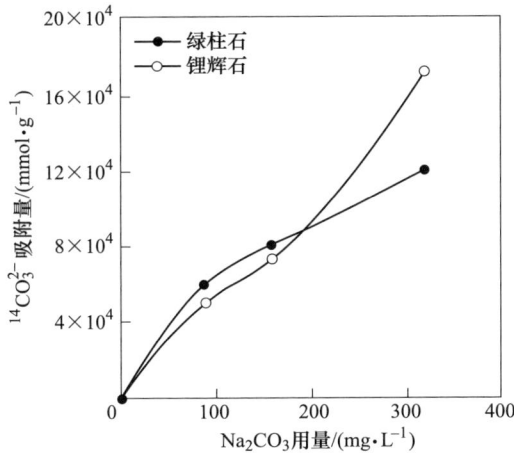

图 4-46 $^{14}CO_3^{2-}$ 在绿柱石、锂辉石上的吸附量与 Na_2CO_3 用量的关系

石与绿柱石浮选分离的几篇论文:《绿柱石优先浮选及与锂辉石的分离》,周维志、胡桂珍、罗家珂,1964 年 6 月;《从混合精矿中分选绿柱石和锂辉石》,毛官欣、单乃宽、陆伯秋、曾作福,1964 年 6 月;《绿柱石浮选的几个问题》,罗家珂、周维志,1964 年 6 月;《锂辉石浮选及工业实践》,赵常利、陈连生、曾作福,1964 年 6 月;《从绿柱石矿石中优先浮选石榴子石的探讨》,姚万里、张先华,1964 年 6 月。

　　因为锂辉石与绿柱石的浮选分离是难度最大、最关键的综合技术,因此本书仅对《绿柱石优先浮选及与锂辉石的分离》和《从混合精矿中分选绿柱石和锂辉石》两篇有代表性的论文,阐明其主要技术观点,并结合工艺综述。

　　4.3.3.1　关于论文《绿柱石优先浮选及与锂辉石的分离》

　　论文(作者周维志、胡桂珍、罗家珂)概述如下。

　　A　优先浮选绿柱石

　　国外认为,在进行非硫化矿浮选时,由于采用缺乏足够选择性的脂肪酸及其皂类作捕收剂,大大限制了粗选选择性的提高。国外学者认为,对于原矿品位较低的矿石,应在粗选获得高回收率的原则下,强调强化精选分离,以保证最终的选别指标。

　　作者在绿柱石浮选研究的初期,也曾把分离问题集中在强化精选作业。但事实证明,矿石中细粒的长石、石英、云母和浮游性较强的磷灰石、石榴子石、角闪石、电气石以及可浮性与绿柱石相近的锂辉石会一起与绿柱石进入泡沫产品。此后,企图用简单的精选来分离它们是困难的,欲使其得到良好的分离效果,除了使用不同的药剂(碳酸钠或水玻璃以及配合其他药剂)将矿浆加热到 75 ~

85 ℃外，还可以将泡沫产品仔细洗涤，然后重新加药调浆，所有这些均会使精选作业复杂化。

研究指出，绿柱石、锂辉石及其他脉石矿物在不同 pH 下可浮性是有差别的，但是这些矿物经过某些调整剂和捕收剂的共同作用转入泡沫产品后，欲想成功地分离往往是困难的或者是复杂的。因此，如果利用矿物的天然可浮性差异，再添加具有选择性的药剂，进一步扩大其浮游差，有可能从可浮性相近的矿物中首先浮出绿柱石。

根据以上观点和以往先选择性抑制、后选择性活化浮选分离硅酸盐矿物的经验，在工艺过程中把矛盾的焦点从精选转移到粗选。

药剂制度是多种调整剂和混合捕收剂：三碱、两皂、一油。三碱为碳酸钠、氢氧化钠和硫化钠，两皂为氧化石蜡皂和环烷酸皂，一油为柴油。

必须指出，在绿柱石浮选之前，以少量的脂肪酸皂在中性或碳酸钠介质中，先浮出复杂矿石中易浮的磷灰石和石榴子石以及浮游性较强的细粒石英、长石、云母等矿物是合理的。这样不仅使铍粗精矿品位提高，还可以使铍粗精矿的矿物组成变得简单，有利于绿柱石精选过程的简化。

进一步研究表明，"易浮"之后以适量的水玻璃配合三碱调整剂，用两皂一油捕收剂浮选时可以不用精选，直接从原矿氧化铍品位为 0.086% 时获得氧化铍品位在 8.5% 以上的绿柱石精矿，氧化铍回收率为 70%~80%。

显然，只要采用合理的药剂制度，对于被认为是极其复杂的绿柱石浮选而言，采用比硫化矿更简单的工艺流程是可行的。

B　绿柱石泡沫产品的精选

绿柱石精选除了有效地分离脉石矿物外，还必须解决绿柱石与锂辉石的分离问题。在过去的研究中，对绿柱石、锂辉石及其他脉石矿物的浮选分离几乎都采取加温煮的办法。先后研究了碳酸钠、水玻璃、氟化钠、硫化钠、淀粉、氢氧化钠、明矾等药剂对泡沫中绿柱石、锂辉石及其他脉石矿物的分离作用。研究表明，采用以上 7 种中的 1 种或几种药剂的组合，并将矿浆加热到 75~80 ℃，长时间煮，随后冷却至常温下用脂肪酸皂浮选分离，效果是良好的。

为了寻找常温泡沫产品的分离药剂，进行了许多研究工作，其中以硫化钠、碳酸钠与中性油配合使用，对绿柱石精选和泡沫产品的锂铍分离更有效。

分选结果表明，改进精选分离作业及其药剂制度，去掉加温煮的复杂工序，仅用一次精选就可有效地抑制长石、石英及部分锂辉石，从而获得绿柱石精矿。如果泡沫产品中锂辉石含量较高，还可以在精选作业补加适量的水玻璃及其他药剂，或者再增加一次精选，同样能保证绿柱石精矿的质量，而槽内产品即是锂辉石精矿或半成品。

C　从绿柱石浮选尾矿中回收锂辉石

在优先浮选绿柱石的同时，除了少数锂辉石进入绿柱石精矿外，80%~90%

的锂辉石被抑制在槽内。为了使这些锂辉石能解除抑制，向矿浆中加入少量的新鲜水稀释，使矿浆浓度降低到 18%~20%，经过 30~40 min 搅拌后，锂辉石就有足够的浮游活性，长石、石英、云母等矿物仍处于被抑制状态。在这种情况下用两皂一油浮选锂辉石时可得到锂辉石精矿。

三碱调整剂和两皂一油捕收剂对绿柱石和锂辉石浮选及其分离是比较理想的药剂。在优先浮选绿柱石时，三碱是有选择性的调整剂。它能有效地抑制锂辉石及其他脉石矿物，当添加少量新鲜水解除对锂辉石的抑制后，留在矿浆中的三碱仍能使大部分脉石矿物处于抑制状态。因此，三碱又是锂辉石浮选的选择性调整剂。

D 优先浮选绿柱石分离锂铍新工艺

矿石磨至 -200 目占 60%，在中性或碳酸钠碱性介质中，加少量的脂肪酸皂先浮出矿石中易浮的矿物，加入三碱调整剂搅拌，用两皂一油捕收剂浮选绿柱石，绿柱石粗选泡沫产品经过简单的一次、二次精选可得到最终绿柱石精矿。向被抑制在尾矿中的锂辉石补加少量的新鲜水并进行较长时间的搅拌，随后添加两皂一油，进入泡沫中的产品就是锂辉石精矿。

该新工艺的特点：

(1) 没有复杂难控制的脱泥洗矿、浓缩、脱药等作业，流程结构简单，生产易掌握。

(2) 采用常用药剂。

(3) 流程适应性强，对不同锂铍比的矿石均能获得较好的指标。

(4) 可以尽可能地在确保绿柱石浮选获得高指标的前提下，又充分地回收锂辉石。

一般指标：原矿氧化铍品位为 0.055%~0.092%，氧化锂品位为 0.18%~1.36%；铍精矿氧化铍品位为 7%~9.8%，回收率为 70%~90%。

锂精矿氧化锂品位为 4.0%~6.0%，回收率为 40%~88%。

实验室工艺流程如图 4-47 所示。

4.3.3.2 关于论文《从混合精矿中分选绿柱石和锂辉石》

论文（作者毛官欣、单乃宽、陆伯秋、曾作福）概述如下：

绿柱石、锂辉石常常与石英、长石、云母、磷灰石、电气石等脉石矿物共生于花岗伟晶岩中。对于绿柱石含量低的伟晶岩矿床，绿柱石是作为副产品回收的；反之，绿柱石能达到工业品级，而锂辉石为低含量时，则锂辉石作为副产品回收。下面仅对后一种类型矿石进行探讨。

多年来的研究表明，对该类型矿石的锂铍分离可以采用碱法、不脱泥的处理方案。接下来将重点介绍用水玻璃作为选择性调整剂分选锂铍矿物的试验研究结果。

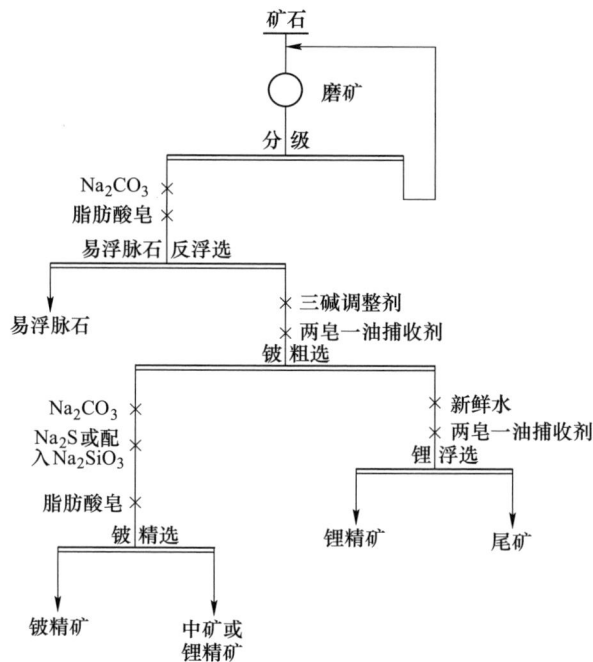

图 4-47   优先浮选绿柱石分离锂辉石的原则流程

A   绿柱石与锂辉石混合浮选

试料中氧化铍含量为 0.085%，氧化锂含量约为 0.4%。其脉石矿物含量：长石 53.7%、石英 26.8%、云母 9.1%。次之为磷灰石和石榴子石。

试验表明，在碱性介质中（以碳酸钠为调整剂），用环烷酸皂或氧化石蜡皂混合浮选，绿柱石和锂辉石进入泡沫产品，而石英、长石、云母大部分留在槽内。基于这种浮游差，采用混合浮选流程使绿柱石和锂辉石进入混合粗精矿，再用碳酸钠为抑制剂，经过一次或两次精选，基本上能将石英、长石和云母排除。避免了在分离作业中细粒脉石进入铍精矿。简化了锂铍分离作业，同时又保证了锂精矿品位。

尽管经过几次精选排除了石英、长石，但磷灰石和石榴子石仍伴随着绿柱石和锂辉石进入混合精矿泡沫。由于分离混合精矿采用抑锂浮铍的办法，磷灰石和石榴子石在碱性介质中的浮游性接近绿柱石，会进入铍精矿，影响铍精矿质量，所以在分离作业前利用水玻璃把绿柱石和锂辉石抑制在槽内，进行反浮选，使磷灰石和部分石榴子石、角闪石、电气石等进入泡沫。经反浮选以后的混合精矿中矿物组成如下：绿柱石（12.3%）、锂辉石（48.9%）、石榴子石（2.6%）、电气石（2.4%）、角闪石（15.8%）、石英（7.9%）、长石（4.1%）和其他（6.0%）。

B 绿柱石与锂辉石的浮选分离

研究表明，在氢氧化钠和碳酸钠造成的碱性介质中，用环烷酸皂和氧化石蜡皂浮选时，绿柱石和锂辉石表现了不同的浮游性，绿柱石的浮游性比锂辉石好。这表明有可能抑制锂辉石、浮出绿柱石，从而实现锂铍分离。寻找具有选择性的抑制剂和药剂制度十分重要。С. И. 波立金的研究表明，水玻璃对锂辉石的抑制作用强于绿柱石，认为水玻璃可以分离锂辉石和绿柱石。

试验表明，把水玻璃直接用于矿石分离实践上的选择性不好；而在强碱性矿浆中加热处理锂铍混合精矿时，水玻璃对锂辉石表现出了良好的抑制作用，分离作业不需浓缩和脱药，直接实现了混合精矿的良好分离，作业回收率在 95% 左右。

一般认为，原矿中锂铍比（氧化锂含量/氧化铍含量）的高低会影响分离效果。当锂辉石含量高时，会导致精选次数增加、药耗增加，从而成本增加。利用本工艺仍可以得到良好的分离指标，只是原矿中锂辉石含量高时，会影响铍精矿的品位和回收率，但铍精矿品位仍可达到 8.5% 以上（合格精矿）。

C 几个影响分离的主要因素

水玻璃用量：用水玻璃抑制锂铍矿物进行反浮选，浮出磷灰石合适的 pH 为 10。锂铍分离作业 pH 在 12 以上，温度在 62 ℃ 以上。在固定氢氧化钠和氧化石蜡皂适宜用量的条件下，水玻璃用量增加时，铍精矿中的氧化锂含量和回收率急剧下降，而氧化铍的品位上升。在弱碱性矿浆中加温到 75～80 ℃，扩大了锂铍浮游差，从而显示了对锂辉石的良好抑制作用。

氢氧化钠用量：固定水玻璃的用量和一定的温度，氢氧化钠用量增加时，铍精矿中锂辉石和绿柱石的含量及回收率都增加。在加温条件下，氢氧化钠对锂铍矿物均有强烈的活化作用。

温度：温度的提高强化了氢氧化钠的活化作用，也提高了水玻璃抑制的选择性。把分离浮选的搅拌温度定在 65 ℃ 左右。

D 结论

（1）利用水玻璃作抑制剂，可以从锂铍混合精矿中分离绿柱石及锂辉石并得到良好的分离指标。主要控制因素包括水玻璃用量、氢氧化钠用量及搅拌温度。

（2）此方法适用于同类性质的高铍低锂及一定范围的高锂低铍类矿石。该工艺简单，不脱泥，不浓缩，药剂用量少。小型试验药剂用量为 3.6～4.1 kg/t。

（3）混合浮选在常温下进行，仅有 6%～7% 产率的混合精矿分离时需加温至 62 ℃ 以上才能获得满意的分离效果。

混合浮选流程见图 4-48。

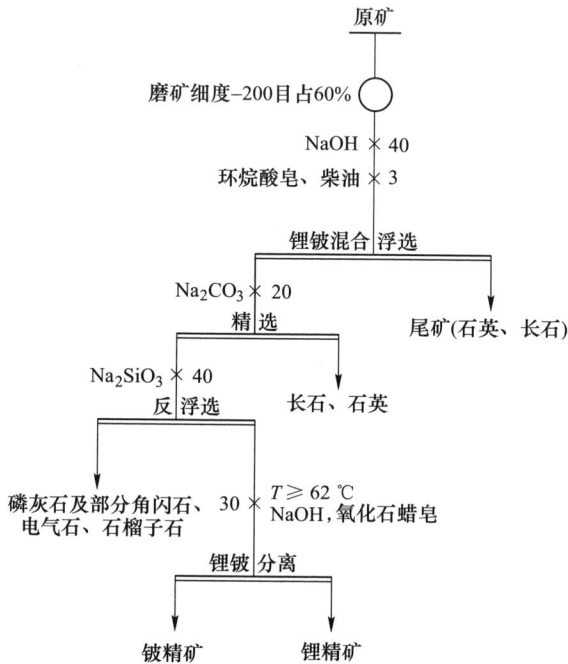

图 4-48　锂铍混合浮选分离的原则流程

在有色金属研究院提出的两种原则流程中，优先浮选绿柱石分离锂辉石的流程是主选流程，该流程 1965 年在可可托海 8859 选矿厂完成工业试验，1975 年又在 8859 选矿厂完成工业验证试验（研究人员已搬迁到广州有色金属研究院）并获得成功；1977 年在 8766 选矿厂 1 号系统完成了工业调试并转入生产，获得氧化铍品位为 8% 以上的合格铍精矿。

混合浮选流程（见图 4-48），因流程结构复杂及对原矿适应性，以及锂铍浮选分离的复杂性，作为技术储备，没有开展工业试验。这和北京矿冶研究院的技术观点一致。关于优先选铍流程的工业试验，将在 8859 选矿厂一章中详述。

4.4　20 世纪 80 年代以后的基础研究工作

这部分内容主要是 1980 年以后，一批年轻的学者，主要是硕士、博士研究生和导师合作完成的一些基础研究。因为此前关于锂辉石浮选及与绿柱石浮选分离的技术原型和工艺流程已定，并且已有不同程度的工业实践，因此这以后的基础研究工作是借助于新的研究方法和技术手段，探讨对浮选和浮选分离机理的再认识，以及结合工业生产出现的新问题进行理论研究。

从 1978 年开始，中国恢复研究生招生，某些硕士和博士研究生在可可托海

3号脉采集锂辉石、绿柱石和其他脉石矿物样品，并对锂辉石、绿柱石及其他矿物的浮选行为进行了较为系统的研究。其中有代表性的研究包括有色金属研究院张忠汉的硕士论文、东北大学印万忠的博士论文、东北大学贾木欣的博士论文、北京科技大学呼振峰的博士论文等。某些研究成果收录在孙传尧、印万忠合著的《硅酸盐矿物浮选原理》一书中。

孙传尧、印万忠对包含环状结构的绿柱石和单链结构的锂辉石在内的硅酸盐矿物浮选的晶体化学原理进行了系统研究。研究表明，岛状、环状、链状、层状和架状五大类结构的硅酸盐矿物的晶体化学特征及表面特性和浮游性具有密切的关系。不同结构类型的硅酸盐矿物解离时 Si—O 键和 Al—O 键的断裂程度、Al^{3+} 对 Si^{4+} 的替代程度及 Al 的配位方式、矿物的化学组成及矿物的解离程度等晶体化学特征的差异，导致矿物表面电性（包括零电点）、暴露于矿物表面的阴阳离子的种类、性质和相对含量、表面多价金属阳离子对于阴离子的相对密度（$\sum M^{n+}/\sum O^{2-}$）、表面不均匀性、表面金属阳离子的溶解度及表面键合羟基的能力等诸多表面特性的不同。以下专门表述锂辉石和绿柱石的基因特性。

4.4.1　锂辉石和绿柱石的晶体结构、表面特性和可浮性分析

锂辉石（$LiAl[Si_2O_6]$）是单链结构的硅酸盐矿物。在其晶体结构中，硅氧四面体以共顶氧的方式沿 c 轴方向连接延伸，铝氧八面体以共棱方式也沿 c 轴方向连接延伸成"之"字形链，每两个硅氧四面体链与一个铝氧八面体链形成"I"形杆链，各"I"形杆链之间借助于氧连接起来。晶体结构中 Si—O 键主要为共价键，Li—O 键和 Al—O 键主要为离子键，Li—O 键的离子成分大于 Al—O 键的离子成分。两个硅氧四面体链与一个铝氧八面体链形成 2∶1 夹心状的"I"形杆链，再借助于 Li 连接起来。晶体结构中 Li 在 M2 位置，Al 在 M1 位置，化学键的计算结果表明，Li—O 键的键强远小于 Al—O 键和 Si—O 键的键强，因此矿物破碎时，平行 c 轴方向的 Li—O 键大量断裂，此外垂直 c 轴方向的 Al—O 键和 Si—O 键也部分断裂。由于 Li 易溶于水，与水中的 H^+ 发生交换吸附，Al^{3+} 端和 Si^{4+} 端也能吸附 OH^-，这两种作用的结果使锂辉石在水中表面键合大量的羟基，在广泛的 pH 范围内带负电，而且零电点也低。

矿物解离时主要沿 Li—O 键断裂的方向进行（见图4-49），故矿物解离后破裂表面有较多的 Li 及少量的 Si 和 Al，但 Li 离子是正一价的，对浮选没有明显的影响。在溶液中，表面纯净的锂辉石因其表面缺乏高价金属阳离子，当用油酸钠类阴离子捕收剂浮选时难浮，但用阳离子捕收剂浮选时易浮，其可浮性类似于石英。

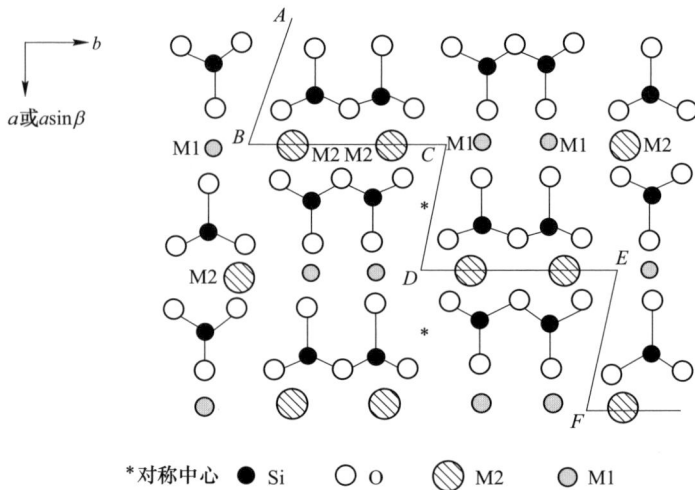

图 4-49　锂辉石的晶体结构垂直 c 轴的截面图

（M2 是 Li，M1 是 Al，A—B—C—D—E—F 是键力最弱、易断裂的面）

绿柱石（$Be_3Al_2[Si_6O_{18}]$）为六元环状结构的硅酸盐矿物，晶体结构如图 4-50 所示。其结构中六个硅氧四面体联结组成六元环，在六元环中心的垂直方向上环呈串状排列，即六元环垂直 c 轴平行排列。环与环之间不直接相连，上环和下环相互错开 25°，由 Al^{3+} 及 Be^{2+} 连接。因此，绿柱石结构中各个分立的六元环在 $[BeO_4]$ 四面体和 $[AlO_6]$ 八面体的联结下，形成了三维空间的网格，使其结构非常牢固。由于在六元环的内部，即环中心平行 c 轴处有宽阔的孔道，因此某些大半径的离子如 K^+、Na^+、Cs^+、Rb^+ 及水分子能容纳其中。化学键计算表明，绿柱石结构中 Be—O 键和 Al—O 键的键强接近，但弱于 Si—O 键的键强，故矿物解离时，Be—O 键和 Al—O 键更易发生断裂，即矿物最易沿着垂直于环平面的上下环间断裂，使 Be^{2+}、Al^{3+} 等离子外露，使矿物解离后表面有金属阳离子区存在。由于矿物解离的复杂性，绿柱石结构中的环也有可能破坏，导致部分 Si—O 键断裂从而使 Si^{4+} 外露。另外，表面暴露的 Be^{2+}、K^+、Na^+ 较易溶解，与水中的 H^+ 交换，使表面键合大量羟基，因此可预测绿柱石在水溶液中主要带负电，零电点也较低。

由其晶体结构图显见，绿柱石沿着 c 轴破裂时，表面露出 Be^{2+}，垂直于 c 轴破裂时表面露出 Be^{2+} 和 Al^{3+}。与表面露出较多 Li^+ 的锂辉石相比，其表面的多价金属阳离子多。在两种矿物纯净表面的情况下，当用油酸钠类阴离子捕收剂浮选时，绿柱石的可浮性要好于锂辉石。但是实际浮选时为何可以优先浮选锂辉石又可以优先浮选绿柱石呢？这主要在于混合调整剂的选择性吸附或解吸作用。

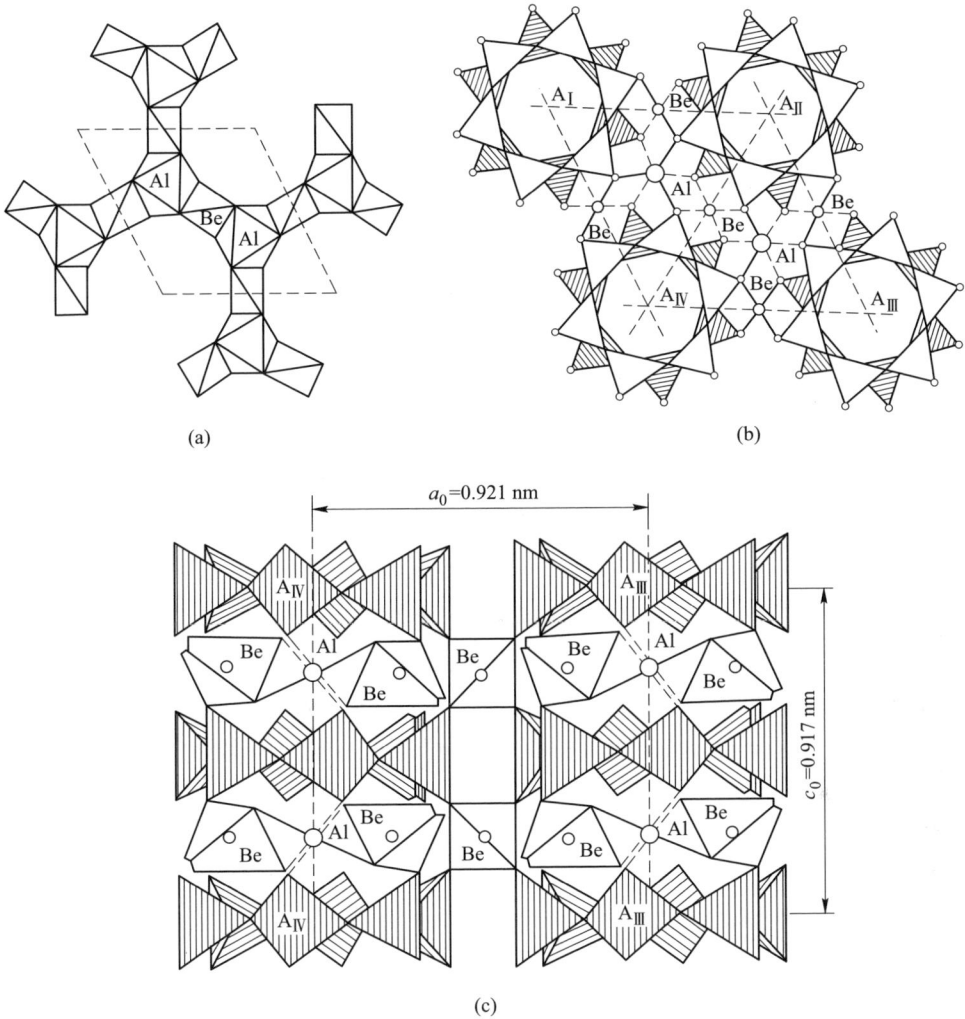

图 4-50 绿柱石的晶体结构

（a）［BeO₄］四面体与［AlO₆］八面体在六元环之间的联结；（b）绿柱石晶体结构
在（0001）面上的投影；（c）绿柱石晶体结构平行 c 轴的投影

4.4.2 锂辉石和绿柱石的表面电性

绿柱石破碎后表面必然暴露出 Al^{3+}、Be^{2+} 等金属阳离子。

X 射线光电子能谱测定表明绿柱石表面多价金属阳离子对于阴离子的相对密度为 0.36∶1，由于绿柱石结构中的六方环不可避免地也要发生破坏，导致 Si—O 键断裂，表面也有一部分 Si 可以键合羟基，另外，绿柱石表面的大半径离子 Be^{2+}、K^+、Na^+ 等易溶，这些阳离子的溶解导致表面正电荷短缺，因此绿柱石在较宽的 pH 范围内均荷负电（见图 4-51），零电点较低。

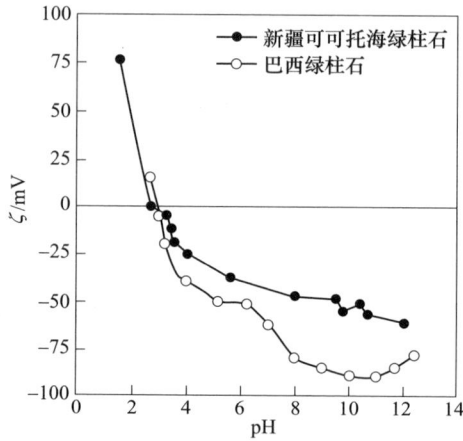

图 4-51 绿柱石表面 ζ 电位与 pH 的关系

X 射线光电子能谱测得可可托海锂辉石表面 $\sum M^{n+}/\sum O^{2-}$ 为 0.37：1，另外，辉石表面上 Si、O 及部分外露的阳离子会以不同的方式键合羟基，故此类矿物的零电点较低，在很宽的 pH 范围内荷负电（见图 4-52）。Ca^{2+} 和 Fe^{3+} 对链状结构硅酸盐矿物 ζ 电位的影响分别如图 4-53 和图 4-54 所示。Fe^{3+} 作用后硅酸盐矿物零电点的漂移情况见表 4-25。

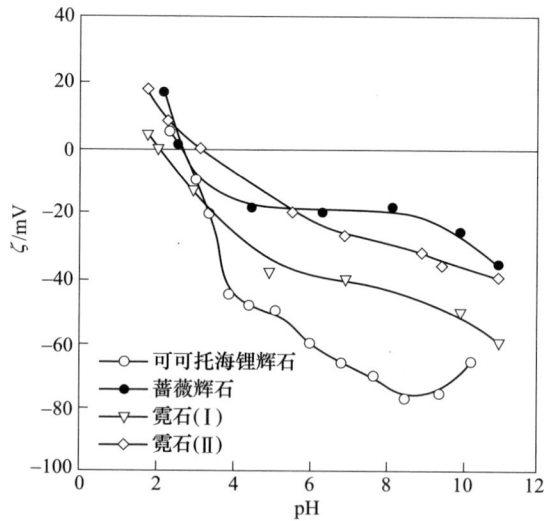

图 4-52 锂辉石和其他辉石表面 ζ 电位与 pH 的关系

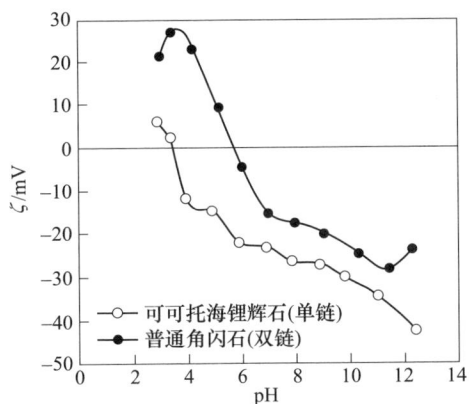

图 4-53　Ca²⁺ 对链状结构硅酸盐矿物
ζ 电位的影响
（CaCl₂ 用量为 1×10^{-3} mol/L）

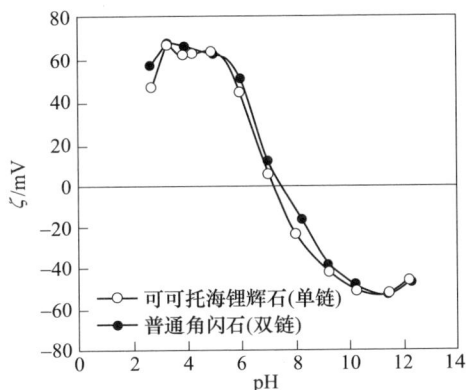

图 4-54　Fe³⁺ 对链状结构硅酸盐矿物
ζ 电位的影响
（FeCl₃ 用量为 1×10^{-3} mol/L）

表 4-25　Fe^{3+} 作用后硅酸盐矿物零电点的漂移情况

项目	岛状		环状	层状	链状		架状		
	铁铝石榴子石	蓝晶石	绿柱石	锂云母	锂辉石	普通角闪石	石英	微斜长石	叶钠长石
纯水 pH_{pzc}	3.80	4.50	2.80	2.80	3.00	4.20	2.45	1.90	2.20
Fe^{3+} 作用后 pH_{pzc}	7.10	7.60	7.40	7.70	7.20	7.50	7.30	7.60	7.00
漂移幅度 ΔpH_{pzc}	3.30	3.10	4.60	4.90	4.20	3.30	4.85	5.70	4.80

注：以上矿物样品全部由印万忠采自可可托海3号脉并完成测试及试验工作。

4.4.3　锂辉石和绿柱石的天然可浮性

这里定义的天然可浮性是指矿物表面纯净、在不加活化剂和抑制剂的条件下，在不同pH介质和不同捕收剂用量下的可浮性。

4.4.3.1　油酸钠作捕收剂

油酸钠作捕收剂时绿柱石的可浮性如图 4-55 所示。不同矿浆 pH 及油酸钠用量条件下绿柱石的可浮性如图 4-56 所示。

印万忠等对链状结构硅酸盐矿物锂辉石（单链结构）和普通角闪石（双链结构）在油酸钠浮选体系中的可浮性研究表明，在该浮选体系中，锂辉石和普通角闪石具有弱可浮性，且双链结构矿物普通角闪石的可浮性大于单链结构矿物锂辉石的可浮性（见图 4-57）。有文献报道了用油酸钠作捕收剂时，油酸钠用量对锂辉石浮游性的影响，即使油酸钠用量很大，锂辉石的浮选回收率也不高（<60%）。早期国内有学者曾对取自新疆可可托海 3 号脉的锂辉石进行过研究，结果表明，在所试验的 pH 范围内，无论捕收剂用量多少，锂辉石上浮率都不超过 10%。

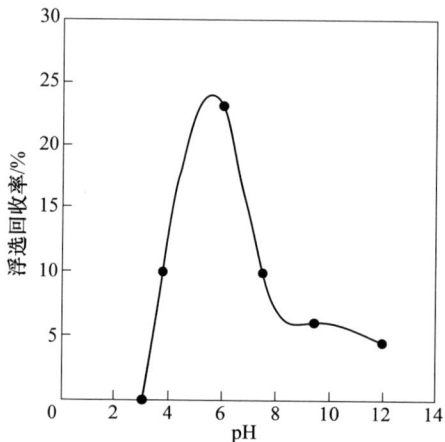

图 4-55   油酸钠作捕收剂时
绿柱石的可浮性
（油酸钠用量为 160 mg/L）

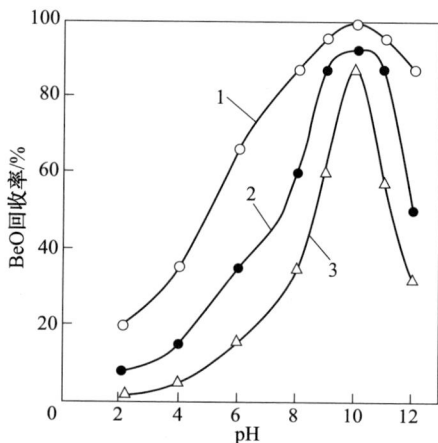

图 4-56   不同矿浆 pH 及油酸钠
用量条件下绿柱石的可浮性
1—油酸钠用量为 3 kg/t；
2—油酸钠用量为 2 kg/t；
3—油酸钠用量为 1 kg/t

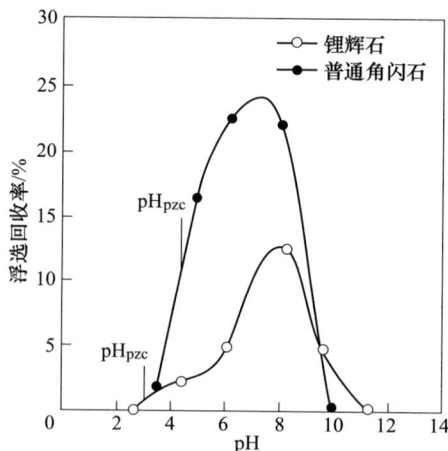

图 4-57   油酸钠作捕收剂时链状结构硅酸盐矿物的可浮性

固定油酸钠用量、在不同 pH 下锂辉石和绿柱石的可浮性如图 4-58 所示。

由图 4-58 可见，在试验的 pH 范围内，绿柱石的可浮性总是高于锂辉石的可浮性，这是由于绿柱石破碎后表面的多价金属阳离子多于锂辉石表面。

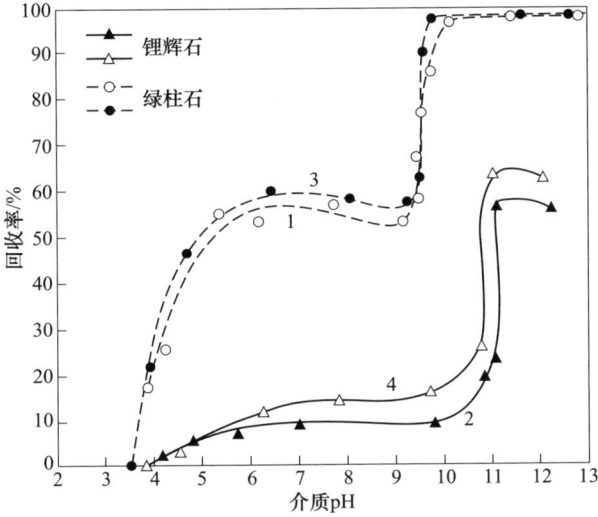

图 4-58　固定油酸钠用量、在不同 pH 下锂辉石和绿柱石的可浮性（张忠汉）

1，2—油酸钠用量为 60 mg/L；3，4—油酸钠用量为 100 mg/L

不同油酸钠用量和不同 pH 下锂辉石与绿柱石的可浮性如图 4-59 所示。由图 4-59 可见，在试验的 pH 范围和油酸钠用量范围内，绿柱石的可浮性总是大于锂辉石的可浮性；当油酸钠用量增加时，绿柱石可浮性增加的幅度比锂辉石明显。

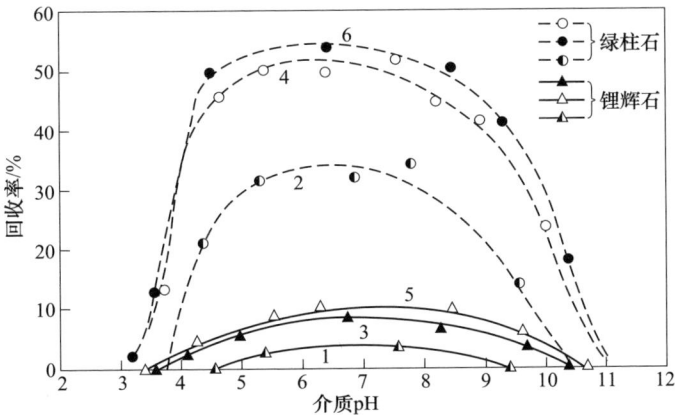

图 4-59　不同油酸钠用量和不同 pH 下锂辉石与绿柱石的可浮性（张忠汉）

1，2—油酸钠用量为 20 mg/L；3，4—油酸钠用量为 60 mg/L；5，6—油酸钠用量为 100 mg/L

随着油酸钠用量增加，锂辉石可浮性变化情况如图4-60所示。

印万忠的研究结果（见图4-61）表明，当用阴离子捕收剂时，在试验的介质pH范围内，纯净的单矿物锂辉石的可浮性均很差，这与其晶体结构特征有关，因锂辉石破碎后表面缺乏高价金属阳离子。

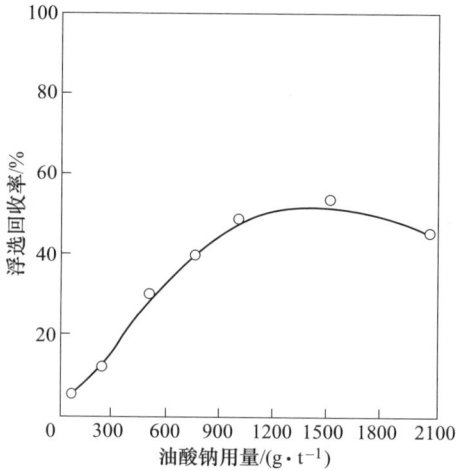

图 4-60 油酸钠用量对锂辉石浮选的影响

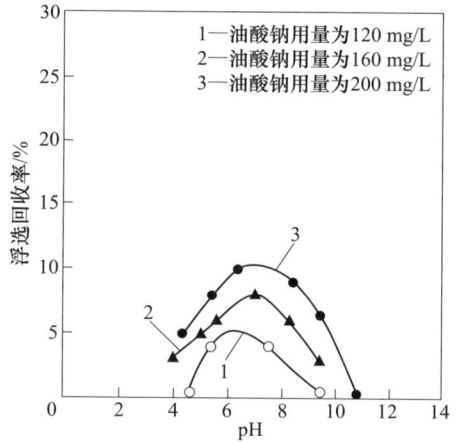

图 4-61 不同油酸钠用量时，锂辉石浮选回收率与介质 pH 的关系

4.4.3.2 十二胺作捕收剂

用十二胺作捕收剂时，十二胺盐酸盐浮选体系中层状和环状结构硅酸盐矿物的可浮性见图4-62。采用不同胺时的矿浆 pH 对绿柱石浮选的影响见图4-63。

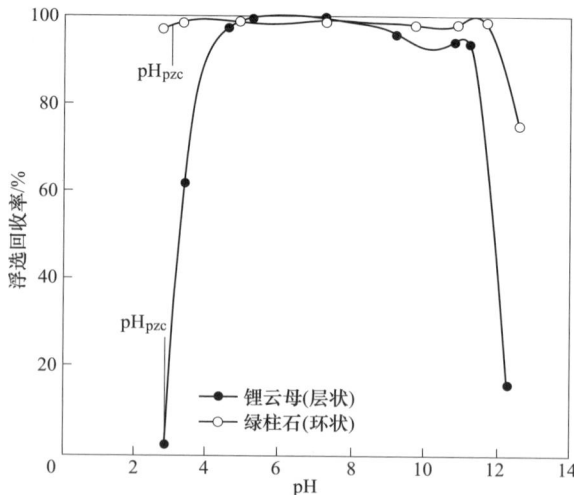

图 4-62 十二胺盐酸盐浮选体系中层状和环状结构硅酸盐矿物的可浮性

（十二胺盐酸盐用量为 60 mg/L）

十二胺盐酸盐浮选体系中链状结构硅酸盐矿物的可浮性见图4-64。锂辉石浮选回收率、pH与十二胺盐酸盐用量的关系见图4-65。

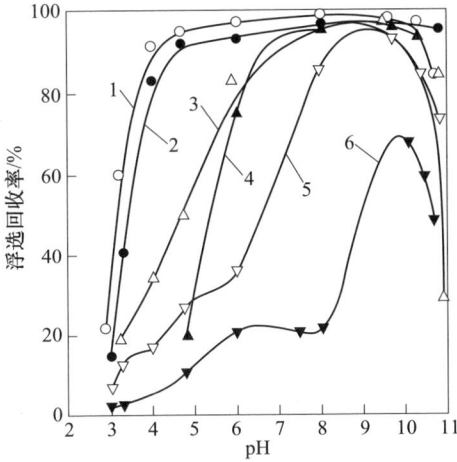

图4-63 采用不同胺时的矿浆pH
对绿柱石浮选的影响

（胺用量为200 g/t）

1—C_{14}(AHH)；2—C_{14}(HM-11)；

3—C_{18}(油酸胺)；4—C_{18}(硬脂酸铵)；

5—C_{12}(十二胺)；6—C_8(辛基胺)

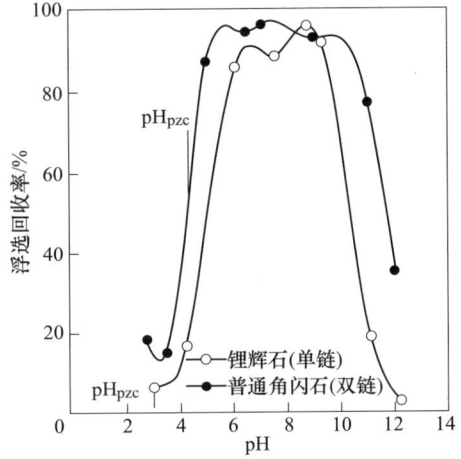

图4-64 十二胺盐酸盐浮选体系中
链状结构硅酸盐矿物的可浮性

（十二胺盐酸盐用量为60 mg/L）

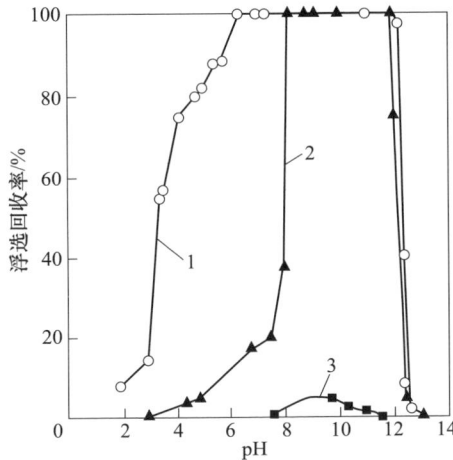

图4-65 锂辉石浮选回收率、pH与十二胺盐酸盐用量的关系

（25 ℃±1 ℃）

1—$1×10^{-3}$ mol/L；2—$1×10^{-4}$ mol/L；3—$1×10^{-5}$ mol/L

　　反之，在用阳离子胺类捕收剂的几组试验中，都能得出与油酸钠作捕收剂时相反的结果，无论是锂辉石、绿柱石或是其他硅酸盐矿物，因在矿浆中表面荷负电，均表现出良好的可浮性。

4.4.4　高价金属阳离子的活化与抑制作用

4.4.4.1　$CaCl_2$ 的活化作用

　　研究结果表明，当 pH=11.55 时，少量的 $CaCl_2$ 就可以强烈地活化绿柱石浮选；而对于锂辉石，需加入多量的 $CaCl_2$ 才能活化其浮选，并且最高回收率也低于绿柱石（见图 4-66）。

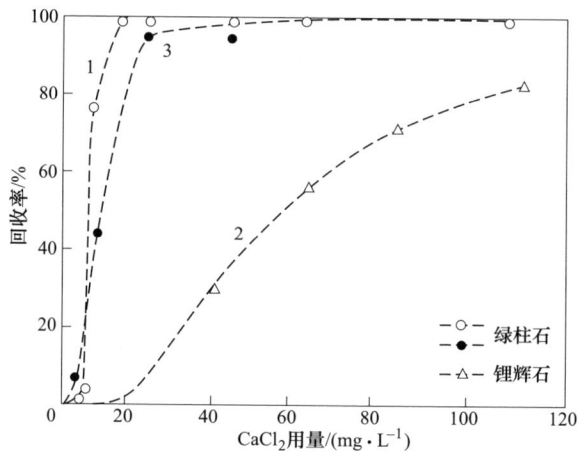

图 4-66　pH=11.55 时，绿柱石、锂辉石回收率与 $CaCl_2$ 用量的关系（张忠汉）

1，2—油酸钠用量为 60 mg/L；3—油酸钠用量为 20 mg/L

　　研究结果表明，在 $CaCl_2$ 用量为 60 mg/L、pH=11.55 的条件下，少量的油酸钠就可以充分捕收绿柱石；但对于锂辉石，增大油酸钠用量时，其回收率也明显低于绿柱石（见图 4-67）。

4.4.4.2　$FeCl_3$ 的活化作用

　　为了考察 $FeCl_3$ 的活化作用，研究了不同 pH 矿浆中，$FeCl_3 \cdot 6H_2O$ 用量为 8 mg/L 时，绿柱石、锂辉石回收率与介质 pH 的关系，结果如图 4-68 所示；研究了油酸钠用量为 20 mg/L 时，原始溶液中绿柱石、锂辉石回收率与 $FeCl_3 \cdot 6H_2O$ 用量的关系，结果如图 4-69 所示；还研究了 $FeCl_3 \cdot 6H_2O$ 用量为 8 mg/L 时，原始溶液中绿柱石、锂辉石回收率与油酸钠用量的关系，结果如图 4-70 所示。

4.4.4.3　绿柱石和锂辉石表面 Ca^{2+} 和 Fe^{3+} 吸附量的测定

　　从图 4-68~图 4-70 张忠汉和导师李毓康的研究结果可知，绿柱石的可浮性总是高于锂辉石。这为有色金属研究院此前已在可可托海 8859 选矿厂研究成功的优先选铍工艺流程验证了单矿物的研究基础。另外，有关 Ca^{2+} 和 Fe^{3+} 吸附量的研究表明，一般情况下，锂辉石表面的 Ca^{2+} 和 Fe^{3+} 吸附量总是高于绿柱石（见图4-71~图4-74），这与锂辉石是单链结构的硅酸盐矿物、表面裂纹发育有关。同理，当添加抑制剂硫化钠、碳酸钠和 $FeCl_3$ 时，锂辉石的吸附量高于绿柱石，造成对锂辉石的抑制。这也是优先选铍流程的单矿物验证试验的基础。

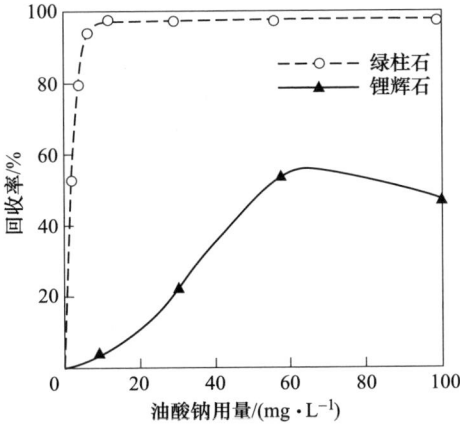

图4-67　$CaCl_2$ 用量为 60 mg/L、
pH＝11.55 时，绿柱石、
锂辉石回收率与油酸钠
用量的关系（张忠汉）

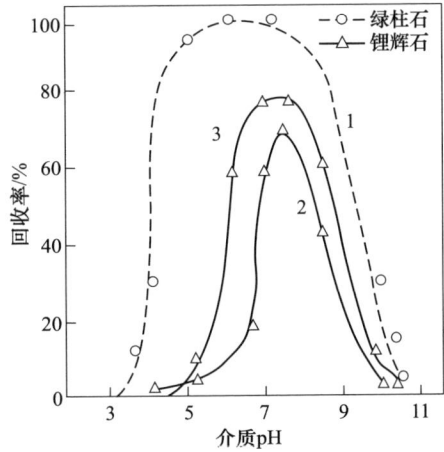

图4-68　不同 pH 矿浆中，$FeCl_3 \cdot 6H_2O$
用量为 8 mg/L 时，绿柱石、锂辉石
回收率与介质 pH 的关系
1, 2—油酸钠用量为 20 mg/L;
3—油酸钠用量为 60 mg/L

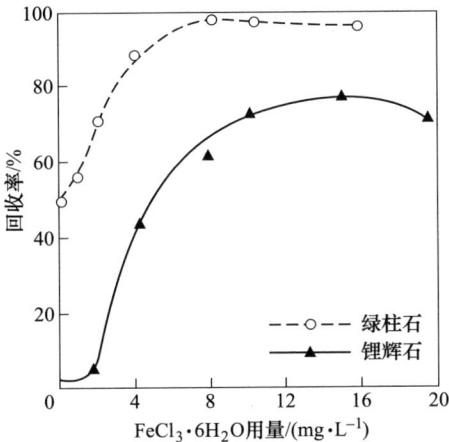

图4-69　油酸钠用量为 20 mg/L 时，
原始溶液中绿柱石、锂辉石回收率
与 $FeCl_3 \cdot 6H_2O$ 用量的关系

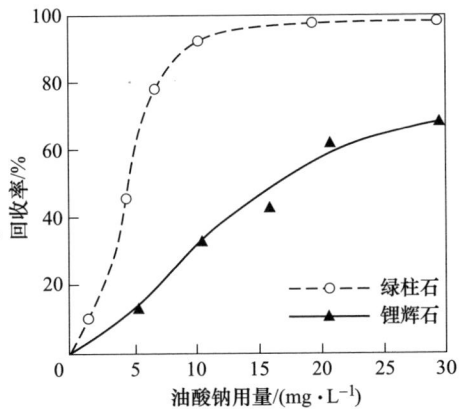

图4-70　$FeCl_3 \cdot 6H_2O$ 用量为 8 mg/L 时，
原始溶液中绿柱石、锂辉石回收率
与油酸钠用量的关系（张忠汉）

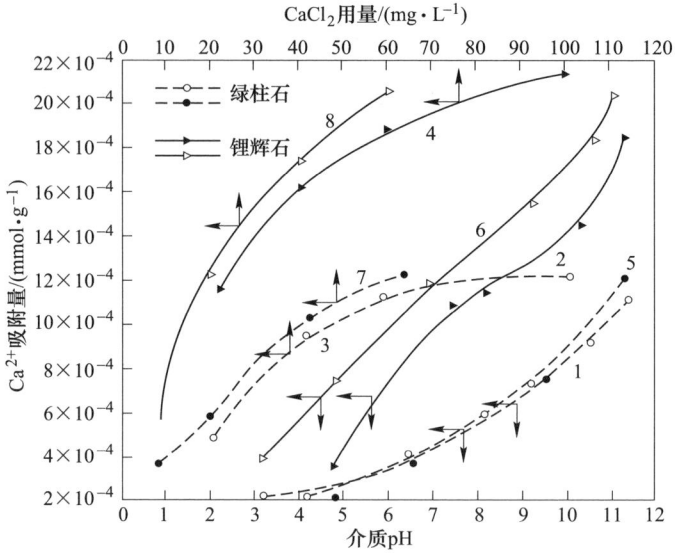

图 4-71　CaCl$_2$ 用量为 60 mg/L 时，绿柱石、锂辉石表面 Ca^{2+} 吸附量与介质 pH 的关系

1~4—化学分析法测量数据（其中 2 为 pH=11.55 时，绿柱石、锂辉石
表面 Ca^{2+} 吸附量与 CaCl$_2$ 用量的关系）；5~8—同位素示踪法测量数据

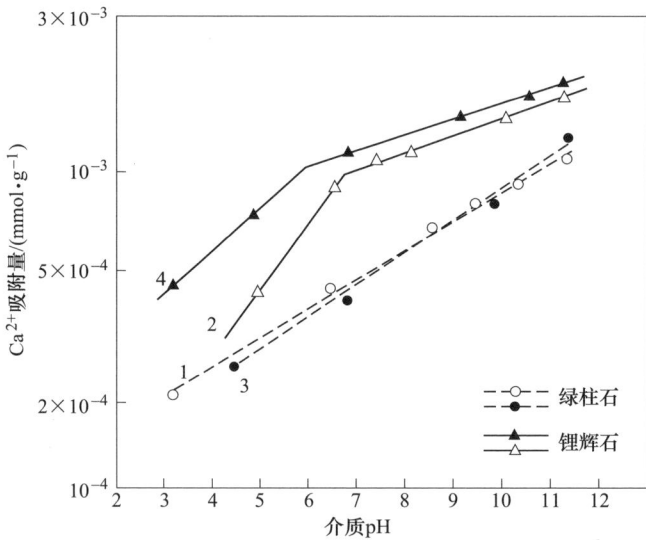

图 4-72　CaCl$_2$ 用量为 60 mg/L 时，绿柱石、锂辉石表面 Ca^{2+} 吸附量与介质 pH 的关系

1，2—化学分析法测定；3，4—放射性示踪法测定

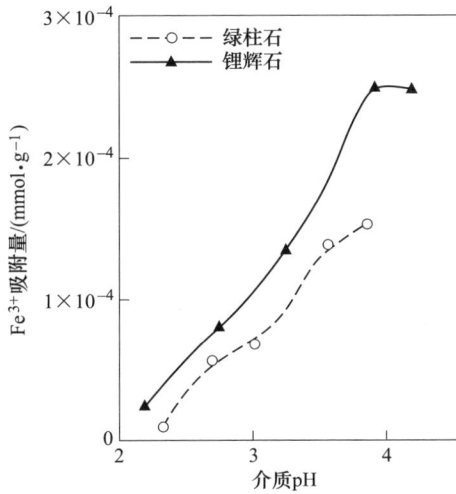

图 4-73 FeCl₃·6H₂O 用量为 8 mg/L 时，绿柱石、
锂辉石表面 Fe^{3+} 吸附量与介质 pH 的关系
（化学分析法测定）

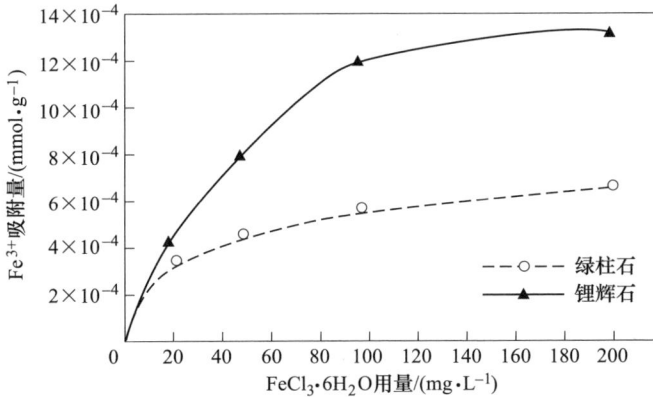

图 4-74 溶液中绿柱石、锂辉石表面 Fe^{3+} 吸附量与 FeCl₃·6H₂O 用量的关系
（FeCl₃·6H₂O 用量≤8 mg/L 为同位素示踪法测定，FeCl₃·6H₂O 用量≥8 mg/L 为化学分析法测定）

4.4.4.4 金属阳离子（盐）的活化与抑制作用

当高价金属阳离子作用时，用阴离子捕收剂油酸钠和阳离子捕收剂十二胺却得出相反的结果：用油酸钠作捕收剂时，Ca^{2+}、Fe^{3+} 均有不同程度的活化作用（见图 4-75~图 4-79）；而用十二胺作捕收剂时，Ca^{2+}、Fe^{3+} 均有不同程度的抑制作用（见图 4-80~图 4-82）。

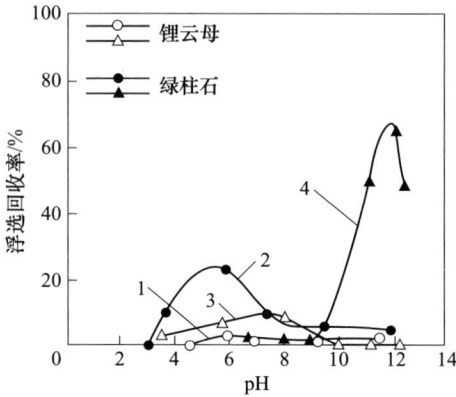

图 4-75　油酸钠浮选体系中 Ca^{2+} 对层状和
环状结构硅酸盐矿物的活化作用

1，2—不加活化剂；

3，4—$CaCl_2$ 用量为 40 mg/L

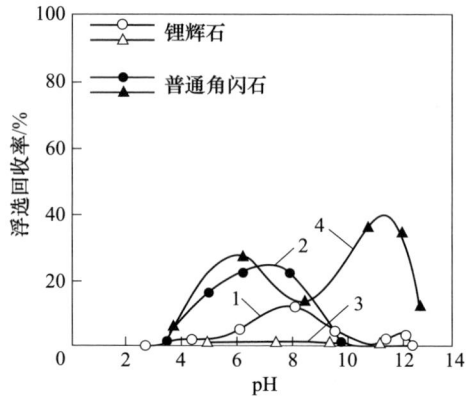

图 4-76　油酸钠浮选体系中 Ca^{2+} 对
链状结构硅酸盐矿物的活化作用

1，2—不加活化剂；

3，4—$CaCl_2$ 用量为 40 mg/L

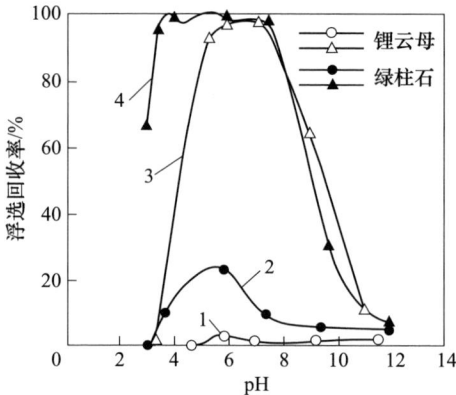

图 4-77　油酸钠浮选体系中 Fe^{3+} 对层状
和环状结构硅酸盐矿物的活化作用

1，2—不加活化剂；

3，4—$FeCl_3$ 用量为 20 mg/L

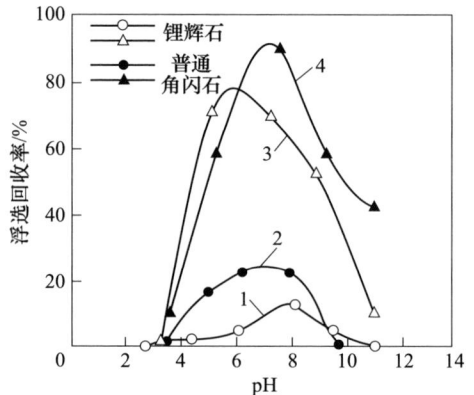

图 4-78　油酸钠浮选体系中 Fe^{3+} 对链状
结构硅酸盐矿物的活化作用

1，2—不加活化剂；

3，4—$FeCl_3$ 用量为 20 mg/L

　　十二胺作捕收剂时，Pb^{2+} 的抑制能力强于 Ca^{2+}。从前面的论述已得知，当用油酸钠作捕收剂时，金属阳离子对各类硅酸盐矿物的活化能力是 Fe^{3+} 最强，三价阳离子比二价阳离子强。

　　NaOH 用量对经铁球磨机湿磨的绿柱石和钠长石的可浮性的影响如图 4-83 所示。

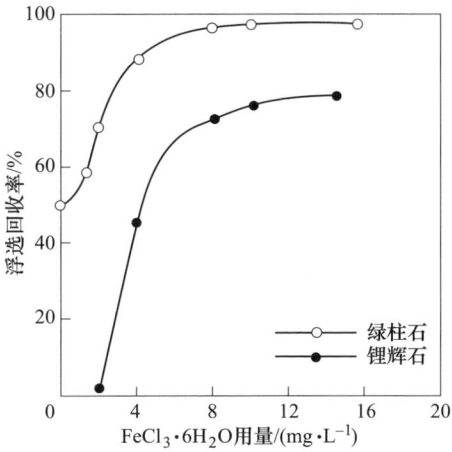

图 4-79　绿柱石、锂辉石浮选回收率
与 $FeCl_3 \cdot 6H_2O$ 用量的关系
（油酸钠用量为 20 mg/L）

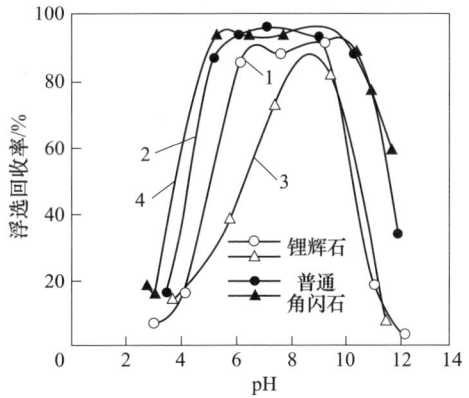

图 4-80　十二胺浮选体系中 Pb^{2+}
对链状结构硅酸盐矿物的抑制作用
1，2—不加抑制剂；
3，4—$Pb(NO_3)_2$ 用量为 80 mg/L

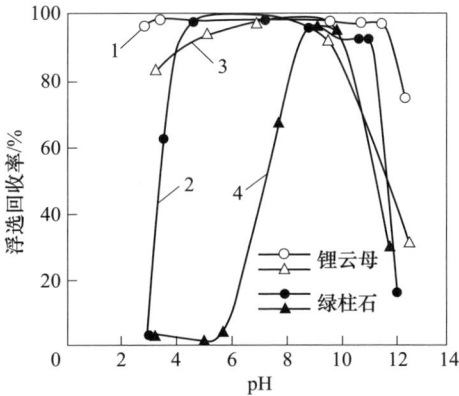

图 4-81　十二胺浮选体系中 Fe^{3+} 对层状
和环状结构硅酸盐矿物的抑制作用
1，2—不加抑制剂；
3，4—$FeCl_3$ 用量为 20 mg/L

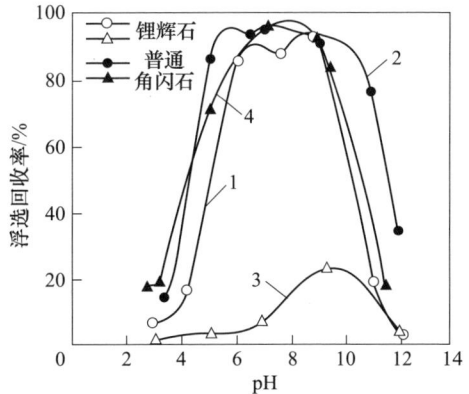

图 4-82　十二胺浮选体系中 Fe^{3+} 对链状
结构硅酸盐矿物的抑制作用
1，2—不加抑制剂；
3，4—$FeCl_3$ 用量为 20 mg/L

4.4.5　不同颜色的锂辉石浮游性的差异及产生的原因

1973—1974 年间，孙传尧在可可托海 8859 选矿厂从事锂辉石工业浮选生产
实践中发现，可可托海 3 号脉同一矿带中不同颜色的锂辉石其浮游性不同。一般
现象是：粉红色的锂辉石比其他颜色的锂辉石浮游性好，而表面带黑色的锂辉石

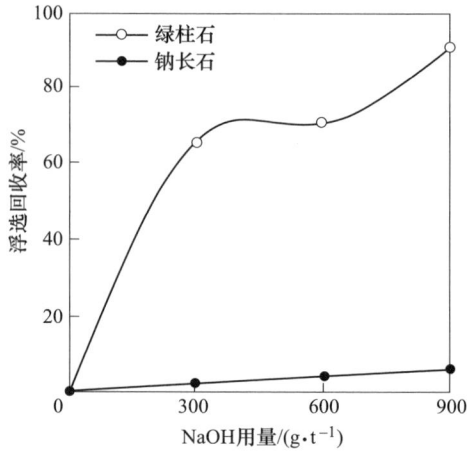

图 4-83   NaOH 用量对经铁球磨机湿磨的绿柱石和钠长石的可浮性的影响

浮游性最差。为了考察不同颜色锂辉石的浮游性差异及产生的原因，东北大学印万忠博士与导师孙传尧合作，在可可托海地质工程师唐洪勤的协助下，于新疆可可托海花岗伟晶岩 3 号脉中采集了三种高结晶度的不同颜色（白色、浅绿色和粉红色）的纯锂辉石矿物，分别在阴离子捕收剂油酸钠和阳离子捕收剂十二胺浮选体系中，研究其浮游性及主要活化与抑制因素。在此基础上，根据矿物晶体化学原理，并结合 X 射线光电子能谱（XPS）和动电位（ζ 电位）的测定结果，分析了三种锂辉石浮游性差异产生的原因。

4.4.5.1   浮选试验结果

在用油酸钠（用量为 160 mg/L）和十二胺（用量为 60 mg/L）作捕收剂，不添加活化剂和抑制剂时，不同颜色的锂辉石浮游性的差异如图 4-84 和图 4-85

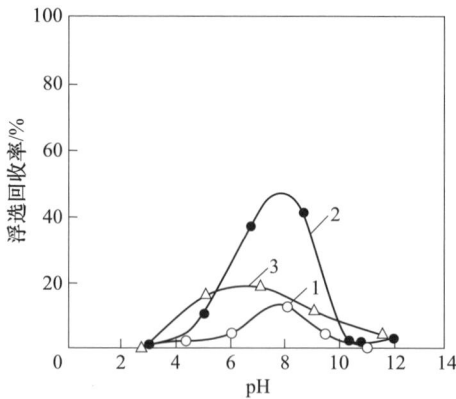

图 4-84   在油酸钠浮选体系中不同
颜色锂辉石浮游性的差异
1—粉红色；2—白色；3—浅绿色

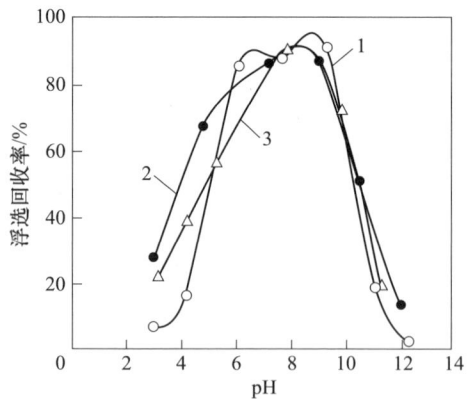

图 4-85   在十二胺浮选体系中不同
颜色锂辉石浮游性的差异
1—粉红色；2—白色；3—浅绿色

所示；添加酒石酸和淀粉时，其抑制作用如图4-86和图4-87所示。油酸钠作捕收剂时，Fe^{3+}对锂辉石的活化作用如图4-88所示；十二胺作捕收剂时，Fe^{3+}对锂辉石的抑制作用如图4-89所示。

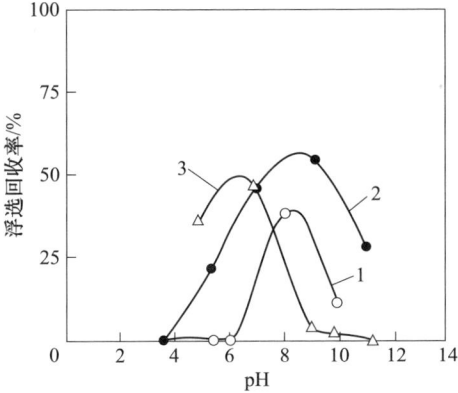

图 4-86　在油酸钠浮选体系中酒石酸
对不同颜色锂辉石的抑制作用
1—粉红色；2—白色；3—浅绿色

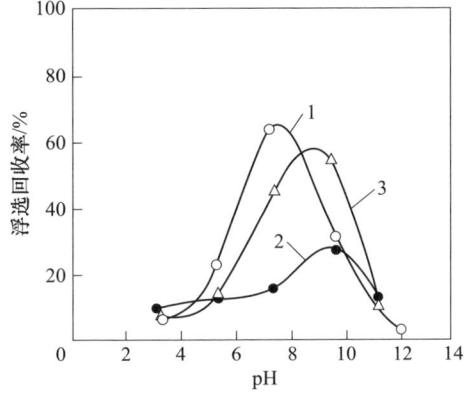

图 4-87　在十二胺浮选体系中淀粉
对不同颜色锂辉石的抑制作用
1—粉红色；2—白色；3—浅绿色

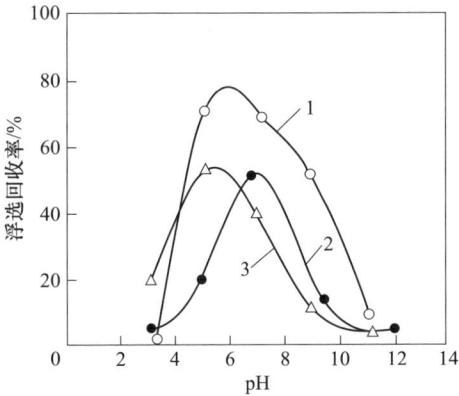

图 4-88　在油酸钠浮选体系中 Fe^{3+}
对不同颜色锂辉石的活化作用
（$FeCl_3$用量为 20 mg/L）
1—粉红色；2—白色；3—浅绿色

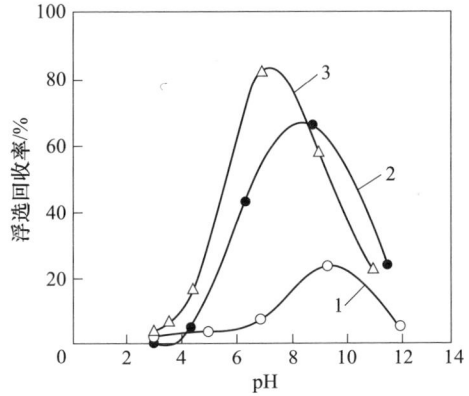

图 4-89　在十二胺浮选体系中 Fe^{3+}
对不同颜色锂辉石的抑制作用
（$FeCl_3$用量为 20 mg/L）
1—粉红色；2—白色；3—浅绿色

结果表明，不添加活化剂和抑制剂，以油酸钠作捕收剂时，白色锂辉石的自然浮游性最强，浅绿色锂辉石次之，粉红色锂辉石最差；当以十二胺作捕收剂时，三种颜色锂辉石的浮游性接近。在十二胺浮选体系中，淀粉对三种颜色锂辉石的抑制能力是白色锂辉石>浅绿色锂辉石>粉红色锂辉石，这恰好与油酸钠浮选体系中的浮游性顺序相同。以油酸钠作捕收剂时，Fe^{3+}对粉红色锂辉石的活化作用最强，浅绿色锂辉石次之，对白色锂辉石的活化作用最弱，与不加活化剂和抑制剂时锂辉石浮游性的大小顺序正好相反；当以十二胺作捕收剂时，在酸性及弱碱性条件下，Fe^{3+}对粉红色锂辉石具有很强的抑制作用，对白色和浅绿色锂辉石的抑制作用也较强。

4.4.5.2　矿物表面特性测定结果

A　矿物表面暴露元素相对含量的测定

粉红色、浅绿色和白色锂辉石表面 X 射线光电子能谱的测定结果如图 4-90~图 4-92 所示。对能谱图中出现的元素进行精细能量扫描，然后通过计

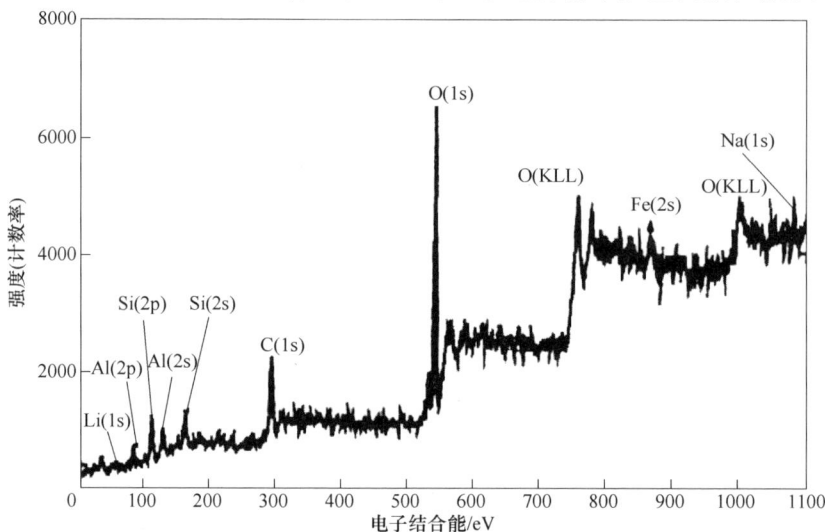

图 4-90　粉红色锂辉石的 X 射线光电子能谱

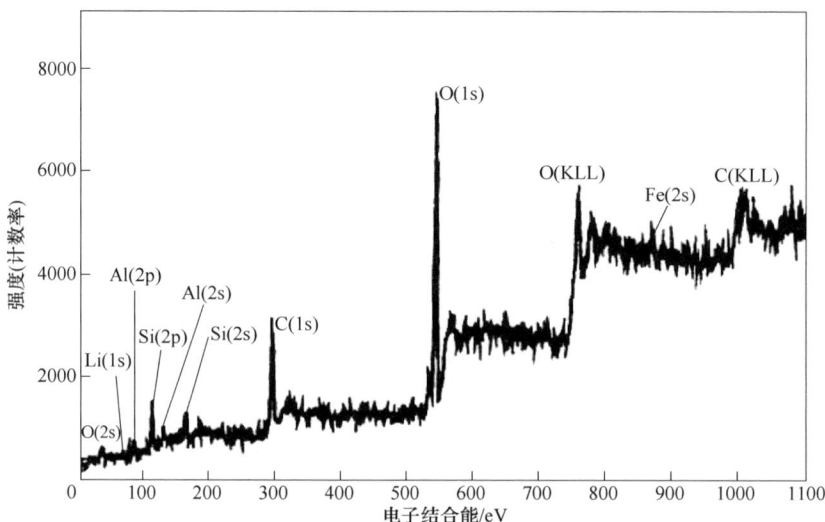

图 4-91　浅绿色锂辉石的 X 射线光电子能谱

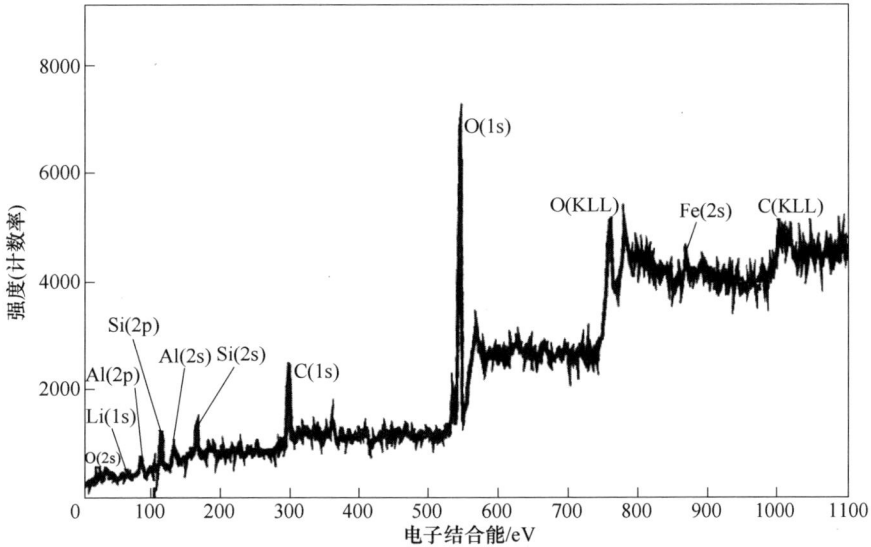

图 4-92　白色锂辉石的 X 射线光电子能谱

算元素能谱图的峰面积，根据原子灵敏度因子（ASF）法可以测出原子的相对浓度，进而计算出表面多价金属阳离子与阴离子的相对密度（$\sum M^{n+}/\sum O^{2-}$），计算结果见表4-26。

表 4-26　不同颜色锂辉石表面性质与可浮性的差异

项　　目		不同颜色锂辉石矿物		
		粉红色锂辉石	白色锂辉石	浅绿色锂辉石
XPS 法测得的矿物表面主要元素相对含量/%	Si	11.51	10.11	13.81
	O	29.67	28.47	27.69
	Al	9.4	10.86	7.21
	Li	24.04	25.12	27.03
	Fe	1.58	3.65	2.12
	Na	—	—	0.41
表面多价金属阳离子与阴离子的相对密度 $\dfrac{\sum M^{n+}}{\sum O^{2-}}$		0.37：1	0.51：1	0.34：1
零电点 pH_{pzc}		3.00	3.10	2.90
油酸钠浮选时不添加活化剂和抑制剂时浮选区的单位面积数[①]		4.5	17.0	11.0
油酸钠浮选时酒石酸抑制区的单位面积数		3.5	14.0	9.0

续表 4-26

项 目	不同颜色锂辉石矿物		
	粉红色锂辉石	白色锂辉石	浅绿色锂辉石
油酸钠浮选时 Fe^{3+} 作用时活化区的单位面积数	38.5	5.5	14.0
十二胺浮选时不添加活化剂和抑制剂时浮选区的单位面积数	53.0	60.0	53.0
十二胺浮选时淀粉抑制区的单位面积数	25.0	45.0	27.0
十二胺浮选时 Fe^{3+} 作用时抑制区的单位面积数	43.0	23.0	15.0

① 以 1 (pH)×10% (回收率) 作为单位面积。

B   矿物表面电性的测定

在去离子水中，不同颜色锂辉石的动电位（ζ 电位）测试结果见图 4-93。测试表明，三种矿物的零电点较为接近，相对而言，白色锂辉石的零电点最高（pH_{pzc}=3.1），浅绿色锂辉石最低（pH_{pzc}=2.9），粉红色锂辉石的零电点介于两者之间（pH_{pzc}=3.0）。在较宽的 pH 范围内，三种颜色锂辉石均具有较强的电负性。

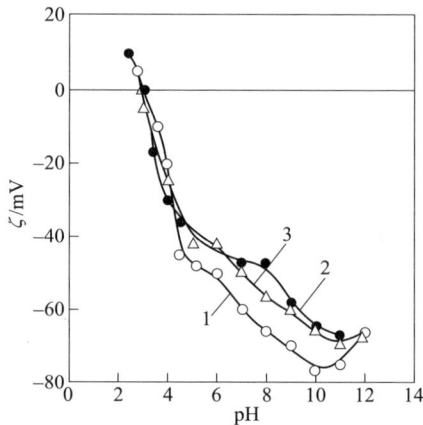

图 4-93   不同颜色锂辉石的 ζ 电位与 pH 的关系
1—粉红色；2—白色；3—浅绿色

4.4.5.3   不同颜色锂辉石可浮性差异的晶体化学分析

在锂辉石（LiAl[Si_2O_6]）的晶体结构中，硅以四配位的形式与氧形成 [SiO_4] 四面体，并以共顶氧的方式沿 c 轴方向连接成无限延伸的 [SiO_4] 四面体链。铝以六配位的形式与氧形成 [AlO_6] 八面体，并以共棱方式也沿 c 轴方向连接成无限延伸的 "之" 字形链。每两个 [SiO_4] 四面体链与一个 [AlO_6] 八面体链形成 2∶1 型的 "I" 形杆。各 "I" 形杆之间靠锂并借助于氧连接起来，形成锂辉石的晶体结构。图 4-49 表示锂辉石理想结构在（001）面上的投影。其中 M1 位置被 Al^{3+} 占据，M2 位置被 Li^+ 占据。由于类质同象的置换，因此有时有少量的 Fe^{3+} 取代 Al^{3+} 也占据 M1 位置。

锂辉石晶体结构中 Si—O 键主要为共价键，键强较大；而 Li—O 键和 Al—O 键离子键特征明显。结构中 Li—O 键的平均键长为 0.221 nm，Al—O 键的平均键长为 0.192 nm，根据鲍林（Pauling）的经验公式计算出 Li—O 键的离子键成分达 79.81%，Al—O 键的离子键成分为 64.30%，因此 Li—O 键的键强相对最弱，矿物解离时主要沿 Li—O 键断裂的方向进行（如图 4-49 中 $A—B—C—D—E—F$ 方向），故矿物解离后破裂表面有较多的 Li 及少量的 Si 和 Al（当 Fe^{3+} 取代 Al^{3+} 时，有时暴露出少量的 Fe^{3+}），X 射线光电子能谱的测定结果证实了这一点（见表 4-26）。锂辉石表面的 Li^+ 与液相中的 H^+ 进行交换，使 H^+ 吸附于矿物表面氧区，Si^{4+} 端和 Al^{3+} 端也能吸附 OH^-，因此锂辉石表面能键合大量羟基，导致矿物在较大的 pH 范围内带负电，零电点较低，较易用阳离子捕收剂十二胺浮选，而难以用阴离子捕收剂油酸钠浮选。

由表 4-26 可知，白色锂辉石与粉红色锂辉石和浅绿色锂辉石相比，矿物表面多价金属阳离子 Fe^{3+} 和 Al^{3+} 的总含量最高，相应的表面多价金属阳离子与阴离子的相对密度（$\sum M^{n+}/\sum O^{2-}$）也最大，这是造成白色锂辉石零电点最高、在油酸钠浮选体系中浮游性最高的主要原因；浅绿色锂辉石与粉红色锂辉石相比，尽管表面多价金属阳离子与阴离子的相对密度稍低，但表面阴离子（O^{2-}）的相对含量却比粉红色锂辉石低约 2%，且表面 Fe^{3+} 的相对含量要高于粉红色锂辉石（高 0.54%），因此在油酸钠浮选体系中浅绿色锂辉石的浮游性略强于粉红色锂辉石。

以油酸钠作捕收剂时，在 Fe^{3+} 的作用下，原本难以上浮的粉红色锂辉石易被 Fe^{3+} 所活化；相反，原本易上浮的白色锂辉石却难被 Fe^{3+} 所活化。Fe^{3+} 在矿物表面能依靠化学键力和静电力的作用而吸附，主要以氢氧化物沉淀的形式，少量以铁的羟基配合物形式吸附于矿物表面，因此 Fe^{3+} 在矿物表面的吸附能力与表面阴离子 O^{2-} 的相对含量及表面电负性具有密切的关系，矿物表面 O^{2-} 的相对含量越高，表面电负性越强，Fe^{3+} 在矿物表面的吸附能力越强，对矿物的活化作用就越强。在三种颜色锂辉石中，粉红色锂辉石表面 O^{2-} 的相对含量最高，矿物表面电负性最强，故 Fe^{3+} 对该矿物具有最强的活化作用。基于上面的研究和有关文献研究结果可以认为在锂辉石工业浮选中，锂辉石矿物表面在磨矿作业受磨机矿浆中铁离子或铁的羟基配合物的充分污染活化，当以阴离子捕收剂氧化石蜡皂及环烷酸皂作捕收剂时，这种污染活化大大提高了矿物的浮游性。还由于粉红色锂辉石受 Fe^{3+} 的活化作用最强，因此就显示出相对好的浮游性。此结论恰好与工业生产中观察到的浮选现象相吻合。白色锂辉石尽管表面 O^{2-} 的相对含量略高于浅绿色锂辉石，但由于其表面多价金属阳离子与阴离子的相对密度大于浅绿色锂辉石，因此表面电负性要弱于浅绿色锂辉石，在浮选时，Fe^{3+} 对白色锂辉石的活化作用略弱于浅绿色锂辉石。

Fe^{3+} 对粉红色锂辉石表面较强的吸附作用导致在十二胺浮选体系中 Fe^{3+} 对该矿物具有很强的抑制作用。与粉红色锂辉石相比，白色锂辉石和浅绿色锂辉石表面 O^{2-} 的相对含量略低，表面电负性弱，因此 Fe^{3+} 在矿物表面的吸附量相对较小，导致 Fe^{3+} 对该矿物的抑制作用比粉红色锂辉石弱。另外由于酒石酸和淀粉能与矿物表面多价金属阳离子发生较强的静电吸附和配合作用，导致油酸钠浮选体系中的酒石酸和十二胺浮选体系中的淀粉对表面多价金属阳离子含量较高的白色锂辉石产生较强的抑制作用。

综合上述，得出如下结论：

（1）以油酸钠作捕收剂时，在无外界活化和抑制条件下，不同颜色锂辉石浮游性大小排序为白色锂辉石>浅绿色锂辉石>粉红色锂辉石，酒石酸对此三种矿物抑制能力的排序与此相同。以十二胺作捕收剂时，三种颜色锂辉石的浮游性接近，淀粉对此三种矿物的抑制能力排序也与此相同。

（2）矿物解离后表面元素的相对含量，特别是多价金属阳离子与阴离子的相对密度（$\sum M^{n+} / \sum O^{2-}$）差异是引起白色锂辉石、浅绿色锂辉石和粉红色锂辉石自然浮游性差异的主要原因，也是酒石酸和淀粉抑制作用差异的主要原因。

（3）使用阴阳离子捕收剂浮选时，Fe^{3+} 对不同颜色锂辉石的活化和抑制作用与矿物表面暴露的 O^{2-} 的相对含量及表面电性具有密切的关系，表面 O^{2-} 的相对含量越大，表面电负性越强，Fe^{3+} 对矿物的活化（用油酸钠时）和抑制作用（用十二胺时）越强烈。

（4）对于纯净的粉红色锂辉石，当用油酸钠浮选时，最易受 Fe^{3+} 的活化作用。因此，工业浮选过程中，粉红色锂辉石在磨矿作业受铁离子或铁的羟基配合物的充分污染活化，当用脂肪酸类捕收剂浮选时，具有相对好的浮游性。研究结果与工业浮选现象相吻合。

4.4.6　锂辉石、绿柱石的零电点和对多种金属离子的吸附特性

北京矿冶研究总院贾木欣在东北大学攻读博士学位期间，研究了绿柱石、锂辉石的晶体结构对两种矿物零电点的影响及晶体结构对在油酸钠体系下浮游特性的影响，发现端氧是锂辉石最主要的活性位点，端氧决定了锂辉石的浮游性质。锂辉石相较其他辉石类矿物零电点偏低，相应端氧吸附金属离子能力强，但在油酸体系可浮性偏低。绿柱石表面具有一定的结合金属离子的能力，保证了在金属离子活化条件下以油酸钠为捕收剂时的可浮性，在无金属离子活化条件下也具有一定的可浮性，同时具有较高的零电点，但低于岛状硅酸盐矿物的零电点及其他

表面暴露镁及铁的环状结构硅酸盐矿物。

研究了绿柱石和锂辉石对多种金属离子的吸附特性：

测定了锂辉石和绿柱石矿物表面对铁离子、铜离子、镍离子、锌离子、钙离子的吸附量与 pH 关系曲线，拟合了曲线近直线部分的方程，拟合了矿物对金属离子吸附的 Temkin 方程和矿物对金属离子吸附的 Kurbatov 方程，并得到了相应的方程参数。

测定了锂辉石和绿柱石矿物表面对铁离子、铜离子、镍离子、锌离子、钙离子的吸附等温曲线，拟合了矿物对金属离子吸附的 Freundlich 方程，并得到了相应的方程参数。

通过对这些吸附方程的拟合以及方程参数的计算，就可以推出金属离子在矿物表面的吸附构型，即一个金属离子与矿物表面几个氧活性位点结合，进而推测金属离子在矿物表面哪个表面结构位置结合吸附。

研究发现：随着溶液 pH 升高，金属离子在矿物表面的吸附量增加；金属离子、金属离子羟基配合物、金属离子胶体在矿物表面的吸附能力依次上升，矿物表面直接吸附氢氧化物胶体或金属离子羟基配合物，而非先吸附金属离子，金属离子上再吸附氢氧根。

铅离子可能以羟基配位离子和金属离子状态吸附，三价铁离子可能主要是以氢氧化物胶体状态吸附，铜离子、镍离子和锌离子可能是羟基配合物和氢氧化物沉淀物都有一定的比重。

矿物对金属离子的吸附等温曲线在吸附量低时符合 Temkin 方程，在吸附量高时符合 Freundlich 方程。在金属离子浓度很低时，矿物对金属离子的吸附符合 Kurbatov 方程。

锂辉石结构中的铝氧八面体链转折部位也是其两条硅氧四面体链转折部位。锂离子溶于水后留下的空位可以吸附金属离子，它结合 Cu^{2+} 及离子半径与 Cu^{2+} 差不多的过渡金属离子的能力相对较强，结合 Ca^{2+} 的能力也相对较高。锂辉石表面八面体易与金属离子羟基配合物八面体以共棱的方式结合，对金属离子具有较强的结合能力。绿柱石以暴露四面体为主，不可能与其他多面体共棱结合，而 Pb^{2+} 的配位八面体是趋向于共棱结合其他离子的多面体的，这造成绿柱石表面对 Pb^{2+} 的吸附量不高，对其他金属离子的吸附能力也较弱。金属离子半径与矿物表面离子吸附位置的匹配对金属离子吸附量有较大影响。

Cu^{2+}、Zn^{2+}、Ni^{2+} 等过渡金属离子的性质受 d 电子影响，它们与相同的配位体形成的配合物稳定顺序为 d7<d8<d9>d10……推测它们与矿物表面氧的结合能力也遵循此规律。

研究了油酸钠与经金属离子活化的矿物表面的作用和金属离子活化下两种矿物的可浮性，发现：

　　绿柱石表面是以暴露金属离子四面体为主的，它们是铍氧四面体和硅氧四面体，其次是铝氧八面体，在绿柱石的六方环面暴露硅氧四面体的顶角氧，在其侧面暴露硅氧四面体的棱，铍氧四面体与铝氧八面体共棱连接而相互影响，这可能是绿柱石吸附金属离子能力受影响的原因，由于绿柱石表面对金属离子的吸附一般结合在连硅氧、连铝氧（金属离子配位多面体与铝氧八面体共顶点或共棱连接）、连铍氧上，表面吸附金属离子结合油酸根的能力是强的，故绿柱石表现出对金属离子吸附量中等、浮选回收率好这一特性。

　　锂辉石表面（解理面）具有晶体中锂溶于水后留下的位置，当溶液中的金属离子浓度不是很低时，金属离子似乎总是趋向于吸附在此位置或是在此位置附近，推测这有可能是锂辉石吸附金属离子能力强的原因，吸附于此位置的金属离子，在其配位八面体的4次轴方向上与两个带悬空键键价较高的氧成键，同时还可能与铝氧八面体共棱，这使存在于此位置及附近的金属离子与锂辉石表面结合得较牢固，在解理面，此位置及其附近位置的金属离子是存在于解理面上两条硅氧四面体链所暴露的两排带负电荷的端氧所构成的平面之内的，这种位置的金属离子除了与连铝氧和端氧等成键外，还受这两排带负电荷的硅氧四面体的端氧影响，会阻碍油酸根与吸附于此位置的金属离子结合，这有可能是锂辉石吸附金属离子能力强而被金属离子活化效果较差的原因。

　　两种矿物未经金属离子活化与油酸钠作用的红外光谱研究表明：绿柱石表面存在油酸二聚体吸附态及油酸根与铍及铝活性位点结合的吸附态；锂辉石表面存在油酸二聚体吸附态及与铝活性位点结合吸附态，但比绿柱石表面油酸根与铝活性位点结合的吸附弱得多。这也表明了锂辉石未经活化可浮性差。

　　经三价铁离子活化，绿柱石表面存在油酸根与铁离子桥式连接及螯合作用形成的结合态，还存在少量油酸根与铍的结合态，以及油酸二聚体吸附态。

　　同样，经三价铁离子活化，锂辉石表面存在油酸根与铁离子桥式连接及螯合作用形成的结合态，以及油酸二聚体吸附态。

　　研究表明油酸钠在矿物表面具有螯合、桥式、单齿三种结合方式，空的d轨道多的金属离子易采用螯合构型，六配位八面体易采用螯合构型。油酸根与矿物表面吸附的金属离子间的桥式结合以及螯合作用结合还会再在某些高d电子离子与油酸根间产生附加大π键，增加矿物的可活化性及可浮性。

　　油酸钠在矿物表面有如下几种吸附状态：油酸二聚体的物理吸附，油酸钠状态的物理吸附，油酸根与矿物表面暴露的金属离子间结合的化学吸附，油酸根与矿物表面吸附的金属离子间成键的化学吸附。

　　X射线光电子能谱研究表明，锂辉石对金属离子的吸附量高，吸附于锂辉石表面的铅离子的内层电子具有较高的结合能，这表明金属离子在其表面的结合稳定，锂辉石对铅离子吸附能力强。

绿柱石呈环状结构，铝氧八面体存在于硅氧四面体环之间，其活性受到硅氧四面体环的屏蔽不容易得到体现，铍氧四面体在硅氧四面体环侧向起到连接八面体环的作用，铍氧四面体中铍的性质得到充分体现。绿柱石通过 Si—O—、—Al—、—Be—官能团结合金属离子及通过金属离子结合油酸根，吸附金属离子能力不足，但被吸附的金属离子活性得到充分保障，与油酸根结合能力强，经金属离子活化及不经金属离子活化的绿柱石都有较高的结合油酸根能力，可浮性好。

锂辉石活性位点为水溶液中锂离子溶于水后的原来锂氧八面体位置，晶体中铝在两个顶氧相对的硅氧四面体链间受到屏蔽，铝离子性质较难得到体现，水溶液中表面锂离子溶出后的锂氧八面体位置吸附金属离子能力强，但被吸附的不是大半径的金属离子，活性弱，故锂辉石经金属离子活化和未经金属离子活化的可浮性不如绿柱石。

矿物晶体结构差异在一定程度上决定了其在金属离子活化及油酸钠浮选体系下浮游特性的差异。

4.4.7　磨矿因素对矿浆溶液性质及对锂辉石、绿柱石矿物表面性质和浮选行为的影响

北京矿冶研究总院呼振峰在北京科技大学攻读博士学位期间，以新疆可可托海地区的锂辉石和绿柱石的磨矿-浮选体系为研究对象，考察了锆球干磨、锆球湿磨、铁球干磨和铁球湿磨等磨矿因素对锂辉石和绿柱石表面形貌、矿浆性质以及在十二胺阳离子捕收剂和油酸钠阴离子捕收剂体系下矿物浮选行为的影响。

4.4.7.1　磨矿因素对矿浆溶液性质和矿物表面性质的影响

研究表明，不同磨矿因素作用下，锆球干磨后，锂辉石和绿柱石矿物表面形貌和表面元素含量变化较小，锆球介质磨损率较高，致使锆球干磨后矿浆中金属离子较多，但 Zr 的活性相对较弱，对矿物浮选的影响较小；锆球湿磨后，矿物表面形貌和矿物表面元素含量发生变化，此条件下矿浆中金属离子的浓度最高，会对矿物浮选产生影响，尤其是对靠静电引力吸附的胺类捕收剂影响较大；铁球干磨后，矿物表面形貌和矿物表面元素含量有了明显变化，矿浆中金属离子的浓度相对较低，但表面 Fe 含量有一定程度的增加，对矿物浮选产生了明显的影响；铁球湿磨后，矿物表面形貌和矿物表面元素含量变化较大，矿浆中金属离子的浓度介于锆球干磨和铁球干磨之间，但矿物表面 Fe 含量明显增加，对矿物零电点影响较大，铁球湿磨后矿物零电点为四种磨矿因素中最高，无论是对阳离子捕收剂还是阴离子捕收剂作用均有较大影响。

不同磨矿因素作用下，矿浆中金属离子总浓度由高到低的一般规律为锆球湿磨 > 锆球干磨 > 铁球湿磨 > 铁球干磨。

不同磨矿因素下，锆球湿磨锂辉石、绿柱石零电点最小，铁球湿磨矿物零电

点最大，锆球干磨和铁球干磨矿物零电点介于二者之间。

　　不同磨矿因素作用下，锂辉石和绿柱石表面的元素相对含量发生了变化，每种元素对应的 XPS 图谱主峰位有一定的偏差，但差别较小。表 4-27 和表 4-28 分别为不同磨矿因素下锂辉石和绿柱石表面元素的 XPS 分析结果。

表 4-27　不同磨矿因素下锂辉石表面元素的 XPS 分析结果

元素	原子数分数/%					主峰位/eV				
	锆球干磨	铁球干磨	锆球湿磨	铁球湿磨	原矿	锆球干磨	铁球干磨	锆球湿磨	铁球湿磨	原矿
Al 2p	10.79	9.51	10.01	6.20	10.52	74.30	74.32	74.29	74.21	74.29
Fe 2p	0.42	0.78	0.38	2.10	0.42	710.27	710.67	711.86	710.73	710.97
Li 1s	8.23	15.61	10.14	19.98	9.87	55.61	55.69	55.76	55.58	55.60
O 1s	58.34	53.52	58.12	58.03	57.18	531.43	531.42	531.40	531.27	531.41
Si 2p	22.17	20.58	21.28	13.69	22.00	102.14	102.14	102.07	101.98	102.11
Zr 3d	0.05	—	0.07	—	—	182.79	—	182.09	—	—

表 4-28　不同磨矿因素下绿柱石表面元素的 XPS 分析结果

元素	原子数分数/%					主峰位/eV				
	锆球干磨	铁球干磨	锆球湿磨	铁球湿磨	原矿	锆球干磨	铁球干磨	锆球湿磨	铁球湿磨	原矿
Al 2p	4.81	5.00	5.42	4.91	4.95	74.75	74.68	74.76	74.77	74.56
Be 1s	24.36	24.60	25.41	21.02	24.67	119.40	119.37	119.42	119.40	119.23
C 1s	15.02	10.22	10.17	14.64	13.20	284.45	284.50	284.41	284.38	284.39
Fe 2p	0.36	0.67	0.51	2.06	0.24	711.29	710.71	711.37	710.81	711.28
O 1s	40.64	44.04	42.58	42.76	41.88	531.70	531.67	531.70	531.67	531.65
Si 2p	14.80	15.48	15.92	14.60	15.06	102.54	102.49	102.52	102.51	102.47

　　XPS 分析结果表明，锆球作为磨矿介质时，不论是干磨还是湿磨，锂辉石和绿柱石矿物表面要么无法检测到 Zr 的存在，要么 Zr 含量极低；锂辉石表面 Li 含量和绿柱石表面 Be 含量发生明显变化，均为湿磨大于干磨。铁球作为磨矿介质时，无论是干磨还是湿磨，锂辉石、绿柱石矿物表面的 Fe 含量增加，说明在磨矿过程中有部分铁从铁球上磨蚀下来，与矿物表面作用；铁球湿磨时锂辉石和绿柱石矿物表面 Fe 含量明显高于铁球干磨。

　　由扫描电镜及能谱分析结果（见表 4-29、表 4-30）可知，锂辉石和绿柱石未经磨矿时，表面比较光滑；锆球干磨后，矿物表面有划痕出现，并伴有矿物碎屑，基本没有絮状物产生；锆球湿磨后，矿物表面有絮状物生成，部分矿物表面有磨蚀带出现；铁球干磨后，矿物表面有大量的絮状物出现，如图4-94所示为锂辉石铁球干磨后的矿物表面及电子能谱图；铁球湿磨后，矿物表面有明显的磨蚀带出现，同时生成大量的絮状物，这些絮状物中均检测出 Fe 存在，如图4-95所示为绿柱石铁球湿磨后的矿物表面及电子能谱图。

表4-29　不同磨矿因素下锂辉石表面 X 射线能谱原子数分数　　　　（%）

磨矿方式	Al	Si	O	Fe	总计
锂辉石原矿	10.62	24.49	64.90	—	约100.00
锂辉石锆球干磨	10.74	24.38	64.88	—	100.00
锂辉石锆球湿磨	10.77	24.36	64.87	—	100.00
锂辉石铁球干磨	10.62	24.07	64.81	0.49	约100.00
锂辉石铁球湿磨	10.45	23.44	64.69	1.43	约100.00

表4-30　不同磨矿因素下绿柱石表面 X 射线能谱原子数分数　　　　（%）

磨矿方式	Na_2O	Al_2O_3	SiO_2	Fe_2O_3	总计
绿柱石原矿	0.92	19.26	79.38	0.44	100.00
绿柱石锆球干磨	0.79	19.38	78.72	1.11	100.00
绿柱石锆球湿磨	0.69	19.56	78.97	0.78	100.00
绿柱石铁球干磨	0.63	19.20	77.49	2.67	约100.00
绿柱石铁球湿磨	0.91	18.92	75.84	4.32	约100.00

铁球磨矿时，锂辉石和绿柱石矿物表面 Fe 含量明显增加，说明铁球作为磨矿介质时，有部分铁磨损吸附在矿物表面；经检测，Fe 2p 峰结合能均在 711 eV 附近，这同铁的羟基配合物结合能相近。

利用红外光谱仪对绿柱石原矿、铁球干磨和铁球湿磨之后的绿柱石表面进行了检测，检测结果如图4-96所示。

图4-96检测结果表明，在波数 2950 cm^{-1} 左右，经铁球干磨和铁球湿磨后，绿柱石表面均检测出了铁的羟基配合物的特征峰。这进一步证明了铁球磨矿后在硅酸盐矿物表面生成了铁的羟基配合物。这一表面性质的变化将对矿物的浮选行为产生影响。

4.4.7.2　磨矿因素对硅酸盐矿物浮选的影响

采用湿式磨矿：十二胺作为捕收剂，在低于最佳浮选 pH 时，锆球磨矿后锂辉石、绿柱石的浮选回收率高于铁球磨矿；高于最佳浮选 pH 时，锆球磨矿后锂辉石、绿柱石的浮选回收率低于或相近于铁球磨矿（见图4-97、图4-98）。油酸钠作为捕收剂，总体上锆球磨矿时锂辉石、绿柱石的浮选回收率低于铁球磨矿（见图4-99、图4-100）。

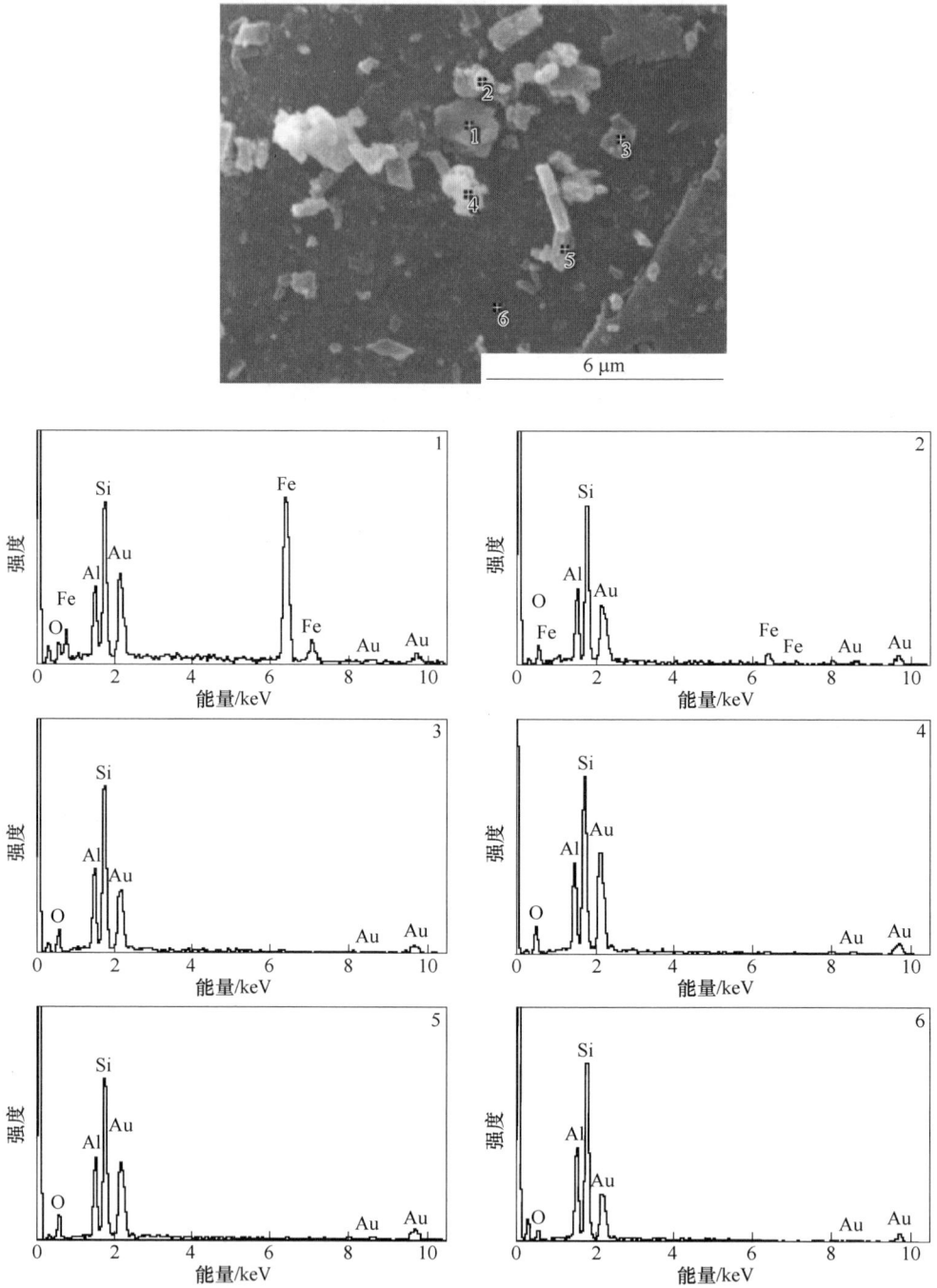

图 4-94 铁球干磨后的锂辉石表面及电子能谱图

(放大 10000 倍)

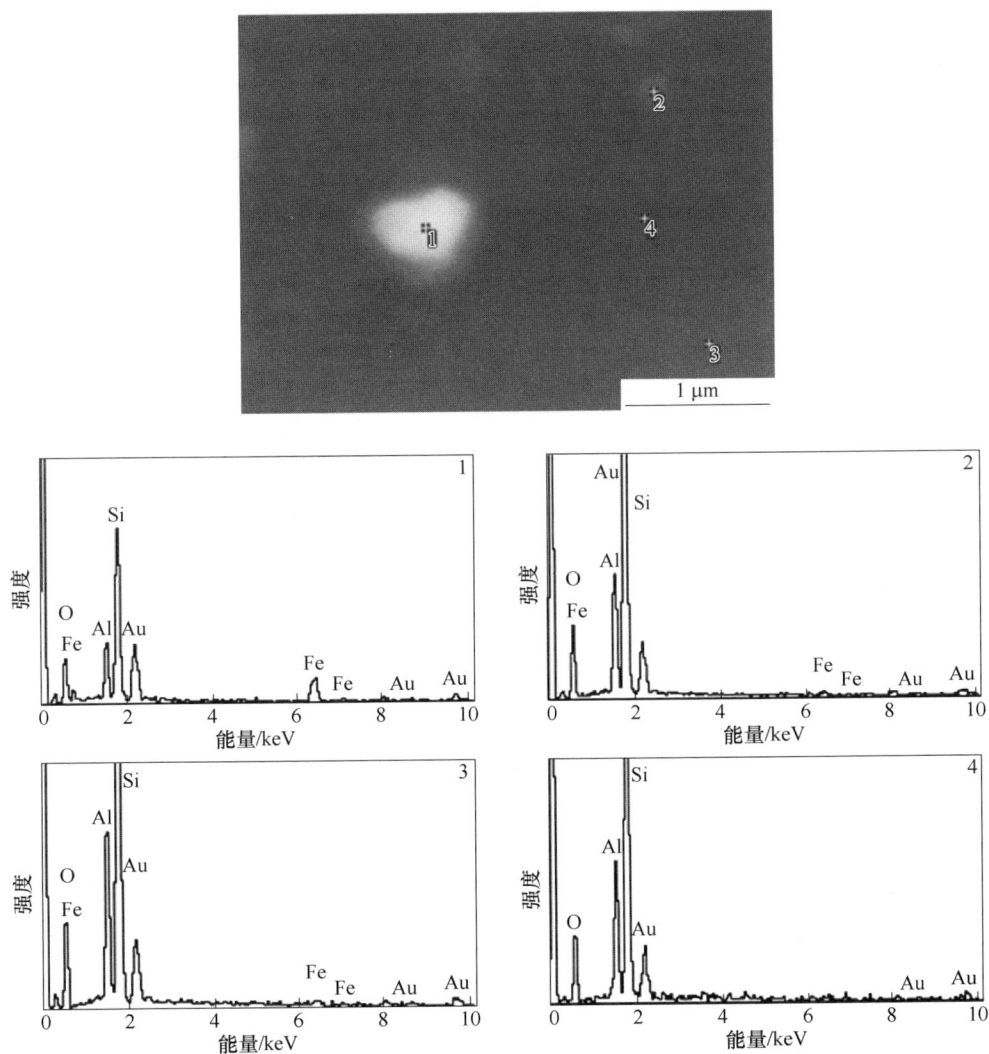

图 4-95 铁球湿磨后的绿柱石表面及电子能谱图

（放大 30000 倍）

采用干式磨矿：十二胺作为捕收剂，在低于最佳浮选 pH 时，锆球磨矿后锂辉石、绿柱石的浮选回收率高于铁球磨矿；高于最佳浮选 pH 时，锆球磨矿后锂辉石、绿柱石的浮选回收率低于或等于铁球磨矿（见图 4-101、图 4-102）。油酸钠作为捕收剂，总体上锆球磨矿时锂辉石、绿柱石的浮选回收率低于铁球磨矿（见图 4-103、图 4-104）。

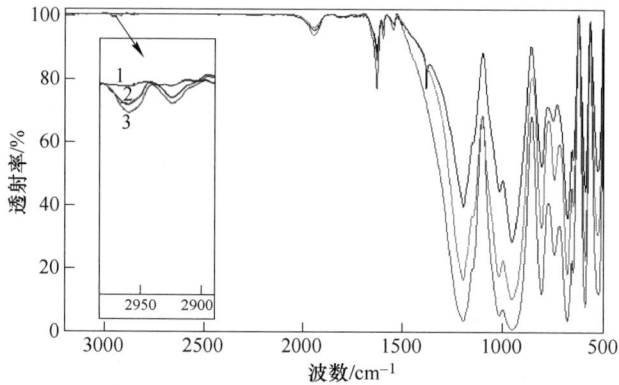

图 4-96   铁球磨矿后的绿柱石红外光谱

1—绿柱石原矿；2—绿柱石铁球干磨；3—绿柱石铁球湿磨

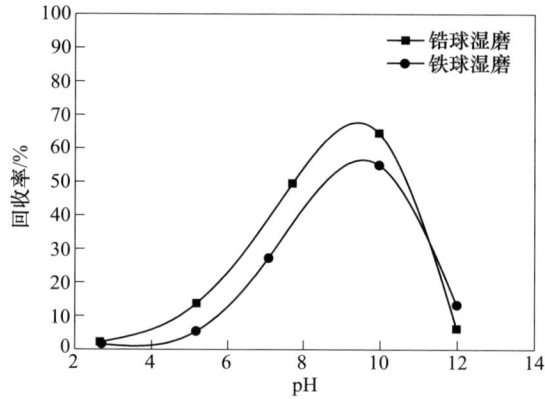

图 4-97   pH 对湿式磨矿锂辉石浮选的影响

（十二胺作捕收剂，用量为 60 mg/L）

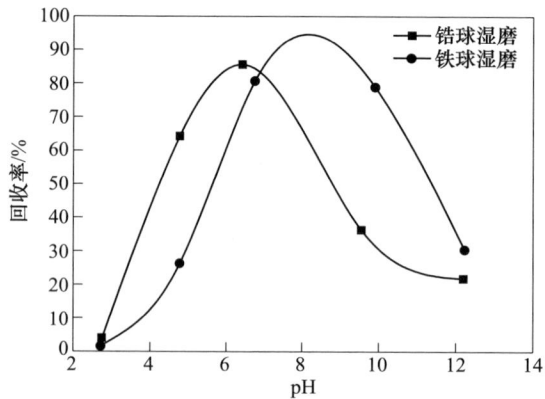

图 4-98   pH 对湿式磨矿绿柱石浮选的影响

（十二胺作捕收剂，用量为 60 mg/L）

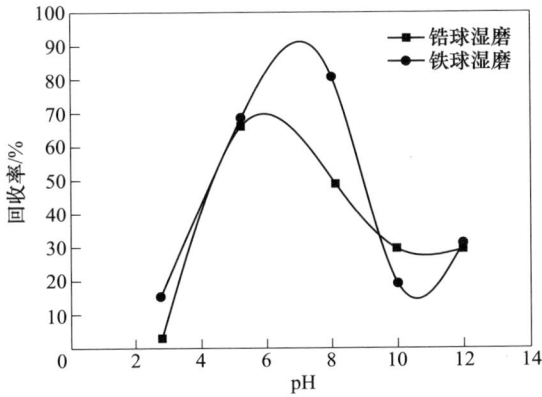

图 4-99　pH 对湿式磨矿锂辉石浮选的影响
（油酸钠作捕收剂，用量为 160 mg/L）

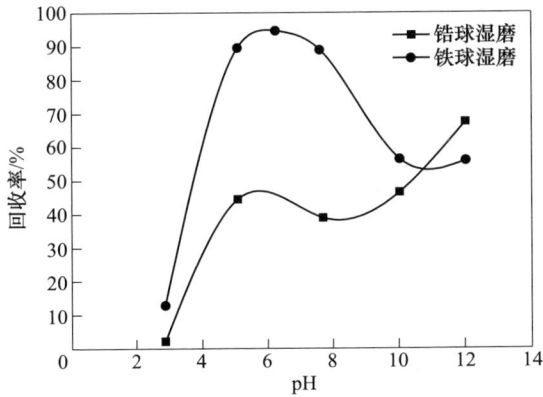

图 4-100　pH 对湿式磨矿绿柱石浮选的影响
（油酸钠作捕收剂，用量为 160 mg/L）

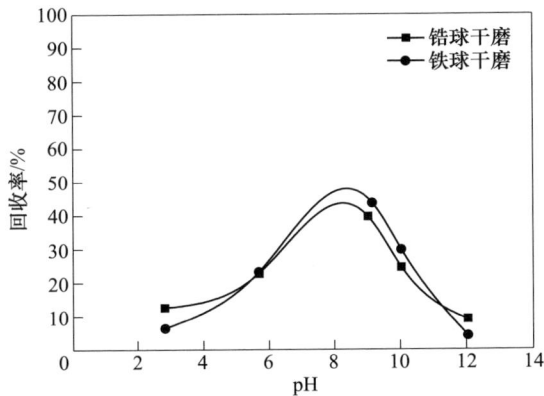

图 4-101　pH 对干式磨矿锂辉石浮选的影响
（十二胺作捕收剂，用量为 60 mg/L）

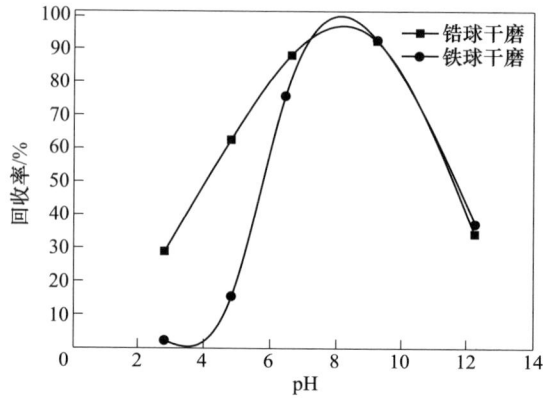

图 4-102　pH 对干式磨矿绿柱石浮选的影响
（十二胺作捕收剂，用量为 60 mg/L）

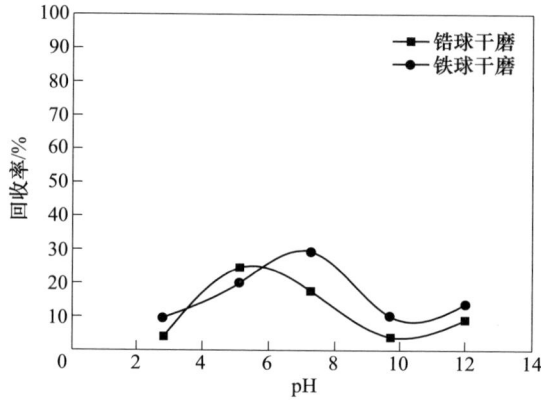

图 4-103　pH 对干式磨矿锂辉石浮选的影响
（油酸钠作捕收剂，用量为 160 mg/L）

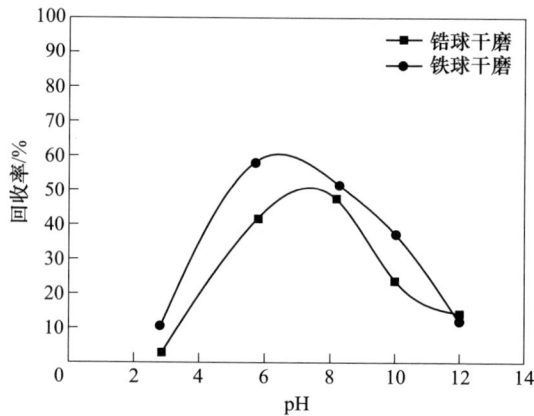

图 4-104　pH 对干式磨矿绿柱石浮选的影响
（油酸钠作捕收剂，用量为 160 mg/L）

将部分或者全部浮选药剂添加至球磨机中，考察药剂添加方式对锂辉石和绿柱石浮选的影响，研究表明：（1）十二胺添加方式对矿物浮选的影响较大，回收率均随着捕收剂在球磨机中添加比例的增加而大幅降低；（2）油酸钠添加方式对锆球湿磨矿物的浮选影响较弱，铁球湿磨的回收率整体上高于锆球湿磨的回收率；（3）十二胺作捕收剂时，柠檬酸添加方式对铁球湿磨绿柱石的浮选回收率影响较小，对锆球湿磨绿柱石的浮选回收率影响较大；随着柠檬酸在球磨机中添加比例的增加，锆球湿磨绿柱石、铁球湿磨和锆球湿磨锂辉石的浮选回收率都降低；（4）油酸钠作捕收剂时，随着硝酸铅在球磨机中添加比例的增加，铁球湿磨绿柱石的浮选回收率波动范围相对较小，锆球湿磨绿柱石的浮选回收率整体上不断降低，铁球湿磨和锆球湿磨锂辉石的浮选回收率先增加后降低；（5）总体上，对于硅酸盐矿物浮选，与硫化物矿物不同，捕收剂不宜加在磨机中。

磨矿方式、磨矿介质及捕收剂类型对锂辉石和绿柱石可浮性及浮游速度有一定影响。十二胺作捕收剂，不同磨矿因素下，如图 4-105 所示，锂辉石的浮游速度虽然有一定差异，但差异较小；图 4-106 表明，绿柱石浮游速度依次为锆球干磨>锆球湿磨>铁球湿磨>铁球干磨。油酸钠作捕收剂，铁球磨矿时，一般情况下锂辉石、绿柱石的浮游速度高于锆球磨矿时两种矿物的浮游速度（见图 4-107、图 4-108），从图 4-108 中四条曲线的切线斜率可以看出，不同磨矿因素下绿柱石的浮游速度依次为铁球湿磨>铁球干磨>锆球干磨>锆球湿磨。

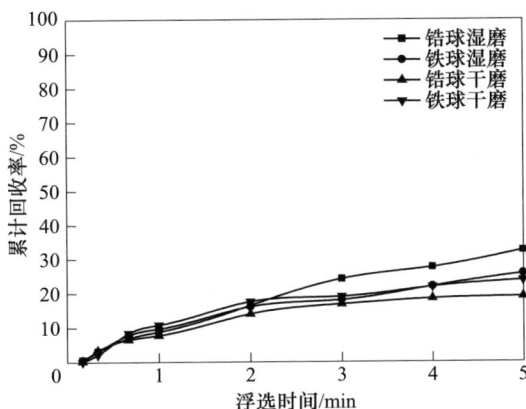

图 4-105 不同磨矿因素对十二胺浮选锂辉石的累计回收率的影响

（十二胺作捕收剂，用量为 60 mg/L）

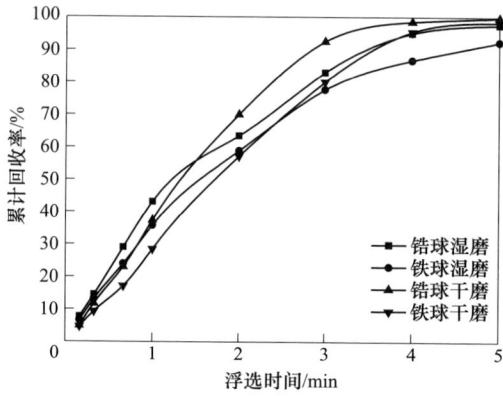

图 4-106　不同磨矿因素对十二胺浮选绿柱石的累计回收率的影响

（十二胺作捕收剂，用量为 60 mg/L）

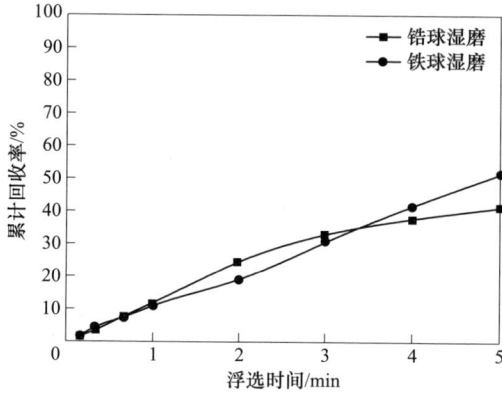

图 4-107　不同磨矿因素对油酸钠浮选锂辉石的累计回收率的影响

（油酸钠作捕收剂，用量为 160 mg/L）

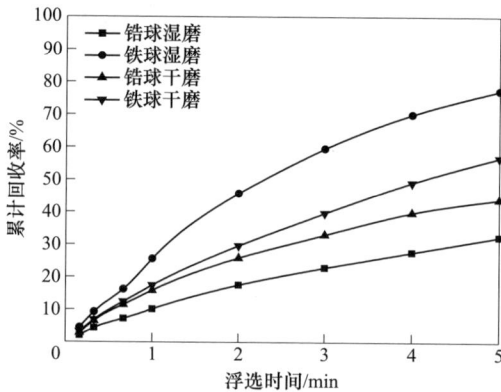

图 4-108　不同磨矿因素对油酸钠浮选绿柱石的累计回收率的影响

（油酸钠作捕收剂，用量为 160 mg/L）

将湿式磨矿和干式磨矿条件下，不同磨矿介质、不同种类捕收剂作用下锂辉石和绿柱石的最高浮选回收率对比结果列于表4-31。

表4-31 锂辉石和绿柱石的浮选结果对比

矿物	捕收剂	项目	试验结论		
			湿磨	干磨	干湿磨对比
锂辉石	十二胺	pH 试验	锆>铁	锆<铁	锆：干<湿；铁：干<湿
	油酸钠	pH 试验	锆<铁	锆<铁	锆：干<湿；铁：干<湿
绿柱石	十二胺	pH 试验	锆>铁	锆>铁	锆：干>湿；铁：干>湿
	油酸钠	pH 试验	锆<铁	锆<铁	锆：干<湿；铁：干<湿

注：回收率均为最佳浮选 pH 条件下的回收率。锆代表氧化锆球介质磨矿；铁代表铁球介质磨矿；>代
表对于捕收剂，回收率较高；<代表对于捕收剂，回收率较低。

研究锂辉石和绿柱石在不同磨矿因素下的浮选行为对锂铍分离有一定的参考价值。在十二胺阳离子捕收剂和油酸钠阴离子捕收剂体系中，pH 对锂辉石和绿柱石浮选的影响如图4-109 和图4-110 所示。

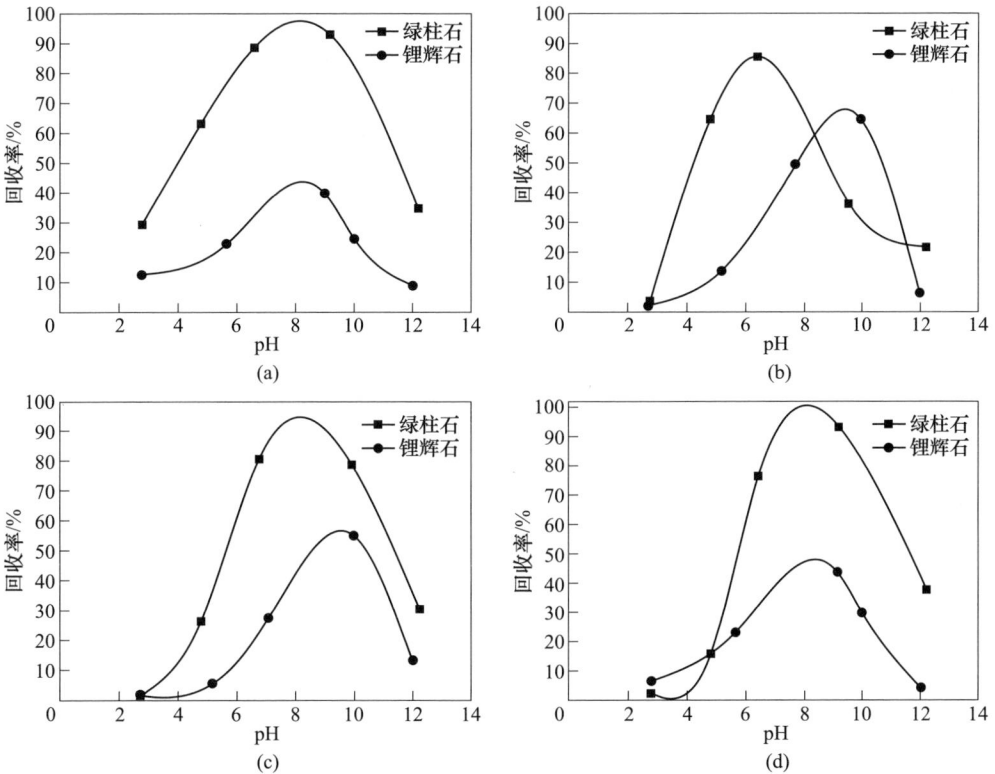

图4-109 不同磨矿因素下 pH 对锂辉石和绿柱石浮选的影响

（十二胺作捕收剂，用量为 60 mg/L）

（a）锆球干磨；（b）锆球湿磨；（c）铁球干磨；（d）铁球湿磨

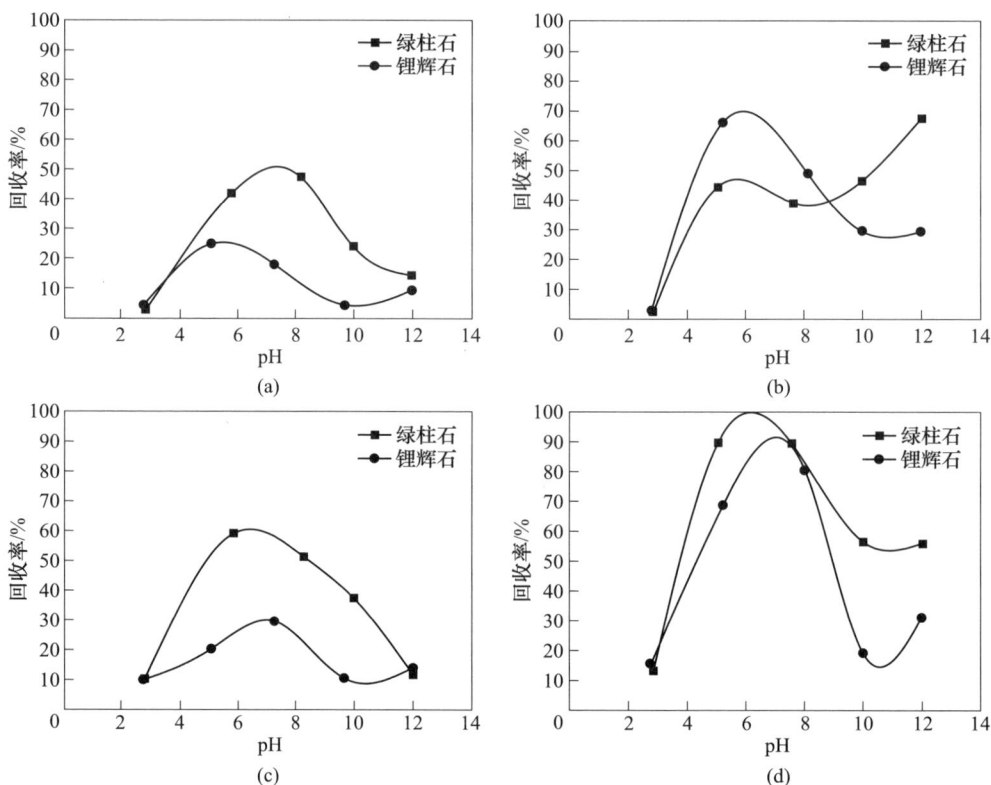

图 4-110   不同磨矿因素下 pH 对锂辉石和绿柱石浮选的影响
（油酸钠作捕收剂，用量为 160 mg/L）
（a）锆球干磨；（b）锆球湿磨；（c）铁球干磨；（d）铁球湿磨

采用 A. M. Gaudin 提出的选择性指数（用 I 表示）作为双矿物分离效果的判据，来考察锂辉石和绿柱石人工混合矿在不同磨矿因素下的分离效果。十二胺作捕收剂、铁球湿磨条件下，在 pH = 8.82 时，锂辉石和绿柱石的双矿物浮选分离选择性指数 I 最大，为 2.33，分离效果优于其他磨浮体系。总体上讲，铁球磨矿时，锂辉石和绿柱石的分离效果优于锆球磨矿；单凭磨矿因素的改变，锂辉石和绿柱石浮选分离困难，选择调整剂和流程结构是关键，有关锂辉石和绿柱石更好的磨矿分离条件，需要进一步研究。

4.4.7.3   铁球磨矿前后锂辉石和绿柱石表面捕收剂作用的分子模拟计算

利用分子模拟软件 Material Studio 建立了锂辉石和绿柱石的矿物晶体模型，按照合适的参数对晶体模型进行优化，再对相应的表面用 Forcite 模块进行几何优化，得到相应解理面模型的能量 E_s，通常锂辉石沿（110）面完全解理，绿柱石沿（001）面解理。

同时利用 MS 软件中 Materials Visualizer 模块建立十二胺阳离子捕收剂和油酸钠阴离子捕收剂的药剂分子模型，几何优化后再利用 Forcite 模块对其进行单点能计算，得到捕收剂分子总能量 E_c。

将优化后的捕收剂分子置于优化后的锂辉石（110）面、绿柱石（001）面上，建立初始的吸附模型。建立的吸附模型如图 4-111、图 4-112 所示，其中（a）图代表十二胺阳离子捕收剂与相应矿物表面的吸附模型，（b）图代表油酸钠阴离子捕收剂与相应矿物表面的吸附模型。

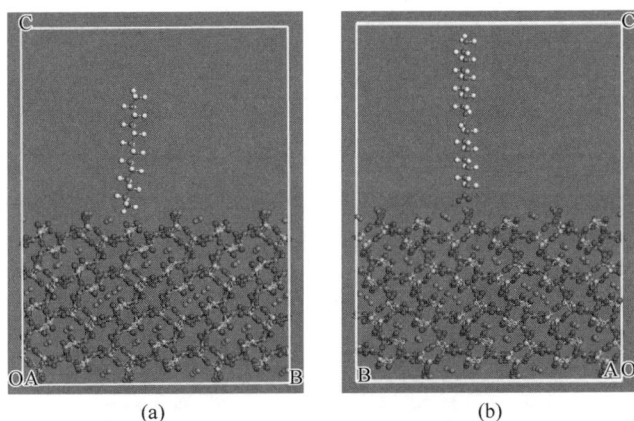

(a)　　　　　　(b)

图 4-111 彩图

图 4-111　锂辉石吸附模型

（a）十二胺阳离子捕收剂的吸附模型；（b）油酸钠阴离子捕收剂的吸附模型

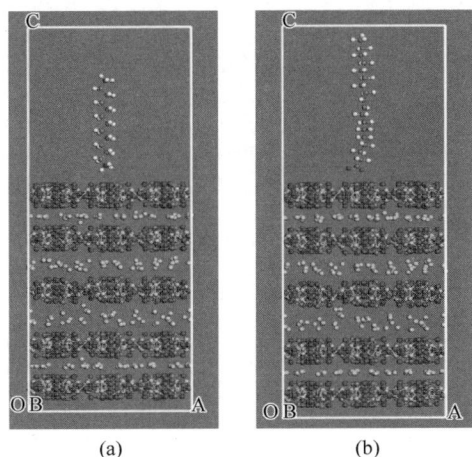

(a)　　　　　　(b)

图 4-112 彩图

图 4-112　绿柱石吸附模型

（a）十二胺阳离子捕收剂的吸附模型；（b）油酸钠阴离子捕收剂的吸附模型

然后利用 Forcite 模块对初始模型进行优化获得最优吸附终态，计算得到终态吸附总能量 E_a。

$$\Delta E = E_a - (E_c + E_s) \tag{4-11}$$

式中，ΔE 为吸附能，代表吸附体系的稳定性。ΔE 越负，吸附体系越稳定，吸附越容易发生；ΔE 为零或正值表明吸附难以发生。

铁球磨矿，封闭体系下相对缺氧，有如下反应发生：

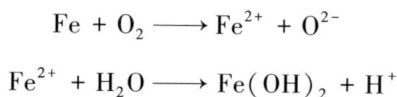

$$Fe + O_2 \longrightarrow Fe^{2+} + O^{2-}$$

$$Fe^{2+} + H_2O \longrightarrow Fe(OH)_2 + H^+$$

氢氧化亚铁胶体极不稳定，与空气接触后瞬间消失，反应如下：

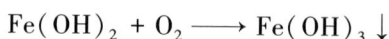

$$Fe(OH)_2 + O_2 \longrightarrow Fe(OH)_3 \downarrow$$

以上分析与铁球磨矿后矿物表面性质检测结果一致，在研究铁球磨矿后矿物表面药剂与矿物的作用能过程中，为了直观地说明问题，只引入一个金属离子 Fe^{3+}，形成相应的金属离子活化后的矿物解理面如图 4-113 所示。

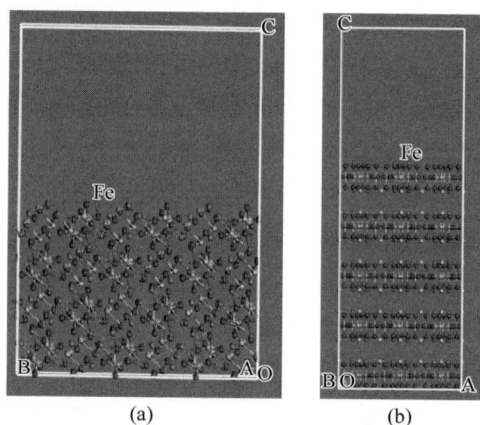

图 4-113   铁球磨矿后矿物表面模型
(a) 锂辉石；(b) 绿柱石

图 4-113 彩图

以此为基础，建立了相应的铁球磨矿后矿物表面与捕收剂分子的吸附模型，如图 4-114、图 4-115 所示，其中 (a) 图代表十二胺阳离子捕收剂与铁球磨矿后相应矿物表面的吸附模型，(b) 图代表油酸钠阴离子捕收剂与铁球磨矿后相应矿物表面的吸附模型。

根据吸附能计算式 (4-11)，分别得到捕收剂分子与矿物铁球磨矿前后的相互作用能，将计算结果列于表 4-32、表 4-33 中。

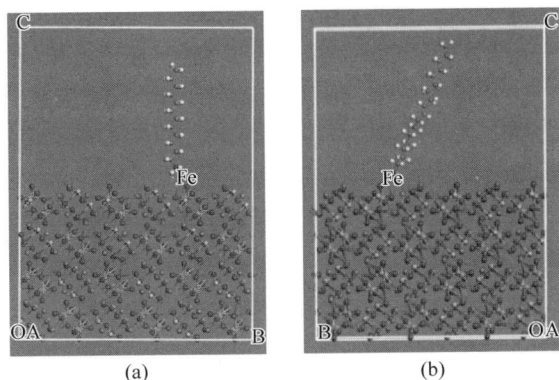

图 4-114　铁球磨矿后锂辉石吸附模型

（a）十二胺阳离子捕收剂的吸附模型；（b）油酸钠阴离子捕收剂的吸附模型

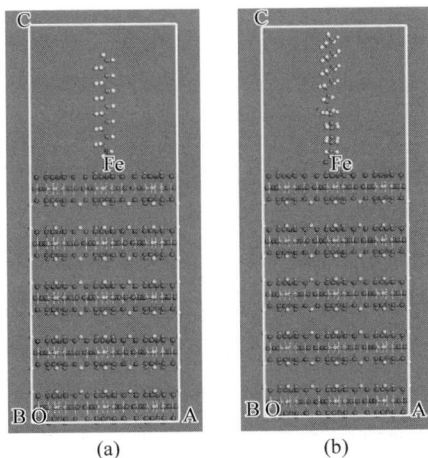

图 4-115　铁球磨矿后绿柱石吸附模型

（a）十二胺阳离子捕收剂的吸附模型；（b）油酸钠阴离子捕收剂的吸附模型

表 4-32　锂辉石与捕收剂的作用能模拟结果

药剂	作用前体系能量 /(kcal·mol^{-1})		作用后体系总能量 /(kcal·mol^{-1})	相互作用能 /(kcal·mol^{-1})	备注
	锂辉石	药剂	矿物+药剂		
十二胺阳离子捕收剂	317352.949	9.952	317352.600	-10.301	铁球磨矿前
油酸钠阴离子捕收剂	317352.949	13.389	317353.232	-13.106	
十二胺阳离子捕收剂	317514.742	9.952	317516.344	-8.350	铁球磨矿后
油酸钠阴离子捕收剂	317514.742	13.389	317514.480	-13.651	

注：1 cal=4.184 J。

表 4-33　绿柱石与捕收剂的作用能模拟结果

药剂	作用前体系能量/(kcal·mol⁻¹)		作用后体系总能量/(kcal·mol⁻¹)	相互作用能/(kcal·mol⁻¹)	备注
	绿柱石	药剂	矿物+药剂		
十二胺阳离子捕收剂	1565677.331	9.952	1565225.555	-461.728	铁球磨矿前
油酸钠阴离子捕收剂	1565677.331	13.389	1565309.151	-381.569	
十二胺阳离子捕收剂	1566192.260	9.952	1565821.584	-380.628	铁球磨矿后
油酸钠阴离子捕收剂	1566192.260	13.389	1565651.040	-554.609	

注：1 cal＝4.184 J。

从表 4-32 的计算结果可知：（1）锂辉石与十二胺的相互作用能，铁球磨矿前为-10.301 kcal/mol，铁球磨矿后为-8.350 kcal/mol，铁球磨矿后相互作用能绝对值变小，减弱了其相互作用；（2）锂辉石与油酸钠的相互作用能，铁球磨矿前为-13.106 kcal/mol，铁球磨矿后为-13.651 kcal/mol，铁球磨矿后相互作用能绝对值变大，强化了其相互作用。

从表 4-33 的计算结果可知：（1）绿柱石与十二胺的相互作用能，铁球磨矿前为-461.728 kcal/mol，铁球磨矿后为-380.628 kcal/mol，铁球磨矿后相互作用能绝对值减小，使十二胺与绿柱石的相互作用减弱；（2）绿柱石与油酸钠的相互作用能，铁球磨矿前为-381.569 kcal/mol，铁球磨矿后为-554.609 kcal/mol，铁球磨矿后相互作用能绝对值增大，这说明铁球磨矿后加强了油酸钠与绿柱石的相互作用。

通过以上锂辉石和绿柱石与药剂分子间相互作用能计算可知，两种矿物经过铁球磨矿后，矿物表面吸附的 Fe 会影响矿物与药剂分子之间的相互作用能，使阳离子捕收剂十二胺与矿物的相互作用能绝对值减小，阴离子捕收剂油酸钠与矿物的相互作用能绝对值增大，进而影响捕收剂与矿物之间的相互作用。

绿柱石界面层内胺离子浓度计算结果表明，铁球湿磨后，在 pH<6 的范围内，矿物界面层内 RNH_3^+ 浓度远小于液相内部 RNH_3^+ 浓度；与锆球干磨相比，锆球湿磨、铁球干磨和铁球湿磨后矿物界面层内 RNH_3^+ 浓度显著降低，其中铁球湿磨后矿物界面层内 RNH_3^+ 浓度降低尤其明显，从而减弱了十二胺对绿柱石矿物的捕收作用。

总体来讲，锂辉石和绿柱石经过铁球磨矿后，一般会阻止十二胺阳离子捕收剂在矿物表面的吸附；而对于油酸钠阴离子捕收剂，则起到一定的活化作用，有利于其在矿物表面的吸附。

通过调控磨矿因素，改变目的矿物的表面性质和矿浆中金属离子的浓度，进而改变矿物的可浮性，增大不同种类矿物间浮选行为的差异性，有助于实现目的矿物的浮选分离。

5 可可托海早期几座选矿厂的发展历程

如前所述，可可托海稀有金属矿床中矿脉分布很广，其中 3 号伟晶岩脉最大，锂铍钽铌储量也最丰富，并且由于是伟晶岩脉，常可见锂辉石和绿柱石甚至钽铌矿物粗大的晶体。在建立现代化智能选矿厂之前，手选是一种常用且有效的选矿方法，选出的锂辉石、绿柱石和钽铌矿物的块矿品位很高，但回收率很低。手选尾矿要单独堆存，以便选矿厂机选。

除了 3 号脉，矿区周边还有不少小型矿脉，可可托海选矿厂就是适应于这些矿脉的产状而兴建和发展的。20 世纪 50 年代中期，在靠近额尔齐斯河边曾建立了一座简易的水力选矿厂（重选厂），这是可可托海机械化选矿厂的雏形，周宝光就曾在这座简易的重选厂工作过。此外，矿区还建立了手选厂和云母选矿与加工厂。

钽铌矿重选及铍砂矿重选： 1953 年中苏合营时期，阿山矿管处在 3 号脉手选尾矿堆附近的河边兴建了一座 20 t/d 的钽铌重选厂，对 1 号、3 号等矿脉的钽铌矿石进行水力重选。采用对辊机一段破碎，再用跳汰、摇床、溜槽进行重选，初期回收率及品位较低，后期有所好转。1957 年冬，采用螺旋选矿机对新三矿的砂矿及水力选矿室选过的尾矿进行选别，效果较好。1958 年 4 月 1 日开始改进水力选矿室的生产流程。

铍矿石粒浮： 1958 年上半年，可可托海矿务局党委书记安桂槐到广东出差，带回了一些铍粒浮资料，技术员张元新、杨书良等在手选厂副厂长周宝光的直接参与下进行了铍矿石粒浮试验，取得了初步成效。一矿手选厂从 1958 年 6 月开始至当年 11 月，用粒浮法处理氧化铍含量约为 3%、10 多吨的细砂，选出铍精矿 2557 kg，品位达 8.01%，回收率近 70%。二矿用粒浮法只选出少量合格产品，效果不够理想。

用螺旋选矿机富集铍手选尾矿： 1957—1958 年，可可托海矿推广平桂矿务局的螺旋选矿技术，将铍矿石手选筛下的尾矿（氧化铍品位为 1.7%～1.8%），用螺旋选矿机进行富集，富集后粗精矿品位达 3%～4%，掺入出口产品达 4% 以上，回收率约为 30%，尾矿品位降至 1.2%～1.3%，每年回收 3%～4% 的铍粗精矿数千吨。

用螺旋选矿机富集锂手选尾矿： 1958—1961 年，每年夏天在河边用 10 多台轮胎制的螺旋选矿机（选锂）手选尾矿。细砂氧化锂品位为 1.7%~1.8%，经过螺旋富集后，品位可提高到 2.5% 左右，按每年出口量 1.7 万吨计算，每年用于富集的细砂约 9700 t。

二矿和四矿两座小型钽铌选矿厂：20 世纪 50 年代分别在二矿建立了一座处理量为 50 t/d、在四矿建立了一座处理量为 30 t/d 的小型选矿厂，都是单一回收钽铌精矿的重选厂，工艺流程及设备简单，工人三班倒，每班的人数很少。东北工学院毕业的女学生中，吴晓清、姜毓苹和周秀英在二矿选矿厂工作过。

四矿的选矿厂相比二矿的选矿厂更小，厂房全部使用原木建成，类似于俄罗斯的木头房。原矿用自卸车从矿部的 1 号矿脉运到 1 km 外的选矿厂，矿石经颚式破碎机一段开路破碎后，用皮带机运送到粉矿仓。主厂房用圆盘给矿机将矿石给入 $\phi900$ mm×900 mm 的格子型球磨机开路磨矿，球磨机排矿口装有固定的圆筒筛把粗砂和碎钢球排除。球磨机排矿进入弧形筛分机，粗粒级矿浆用来复条床面的矿砂摇床选别，细粒级矿浆用刻槽摇床的矿泥摇床选别，两种摇床都是云锡式凸轮杠杆的传动机构。两台摇床选出的粗精矿，用一台小型摇床反复精选，摇床头是 6-S 型偏心连杆式的传动机构。精选工艺不统一，精选师傅全凭经验把握。小型选矿厂三班倒，每班只有 8 人，其中东北工学院的选矿毕业生就占 4 人。邓荣州、张泾生、孙传尧、刘仁辅同在一个班，也同在一个大宿舍住。四矿小选矿厂由矿里柴油发电机供电，磨矿工是班长，指挥全班开停车。球磨机启动前先打铃通知柴油电站提升发电机电压，选矿厂开车后柴油电站恢复正常运行。四矿选矿厂用水是从选矿厂旁边的一条名叫库威河的小河中，用水泵取水。该厂没有机械维修力量，零部件靠可可托海机械总厂解决，因此设备运转率不高。以上说的是 1969 年的事。

五矿达尔恰太选矿厂的建设与下马：1970 年夏季，因四矿选矿厂已无原矿处理，于是采选的主力迁移到五矿阿克布拉克做 3 号矿井恢复生产的准备。几个月后接矿务局的通知，这批主力又转移到达尔恰太，为建设处理量为 300 t/d 的钽铌选矿厂做采矿准备和开挖地基（采矿是在 115 号矿脉打掘进）。工程总负责人是四矿矿长潘厚辉，他 1954 年于长沙有色金属工业学校地质专业毕业，到可可托海后几十年投身于采矿工作，潘矿长是地质、采矿都精通的领导。

为了抢时间，来不及盖职工宿舍，大家冬天就住棉帐篷。东北工学院毕业生王文宗专门为各个帐篷烧炉子供暖。有时一场大雪下完帐篷几乎都被埋住，大家从雪里钻出来上班。生活相当艰苦。

孙传尧这两项工作（做采矿准备和开挖地基）都干过。作为选矿厂地基开挖工程的负责人，他领导工人冬天在冻土上用凿岩机打孔，这比在硬岩上凿岩困难得多，因为经常卡钻头。钻孔打好后实施爆破挖台阶，施工难度很大，进度也不快。其实如果在夏季，根本不用凿岩爆破，用挖掘机很容易施工，但是为了抢时间，只好在严冬里用这种笨办法干。

在达尔恰太 115 号矿脉打掘进时，因平巷里破碎带发育，凿岩机开起来振得顶板上的石头噼里啪啦的往下落，落石不时地砸在凿岩工头戴的安全帽上、凿岩机上和工人的身上。一天半夜十二点孙传尧到井下上零点班，他在接班时看见凿岩工汪荣根师傅穿的棉衣湿得直冒气，忙问："汪师傅，你怎么出这么多汗？"汪师傅回答："传尧，不瞒你说，我这汗一半是累出来的，一半是吓出来的。"

后来 20 世纪 90 年代，孙传尧在北京矿冶研究总院领导湖南柿竹园矿钨钼铋复杂多金属矿选矿科技攻关项目时，与矿山一位采矿工程师说到了这件事，还没等说完，这位采矿工程师就说："孙院长，我明白了，你是选矿专家，可你懂采矿，理解采矿！"

这样干了半年多，以东北工学院毕业生孙传尧和张泾生为代表的不少职工对这种干法提出了异议：在四矿，设备及零部件坏了，都需要到可可托海机械总厂加工，选矿厂很难长时间连续运转。要进行 300 t/d 选矿厂的基建和设备安装，需要先把可可托海到达尔恰太 50 多千米的山路修好，甚至还得有交通警，算一算要有多大的运输量，每天要有多少辆汽车在山沟里往返穿行？连会车的地方都很难找。交通问题不解决，选矿厂能建起来吗？就算建起来，能正常生产吗？大家在这里苦干没关系，就怕白干一场，消耗大量的人力、物力和财力而毫无结果。另外，这项采选工程没有正规的设计院做设计。打 115 号矿脉掘进开挖堑沟时，潘矿长领着工人用手一指说："从这里往前打。"干了一段时间，矿山测量工程师车逸民经测量说方向不准，得往右转弯。

选矿厂也没有专业配套的设计院做设计。当时能做选矿厂设计工作的只有三人：土建工程师胡正凯、选矿工程师李金海，还有 1968 年东北工学院选矿专业毕业生孙传尧和肖柏阳的同学邓荣州。由邓荣州来绘制总图，理由是他擅长画画，但是没有进行过总图设计的专业训练。大家推荐孙传尧和张泾生两位东北工学院毕业生向潘厚辉矿长系统谈了大家的想法，请潘矿长早点去可可托海向矿务局革委会主任汇报，这项工程得下马。

潘厚辉矿长认真考虑了大家的意见后，认为有道理。一个冬日的下午，他带着孙传尧和张泾生坐马爬犁急奔可可托海，晚上向矿务局革委会汇报。汇报会是在俱乐部小会议室开的，革委会主任弓建民是军队的团长，副主任赵玉滨是军队副团长。会议从晚上开到后半夜，经过充分的讨论，认为潘矿长提的观点有道理，当即做出决议：五矿达尔恰太选矿厂建设停止，从而避免更大的损失。

有一件事非常遗憾。701 地质队在五矿达尔恰太 115 矿脉采集的矿样近 10 t，供选矿试验用。大家把一袋袋矿样扛到公路旁，再用汽车运到可可托海岩心库，让四矿 10 余名东北工学院选矿毕业生加工试验样品，准备系统地进行重选试验。派了两位老工人领导试验，没有任命试验负责人。还没来得及制定试验大纲，由于 8859 选矿厂缺人，领导就急忙把这批四矿下来的东北工学院毕业生调往 8859 选矿厂三班倒。几个月后孙传尧等毕业生再去岩心库一看，加工好的试验矿样已全部被当成垃圾倒掉。大家费力不说，再没有 115 矿脉矿样可以用来进行选矿试验研究了，这是无法弥补的损失。

6 8859 选矿厂

6.1 概 述

8859 选矿厂是 1959 年冶金工业部立项第 88 号工程，由北京有色冶金设计院（当时称为有色冶金设计总院）设计，工艺设计师是 1956 年东北工学院选矿专业本科毕业生李宝琛，建厂最初的目的是为大选矿厂（即后来的 8766 选矿厂）的建设提供依据，因此是一座选矿试验厂。到 20 世纪 70 年代，厂长是周宝光，副厂长是李金海。北京矿冶研究院吕永信领导的团队，有色金属研究院赵常利、罗家珂领导的团队和后来新疆冶金研究所刘兴来、李明山领导的团队，广州有色金属研究院姚万里领导的团队以及有色冶金设计总院的工程师在该厂进行了大量的试验研究，为 8766 选矿厂的建设提供了依据。

因 8766 选矿厂直到 1975 年才建成，8859 选矿厂（外景如图 6-1 所示）从 1961 年开始工业浮选锂辉石，综合回收钽铌矿物，在长达 15 年的时间里，除了进行系列工业试验外，实际上已成为小型生产厂，为国家提供了相当数量的锂辉石精矿和钽铌精矿。1976 年，8859 选矿厂除了必须的工业试验外，选矿厂的人员大都转移到 8766 选矿厂进行工程接收、技术改造和生产调试，8859 选矿厂完成了自身的历史使命。

图 6-1 8859 选矿厂的外景

图 6-2 是一张十分珍贵的历史照片，可可托海矿务局部分领导干部与科技人员在中国第一座锂铍钽铌选矿厂 8859 选矿厂建设工地合影，前排右一是可可托海矿务局总工程师刘浩，右二是北京矿冶研究院（当时称为选矿研究院）项目负责人吕永信，右三是可可托海矿务局副局长李蕃；第二排右二是杨书良，右三是周宝光，右五是杜发清（拍摄时间大约是在 1959 年或 1960 年秋季）。

在我国第一座稀有金属机选试验厂

图 6-2　部分领导、工程技术人员及北京矿冶研究院的专家在 8859 选矿厂建设工地合影

6.2　建设过程及工艺技术进展

1958 年，北京有色冶金设计院（当时称为有色冶金设计总院）根据苏联列宁格勒（米哈诺布尔）选矿研究设计院的试验结果，用"酸法浮选流程"为可可托海矿务局设计一座日处理 50 t 矿石的浮选试验厂。1959 年冬开始兴建，土建工程完工后，因选矿药剂及耐酸设备无法解决，故停止了工艺流程设计。1960 年 3 月，有色金属研究院李毓康主任带领赵常利等人到可可托海现场进行小型验证试验，新疆冶金研究所和可可托海矿务局有关选矿人员参加试验。在处理锂辉石手选尾矿时，采用碱法、不脱泥、加温、"两碱、两皂、一油"药剂浮选锂辉石，突破了技术关，获得了较好的技术指标。

1960 年 7 月 19 日，经可可托海矿务局技术会议讨论决定：按碱法浮选流程将已兴建的 8859 酸法选铍试验厂改为碱法选锂试验厂。由于当时正值国家困难时期，成套设备无处采购，故采用"土洋结合"的办法，自制设备，进行设备安装。1960 年 11 月基本建成，12 月开始试生产。采用碱法、不脱泥、加温（45 ℃以上）、"两碱、两皂"工艺流程生产，基本突破技术关。但因"土设备"引发的问题较多，不得已进行停车改造。

　　1961 年 1 月严冬时节，北京矿冶研究院（当时称为北京矿山研究院）吕永信带领的试验组到可可托海与新疆冶金研究所及现场技术人员一起进行碱法、不洗矿、高碱度、强搅拌、低温、碱渣浮选流程的小型浮选试验，取得了较好的技术指标。同年 6 月份又进行了一个月的生产性试验，技术指标同样较高。1961 年 7 月 1 日，8859 选矿厂按新的流程正式投入生产，从此结束了我国仅靠手选锂辉石矿的局面，开创了中国工业浮选锂辉石的历史。

　　8859 选矿厂 1961 年 7 月投产时，选锂流程是采用简单的一次粗选、一次扫选流程。采用氢氧化钠和碳酸钠作调整剂，单一环烷酸皂作捕收剂。浮选指标：原矿氧化锂品位为 0.97%，锂精矿品位为 3.7%~4.0%，回收率为 71.8%。随着生产人员操作技术水平的提高，吕永信又采纳了 8859 选矿厂杨书良等人的建议：把氢氧化钠通过分级机返砂加入球磨机里，这样就形成了在球磨机里碳酸钠和氢氧化钠的联合作用，使锂精矿品位提高到 4.74%，回收率为 79.7%。

　　这件事孙传尧以前就听说过，但不知道是谁提出的，2023 年 4 月末，已 90 岁高龄的原 8859 选矿厂的杨书良（东北工学院 1956 年本科选矿专业毕业，后调到化学工业部涿州地质研究院工作）与孙传尧电话聊天时，无意中他谈到自己当年在 8859 选矿厂工作时，说是他提出的这一方案被吕永信采纳了，并且相当肯定。这一信息可靠。

　　1964 年 5 月，8859 选矿厂与吕永信先生组织技术力量进行混合捕收剂（即氧化石蜡皂+环烷酸皂）试验。同年 10 月又进行了浮选流程改造，使原来一次粗选、一次扫选的简单流程，改为一次粗选、一次精选、一次扫选的完善浮选流程，从而使锂精矿品位达 5% 以上，回收率提高到 80% 以上。1966 年全年平均选矿技术经济指标达到历史最好水平，锂精矿品位达 6.21%，回收率达 83.72%。

　　该厂投产后，"土设备"故障多，生产不正常，不断地进行着技术改造。将小球磨机 $\phi900$ mm×1200 mm 换成 $\phi1200$ mm×1200 mm 的；将蒸汽烘干改为浓密机浓缩和过滤；扩建破碎间、烘干间、包装间及矿仓等，更换部分旧设备，使产量日益提高，成本有所下降。

　　从 1962 年 10 月到 1963 年，相继对选矿厂 1 号、2 号系统进行了技术改造，并进行混合捕收剂的工业试验和钽铌矿物的回收试验。选矿厂日处理能力由原来的 50 t 扩大到 100 t，至 1965 年产能提高到 180 t/d，产品质量也有所提高。

　　1965 年，有色金属研究院和北京矿冶研究院相继派出工作组在可可托海进行锂铍分离综合回收钽铌的扩大连续试验，之后在 8859 选矿厂完成工业试验，验证了各自提出的综合回收流程。

　　此后，新疆冶金研究所刘兴来、李明山领导的实验组于 1966 年 6 月至 11 月在 8859 选矿厂完成了锂铍钽铌综合回收工业性试验，也获得了较好的指标。

　　以上大量的试验研究为 8766 大型选矿厂的设计、建设提供了可靠的科学依据和多种工艺流程选择方案。

6.3　矿石性质、主要设备及选矿指标

6.3.1　矿石性质

8859 选矿厂处理可可托海矿区 3 号脉的锂辉石手选尾矿，矿物组成见表 6-1，成分分析结果见表 6-2。矿石性质与 3 号脉原矿相近，主要有用矿物为锂辉石、绿柱石、钽铌矿物等，主要脉石矿物为石英、长石、云母、石榴子石、角闪石、磷灰石等。

表 6-1　3 号脉锂辉石手选尾矿矿物组成

矿物名称	锂辉石	绿柱石	长石	石英	云母	角闪石	铁锰氟化钠
含量/%	16.2	0.5	41	28.7	8.4	1.6	2.1
矿物名称	绢云母	铌铁矿	细晶石	电气石	石榴子石	铋矿物等	
含量/%	1	0.5					

表 6-2　3 号脉锂辉石手选尾矿成分分析结果

成分	BeO	Li_2O	$Ta_2O_5+Nb_2O_5$	Fe_2O_3	MgO	SiO_2
含量/%	0.051	0.97	0.0155	0.7	0.32	76.51
成分	Al_2O_3	CaO	MnO	Na_2O	P_2O_5	K_2O
含量/%	13.12	0.46	0.12	3.57	0.12	2.25

6.3.2　主要设备及选矿指标

1971—1976 年，8859 选矿厂主要设备情况见表 6-3；1965—1974 年，8859 选矿厂部分技术指标统计情况见表 6-4。

表 6-3　8859 选矿厂主要设备（1971—1976 年）

序号	设备名称	规格	台数	备注
1	颚式破碎机	400 mm×600 mm	1 台	粗碎
2	颚式破碎机	400 mm×250 mm	1 台	中碎
3	圆锥破碎机	ϕ660 mm	2 台	细碎
4	格子型球磨机	ϕ1200 mm×1200 mm	3 台	其中 4 号系统 1 台规格稍大
5	单螺旋分级机	ϕ750 mm	3 台	
6	螺旋选矿机	ϕ1000 mm×550 mm	3 台	用旧轮胎自制
7	摇床	CC-2	4 台	主厂房，不包括精选工段

序号	设备名称	规格	台数	备注
8	搅拌机	ϕ1200 mm×1200 mm	3 台	
9	浮选机	3A、1A、5A	多台	5A 只用于 4 号系统
10	浓缩机	ϕ6000 mm 中心传动	1 台	
11	搅拌机	ϕ1000 mm×1000 mm	1 台	
12	离心机	ϕ1250 mm 上悬式	2 台	

表 6-4　8859 选矿厂部分技术指标统计（1965—1974 年）

序号	项目	年份									
		1965	1966	1967	1968	1969	1970	1971	1972	1973	1974
1	处理量/(t·d^{-1})	33	62.6	104	98	131	170	186	141	116	110
2	原矿品位/%	1.28	1.19	0.87	0.58	0.55	0.52	0.48	0.49	0.55	0.60
3	理论回收率/%	87.19	84.93	79.9	68.4	64.6	58.5				67.27
4	实际回收率/%	83.63	83.72	77	66.3	60.6	53.4	49.3	45.6	52	46.7
5	精矿品位/%	5.53	6.21	5.55	4.78	4.85	4.93	4.14	4.54	4.18	3.94
6	选矿比	5.15	6.23	8.3	12.5	13.2	14.3	22.9	34.3	16.6	
7	磨矿机运转率/%	89.41	83	75	62	64.2	82.5	63.8	56.7	57.6	67.91
8	钢球用量/(kg·t^{-1})	2.44	2.5								
	氢氧化钠用量/(kg·t^{-1})	0.87	1.11								
	碳酸钠用量/(kg·t^{-1})	1.73	1.16								
	环烷酸皂用量/(kg·t^{-1})	0.45	0.92								
	氧化石蜡皂用量/(kg·t^{-1})	1.545	1.71								
	耗水量/(m^3·t^{-1})		5	11.72							
	耗电量/(kW·h·t^{-1})	41.9	42.5								
9	锂精矿成本/(元·t^{-1})	745.23	584.74	450.93	859.3	1104.72	582.08	1156.18	1150.59	1581.23	
	钽铌精矿成本/(元·t^{-1})	112900	72130	156730	304110	257250	189470	176230	228320	601700	

6.4　8859 选矿厂工艺流程

　　8859 选矿厂因定位是选矿试验厂，故建厂初期规模较小，后扩建到三个系统，原矿总处理能力是 150 t/d。生产流程描述如下：矿石由一矿露天采场用自卸车运到选矿厂，经过常规的三段一闭路破碎筛分后，经皮带运输机进入三个独立的粉矿仓。主厂房在三个粉矿仓下分设圆盘给矿机，将粉矿给入 1 号、2 号和 4 号球磨机。1 号、2 号系统（选矿工艺流程见图 6-3）是 ϕ1200 mm×1200 mm

的格子型球磨机，经一段磨矿与 $\phi750$ mm 的单螺旋分级机构成闭路。在磨矿分级回路中，高浓度矿浆送入螺旋选矿机，螺旋选矿机的给矿箱上装有固定的斜面筛，筛上物返回螺旋分级机，筛下物经螺旋选矿机选别获得粗精矿再送入摇床重选，螺旋选矿机尾矿和摇床尾矿返回到螺旋分级机。主厂房的摇床粗精矿中五氧化二钽含量、五氧化二铌含量合计在 1% 左右，再送入精选工段间断作业，经多次钽铌精选后，送成品库用列宁格勒产的三盘强磁机干式强磁选，选出最终精矿，五氧化二钽含量、五氧化二铌含量合计为 50%~60%。

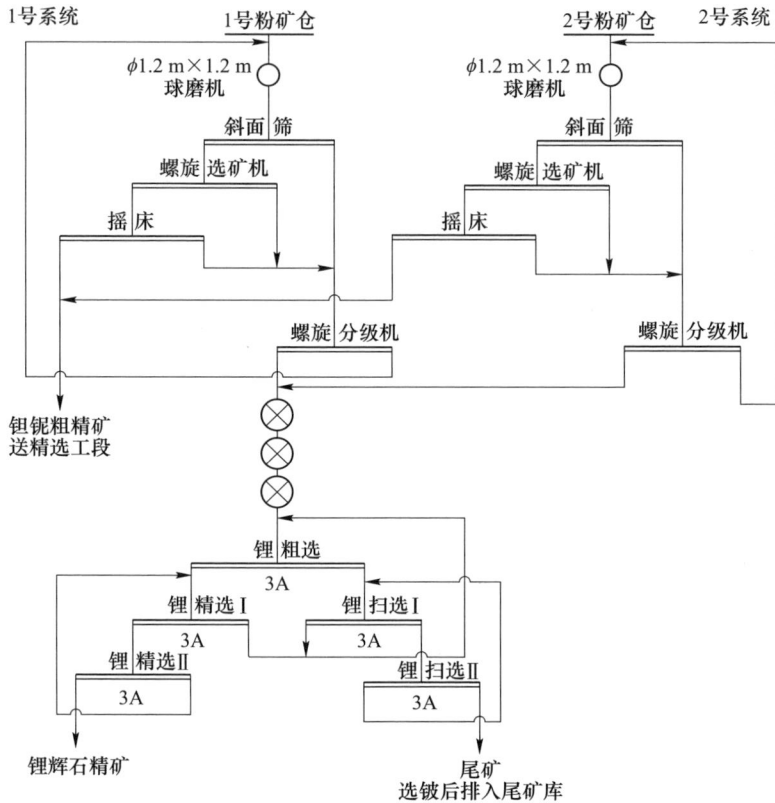

图 6-3　8859 选矿厂 1 号、2 号系统选矿工艺流程
(1971—1976 年间)

主厂房的摇床头是云锡式凸轮杠杆传动机构。床面是来复条床面涂生漆。每年秋季检修时由重选工宫春才、孙传尧将摇床面打磨除垢再刷生漆，别人都生漆过敏。

主厂房 1 号、2 号系统的重选尾矿进入螺旋分级机，其溢流合并进入浮选作业选锂辉石和绿柱石，获得锂精矿和铍精矿。锂辉石浮选用 3A 浮选机，锂辉石浮选流程是一粗、两精、两扫。绿柱石浮选用 1A 浮选机粗选，最终精选用 12 L

双链浮选机。几种工艺流程不同，但都比单一锂辉石浮选复杂。

配药和加药系统都在二楼的药台上。药剂都有编号：锂辉石浮选调整剂1号药氢氧化钠和2号药碳酸钠加入球磨机，捕收剂7号药氧化石蜡皂和5号药环烷酸皂加入搅拌槽。在浮选作业，视情况加少量的柴油。绿柱石浮选除了用到上述药剂外，还用3号药硫化钠、4号药三氯化铁和6号药水玻璃等。

该厂4号系统（工艺流程见图6-4）是后来改扩建的，流程结构和装备大致同1号、2号系统，只是格子型球磨机略大些，螺旋选矿机粗精矿先用尖缩溜槽分级分流，然后用粗细两台摇床分别分选，这不同于1号、2号系统各自用一台摇床。浮选机的型号也略大，用5A浮选机。

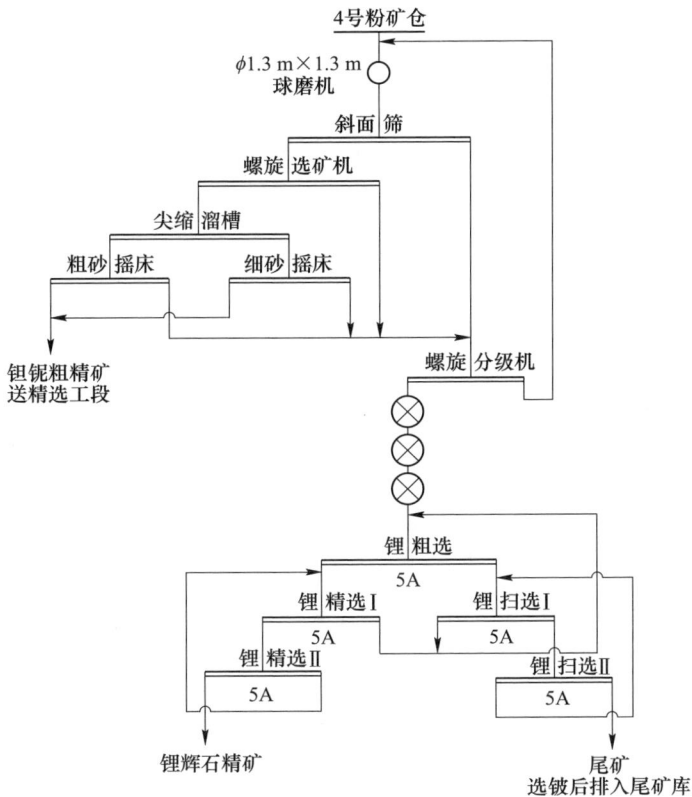

图6-4　8859选矿厂主厂房4号系统工艺流程
(1971—1976年间)

4号系统与1号、2号系统的区别是螺旋选矿机的粗精矿先经尖缩溜槽分选，尖缩溜槽的轻重两产品分别用不同的摇床再选。

需要说明的是，1号和2号系统分级机溢流合并进浮选，4号系统分级机溢流单独进浮选，但是有时候浮选机不开，只单一重选回收钽铌矿物，造成锂资源浪费。对于绿柱石浮选而言，除了 20 世纪 60 年代北京矿冶研究院吕永信领导的团队完成锂铍浮选分离工业试验后，短期移交浮选生产并提高原矿处理量获得少量的铍精矿外，再没有工业浮选生产铍精矿，铍资源一直处于浪费状态。

8859 选矿厂的破碎筛分系统实行集中控制，这是该厂电工张琪武独立研究成功的，在当时算先进，来参观学习的人不少。张琪武后来调往山东。

锂、铍浮选精矿（代号 02 号、01 号产品）分别经浓密机浓缩和立式离心机脱水后不经干燥袋装出厂，每袋 50 kg。锂精矿一般氧化锂品位为 5%~6%，运往乌鲁木齐 115 厂冶炼，钽铌精矿（代号 03 号产品）运往宁夏有色金属冶炼厂（今东方钽业）。铍精矿氧化铍品位应达到 8%，因一直没有规模化生产，少量送湖南水口山铍冶炼厂。选矿厂尾矿自流到尾矿库。3 号系统是 $\phi900$ mm× 1800 mm 的溢流型球磨机，后来长期不用。

6.5　重要的试验研究

在第 4 章中叙述了国内外几家权威的科研机构关于锂辉石、绿柱石浮选和综合回收钽铌矿物的试验研究情况，包括在北京和现场的实验室小型试验、扩大试验等。本章重点是介绍几家科研机构在 8859 选矿厂的工业试验情况。

6.5.1　锂辉石浮选

如前所述，关于锂辉石浮选，20 世纪 50 年代最初是苏联米哈诺布尔选矿研究设计院和有色金属研究院分别提出酸法和碱法工艺流程，因不完全适合可可托海当地的情况，冶金工业部 1959 年在保定会议上，责成有色金属研究院和北京矿冶研究院（当时称为选矿研究院）重新到现场取矿样分别开展选矿试验研究任务。

项目保密，北京矿冶研究院项目代号为 320；项目负责人吕永信，1952 年东北工学院选矿专业本科毕业，曾在列宁格勒（米哈诺布尔）选矿研究设计院做访问学者，回国后任北京矿冶研究院第三选矿室（稀有金属选矿室）主任。有色金属研究院的项目负责人是赵常利和罗家珂，罗家珂 1957 年本科毕业于中南矿冶学院选矿专业。两院分别在北京和现场完成小型试验、扩大连续选矿试验，最后在可可托海 8859 选矿厂进行工业试验。

吕永信研究碱处理后锂辉石和绿柱石的浮选规律，发现含铝硅酸盐矿物表面的碱溶硅酸根不仅有选择性溶解现象，而且还有独特的自抑制作用。据此，他提出了胶态矿泥（自生水玻璃）与钙、铁等多价金属阳离子可以作为锂铍矿物浮选时特殊调整剂的理论，打破了含锂铍硅酸盐矿石碱处理后必须多次脱泥洗矿才能浮选的传统观念，发明了简化的不脱泥、低温、碱法锂辉石正浮选工艺。到 1960 年 7 月，吕永信领导试验组只用半年时间就提交了可可托海 3 号脉全部 7 个矿带标准矿样的实验室研究报告。

1961年1月8日，在国家困难时期，也是新疆最寒冷的季节，吕永信先生和他的同事杨敬熙、吴多才赶赴可可托海现场进行验证试验、工业试验和转产。以下引用一段吕永信先生在日记中的亲笔描述：

"我们三人满怀激情，自带行李，由北京乘火车先到兰州，再改乘敞篷大板车去新疆。车行两天多，口干舌燥，灰尘满面，夜宿冰冷没有门窗的达坂城的稻草铺土炕，蜷缩了一夜，凌晨又开始上路，到达乌鲁木齐时已变成土人，清理了好一阵子。8859选矿厂的地窝子已住满工人，矿方将我们三人安排在储放蔬菜土豆的棉帐篷住宿。因内无取暖设施，外面又天寒地冻达零下42摄氏度，所以矿方给我们每人加借了一床棉被。随即开展了我院新工艺验证试验及8859选矿厂改造设计与建设工作。在集体努力下，1961年7月1日，新工艺在8859选矿厂正式投产，开创了我国工业浮选锂辉石生产的历史。"

吕永信先生这段日记，真实地还原了他们在艰苦的环境中对锂辉石浮选历史性的贡献。

有色金属研究院赵常利、罗家珂等也研究成功锂辉石碱法不脱泥浮选工艺，与北京矿冶研究院吕永信联合获1965年国家发明证书。

锂辉石浮选工艺在8859选矿厂投产后，经过几年的生产积累了较为丰富的经验，并且工艺过程很稳定，浮选指标达到很高的水平。当原矿氧化锂品位在1%左右时，锂精矿品位达5%~6%，回收率可达85%左右。1964年以后，吕永信等用氧化石蜡皂和环烷酸皂混合捕收剂浮选锂辉石，使锂精矿品位和回收率大幅提高。到1966年，锂精矿品位达6.21%，回收率达85%，这个指标后长期未被突破。

6.5.2 解决低品位锂辉石矿的精矿质量问题

1974年，8859选矿厂处理低品位的锂矿石又因流程结构和工艺条件不适应，在相当长的一段时间内浮选锂精矿品位仅达到2.5%~3.5%，均为废品，冶炼厂拒收，产品质量成了瓶颈，废品堆满了原本不大的厂区。中午吃饭时，食堂炊事员李师傅说："你们天天生产废品卖不出去，不管正品废品我每天都得伺候你们，给你们做饭吃。"孙传尧当时和肖友茂两人在生产管理组（工人们戏称生产维持会）。孙传尧本来心里就着急，听这话又受了刺激，尽管无任何人授意，他独自仍坚持在实验室做试验，当他一个人忙不过来时，请了老同学朱瀛波来帮忙。

试验有了结果后，孙传尧向主管生产的8859选矿厂副厂长、老工程师李金海报告，在李金海和厂长周宝光的支持下，他又独自搞流程改造设计并组织工业化实施。孙传尧根据实验室的试验结果采用了3项技术措施：

（1）改变流程结构，在锂辉石粗选前增加反浮选作业，排除比锂辉石更易浮的严重影响锂精矿质量的脉石。在锂辉石粗选前加入少量的捕收剂环烷酸皂，把可浮性比锂辉石还好的角闪石、磷灰石、细粒石英、长石和云母等预先排除。否则这些易浮脉石一旦进入粗精矿，单靠精选，即使锂辉石掉下去，这些脉石也不会掉。增加反浮选作业，从根本上减少对锂精矿品位的影响。由于原矿含锂品位低，因此反浮选泡沫中锂辉石含量极少，对锂精矿回收率影响很小。

（2）大幅度调整多年不变的浮选药剂用量。把具有活化作用的调整剂氢氧化钠用量从 1200 g/t 下调至 800 g/t，具有抑制作用的碳酸钠用量从 1200 g/t 提高至 1800 g/t，捕收剂氧化石蜡皂用量从 1500 g/t 下调至 500 g/t，环烷酸皂用量从 500 g/t 下调至 100 g/t，再适当添加少量柴油。这样做不仅能大幅度减少药剂成本，还能提高分离的选择性。

（3）增加搅拌槽强化搅拌，将原粗选前的 3 个搅拌槽增加 1 个，采用 4 个搅拌槽串联强搅拌。

如此改造后（工艺流程见图 6-5），当原矿氧化锂品位为 0.32% 时，所获得的成批浮选精矿氧化锂品位达 4.42%（当时 4.0% 就是合格品），回收率超过 60%。浮选工说："好久没看到这样好的浮选现象了！"此生产指标当时在国内外绝无仅有，不仅结束了锂精矿长期废品的历史，而且为提高低品位锂资源的利用率提供了技术保证。

这一成果在当时以"阶级斗争为纲"，把"批林批孔"、批"唯生产力论"视为"主业"的年代里，居然得到可可托海矿务局党委的重视，专门派主管生产的杜发清到 8859 选矿厂找正在上下午四点班的孙传尧谈话，正式宣布局里对孙传尧表扬的决定，仅仅是口头表扬，没有任何奖品，但这对于孙传尧而言，已是足够肯定其贡献了！

8859 选矿厂锂辉石浮选取得的成果和积累的丰富的生产经验，为 8766 选矿厂的建设和转产提供了坚实的技术支撑。此外，为后来的中国川西伟晶岩几座锂辉石浮选厂的建设和生产运营，以及为当今新疆大红柳滩矿石选矿流程的研究和建设也提供了宝贵的借鉴。直到如今，中国锂辉石选矿还是沿用 8859 选矿厂开发的工艺流程，其基础是北京矿冶研究院吕永信和有色金属研究院赵常利、罗家珂等获国家发明证书的技术原型。

6.5.3　锂辉石与绿柱石的浮选分离

习惯上称为锂铍浮选分离，这是世界浮选领域的技术难题。可可托海 3 号脉中锂辉石与绿柱石共伴生，它们的浮游性相近，两者的浮选分离十分困难。实现这一分离的关键是寻找选择性抑制剂。国内外二十世纪五六十年代对锂、铍矿物浮选分离研究发现，在阴离子捕收剂浮选体系中，几种常用的对锂辉石有抑制作用的调整剂是氟化钠、木质素磺酸盐、磷酸盐、碳酸盐、氟硅酸钠、硅酸钠、淀

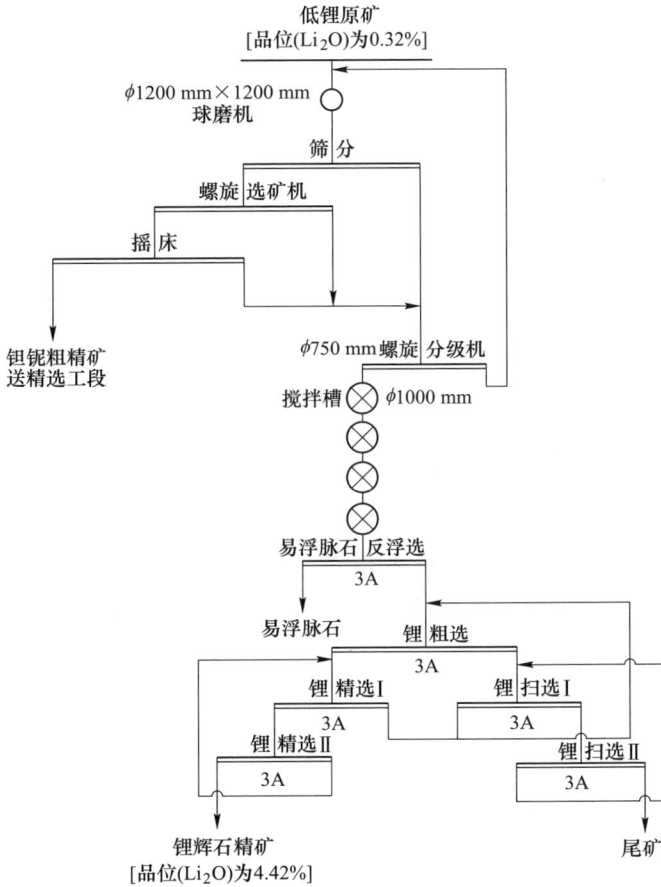

图 6-5　低品位锂矿石的选矿工艺流程

粉等。其中木质素磺酸盐对锂辉石的抑制作用很微弱；而氟化钠基本不起抑制作用，反而可以增加浮选速度。而对绿柱石浮选来说，上述调整剂的抑制作用有很大差别，在中性和弱碱性介质中，大量氟化钠、木质素磺酸盐、磷酸盐和碳酸盐等对其有强烈的抑制作用，尤其以氟化钠的抑制作用为好。早期对锂辉石与绿柱石浮选分离的研究即是基于上述调整剂对两种矿物的作用不同而展开的。

　　关于锂铍浮选分离，当年在 8859 选矿厂有 3 家单位开展过详细的研究，它们分别是北京矿冶研究院、有色金属研究院、新疆冶金研究所。现分述如下。

6.5.3.1　北京矿冶研究院的方案

A　概述

2023 年 5 月，孙传尧趁自己在矿冶科技集团有限公司工作间隙，借阅了从 1959 年至 1965 年吕永信先生领导代号为 320 保密项目的研究团队留下的大量珍贵的全部科技档案。关于锂辉石和绿柱石实验室小型试验部分本书就不多作叙述了，这里重点讲工业试验情况，因为这是历时 7 年最重要的研究成果。

1962 年，吕永信先生提出高含量锂辉石与低含量绿柱石矿石（即高锂低铍的最难处理矿石）锂铍浮选分离新工艺的论证报告，1963 年项目组完成了实验室绿柱石与锂辉石的浮选分离工作之后，又攻下了工业分离关，1965 年 9 月用于可可托海 8859 选矿厂锂铍浮选分离工业生产，在世界上开创了锂辉石、绿柱石及钽铌矿物综合回收的生产先例。该项目 1965 年作为重大科技成果在国家科委备案。

吕永信等研究的锂铍浮选分离的原则工艺流程是优先浮选部分锂辉石—锂铍混合浮选—锂铍混合精矿加温选择性解吸—锂铍浮选分离。

在磨机中，用氟化钠、碳酸钠作调整剂实现在部分优先选锂作业中对绿柱石的抑制，用氧化石蜡皂作捕收剂优先浮选部分锂辉石，然后添加氢氧化钠和氯化钙活化绿柱石，再用氧化石蜡皂混合浮选剩余的锂辉石和大部分绿柱石，最后将锂辉石和绿柱石混合精矿用碳酸钠、氢氧化钠和酸性、碱性水玻璃加温处理进行选择性解吸，之后再浮选分离出绿柱石精矿。槽内的锂辉石产品如果品位较高就与优先选出的锂精矿合并，如果品位不高就大闭路返回到球磨机中。原则工艺流程见图 6-6。

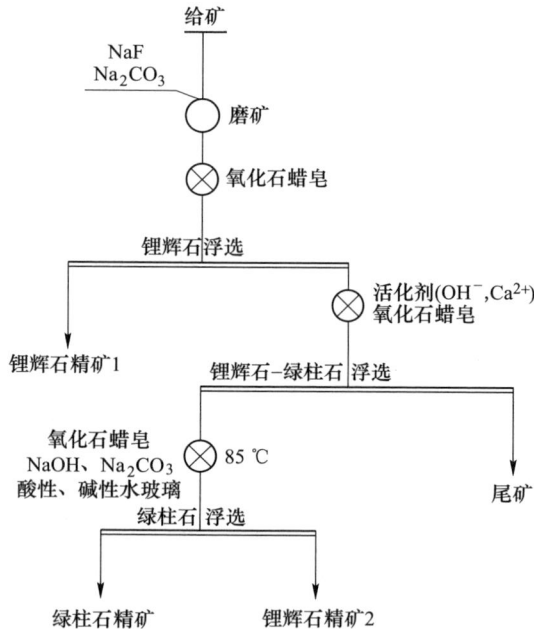

图 6-6　北京矿冶研究院对高锂低铍原矿的锂铍浮选分离原则工艺流程

从 1964 年 6 月至 1965 年 8 月，历时 13 个月在 8859 选矿厂进行了 V、VI 带高锂低铍原矿及锂手选尾矿和 I、II、IV 带低锂高铍原矿及铍手选尾矿两类矿样的工业试验。

对于锂手选尾矿：原矿氧化锂品位为 0.99%，锂精矿氧化锂品位为 5.82%，锂回收率为 84.92%。原矿氧化铍品位为 0.045%，铍精矿氧化铍品位为 9.62%，铍回收率为 55.05%。最后连续三班平均指标，铍精矿氧化铍品位为 10.29%，氧化铍回收率为 62.21%。钽铌回收粗精矿 $Ta_2O_5+Nb_2O_5$ 品位为 1.15%，折合 60% 的品位 98.37 g/t 原矿。

对于铍手选尾矿：原矿氧化铍品位为 0.086%，铍精矿氧化铍品位为 8.675%，氧化铍回收率为 69.43%。原矿氧化锂品位为 0.363%，锂精矿氧化锂品位为 3.79%，氧化锂回收率为 49.14 %。最后连续三班平均指标，铍精矿氧化铍品位为 8.35%，氧化铍回收率为 76.14%。

工业试验结束后，在 8859 选矿厂 2 号系统移交了工业生产。

B 工艺流程及设备

图 6-7 给出了当年北京矿冶研究院在 8859 选矿厂工业试验时的设备平面配置

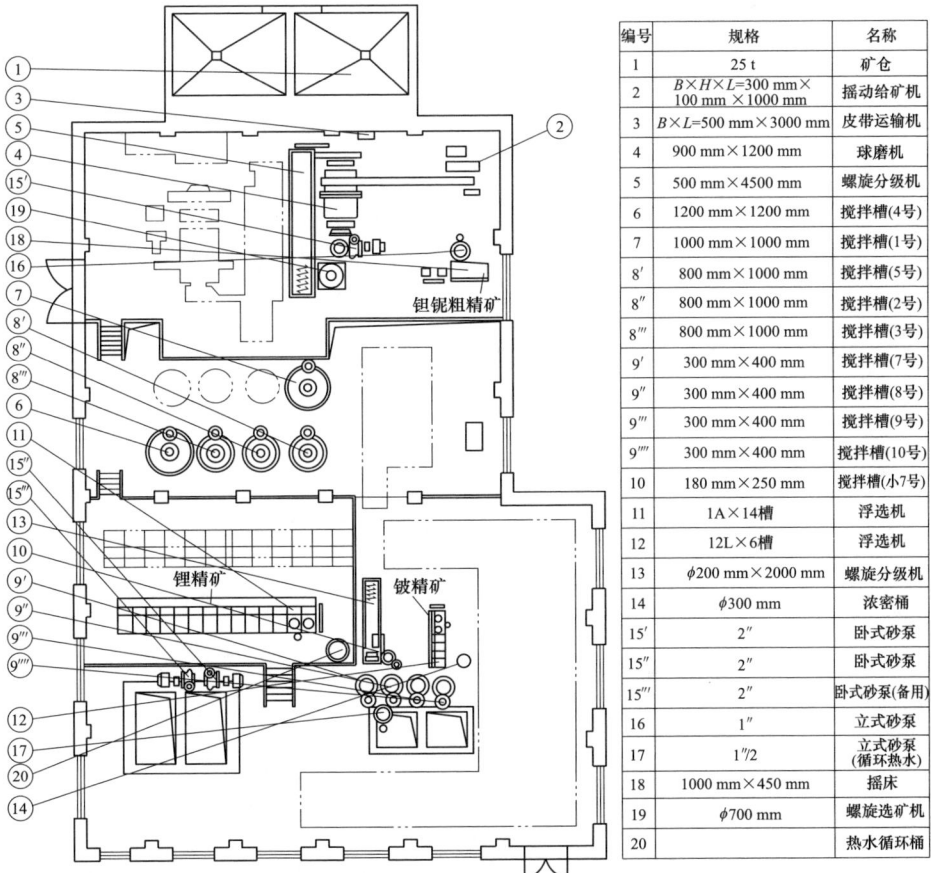

编号	规格	名称
1	25 t	矿仓
2	$B \times H \times L$=300 mm× 100 mm ×1000 mm	摇动给矿机
3	$B \times L$=500 mm×3000 mm	皮带运输机
4	900 mm×1200 mm	球磨机
5	500 mm×4500 mm	螺旋分级机
6	1200 mm×1200 mm	搅拌槽(4号)
7	1000 mm×1000 mm	搅拌槽(1号)
8′	800 mm×1000 mm	搅拌槽(5号)
8″	800 mm×1000 mm	搅拌槽(2号)
8‴	800 mm×1000 mm	搅拌槽(3号)
9′	300 mm×400 mm	搅拌槽(7号)
9″	300 mm×400 mm	搅拌槽(8号)
9‴	300 mm×400 mm	搅拌槽(9号)
9⁗	300 mm×400 mm	搅拌槽(10号)
10	180 mm×250 mm	搅拌槽(小7号)
11	1A×14槽	浮选机
12	12L×6槽	浮选机
13	ϕ200 mm×2000 mm	螺旋分级机
14	ϕ300 mm	浓密桶
15′	2″	卧式砂泵
15″	2″	卧式砂泵
15‴	2″	卧式砂泵(备用)
16	1″	立式砂泵
17	1″2	立式砂泵(循环热水)
18	1000 mm×450 mm	摇床
19	ϕ700 mm	螺旋选矿机
20		热水循环桶

图 6-7 北京矿冶研究院在 8859 选矿厂工业试验设备平面配置

和设备参数。应当说明的是，有的设备与改造后的设备不完全一样，例如当年用的球磨机规格是 $\phi900$ mm×1200 mm，而改造后的球磨机规格是 $\phi1200$ mm×1200 mm。

图 6-8 的工艺流程表明，处理手选锂尾矿（相当于 V、Ⅵ 带原矿）时，在

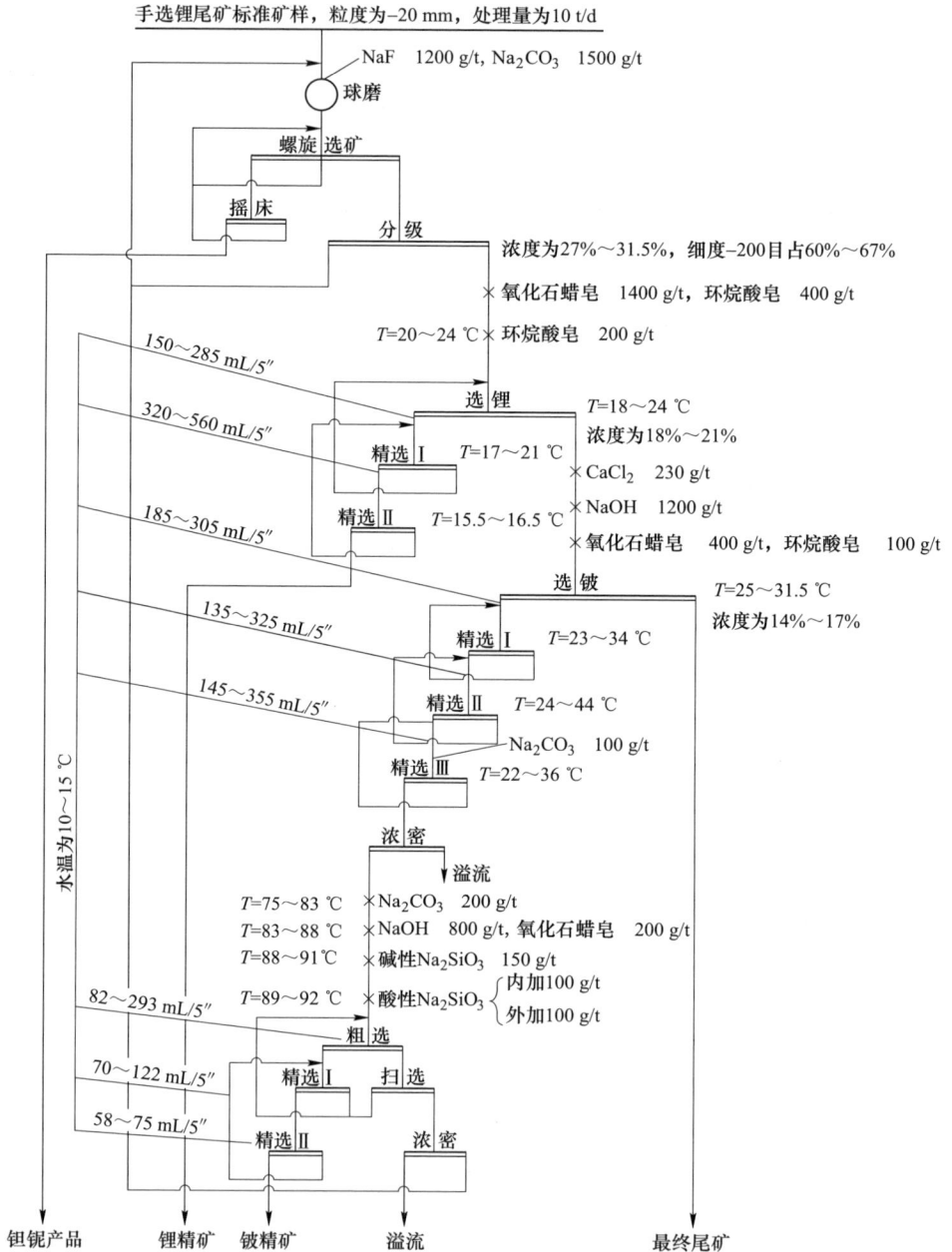

手选锂尾矿标准矿样，粒度为-20 mm，处理量为10 t/d

NaF　1200 g/t, Na₂CO₃　1500 g/t

球磨

螺旋选矿

摇床

分级

浓度为27%～31.5%，细度-200目占60%～67%

氧化石蜡皂　1400 g/t，环烷酸皂　400 g/t

$T=20～24$ ℃　环烷酸皂　200 g/t

150～285 mL/5″

选锂　$T=18～24$ ℃

320～560 mL/5″

精选 I　$T=17～21$ ℃　浓度为18%～21%

CaCl₂　230 g/t

精选 Ⅱ　$T=15.5～16.5$ ℃　NaOH　1200 g/t

185～305 mL/5″

氧化石蜡皂　400 g/t，环烷酸皂　100 g/t

选铍　$T=25～31.5$ ℃　浓度为14%～17%

135～325 mL/5″

精选 I　$T=23～34$ ℃

145～355 mL/5″

精选 Ⅱ　$T=24～44$ ℃

Na₂CO₃　100 g/t

精选 Ⅲ　$T=22～36$ ℃

浓密　溢流

$T=75～83$ ℃ × Na₂CO₃　200 g/t

$T=83～88$ ℃ × NaOH　800 g/t，氧化石蜡皂　200 g/t

$T=88～91$ ℃ × 碱性Na₂SiO₃　150 g/t

82～293 mL/5″

$T=89～92$ ℃ × 酸性Na₂SiO₃ { 内加100 g/t 外加100 g/t

水温为10～15 ℃

粗选

70～122 mL/5″

精选 I　扫选

58～75 mL/5″

精选 Ⅱ　浓密

钽铌产品　锂精矿　铍精矿　溢流　最终尾矿

图 6-8　锂手选尾矿标准矿样联合使用酸性、碱性水玻璃及分离中矿返回
再处理的锂铍钽铌综合回收工业试验工艺流程

磨矿分级回路中用螺旋选矿机和摇床组合重选设备选出钽铌粗精矿；部分优先选出锂精矿—混合浮选锂铍—锂铍混合精矿加温选择性解吸—联合用酸性、碱性水玻璃分离锂铍，槽内的锂中矿大闭路返回到球磨机。图 6-8 中还表明了主要作业的补加水量和水温。在部分优先选锂作业和锂铍混合浮选作业使用了氧化石蜡皂和环烷酸皂混合捕收剂。锂手选尾矿工业试验数质量流程图见图 6-9。

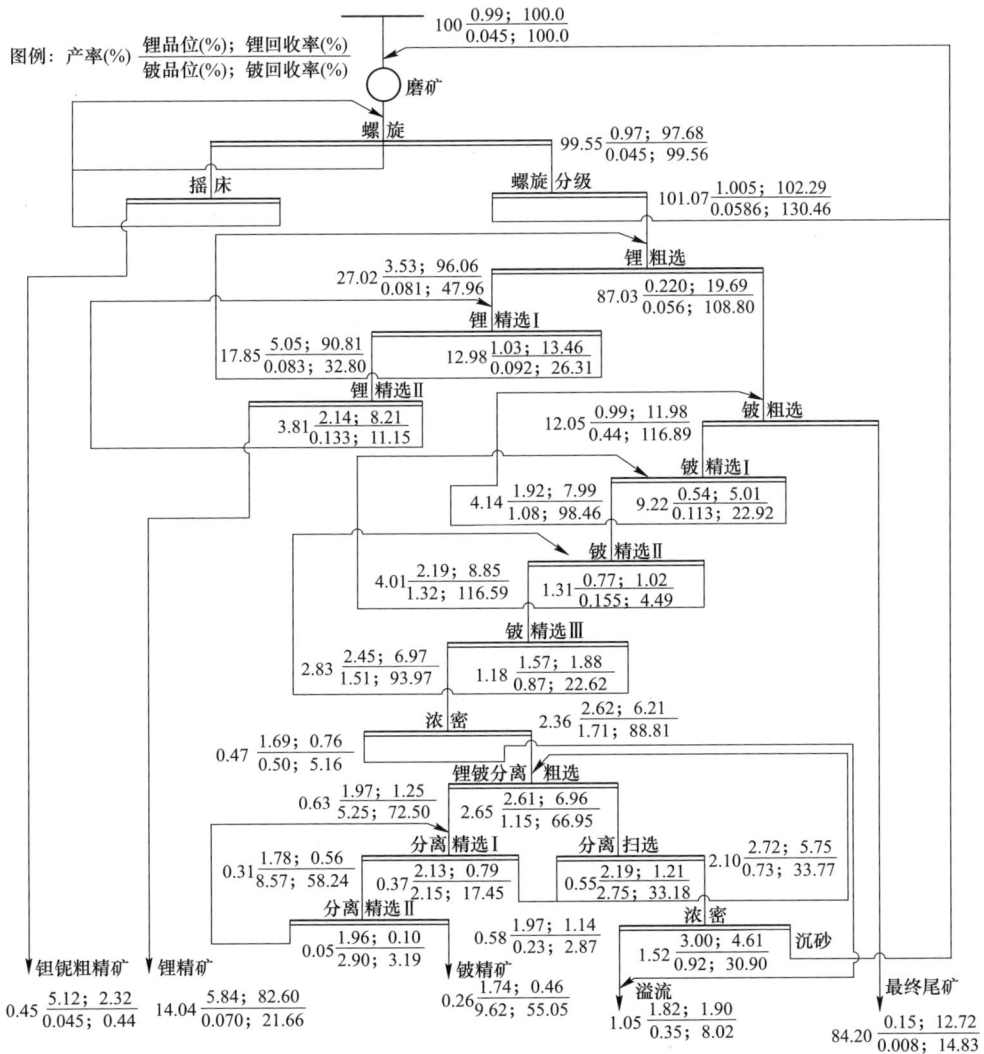

图 6-9 锂手选尾矿工业试验数质量流程图
(指标为班组产品分析结果统计平均数计算指标)

图 6-10 给出了铍手选尾矿（相当于 3 号脉Ⅰ、Ⅱ、Ⅳ带铍矿石）在 8859 选

矿厂进行工业试验的工艺流程。经对比可见，与前面锂手选尾矿的工业试验工艺流程图基本相同。

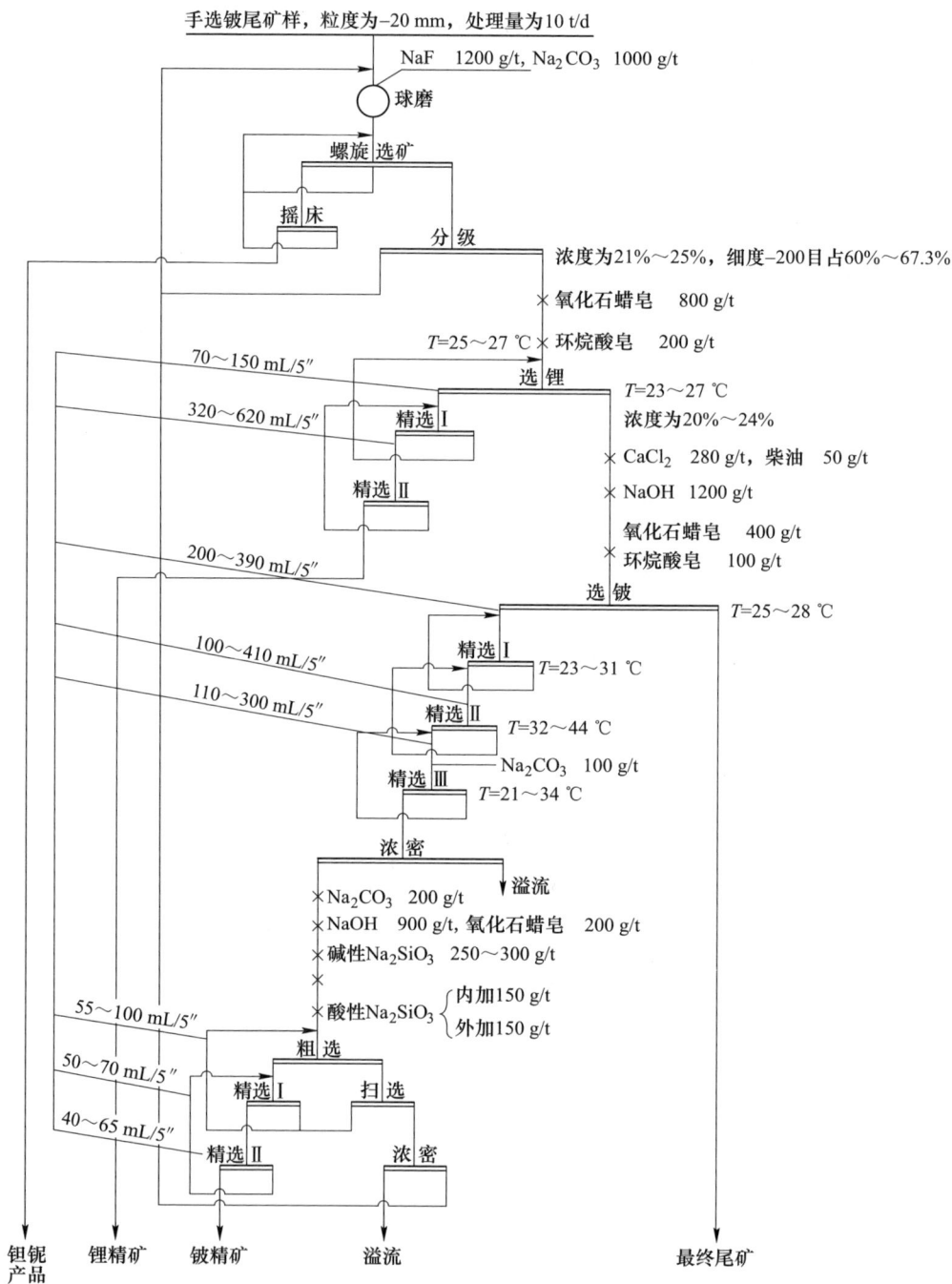

图 6-10 铍手选尾矿工业试验工艺流程

图 6-11 给出了工业试验结束后进一步提高技术经济效果的工艺流程。图 6-11 表明，处理量由 10 t/d 提高到 15 t/d，药剂用量也相应变化，获得了良好的结果。

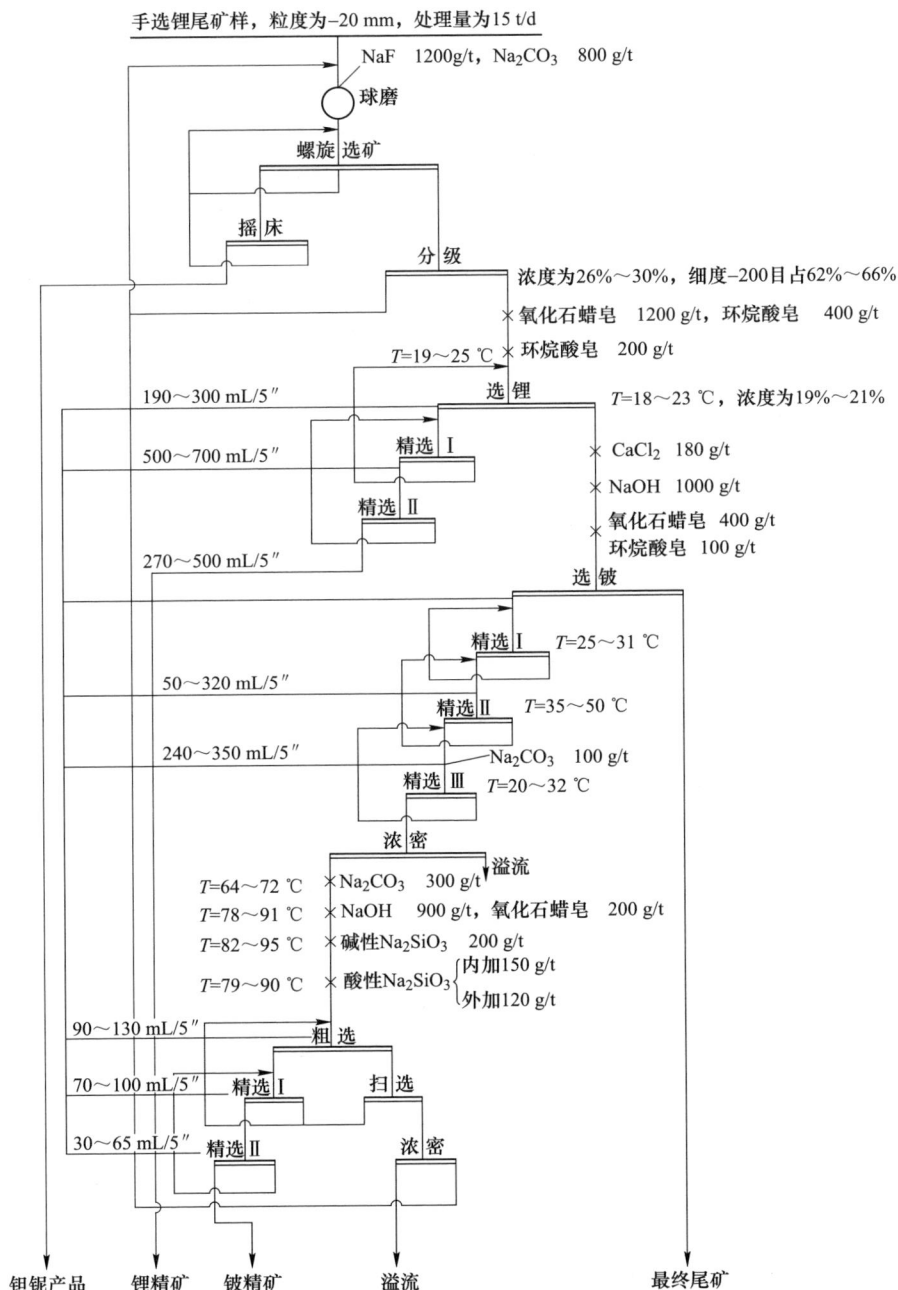

图 6-11 提高技术经济效果的工业试验工艺流程
（转入生产的工艺流程）

　　为了继续提高锂铍钽铌综合回收工艺流程的技术经济效果，力争试验结果更快地用于生产，对锂手选尾矿按最合理的流程条件在原有设备基础上进行了提高处理矿量（至 15 t/d）及降低总药耗（至 7.33 kg/t）的工业试验。

　　结果证明试验是成功的，并取得了稳定的工艺指标：当原矿 Li_2O 品位为 1.07%±0.038%、BeO 品位为 0.057%±0.059%，获得的锂精矿品位（Li_2O）为 5.64%±0.11%、回收率为 84.90%±0.60%，铍精矿品位（BeO）为 9.08%±0.29%、回收率为 52.49%±2.95%。另外，钽铌粗精矿品位（$Ta_2O_5+Nb_2O_5$）为 1.386%±0.134%，回收量为 113.8 g/t±11.96 g/t，超过以前的水平（其原矿品位未专门分析）。

　　C　推荐工艺流程及结论

　　在 8859 选矿厂经过 13 个月的锂矿石、铍矿石系统的工业试验及提高技术经济指标的工业验证试验后，北京矿冶研究院吕永信等提出了大型选矿厂设计的建议流程和预定的选矿指标，见图 6-12。

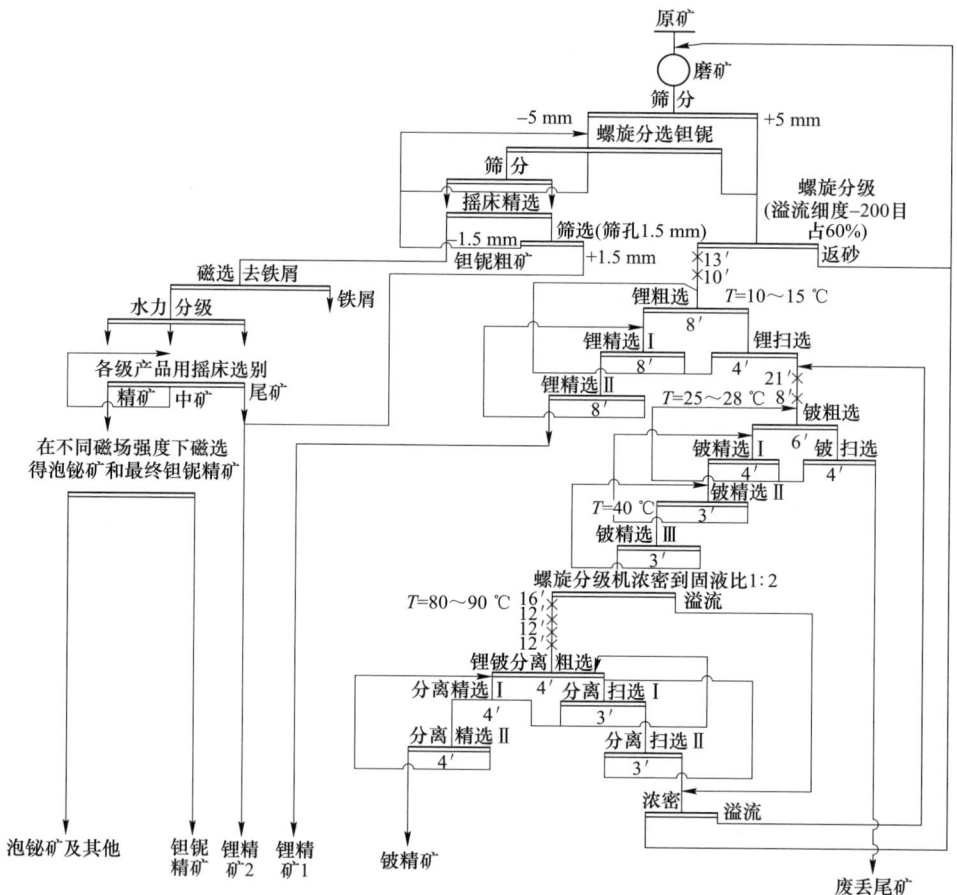

图 6-12　建议的工艺流程

综合全部工业试验结果可得出下列结论：

（1）在国内外，首次突破了花岗伟晶岩锂铍钽铌四种稀有金属矿物综合回收选矿工艺流程的制定并用于生产。全部试验及生产资料证明其是成功的。

（2）所制定的工艺技术适合我国技术经济条件：流程简单，操作方便，过程稳定，易于生产掌握；用药品种及数量少，而且国内皆可大批供应；过程用水量少〔（原矿）5.88 m^3/t〕，适合当地缺水条件。

（3）所制定的工艺技术特点：磨矿机排矿高浓度矿浆送入螺旋选矿机回收钽铌粗精矿；用 Na_2CO_3、NaF 抑制绿柱石，部分优先浮选锂辉石，将剩余的锂辉石与绿柱石混合浮选，用酸性、碱性水玻璃和 Na_2CO_3 及 $NaOH$ 等混合调整剂加热选择性解吸锂铍混合精矿，再进行锂铍矿物的浮选分离。

（4）所制定的工艺流程不仅适合处理锂手选尾矿，同样也适用于铍手选尾矿的金属综合回收，并取得了令人满意的结果。

（5）所制定的工艺流程的工业试验及生产实践初步资料表明，在工艺设备、作业条件、工艺指标各方面都有改进和提高的潜在可能性。

（6）采取如图 6-12 所示的建议流程进行大型选矿厂设计，生产初期处理手选尾矿及锂原矿石时，可以保证获得下列工艺指标：

原矿品位：Li_2O 1.00%±0.04%，BeO 0.045%±0.004%，$Ta_2O_5 + Nb_2O_5$ 0.011%±0.001%。

锂精矿品位：Li_2O 5.80%±0.10%。回收率：85.0%±1.0%。

铍精矿品位：BeO 10.00%±0.30%。回收率：58.0%±3.0%。

钽铌精矿品位：$Ta_2O_5+Nb_2O_5$ 60.0%。回收率：50.0%。

（7）全部工艺流程及指标有待于今后在生产实践中不断改进和提高。

（8）钽铌粗精矿进一步精选提纯及提高回收指标的研究需要继续进行。

D　向国家科委申报的科研成果

"新疆伟晶岩锂铍铌钽综合回收选矿新工艺"

十年科学技术发展规划编号：特 6-060-01

主要研究单位：冶金工业部北京矿冶研究院

主要协作单位：新疆有色金属工业管理局

新疆第一矿务局

冶金工业部有色冶金设计总院

a　成果意义

锂铍铌钽是国防尖端工业必不可少的重要原料，尤其在氢弹制造及火箭技术方面。它们常以少量或微量共同赋存于伟晶岩脉中，在富产伟晶岩体的我国，迫切需要对其进行综合回收，这具有重大意义。仅以新疆可可托海 3 号伟晶岩脉的锂矿为例，就可为国家副产回收适于我国当前冶炼的成百吨铌钽精矿和上万吨铍精矿。

然而，进行四种金属的综合回收是比较困难的，尤其是锂铍矿物分离技术，更是公认的国际技术难题。国外尽管从 20 世纪 50 年代初期就早已开始研究，但是迄今（此处"迄今"是指截至 1965 年）仍处于试验研究阶段，一直未见有锂铍铌钽综合回收选矿的工业生产先例。而从现有（此处也是说 1965 年的情况）国外报道的实验室资料来看，金属综合回收选矿工艺仍未彻底解决。

北京矿冶研究院由 1960 年（当时称为北京矿山研究院）开始试验研究后，根据我国具体技术经济条件，首先制定出锂辉石的新的碱法正浮选简化工艺流程，并同新疆第一矿务局密切合作，于 1961 年试验成功，于同年"七一"正式投产，从而开创了我国机械化工业选锂的先河。在这一基础上，又继续进行了研究工作，并制定出符合我国技术经济条件的锂铍铌钽碱法综合回收选矿新工艺，并于 1964 年 6 月至 1965 年 8 月间工业试验成功，于 1965 年 9 月正式投产，从而在世界范围内成为工业生产的首例。同时，在综合回收工艺的简练结构、锂铍矿物分离的技术方法、较高的工艺指标和过程稳定性方面，都是独特的，从而进一步丰富了现有的工艺。

b　科学原理

所制定的工艺流程是通用的一段磨砂重选浮选联合流程，由 4 个部分简易回路构成，分述如下：

（1）在磨砂分级闭路中高浓度螺旋选矿回收铌钽。尽管在矿浆浓度较高（约 50%固体）条件下螺旋选矿时对重矿物富集不利，但是由于铌钽铁矿嵌布粒度并不过细，在较大的分级机返砂量条件下矿物不会产生严重的过粉碎，以及矿浆的循环处理等，也可以取得满意的副产回收指标。

（2）在氟化钠以及碳酸钠的联合调整下优先选锂而抑制铍。天然锂辉石与绿柱石矿物表面活化状态接近，因此造成脂肪酸浮选时锂铍分离困难。当使用氟化钠及碳酸钠联合调整时，锂辉石不被抑制而浮起，绿柱石则被抑制于尾矿中，完成了第一次锂铍分离，并得到合格锂精矿。

（3）在氯化钙及氢氧化钠的联合调整下活化和粗选铍。被氟化钠及碳酸钠抑制的铍，用氯化钙排除抑制因素后，在氢氧化钠的强碱性介质中再用脂肪酸捕收剂浮选。

（4）在碳酸钠、氢氧化钠及酸性、碱性水玻璃联合调整下精选分离锂铍。利用碳酸钠、氢氧化钠及碱性水玻璃（以 SiO_3^{2-} 形式存在）对锂铍泡沫中锂辉石的选择性解吸作用（该过程是在加温条件下进行的），再以酸性水玻璃加强对锂辉石的抑制，扩大锂铍矿物浮游性差异，而选得合格铍精矿。同时，由于优先选锂已排除了大量易浮矿物，所以得到的铍精矿可以保证是优质的。

c 对比资料

在锂铍铌钽综合回收的研究中，创造了新的优先选锂工艺、选铍工艺及锂铍分离工艺，解决了简易重选铌钽及浮选分离锂铍联合流程的简化问题，制定出新的选矿工艺。其中最突出的是锂铍分离技术。按现有（此处指 1965 年的情况）的国外资料进行比较如下：

（1）流程结构简易，而且没有原矿浓密及反复（三段多次）洗矿的辅助作业。

（2）各工艺环节与国外现有资料是有区别的，尤其锂铍分离工艺是国外所没有的。

（3）用药品种及数量少，国内可以大量供应，并无须用大量硫酸及氢氟酸，以及耐酸设备。

（4）因国外尚无工业实例，仅以同样的小型试验资料比较表明，新的锂铍分离工艺指标较高，而其所得的工业指标也是不低的。

（5）根据现有资料，除锂铌钽外，在国际上锂铍或锂铍铌钽综合回收选矿工业生产尚未见有先例，我国已走在前面。

d 生产应用情况

在锂铍铌钽综合回收选矿工业试验成功之后，新疆第一矿务局以（65）可生字第 318 号生产指令决定，从 1965 年 9 月起，其所属机选厂按北京矿冶研究院工业试验流程，立即进行综合回收工业生产。从已获得的生产资料来看，铌钽回收指标有所提高，药剂用量有所减少。因此，第一矿务局于 1965 年 9 月，在刘浩总工程师召集的扩大技术会议上决定，将上述综合回收工业流程推广应用于现有选厂的 1 号系统上，并拟于当年 11 月进行全面的技术改造，同时已安排了 1966 年的生产计划。

E 本书作者分析北京矿冶研究院此流程

优点：

（1）适用于最难分离的高锂低铍型矿石。

（2）优先选出部分锂辉石，降低锂铍比。

（3）剩余的锂辉石比绿柱石粒度粗，有利于锂铍分离。

（4）选锂作业把易浮的脉石矿物选入锂精矿，对锂精矿品位影响不大，但有利于提高铍精矿品位。

缺点：

（1）优先选锂作业中，氟化钠是绿柱石的有效抑制剂，考虑环保因素，已不再使用。新型的绿柱石抑制剂很长时间没有找到。

（2）少量的锂铍混合精矿（占原矿产率 2.38%）需加温处理。

孙传尧曾领导湖南柿竹园矿钨钼铋复杂多金属选矿科技攻关，并获国家科学技术进步奖二等奖。在此研究中，对著名的彼得洛夫法有较好的了解。几十年过去了，现在回想起来吕永信先生曾在彼得洛夫法的发源地苏联列宁格勒（米哈诺布尔）选矿研究设计院做过访问学者，他对该院发明的彼得洛夫法必定有很好的了解。因此，在少量的锂铍混合精矿分离时，他可能借鉴了彼得洛夫法将混合精矿加温至 85 ℃，并添加氢氧化钠、碳酸钠和酸性、碱性水玻璃进行选择性解吸、抑制，实现锂铍高效分离，这是后来的理解和认识。

6.5.3.2　有色金属研究院的方案

A　概述

项目负责人：锂辉石浮选部分主要由赵常利负责，锂铍分离部分主要由罗家珂负责。参加人员还有周维志、毛官欣、曾作福、于锦龙、张会文、柴育民等。

该工艺流程是优先浮选绿柱石，再浮选锂辉石。其工艺特点是在绿柱石浮选之前，先添加少量的捕收剂环烷酸皂反浮选排除易浮脉石矿物磷灰石、角闪石、细粒石英、长石、云母等，减少对铍精矿品位的影响。然后在碳酸钠、硫化钠和氢氧化钠高碱性介质中使锂辉石处于抑制状态，用氧化石蜡皂优先浮选绿柱石。绿柱石浮选尾矿经氢氧化钠活化后，补加新鲜水并长时间搅拌，添加捕收剂氧化石蜡皂浮选锂辉石。原则工艺流程见图 6-13（俗称三碱两皂一油流程）。此工艺流程 1965 年在 8859 选矿厂完成工业试验。

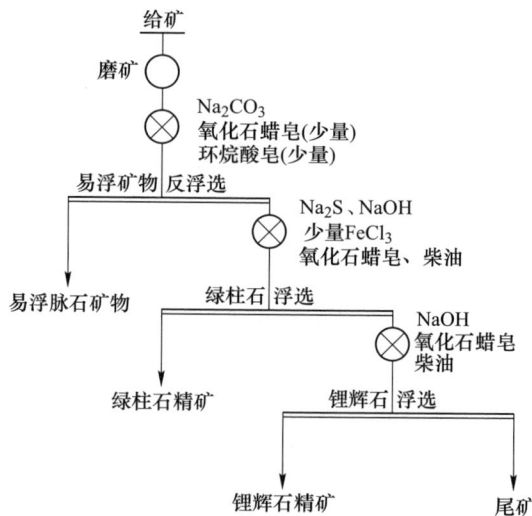

图 6-13　有色金属研究院优先选铍原则流程

1975 年 9 月，广州有色金属研究院（原有色金属研究院的人员已成建制搬迁到广州组建广州有色金属研究院）与 8859 选矿厂合作，完成了工艺流程的验证工业试验，之后用于可可托海 8766 选矿厂 1 号系统铍矿石选矿设计。

B 工业试验情况

关于优先选铍流程实验室基础研究的一般规律，在第4章周维志和罗家珂的学术论文中已经表述，以下说明工业试验中的规律和试验结果。在正式工业试验之前，项目组在可可托海中心实验室先进行了扩大连续选矿验证试验，在此基础上再于8859选矿厂完成工业试验。

锂手选尾矿性质与3号脉Ⅳ、Ⅴ、Ⅵ、Ⅶ带混合矿石性质相近，也是3号脉中难选的矿石，因此确定为工业试验的重点。工业试验规模是7~12 t/d，分两个阶段：一是调整及条件试验阶段，二是稳定运转阶段。

a 开路流程条件试验（规模7 t/d）

1. 铍粗选条件试验

由小型试验及扩大连续选矿试验可知，1次、2次易浮条件简单，易控制，要求尽可能地把矿石中的矿泥、磷灰石、石榴子石、角闪石、电气石等矿物浮出，并且该作业对下一步作业影响较小，故工业上对两次易浮不做考察。在试验设备性能条件下，对主要药剂条件及操作因素进行考察，并探索其规律性。其结果与小型试验结果一致。

（1）硫化钠用量。在一定范围内（1500~2500 g/t），随硫化钠用量的增加，铍粗精矿中氧化铍的品位和回收率逐渐上升，而氧化锂的品位和回收率下降，说明硫化钠对锂铍分离有效。

（2）氢氧化钠用量。试验表明，铍粗精矿中氧化铍和氧化锂的回收率均随氢氧化钠用量的增加而增加，但氧化铍的品位下降，氧化锂的品位提高。据此可以说明，氢氧化钠对绿柱石和锂辉石均有活化作用，对这两种矿物分离的选择性差。因此，该种药剂对锂铍分离有不利的一面，在用量上要慎重考虑。氢氧化钠用量增加时，锂在铍精矿中的损失也增加。

（3）碳酸钠用量。在一定范围内，对绿柱石浮选，可降低铍精矿中氧化锂的含量，提高氧化铍的品位，有利于锂铍分离。但随着碳酸钠用量的增加，锂铍的回收率均下降。

如上所述，如能很好地利用三碱对锂辉石和绿柱石的作用规律，适当调整其用量，可以达到较理想的分离效果。试验表明，矿浆中的 OH^- 是绿柱石和锂辉石的活化因素，而三碱在矿浆中均能生成 OH^-。此外，硫化钠能生成 HS^-，碳酸钠能生成 CO_3^{2-}，当矿浆中存在铁离子、钙离子时，CO_3^{2-} 和 HS^- 是锂辉石的抑制因素。

因此，对优先选铍分离锂铍流程而言，有可能用两碱代替三碱（不用氢氧化钠）。碳酸钠除了对锂辉石有抑制作用外，在两次易浮作业中可以调节矿浆 pH，有利于易浮矿物脱除。

（4）捕收剂氧化石蜡皂和环烷酸皂用量。试验表明，随着捕收剂用量的增加，铍的回收率增加，但氧化铍品位下降。两种捕收剂比较，环烷酸皂选择性差，对粗选的影响大；氧化石蜡皂选择性好，但捕收能力弱。

（5）矿浆浓度。浮选矿浆浓度对指标有一定影响。绿柱石浮选在当时的药剂条件下，适于较低的矿浆浓度，但考虑到矿浆浓度对下一步浮选作业有影响，将浮选矿浆浓度控制在 23%~25%。

（6）矿浆温度。其对粗选的影响显著。随着温度的提高，氧化铍的品位和回收率均有提高，故矿浆温度选择 40 ℃。但应注意温度提高时，氧化锂在铍精矿中的损失是否增加。

（7）铁离子的影响。试验表明，在没有三价铁离子的情况下，药剂总消耗量不少于 5 kg/t。但适当增加铁离子的含量，药剂总消耗量下降 1 kg/t 以上。最明显的是，加入少量三氯化铁可以降低硫化钠的用量，并增强对锂辉石的抑制能力。

2. 绿柱石精选条件试验

在精选过程中进行了比较系统的条件试验。在第一次精选作业中，进行了硫化钠、碳酸钠、氧化石蜡皂和柴油的用量试验。

（1）调整剂的用量。加大硫化钠用量对锂铍分离没有好处。随着硫化钠用量的增加，在铍精矿中绿柱石的富矿比下降，锂辉石有上升的趋势；超过一定用量后，不只是锂辉石的浮游性增强，脉石的上浮量也突然增加。这说明在精选过程中过多地添加硫化钠不但对锂铍分离不利，而且增加了绿柱石与脉石矿物分离的麻烦。观察浮选现象，发现随着硫化钠用量的增加，矿浆 pH 升高，泡沫量也增多，泡黏，因此锂辉石和脉石被黏附和夹带上来的机会增多，从而影响铍精选分离的效果。

在硫化钠用量为 800 g/t 并且不加氯化钙的条件下，碳酸钠用量试验结果表明：随着该药剂用量的增加，绿柱石在精矿中的富矿比增加，对回收率影响不显著，而且脉石在精矿中的占有率变化也不大。说明在此条件下碳酸钠对锂辉石的抑制作用是有效的。

降低硫化钠用量至 300 g/t，添加氯化钙，其他条件不变，再进行碳酸钠变量试验，结果表明对锂辉石的抑制作用更有效。分析原因有两种可能：一是由于锂辉石比表面积大，钙离子吸附量也大，因此容易被碳酸钠抑制；二是由于氯化钙与捕收剂生成皂盐而减弱了捕收剂的捕收能力。无论哪一种原因都说明在有钙离子存在时，可增加碳酸钠对锂辉石的抑制作用。但是相应地，对绿柱石也会产生一定的抑制作用。

（2）氧化石蜡皂用量。试验表明，随着氧化石蜡皂用量的增加，铍精矿中绿柱石的富矿比有所降低，绿柱石、锂辉石的回收率都有所提高。脉石含量在铍精矿中缓慢增加，说明：氧化石蜡皂对锂辉石、绿柱石及脉石三者而言，能选择性地捕收锂铍矿物；对锂辉石和绿柱石而言，捕收的选择性较差。因此，精选过程的选择性主要靠调整剂的作用来实现。在确定氧化石蜡皂用量时，要根据调整剂硫化钠、碳酸钠的用量对锂辉石的抑制程度再定。一般氧化石蜡皂用量在15～30 g/t 比较适宜。如果调整剂改变，捕收剂也要适当调整，否则会影响锂铍分离的效果。

（3）柴油用量。中性油一般作为辅助捕收剂使用，用它来增加捕收剂的选择性和捕收能力，减轻矿浆温度对捕收剂作用的影响。由精选作业柴油用量试验看出：当柴油用量增加时，精矿中氧化铍的含量增加；与此相反，氧化锂的含量和脉石含量急剧下降。说明柴油对锂铍分离起到了良好的作用。注意：柴油用量增加时，铍精矿品位增加，但铍的回收率下降，锂在铍精矿中的损失下降。因此，控制好柴油用量十分重要。

从浮选现象观察，随着柴油用量的增加，泡沫由虚变实，泡沫量由多变少，泡沫黏度也随之变小，从而使调整剂充分发挥作用，提高了第一次精选的效果并对下一次精选也有一定影响。

工业试验实际操作表明，通过调整柴油用量来控制第一次精选泡沫量及选别效果是比较有效的。因此，在实践中应视具体情况调整柴油用量。

（4）其他操作因素的影响。第一次精选作业除了比较系统的药剂条件试验以外，对操作所能控制的条件也进行了试验，主要有矿浆温度、浓度、搅拌强度等，结果表明在一定的药剂制度下，上述因素在一定程度上对选别指标均有影响。

温度试验表明，控制矿浆温度，某些调整剂对矿物表面的作用充分些，并有助于捕收剂选择性捕收。在精矿中铍的回收率变化不大，但锂辉石和脉石的浮游性下降、上浮量减少，从而提高了精矿中氧化铍的富矿比和选择性，有利于锂铍浮选分离。在一般情况下，矿浆温度可控制在30~40 ℃范围（指一精作业）。

在药剂条件不变的情况下，进行了矿浆浓度试验。随着矿浆浓度的提高，在精矿中绿柱石的富矿比增高，回收率下降，锂辉石及脉石的浮游性也减弱。这可能是因为矿浆浓度增高，单位体积内药剂浓度也增高，因此调整剂作用力增强，产生的抑制作用也增强。另外，也有可能矿浆浓度提高，单位时间内矿浆量减少，增长了搅拌时间，相应地也就增强了调整剂与矿物表面的作用。

通过叶轮转速试验，考察了药剂与矿物表面的作用及与浮选的关系。随着叶轮转速的增加，搅拌力增强，药剂与矿物表面的作用也增强，因此影响锂辉石、绿柱石及脉石矿物的浮游性。

由于叶轮转速提高，搅拌力增强，精矿中绿柱石得到富集，但回收率有所下降，对锂辉石和脉石而言，浮游性减弱，提高了锂铍分离的效果。

在药剂用量大的情况下，提高叶轮转速、增加搅拌强度，会增强对绿柱石的抑制作用,绿柱石的浮游性减弱,从而影响分离指标。

在药剂用量较低的情况下,提高搅拌强度,药剂对绿柱石的抑制作用也减弱。对锂辉石和脉石而言,提高搅拌强度,在药剂用量高或低的情况下,对其产生的抑制作用基本不变,因此提高叶轮转速、增加搅拌强度能够使药剂充分发挥作用,不但能降低药剂用量,而且更重要的是能提高锂铍浮选分离效果。

综上所述,以上诸因素都对第一次精选有影响。通过对这些因素进行调整,既控制了第一次精选作业,又为第二次精选各作业创造了有利条件。

第二次精选采用的药剂除了三氯化铁之外,还有硫化钠和碳酸钠。其中碳酸钠和硫化钠在第一次精选作业均进行过用量对浮选的影响试验,故在第二次精选作业仅进行了药剂综合条件试验,从药剂综合条件试验结果可以看出,该作业的富集能力在 2 倍左右。一精给矿品位为 4% 时,可以得到氧化铍品位在 8% 以上的铍精矿。但是应当指出,该作业对脉石的控制能力不够理想,因此对提高铍精矿质量有一定影响。

工业试验实际操作表明,在绿柱石的第一、二次精选前的搅拌作业,为了使药剂充分与矿物表面作用,避免由于设备性能、矿浆浓度和流量的不稳定所产生的药剂作用的不均匀性而影响浮选效果,最好是采用多槽串联的搅拌方式,第二次精选前搅拌用热水控制使矿浆温度在 20~30 ℃较为理想。

3. 锂辉石浮选条件试验

锂辉石浮选是在绿柱石浮选的尾矿中适当外加捕收剂和调整剂,使锂辉石上浮。这就说明在绿柱石浮选时添加的三碱调整剂实际上也是锂辉石浮选的调整剂。在矿浆中存在铁离子和钙离子的条件下,适当调节三碱的用量比例,加少量的捕收剂,能扩大锂铍的浮游差,降低锂辉石的浮游速度,锂铍得以分离。因此在锂辉石浮选作业中,外加氢氧化钠或活化剂氯化钙及捕收剂进行搅拌后使锂辉石上浮。

在锂辉石浮选时间试验中,仅补加氯化钙 100 g/t、氢氧化钠 750 g/t,搅拌后再加氧化石蜡皂 800 g/t、环烷酸皂 400 g/t、柴油 150 g/t 进行浮选分段刮泡,21 min 就可以得到氧化锂品位为 3.05% 的粗精矿,回收率为 88.06%。根据浮选结果绘制曲线可知浮选 10 min 即可。此时粗精矿氧化锂品位为 5.11%,回收率为 80.62%(锂辉石给矿品位 0.87%,浮选 9 min)。

在锂辉石浮选条件试验中,曾进行了氢氧化钠和碳酸钠用量比例试验、氯化钙用量及搅拌时间试验。

在氢氧化钠和碳酸钠混合调整剂用量试验中,氢氧化钠用量增大,则回收率上升,品位稍有下降,说明氢氧化钠是锂辉石浮选的活化因素之一。碳酸钠对提高精矿品位有好处,但不太显著。

调整剂搅拌时间试验表明,搅拌时间过长对锂辉石浮选没有好处,搅拌

48 min 比搅拌 96 min 浮选指标高。由于受现场设备条件限制，无法进一步开展搅拌时间的试验。估计搅拌时间能进一步缩短，这一看法在后期提高处理量试验中得到证实（约 30 min）。

从氯化钙用量试验得知，随着氯化钙用量的增加，锂辉石的回收率提高，精矿品位下降，说明钙离子不但活化锂辉石，也能活化一部分脉石，故对锂辉石精矿质量有影响。

在不加氯化钙的情况下，进行氢氧化钠用量试验得到的规律是：随着氢氧化钠用量增加，锂辉石的浮游性增强，回收率上升；当氢氧化钠用量过大时，锂精矿品位有所下降。因此，调整好氢氧化钠用量可以得到好的锂精矿品位和回收率。

从 C-213 和 C-210 两组试验得知：固定氢氧化钠用量为 600 g/t，氧化石蜡皂用量为 1000 g/t，环烷酸皂用量为 300 g/t，柴油用量为 150 g/t，搅拌 48 min，C-213 中氯化钙用量为 0 g/t，精矿产率为 13.69%，锂精矿品位为 5.79%，回收率为 84.29%，尾矿氧化锂品位 0.17%；C-210 中氯化钙用量为 50 g/t，精矿产率为 17.39%，锂精矿品位为 4.92%，回收率为 86.38%，尾矿氧化锂品位为 0.15%。

可见，氯化钙加入后，回收率提高程度不大，锂精矿品位下降较多，精矿产率增加较多，是钙离子活化脉石所致。

　　b　综合条件试验（规模 7 t/d）

工业试验闭路流程的试验结果略。全流程数质量流程图见图 6-14。

　　C　通用推荐流程

经过 3 号脉锂矿石和铍矿石手选尾矿的工业试验，有色金属研究院推荐出适应 3 号脉各矿带的锂铍钽铌综合回收的通用原则流程，如图 6-15 所示。应当说明的是，Ⅶ带矿石富含钽铌，尤其富含铀细晶石，对该矿带详细完成了系统的重选试验，推荐了相当复杂的重选流程，在此通用流程中只用了一个简化重选流程回收钽铌矿物，在钽铌精选作业推荐了采用磁铁矿为固体介质的介质摇床，但在 8766 选矿厂设计中没有采用磁铁矿介质摇床。

以上重点介绍的是锂矿石手选尾矿的工业试验情况。对于铍手选尾矿的工业试验情况本书没有专门介绍，因两类矿石只是锂辉石和绿柱石含量比例有差异，脉石矿物种类没有原则差异，两类矿石的浮选流程只是药剂用量和加药点的差异。

　　D　结论

纵观有色金属研究院多年的研究工作，包括在北京各矿带的实验室小型试验、可可托海的小型验证试验、可可托海的扩大连续选矿试验和 8859 选矿厂锂手选尾矿、铍手选尾矿的工业试验，并提出了通用流程，可得出如下结论：

（1）可可托海 3 号脉属于伟晶岩矿床，其中有工业价值、可回收的矿物有锂图例：产率(%) $\dfrac{\text{Be品位(%)};\text{Be回收率(%)}}{\text{Li品位(%)};\text{Li回收率(%)}}$

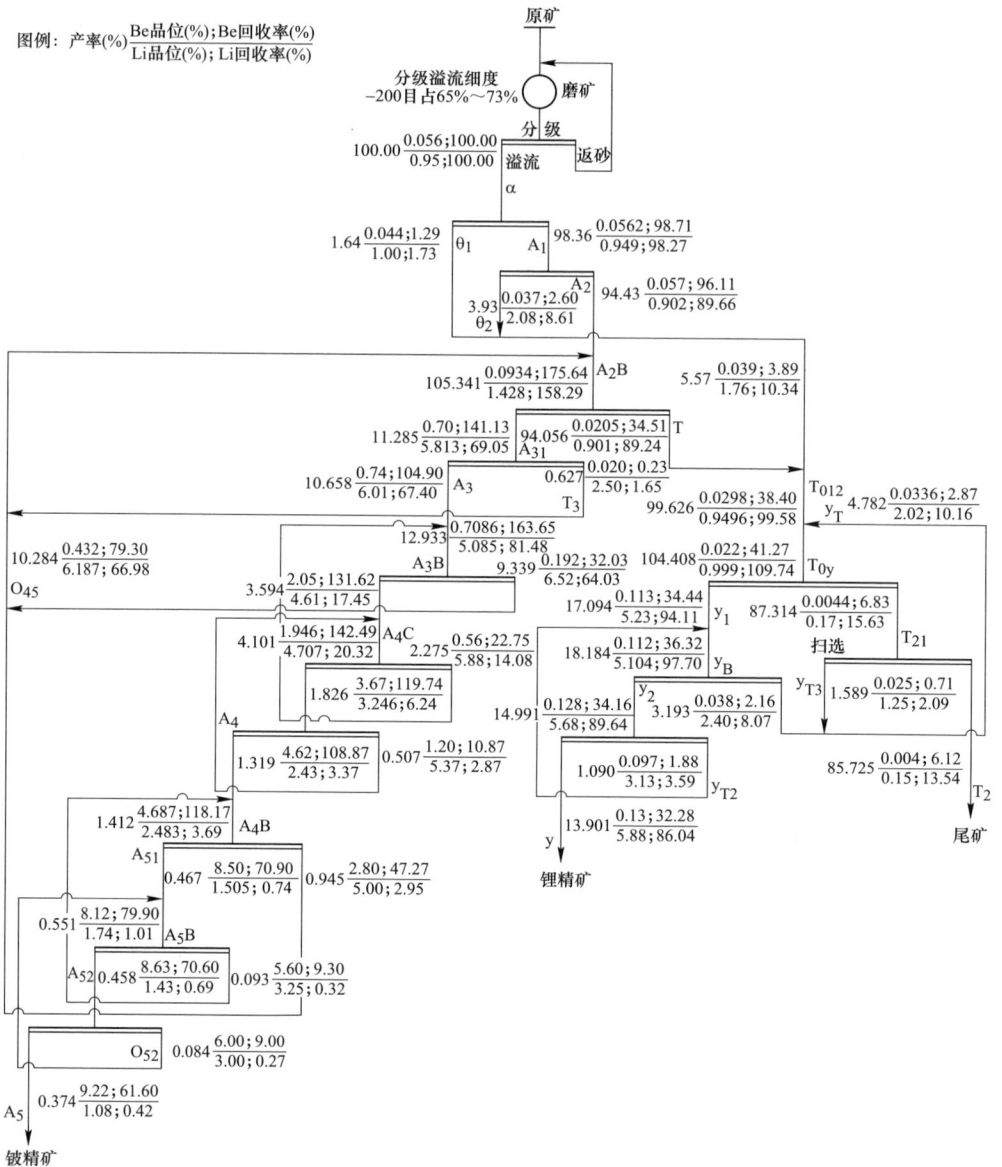

图 6-14　有色金属研究院优先选铍分离锂铍流程在 8859 选矿厂工业试验的数质量流程图
（流程图里有铍扫选，数质量流程图里没有铍扫选）

辉石、绿柱石、钽铌矿物、铋矿物，脉石矿物有长石、石英、云母，少量的有磷灰石、石榴子石、角闪石。虽然脉石矿物含量较少，但对铍精矿质量影响很大。铯榴石矿物存在于薄片状钠长石矿带与石英核的接触部分，偶尔发现有铯榴石矿物，但无规律性，故机选暂时不考虑回收铯榴石，只在采矿过程中发现有铯榴石

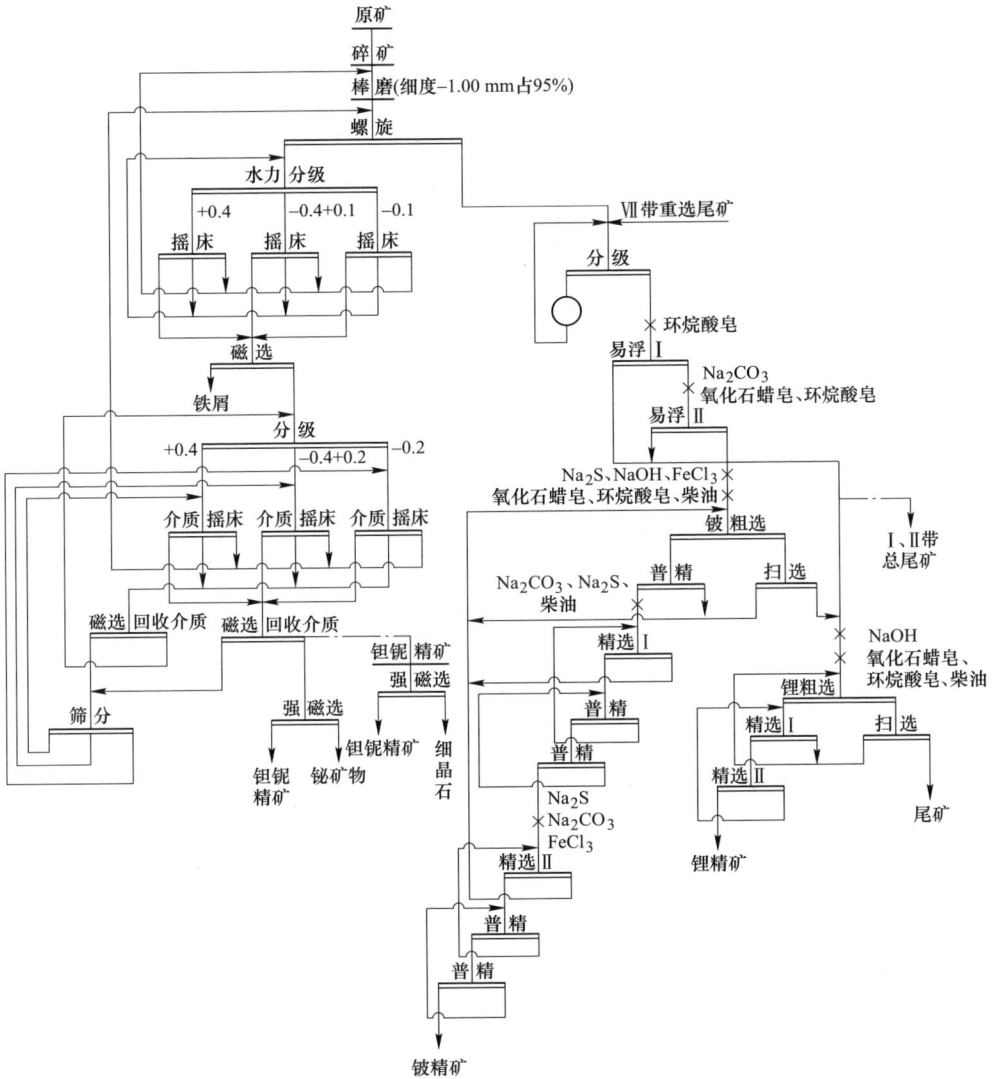

图 6-15　有色金属研究院关于 3 号脉

Ⅳ、Ⅴ、Ⅵ矿带混合矿锂手选尾矿、铍手选尾矿通用流程

（Ⅰ、Ⅱ带矿石所用流程是把浮选锂辉石回路去掉；Ⅶ带所用重选流程与本图重选部分基本相同）

时手选拣出。铷元素分散在多种矿物中，没有发现独立的铷矿物，暂时不考虑回收。

（2）锂手选尾矿是Ⅴ、Ⅵ带的混合矿，铍手选尾矿是Ⅱ、Ⅳ带的混合矿，此两部分矿石性质除锂铍品位比原矿稍低、混入围岩、杂质含量多、风化较严重、含泥稍多外，其他与原矿相近。

（3）钽铌矿物用重选回收。固体介质摇床是解决钽铌矿物与石榴子石等重矿物分离的关键。精选用螺旋较为合适，细晶石与其他钽铌矿物分离可用磁选，在回收钽铌矿物过程中可回收铋矿物。

（4）优先选铍流程不受锂铍比的限制，适应性好。优先选铍流程中两次易浮是在低 pH（pH<9.5）下以少量捕收剂氧化石蜡皂、环烷酸皂浮出磷灰石、细粒石榴子石、角闪石以及矿泥，从而简化精选过程，保证铍精矿质量。碳酸钠、硫化钠、氢氧化钠不仅是选铍的调整剂，而且也是选锂的有效调整剂。在铍精选过程中同样可用碳酸钠、硫化钠作调整剂，因此中矿（一、二精尾矿）闭路返回粗选不但提高了选铍指标，而且大幅度降低了药剂消耗量。

由于三碱是锂铍分离的有效调整剂，从而使工艺流程大大简化（不脱泥、不脱药、不洗矿、不加热煮等）。

适当调整矿浆中的铁离子、钙离子含量可提高选别指标，并且是降低药剂消耗量的原因之一。小型试验证明，三碱有可能发展成两碱（碳酸钠、硫化钠）。

（5）两段磨矿，一段磨矿用棒磨，多槽串联搅拌是必要的。铍尾矿选锂作业搅拌时间适当加长是必需的。

（6）额尔齐斯河水不经处理可直接用作浮选用水，但要防止污水进入水源地。

（7）铋矿物在重选过程中作为副产品回收，石榴子石也同样作为副产品回收。

E   本书作者分析此流程

适用于锂铍比低的低锂高铍型矿石。用介质摇床分离石榴子石和钽铌矿物在当时是一大创新，但在 8766 选矿厂设计中没有采用，而是用高压电选机分离石榴子石和钽铌矿物。

优点：

（1）选铍之前加反浮选易浮作业排除对铍精矿质量有影响的脉石矿物。

（2）流程相对简单。

缺点：

（1）反浮选易浮作业如控制不好会有金属损失。

（2）选铍尾矿选锂前需要补加水进行长时间的强搅拌重新活化锂辉石。

（3）优先选铍，铍尾矿再选锂，锂精矿品位和回收率受影响，特别是原矿锂含量高时对锂的回收影响更大。

6.5.3.3   新疆冶金研究所的方案

A   概述

新疆冶金研究所于 1965 年开始进行可可托海 3 号脉的锂铍钽铌综合回收的小型试验，项目总负责人是选矿室主任刘兴来，浮选负责人是李明山、丁锦云（丁锦云此前曾在 8859 选矿厂参加过北京矿冶研究院的工业试验），重选负责人是杨兴元。参加人员较多，有李复民、王翠民、朱军、黄炳然、吴庆盛、项长林、从丽君、佟瑞敏等。该所总结了此前北京矿冶研究院和有色金属研究院两家的流程优缺点，制定了一个简化的优先选锂再选铍的原则流程。在常规选矿药剂三碱两皂一油的基础上，利用石河子造纸厂具有强碱性的纸浆废液代替氢氧化钠，在实验室完成小型试验后，于 1966 年 5 月至 12 月在 8859 选矿厂完成了工业试验。其工艺流程特点是：在碳酸钠和碱木素（用碱溶解木质素磺酸盐，最初用纸浆废液）长时间作用的低碱介质中，绿柱石和脉石矿物受到一定的抑制作用；用氧化石蜡皂、环烷酸皂和柴油浮选锂辉石。之后，添加氢氧化钠、硫化钠、三氯化铁活化绿柱石并抑制脉石矿物，用氧化石蜡皂和柴油浮选绿柱石。1975 年该所与 8859 选矿厂合作又进行过工业试验。

　　1975 年秋，8859 选矿厂孙传尧、励小龙与新疆冶金研究所李复民、朱军四人合作在选矿厂实验室进行锂铍浮选分离试验研究。可可托海矿务局宣传科胡光荣先生是当地的画家和书法家，有一天他去 8859 选矿厂采访科研情况，正巧看见这四人在忙于试验，就抓住机会临时找来墨汁、毛笔和纸，挥笔写出一条漂亮的大标语："打破洋框框，走自己工业发展道路"贴在墙上，并拍下这张经典的、有纪念意义的照片（见图 6-16）。该照片是孙传尧在 8859 选矿厂唯一的工作照，也是孙传尧在可可托海工作 10 年中唯一的工作照。

图 6-16　1975 年 8859 选矿厂孙传尧（右一）、励小龙（左一）、新疆冶金研究所朱军（中间）、李复民（站立操作者）在 8859 选矿厂实验室进行锂辉石与绿柱石浮选分离试验研究

该所优先选锂再选铍的原则流程见图 6-17。此工艺流程后来在设计可可托海 8766 选矿厂时用作 2 号和 3 号系统锂矿石生产流程。

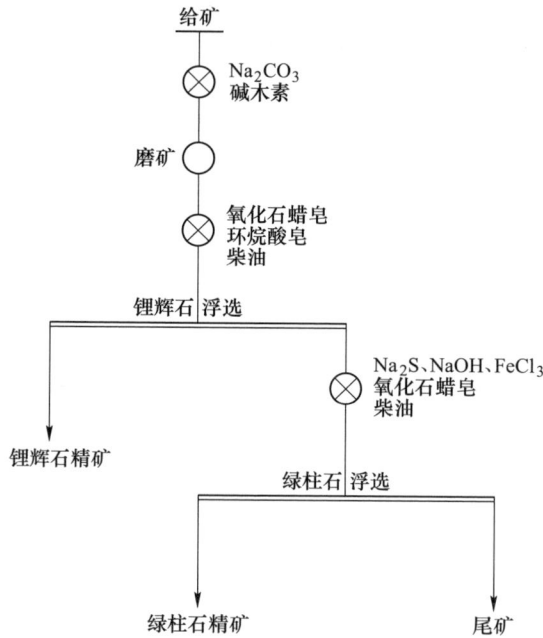

图 6-17　新疆冶金研究所当年优先选锂分离锂铍的原则流程

B　优先选锂流程工业试验

a　锂手选尾矿工业试验

1. 锂辉石浮选

在碳酸钠和碱木素（碱木素用氢氧化钠溶解）调整的弱碱性介质中，抑制绿柱石，用氧化石蜡皂、环烷酸皂和柴油混合捕收剂优先浮选锂辉石。碱木素对脉石和绿柱石均有抑制作用，当碱木素过量时锂辉石也受到抑制，因此碱木素用量不能过大。碱木素是用氢氧化钠溶解的，其作用效果与氢氧化钠配制比例有关。随着氢氧化钠用量比例的增大，锂精矿质量提高。碱木素用量在 50 g/t 左右为宜。碱木素与氢氧化钠的配比在（1∶2.5）~（1∶5）时效果为好。高配比时虽然锂精矿的指标上升，但铍在锂精矿中的损失加大，对选铍不利。

碳酸钠的作用是调节矿浆 pH，同时碳酸钠也是锂铍浮选分离中一种效果较好的调整剂，将其分段添加比一次添加效果好。试验表明，在球磨机中增加碳酸钠的用量，是降低锂精矿中铍损失的重要因素。碳酸钠与碱木素两种药剂应配合使用。

适当增加氧化石蜡皂和环烷酸皂的用量，可使锂的回收率提高，但效果有限。氧化石蜡皂用量在 1500~1800 g/t 为宜，环烷酸皂用量在 400~600 g/t 为宜，用量过大时分离的选择性变差，锂精矿中铍的损失增加。添加少量的柴油对提高锂精矿质量和锂的回收率均有好处。

浮选矿浆浓度的变化对锂辉石浮选无明显的影响。

2. 绿柱石浮选

氢氧化钠和硫化钠两种调整剂配合使用，可使绿柱石得到充分的活化，石英、长石等脉石矿物均能得到良好的抑制。而锂辉石在硫化钠调整的矿浆中被三氯化铁抑制。但调整剂用量要适当，过量时绿柱石也会被抑制。

采用氢氧化钠、硫化钠、三氯化铁混合调整剂浮选绿柱石、抑制锂辉石流程的特点，在于绿柱石浮选时不受浮选给矿中锂含量的影响。在锂含量波动比较大的范围内，均能保持绿柱石粗精矿中锂铍的比例在 0.5∶1 或 0.8∶1。

绿柱石的浮选在常温下进行，使用柴油可以控制粗选的上浮量，保持稳定的泡沫层。

如前所述，在绿柱石粗精矿中锂含量较低，因此精选的主要任务是抑制石英、长石和矿泥等，锂辉石已不是主要抑制对象了。

一精中以碳酸钠和柴油、松油共同搅拌选铍、抑制矿泥和脉石。

二精中以硫化钠和三氯化铁抑制锂辉石、浮选绿柱石。

三精在浮选槽中加入碳酸钠；第四次空白精选抑制脉石和矿泥，使绿柱石进一步富集。

绿柱石精选完全在常温下进行，各次精选矿浆温度在 12~15 ℃，均不加冷水。

精选操作是保证得到稳定绿柱石精矿质量的重要因素。适当降低矿浆 pH，控制泡沫层的厚度，有利于提高绿柱石精矿质量。

b 铍手选尾矿工业试验

1. 锂辉石浮选

铍手选尾矿锂辉石浮选与锂手选尾矿基本一致，仅在碱木素与氢氧化钠配比上有变动。碱木素用量为 40 g/t，与氢氧化钠配比在 1∶2.5 时为宜，此时既能保证锂辉石的回收率又可以使锂精矿中的铍损失降低。当锂精矿品位为 4%、回收率为 50% 时，锂精矿中铍损失不超过 13%。

捕收剂中的环烷酸皂用量由 600 g/t 下降到 400 g/t，其他药剂条件与锂手选尾矿一样。

2. 绿柱石浮选

以氢氧化钠和硫化钠为调整剂，用量比例关系及作用规律与锂手选尾矿绿柱石的浮选相同。硫化钠用量为 1400~1600 g/t，氢氧化钠用量由 400 g/t 增加到 600 g/t。

硫化钠在此用量范围内，随其用量的增加，铍的回收率提高。硫化钠用量适当时，对绿柱石有活化作用。但硫化钠用量过大时，造成石英大量上浮，破坏了浮选的选择性。

在氢氧化钠和硫化钠调整的强碱性矿浆中，三氯化铁对锂辉石有较强的抑制作用，能显著地降低铍精矿中的锂含量。如同锂手选尾矿的工业试验一样，不加入三氯化铁，锂铍就不能实现有效的分离。因此，加入三氯化铁是保证获得合格铍精矿的重要因素之一。但是，过量的三氯化铁对绿柱石也有抑制作用，加入 90 g/t 的三氯化铁时就使铍的回收率由 80% 降低到 65% 左右。

三氯化铁分段加比一次加对锂的抑制作用强，而且选择性也好些。一次加入 90 g/t 时，铍粗精矿中氧化锂品位为 1.2%~1.6%；分段添加，粗选加 20 g/t，精选加 70 g/t，铍粗精矿中氧化锂品位为 0.85%~1.0%。铍手选尾矿比锂手选尾矿中的绿柱石可浮性弱，增加氢氧化钠用量也得不到满意的结果。据试验，氢氧化钠用量增加到 1000 g/t 时，铍的回收率仍为 31.13%。

为了提高铍的回收率，把三氯化铁的用量减少，有时不加。碳酸钠用量也减少，但氧化铍的回收率仍小于 50%，在此情况下，加氯化钙使氧化铍的回收率由 40%~50% 提高到 70%~80%。

由此可见，氯化钙对绿柱石的活化作用很强，虽然用量很少，但钙离子在绿柱石表面吸附后，形成了活化层，当钙离子与捕收剂作用后，形成了疏水薄膜，绿柱石得以上浮。但是被钙离子活化的矿物在精选时难以抑制，给绿柱石粗精矿精选造成了一定的困难，特别是被活化的细粒石英难以抑制。

绿柱石的精选流程与锂手选尾矿相比略有变动：一精不用搅拌，直接在浮选槽内加入碳酸钠。二精前在搅拌槽中加入三氯化铁和硫化钠、碳酸钠，搅拌时间为 5~8 min，搅拌强度不必过大。三精前还有一次搅拌，加入碳酸钠，搅拌时间为 5 min。四精为空白精选。

在绿柱石浮选时，随粗选温度的提高，铍的回收率上升，一般在 25~30 ℃为宜，当超过 33 ℃时，有多量的锂辉石上浮。各次精选都在常温下进行，一精、二精 10 ℃，三精、四精 2~5 ℃。

搅拌作业也是影响分选指标的较大因素，粗选时延长硫化钠和氢氧化钠的搅拌时间，铍的回收率上升，在相同的药剂制度下，搅拌时间增加 8~9 min，铍的回收率可提高 5 个百分点左右。精选时提高搅拌强度能提高铍精矿的品位，但铍精选时各次搅拌时间不宜过长。

　　c　铍手选尾矿工业试验连续十三班的平均试验结果

（1）浮选给矿品位：氧化锂为 0.271%，氧化铍为 0.068%。

（2）锂辉石精矿：产率为 3.61%，精矿品位为 3.82%，氧化铍品位为 0.242%，氧化锂回收率为 49.66%，氧化铍回收率（损失率）为 12.48%。

（3）锂浮选尾矿：产率为 96.46%，尾矿含锂 0.141%，尾矿含铍 0.0633%，氧化锂回收率为 50.41%，氧化铍回收率为 87.52%。

（4）绿柱石精矿：产率为 0.5911%，氧化锂品位为 1.15%，氧化铍品位为 8.17%，氧化锂回收率（损失率）为 2.37%，氧化铍回收率为 70.87%。

（5）最终尾矿：产率为 95.8687%，氧化锂品位为 0.120%，氧化铍品位为 0.0109%，氧化锂回收率为 48.04%，氧化铍回收率为 16.65%。

C　工业试验流程及数质量流程图

锂手选尾矿工业试验流程见图 6-18。

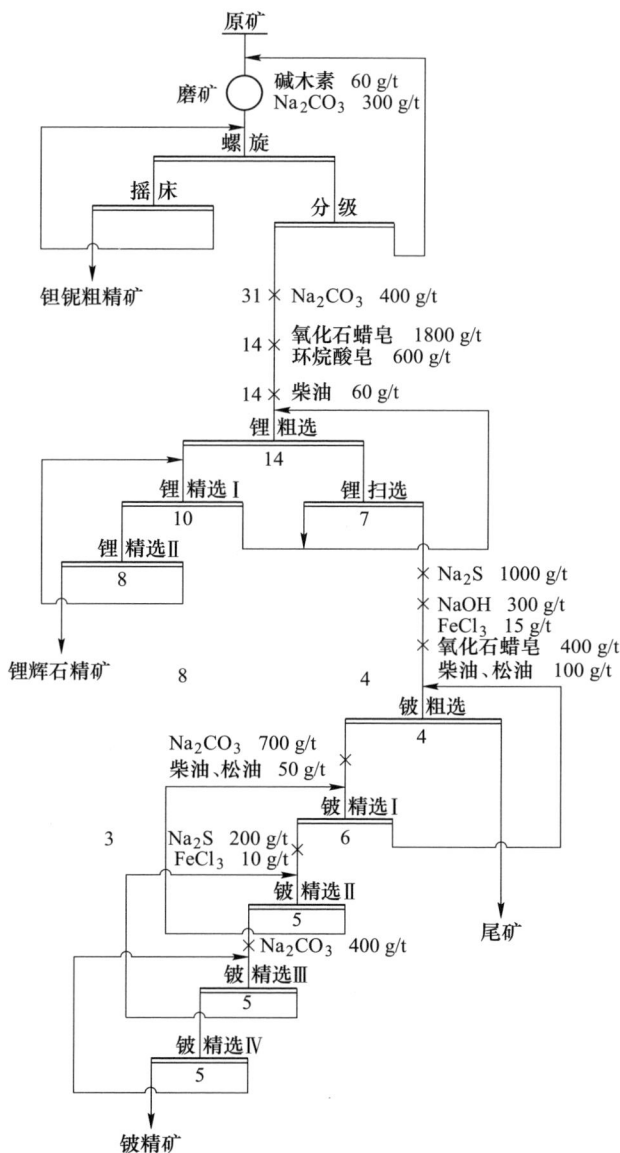

图 6-18　新疆冶金研究所当年优先选锂分离锂铍的流程

锂手选尾矿工业试验数质量流程图见图6-19。

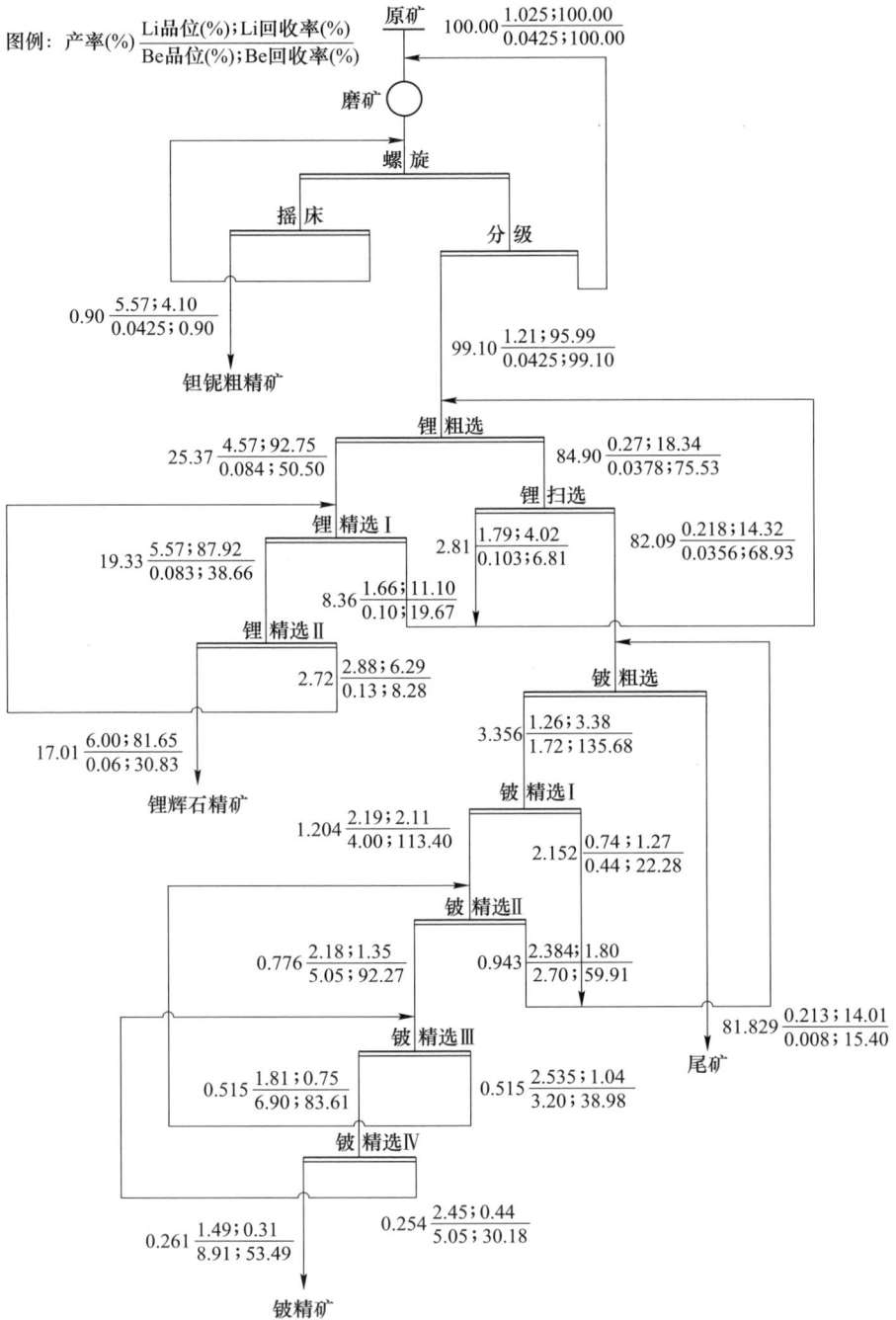

图例：产率(%) $\dfrac{Li品位(\%)；Li回收率(\%)}{Be品位(\%)；Be回收率(\%)}$

图 6-19　新疆冶金研究所锂手选尾矿工业试验数质量流程图

（工业试验流程图中矿顺序返回；数质量流程图铍精选 I 和精选 II 中矿合并返回粗选）

D 结论

（1）优先选锂再选铍流程对锂手选尾矿和铍手选尾矿都适用。钽铌矿物预先用螺旋和摇床回收。

（2）矿浆温度对锂铍浮选影响不大，但在粗选作业，适当提高温度有利于回收率的提高。锂辉石粗选温度控制在 25 ℃左右为宜，绿柱石粗选温度控制在 25~30 ℃为宜。绿柱石精选在常温下进行，一精、二精 8~12 ℃，三精、四精 2~5 ℃。

（3）在绿柱石浮选时仍以硫化钠和三氯化铁抑制锂辉石效果为好，采用单一的硫化钠有多量的锂辉石上浮。在此流程中，绿柱石的浮选不受矿石中锂铍比的影响。获得的绿柱石粗精矿中锂铍比一般为 1∶2 或 1∶3。

（4）铍手选尾矿锂辉石的优先浮选矿浆碱度应比锂手选尾矿低些，氢氧化钠与碱木素的比例降为 2.5∶1，矿浆 pH 在 7.5~7.8，既能保证锂的回收率，又可以降低铍的损失。

（5）铍手选尾矿的药剂制度相比锂手选尾矿有所改变，因铍手选尾矿中的绿柱石较难选，需要加一些钙离子活化绿柱石浮选。

（6）磨矿、浮选操作条件均与锂手选尾矿相同。

1975 年该所的研究人员再次到 8859 选矿厂开展工业验证试验，目的是用碱木素取代纸浆废液在优先选锂作业中作为绿柱石的抑制剂，孙传尧参加了此次工业试验。经过较长时间运转，发现锂精矿中的铍损失一直降不下来，于是孙传尧在实验室做小型试验考察碱木素的抑制效果，发现工业试验的碱木素用氢氧化钠配制，当碱木素用量变化时，矿浆 pH 也变化，实质上是氢氧化钠起作用，并非碱木素起作用，因此锂精矿中的铍损失降不下来，不知道是碱木素质量不好还是其他原因。此外，一直没得到合格的铍精矿。针对这一情况，再加上广州有色金属研究院等着与 8859 选矿厂合作开展优先选铍工业验证试验，新疆冶金研究所这次的工业试验只好暂停。

E 本书作者分析此流程

优点：

（1）流程相对简单。

（2）常温浮选。

缺点：

（1）由于碳酸钠和碱木素组合调整剂取代氟化钠对绿柱石的抑制效果不稳定，因此在优先选锂作业中，铍在锂精矿中的损失大，特别是高锂原矿损失更大。铍的最终回收率相对低。

（2）在锂辉石浮选回路中，预先搅拌时间、调整剂与捕收剂的搅拌时间长达 1 h，需要研究缩短搅拌时间。

（3）在锂辉石浮选中，一部分易浮的重矿物未能上浮，在绿柱石浮选时进入铍精矿，影响铍精矿的质量。

6.5.4　三家研究机构在 8859 选矿厂锂铍浮选分离工业试验指标

20 世纪 60 年代，三家研究机构在 8859 选矿厂开展的锂铍浮选分离工业试验指标情况见表 6-5。

表 6-5　工业试验指标

流程	原矿品位/%		铍精矿		锂精矿	
	BeO	Li_2O	品位（BeO）/%	回收率/%	品位（Li_2O）/%	回收率/%
优先浮选部分锂辉石，锂铍混合浮选精矿再浮选分离（北京矿冶研究院）	0.045	0.99	9.62	54.5	5.84	84.4
优先浮选绿柱石，再浮选锂辉石（有色金属研究院）	0.054	0.895	8.82	60.2	6.01	84.6
优先浮选锂辉石，再浮选绿柱石（新疆冶金研究所）	0.045	1.097	8.44	49.9	5.67	84.6

从表 6-5 中工业试验结果可见，新疆冶金研究所的流程由于在优先选锂作业没有对铍有效的抑制剂，导致锂精矿中铍损失大，最终铍精矿的回收率只有49.9%。铍精矿品位最高的是北京矿冶研究院，高达 9.62%，此后再没有哪家机构能达到这一指标。铍精矿回收率最高的是有色金属研究院，达 60.2%。

以上关于三家研究机构锂铍浮选分离工艺流程的优缺点，是近年间孙传尧结合自己的体会提出的个人观点，不一定对，供选矿同行参考。

6.5.5　关于锂铍混合浮选再分离的流程

关于锂铍混合浮选再分离的流程看似简单，实则很难，先后有色金属研究院和北京矿冶研究院等多家研究机构经小型试验提出过方案，但都没有开展工业试验。

北京矿冶研究院在小型试验中做过锂铍混合浮选再分离的流程，因混合浮选精矿中的锂铍比直接受制于原矿中的锂铍比，适应性差，混合精矿分离难，故混合浮选流程没有作为该院的主选流程，没开展工业试验。

有色金属研究院毛官欣等人在实验室研究过锂铍混合浮选流程，也留存了学术论文，估计是与北京矿冶研究院同样的原因，没有开展工业试验，最后开展工业试验的还是优先选铍流程。

8859 选矿厂李智作为技术负责人，在实验室小型试验的基础上，于 1974 年在选矿厂开展了锂铍混合浮选工业试验,参加人员有孙传尧、张泾生、余仁焕、黄志忠等。因锂铍混合浮选没有达到预期的指标,分离试验没有进行。研究表明,锂辉石浮选适合在弱碱性介质中进行,而绿柱石浮选适合在 pH>11.5 的高碱性介质中进行。因此,在同一浮选作业很难兼顾锂铍的最佳可浮性,锂上铍不上,或铍上锂不上。用李金海副厂长当时的话:"此流程是肺炎加麻疹,必死无疑。"其实该流程的难点还不在于混合浮选作业,而在于混合精矿锂铍分离过程。

本书后面将谈到,8766 选矿厂投产后也曾与中南大学合作做过锂铍混合浮选再分离的流程,铍精矿的品位只达 6.5% 左右。

孙传尧 1984 年作为北京矿冶研究总院的选矿工程师,在凡口铅锌矿做铅锌混合精矿浮选时,提出了异步浮选的技术方案并获得成功。其核心技术思路是:第一步在方铅矿最适宜上浮的介质中最大限度地捕收方铅矿并使与方铅矿可浮性相近的闪锌矿同步上浮,第二步在添加石灰和硫酸铜对闪锌矿充分活化的条件下,捕收闪锌矿和剩余的铅锌矿,两步精矿合并使铅锌混合精矿中铅和锌的回收率最大化。现在异步浮选已普遍被业内所认同。如果提前 10 年把异步浮选的技术思路用于锂铍异步混合浮选,可能获得成功。办法是:第一步在弱碱性介质中最大程度地选出锂辉石,第二步提高 pH 在高碱性介质中回收绿柱石和剩余的锂辉石,然后两步精矿合并使混合精矿中的锂铍回收率最大化。这一技术措施并不复杂,可惜当年没有人提出异步浮选的概念。

6.5.6 优先选铍工艺流程工业验证试验

1975 年夏,为了最终确定建设中的 8766 选矿厂 1 号系统的浮选流程,冶金工业部下达指令,要求可可托海矿务局与广州有色金属研究院合作,尽快在 8859 选矿厂完成优先选铍流程工业验证试验,为 8766 选矿厂 1 号系统最后的流程确定和设备安装提供依据(当年有色金属研究院的选矿研究人员,除罗家珂调入北京矿冶研究院外,其他人员几乎全部搬迁到新建广州有色金属研究院)。可可托海矿务局决定现场工业验证试验负责人由 8859 选矿厂的孙传尧担任,广州有色金属研究院的领队是老专家姚万里高级工程师。

厂里浮选机不够,在那个边远地区,若去东北吉林省探矿机械厂采购计划外的设备没有任何可能,唯一的办法就是自己设计、自己造。孙传尧带领一批技术人员,有肖柏阳(与孙传尧 1968 年同期到可可托海的东北工学院选矿专业毕业生,负责设计出图)、舒荣贵(1961 年昆明工学院毕业)、努尔居曼(莫斯科黄金学院毕业的留苏生),还有十几名工人。其中机修总厂来支援的一位电焊师傅姓吴,江苏人,起了重要作用,薄钢板机箱的焊接技术很难,全部由吴师傅一人完成。大家日夜奋战了 20 多天,崭新的 10 台 12 L 双链浮选机研制成功,终于按期在 8859 选矿厂安装到位。图 6-20 是孙传尧设计并领导安装的工业验证试验流程和设备布置图。

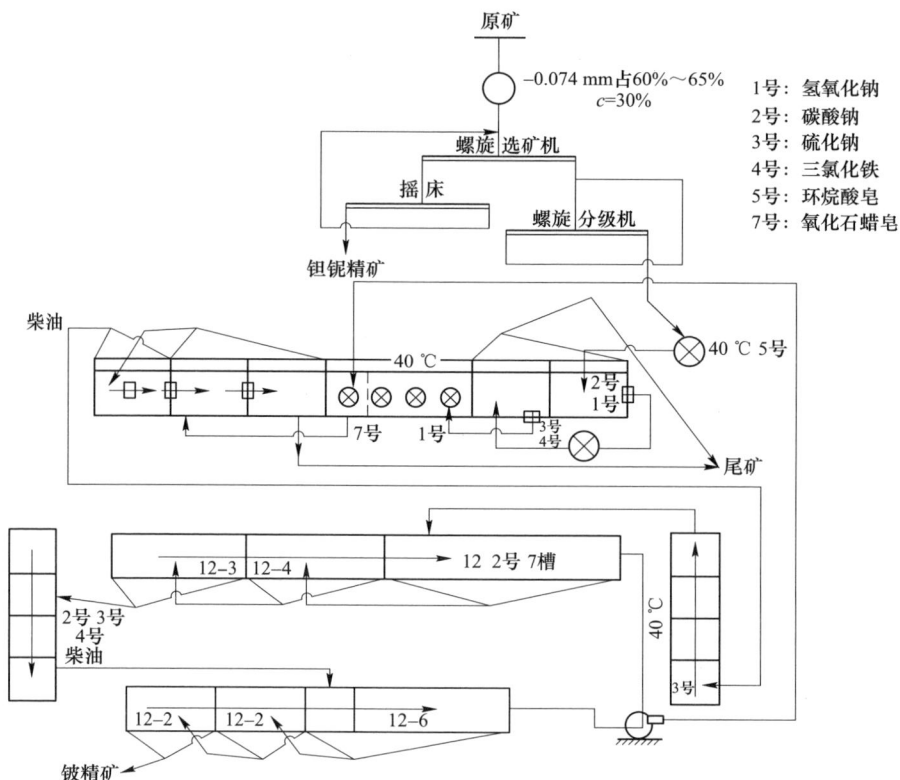

图 6-20　1975 年 9 月在 8859 选矿厂优先选铍工业验证试验流程和设备布置图

浮选设备选型：

易浮Ⅰ：1A　2 槽。

易浮Ⅱ：1A　2 槽。

铍搅拌：1A　4 槽。

铍粗选：1A　4 槽。

普精：1A　2 槽。

铍Ⅰ精：1　12 L　7；

　　　　2　12 L　4；

　　　　3　12 L　3。

铍Ⅱ精：1　12 L　6；

　　　　2　12 L　2；

　　　　3　12 L　2。

铍Ⅰ精和铍Ⅱ精前分别用 24 L 四个方形浮选槽串联搅拌。磨矿分级和重选工艺及设备同 1 号系统生产流程。

参加工业验证试验的广州有色金属研究院姚万里、周维志、张会文、胡应斌一行几人都对 8859 选矿厂自制的浮选机和流程改造十分满意。经刻苦的攻关、勤劳的付出，终于"开花结果"，工业试验开车后一次成功，保证了 8766 大型选矿厂的建设进度。此工业试验全流程考察取样、加工、送化验、算流程均由孙传尧一人完成，他怕出差错。因为原矿、尾矿及中间产品矿样中氧化铍品位极低，如有丝毫差错，全流程就无法计算。孙传尧用一台捷克产的手摇计算机、用一整天的时间算数质量流程时，对全流程中任何一个分析数据不做任何调整，全部平衡，可见取样、制样和化学分析的高度精确。新疆冶金研究所朱军参加了工业试验。

优先选铍流程在 8859 选矿厂的工业验证试验数质量流程计算结果见图 6-21。

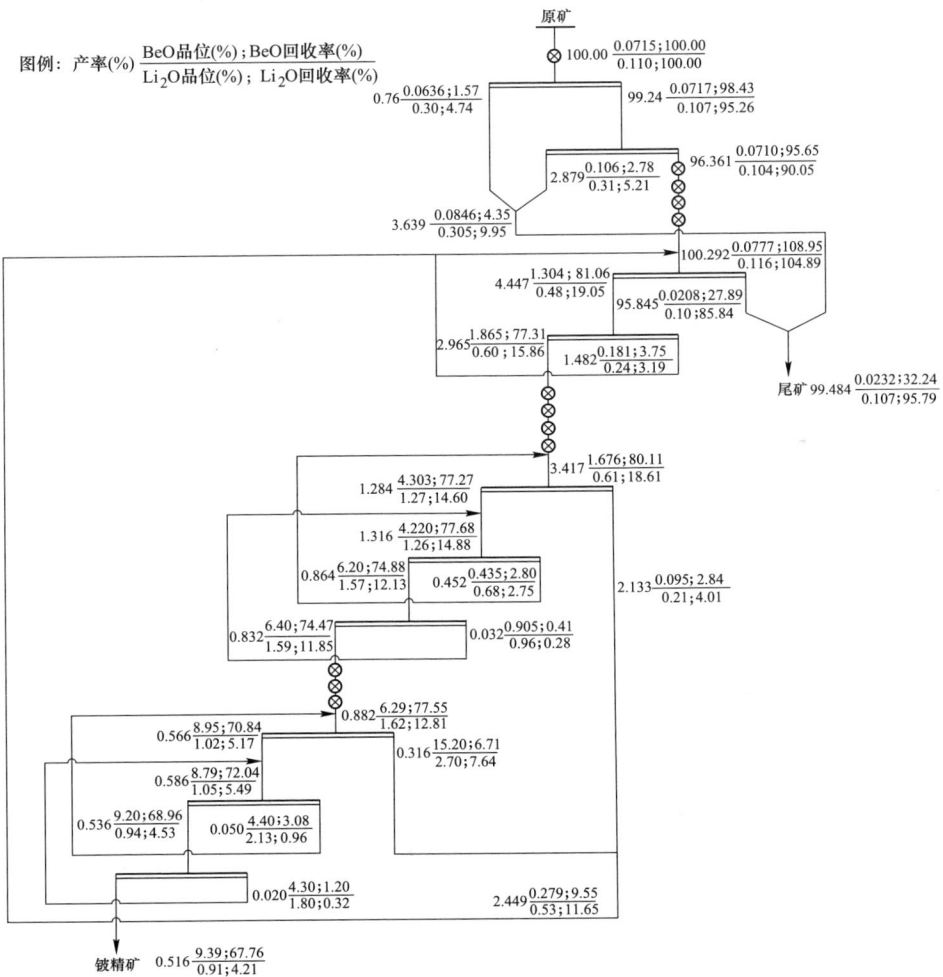

图例：$\dfrac{\text{产率}(\%)\quad \text{BeO品位}(\%)\,;\,\text{BeO回收率}(\%)}{\text{Li}_2\text{O品位}(\%)\,;\,\text{Li}_2\text{O回收率}(\%)}$

原矿 $100.00\ \dfrac{0.0715\,;100.00}{0.110\,;100.00}$

$0.76\dfrac{0.0636\,;1.57}{0.30\,;4.74}$ 　　$99.24\dfrac{0.0717\,;98.43}{0.107\,;95.26}$

$2.879\dfrac{0.106\,;2.78}{0.31\,;5.21}$ 　$96.361\dfrac{0.0710\,;95.65}{0.104\,;90.05}$

$3.639\dfrac{0.0846\,;4.35}{0.305\,;9.95}$

$100.292\dfrac{0.0777\,;108.95}{0.116\,;104.89}$

$4.447\dfrac{1.304\,;81.06}{0.48\,;19.05}$ 　$95.845\dfrac{0.0208\,;27.89}{0.10\,;85.84}$

$2.965\dfrac{1.865\,;77.31}{0.60\,;15.86}$ 　$1.482\dfrac{0.181\,;3.75}{0.24\,;3.19}$

尾矿 $99.484\dfrac{0.0232\,;32.24}{0.107\,;95.79}$

$3.417\dfrac{1.676\,;80.11}{0.61\,;18.61}$

$1.284\dfrac{4.303\,;77.27}{1.27\,;14.60}$

$1.316\dfrac{4.220\,;77.68}{1.26\,;14.88}$

$0.864\dfrac{6.20\,;74.88}{1.57\,;12.13}$ 　$0.452\dfrac{0.435\,;2.80}{0.68\,;2.75}$ 　$2.133\dfrac{0.095\,;2.84}{0.21\,;4.01}$

$0.832\dfrac{6.40\,;74.47}{1.59\,;11.85}$ 　$0.032\dfrac{0.905\,;0.41}{0.96\,;0.28}$

$0.882\dfrac{6.29\,;77.55}{1.62\,;12.81}$

$0.566\dfrac{8.95\,;70.84}{1.02\,;5.17}$ 　$0.316\dfrac{15.20\,;6.71}{2.70\,;7.64}$

$0.586\dfrac{8.79\,;72.04}{1.05\,;5.49}$

$0.536\dfrac{9.20\,;68.96}{0.94\,;4.53}$ 　$0.050\dfrac{4.40\,;3.08}{2.13\,;0.96}$

$0.020\dfrac{4.30\,;1.20}{1.80\,;0.32}$ 　$2.449\dfrac{0.279\,;9.55}{0.53\,;11.65}$

铍精矿 $0.516\dfrac{9.39\,;67.76}{0.91\,;4.21}$

图 6-21　广州有色金属研究院与 8859 选矿厂合作于 1975 年
完成的优先选铍工业验证试验数质量流程图

（孙传尧计算）

从数质量流程图可见，本次工业验证试验矿样中氧化锂品位很低（0.11%），无法选出锂精矿，是一大不足。在 8766 选矿厂 1 号系统工业调试时也出现锂精矿质量不高的问题。

6.5.7　综合回收钽铌矿物的研究

在花岗伟晶岩可可托海 3 号脉矿石的锂铍浮选的主干流程中，如何合理地综合回收低含量的钽铌矿物，当时国外无成功的先例，国内的研究者提出了多种不同的方案，皆因工艺流程复杂或者对锂铍浮选干扰大而未进入工业应用。

当年有色金属研究院专门有一个可可托海钽铌选矿的专题组，负责人是黄会选、姜永才等。他们在可可托海中心实验室取大批矿样进行了详细的试验研究，其中对 3 号脉富含钽铌的Ⅶ带矿石研究得尤其深入，工艺流程很复杂，最终提交了详细的研究报告。Ⅶ带矿石重选试验流程见图 6-22。

如图 6-22 所示，因流程复杂和选矿成本高以及可回收的钽铌精矿量少等原因并未在工业上全部实施。在推荐的通用流程中采用介质摇床对钽铌粗精矿精选，实际上在 8766 选矿厂设计与生产中并没有采用介质摇床，而是用高压电选机分离钽铌铁矿和石榴子石。但是不可否认，该院对钽铌回收的研究工作是十分精细的。

北京矿冶研究院对 3 号脉钽铌矿物的选矿研究没有像有色金属研究院投入那样多的研究力量。北京矿冶研究院经过试验和考察提出两个回收钽铌矿物的方案：

（1）在锂辉石浮选的锂精矿中，钽铌回收率高达 81%～84%，因此考虑在锂辉石精矿中回收钽铌矿物。但在 8859 选矿厂进行工业试验时发现，锂精矿消泡不好，无法用摇床回收钽铌矿物，当时又无高效的重选设备和湿式强磁设备，吕永信果断否定了这一方案。

（2）研究发现，钽铌矿物在原矿中分布不均匀，但在螺旋分级机返砂中富集，根据这一现象，吕永信提出在磨矿分级回路中，将球磨机排矿浓度控制在 50%～65% 的较高浓度，先进行筛分排除粗颗粒，然后用螺旋选矿机粗选，粗精矿再用摇床富集，使摇床的粗精矿中五氧化二钽、五氧化二铌含量合计可达 1% 左右，再经过弱磁除铁、多段重选、干式强磁甚至电选（当时并没有电选机，20 世纪 70 年代选矿厂购买的）作业，最终获得高品位钽铌精矿的简易技术方案。对此，前面 8859 选矿厂工艺流程和设备描述中已有介绍。在其他的研究者还忙于系统试验的时候，该简易方案在 8859 选矿厂开展工业试验一举成功，并长期用于生产，以至于当时不少同行难以相信这一事实。这一原则流程已成为经典的工艺技术，不仅在后来的 8766 大型选矿厂中应用，而且在当今国内同类选矿厂中也应用广泛。

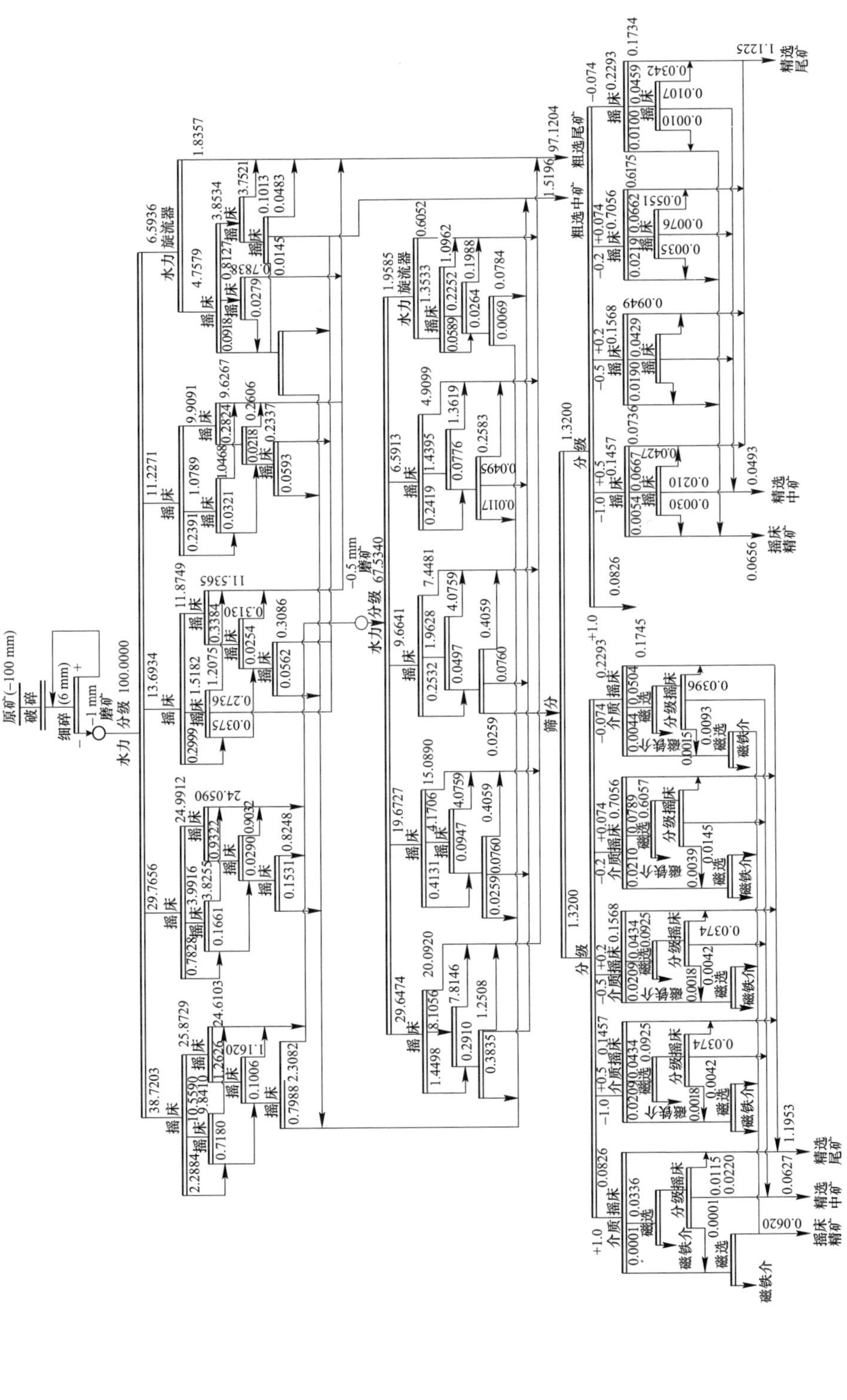

图 6-22 有色金属研究院对 3 号脉Ⅷ带矿石提出的重选流程

6.5.8　放射性流程考察

1974 年，二机部 182 队接受任务在可可托海 8859 选矿厂进行放射性流程考察，此项研究的目的是从原矿破碎开始，沿 8859 选矿厂全流程考察放射性的走向和各作业放射性剂量的分布，以便为 8766 选矿厂放射性防护的设计标准提供依据。孙传尧参与考察并亲自在成品库的三盘干式强磁选机进行精选操作，这里是全流程中放射性最强的地方，大家都不愿意干。孙传尧操作完毕后，182 队的技术人员用带来的测量仪器往孙传尧身上一测，指针立刻打到头，无奈，马上回招待所取来大量程的测量仪测得孙传尧口罩内外、帽子内外、工作服袖口内外均具有很强的放射性。依据放射性流程考察计算结果，在 8766 选矿厂的设计中，将钽铌精选车间远离主厂房；钽铌精矿成品库建在厂区的最边缘的一角；钽铌精选车间的干燥、强磁选和电选等放射性集中的电磁选工段全部密封，而且毗邻浴室，工人操作出来必须洗澡。按照放射性工业场地的标准设计和建设。

6.5.9　尾矿输送试验

这项研究工作由北京有色冶金设计院张振亭独立完成。张振亭 1964 年毕业于天津大学水工专业，在有色冶金设计总院从事工程设计工作。可可托海冬季极端寒冷，最低气温可达零下 50 至零下 60 摄氏度，为了保证 8766 选矿厂每年 330 天的运行，冬季尾矿输送和尾矿库的设计十分关键。当时国内没有生产经验可借鉴，国外苏联北极圈内的诺里尔斯克镍业公司、加拿大北部矿山以及美国阿拉斯加的红狗铅锌选矿厂可能有生产实践，但限于国内"文革"期间的政治环境以及当时与苏联等国家紧张的国际关系，不可能前去考察，并且当时信息资料也起不到作用，只好独立研究。

为此，在 1973—1975 年间，张振亭独自在可可托海 8859 选矿厂进行尾矿输送试验研究。当时的试验条件很艰苦，他住在一个有 10 多人住的大房间，俗称地窝子，大通铺，人员很杂，有单身职工、外来出差人员，有的人三班倒把这作为临时宿舍，他几乎休息不好。孙传尧当时在主厂房三班倒也住在此地窝子里，有机会目睹了张振亭的试验研究。

8859 选矿厂派来一名姓杜的木工师傅配合张振亭进行试验。按张振亭的设计，杜木匠在尾矿库里架起很长一段尾矿自流输送的木溜槽，木溜槽沿程有坡度和截面的变化，导致尾矿浆的流速不同。

冬季，张振亭和杜木匠不畏严寒在户外全程观察测试尾矿在木溜槽中的流速与溜槽坡度和截面的关系以及冻结情况。经过两个冬季的测试研究，他得出独特的尾矿流速的三个点：

（1）淤点：矿浆流速低于此点，尾矿沉淀淤积冻结，不可采用。

（2）冲点：矿浆流速高于此点，尾矿不冻结，但对溜槽磨损严重，同样不可采用。

（3）冻点：这是在淤点和冲点之间某一点的矿浆流速，与气温、尾矿浆温度和溜槽坡度相关，低于此点尾矿冻结，高于此点尾矿不冻。冻点流速的选择是尾矿输送的关键。

张振亭曾告诉孙传尧，当气温在零下 35 至零下 40 摄氏度时，尾矿流速达 1.3~1.4 m/s 时不冻。孙传尧本人在 1976 年冬季测试过 8766 选矿厂尾矿自流，当气温在零下 50 摄氏度时，尾矿流速达到 1.5 m/s 时不冻，这与张振亭的研究结果有相关性。

张振亭冬季长期在 8859 选矿厂十分寒冷的露天尾矿库里研究尾矿输送，尽管很艰苦，但他获得了宝贵的研究成果，在讨论会上他第一次在国内交流了关于淤点、冲点和冻点的学术论文，受到业内高度关注。更重要的是，为他后来在 8766 选矿厂进行非保温尾矿架空管道的设计工作打下了坚实的实验基础。

前几年，南昌有色冶金设计研究院选矿专家邵全渝给孙传尧打电话，询问寒冷地区冬季尾矿不保温管道输送问题，该院是为俄罗斯寒冷地区一个选矿厂做设计。孙传尧向他详细介绍了可可托海 8766 选矿厂冬季尾矿管道输送情况，说明了管道内矿浆流速是关键，并介绍了张振亭淤点、冲点和冻点的研究成果，为该院在俄罗斯的选矿厂设计提供参考。

6.5.10 其他研究工作

前面提到，仅有高中学历的电工张琪武经过刻苦钻研，于 1974 年前后研究成功 8859 选矿厂破碎筛分工段全流程的集中控制，建成了集中控制室，这在当时属于国内先进水平，不少同行来参观学习。

孙传尧在四矿工作时得知，8859 选矿厂研究成功世界上首台代号为 7051 的选矿机用于钽铌矿物精选，矿务局大力宣传。后来孙传尧调到 8859 选矿厂工作，看到这台设备已不再应用，实际上是一台电磁高场强的湿式强磁选机，并非世界首台。

1975 年，孙传尧在 8859 选矿厂实验室进行锂铍浮选试验时，在锂浮选尾矿选铍作业，先加捕收剂经强搅拌后再加调整剂，一次粗选铍粗精矿氧化铍品位高达 4%，而同样的药剂种类和用量，先加调整剂后加捕收剂的传统加药法，铍粗精矿品位仅有 1% 左右，多次验证都是如此。孙传尧认为前一种药剂制度是选择性解吸法，后一种传统的药剂制度是选择性吸附法。此方案进行工业试验时，铍粗选作业铍精矿品位高，验证了实验室的试验结果，但精选时铍精矿品位提不上去，原因待查。

1975 年，孙传尧在 8859 选矿厂实验室做锂辉石粗选广泛 pH 试验，得出回收率与 pH 关系是一条马鞍形的曲线。这与苏联艾格列斯《硅酸盐与氧化物浮选》一书中石英浮选现象相似。孙传尧认为这是钙、铁对锂辉石联合活化的结果，左右两个峰值分别是铁在低 pH 或钙在高 pH 时的活化效果，中间低谷时钙、铁均不起活化作用。

8766 选矿厂投产后，作为副厂长的孙传尧在 2 号系统锂辉石浮选作业曾做过短时间的工业试验，浮选工是闫国富师傅。完全不加氢氧化钠，只加少量的碳酸钠仍然取得高回收率，与添加氢氧化钠相比取得同样好的浮选效果，这验证了 8859 选矿厂小型试验的结果。但加入氢氧化钠后，高回收率的范围宽，浮选工可以宽松操作，流程适应性强。

6.6　培养了一大批技术骨干

8859 选矿厂地处边远的阿尔泰山，规模小，由于保密，与行业交流少。但是，无论是工程技术人员还是技术工人的技术水平却都不低，包括试验研究水平、岗位操作水平和技术管理水平等。究其原因：

其一，与这些骨干长期和北京矿冶研究院、有色金属研究院、新疆冶金研究所、广州有色金属研究院以及北京有色冶金设计院的技术人员交流学习、合作有关。据当年参加试验的老工人讲，北京矿冶研究院的吕永信工程师经常给技术人员和工人讲课，手把手地传授操作技术。因此，8859 选矿厂人员的技术风格深受两院一所的影响，他们有科研单位的帮助，国内很多选矿厂没有这样的好机会。

其二，工艺流程十分复杂，矿石难选。没有严谨的技术不可能实现有效的分选。另外，两院一所的工艺流程不同，使参与试验的技术人员和技术工人得到多方面的锻炼。

其三，因流程复杂，又经常进行流程改造，工艺人员和机电维修人员学习和实践的机会多。

总体来说，这与 8859 选矿厂作为选矿试验厂的定位有关。

从 8859 选矿厂成长起来或走出来的选矿工程技术人员有周宝光、李金海、杨书良、成沛然、张雅文、李智、舒荣贵、努尔居曼、王斌星、方志生、杨才柱、肖友茂、孙传尧、张泾生、余仁焕、朱瀛波、刘仁辅、王文宗、林恒平、邓荣洲、周公国、吕富春、王孝敏、周秀英、姜毓苹、吴晓青、励小龙、陈菊云、刘文华、韩国才、黄荣嵩、蔡金诚等。

机械技术人员有王文涛、廖春华、肖柏阳。

电器技术人员有任学谦、沈炳度。

技术工人中有一大批骨干，其中有的后来还担任了领导干部：冯春亭、马玉景、毛广福、霍万通、张文学、马世杰、王丁臣、张琪武、阿布拉米特、张国昌、郑忠海、郑邦海、钱开发、常浩锦、郝秋德、何友喜、何友德、童良本、刘宝平、朱长侠、司家善、贺传东、黄应征、张希书、宫春才、李贵来、周德先、马德芳、马文博、马智、卢效敬、王德修、宋汉然、郭大庆、徐咸新、高希贵、高成富、于民昌、马增科、艾再之、木哈买提、文义远、吴生孝、畅国裕、闫国富、马玉兴、骆贤桃、章发俊、木哈买提、彭来良、容均活、周信芳、王福安、王友才、陈富、程晋华、王柏峰、王芳芹、李代会、马跃武、蔡子斌、蔡成斌、党政军、刘外区、郭殿怀、穆万全、刘仁柱、贾发仁、李际华、陈士江等。

上述人员中后来有的担任大型研究院、企业和高等学校各级领导。有的在8766选矿厂担任管理或技术骨干，有的调到其他企业担任领导或技术骨干。

8766选矿厂投产后，8859选矿厂的全体干部员工接管了8766选矿厂，保证了新建大型选矿厂的技术改造和投产。8859选矿厂完成了历史使命停产了。但不知何时，不知是谁做的决定，8859选矿厂的厂房已被拆除，设备全部拆走，只留下选矿厂的遗址。对此，原8859选矿厂的职工心里留下一块伤疤。8859选矿厂是中国锂铍钽铌稀有金属选矿技术和工业化的发源地，也是人才的培养基地，应当有所纪念。

7　8766 选矿厂

7.1　概　　述

8766 选矿厂并非传说中的 1966 年立项，而是 1958 年就立项的代号 87-58 工程，是冶金工业部下达给北京有色冶金设计院（当时称为有色冶金设计总院）设计的一项保密采选工程。当时设计的采选能力是 1500 t/d。此后，该项目停停建建，建设方案几经变更，北京有色冶金设计院几次修改设计，一直没有建成。直到 1966 年，该项工程改为 87-66，选矿厂处理能力也调低为 750 t/d，才定型完成设计。此后，1972 年、1973 年北京有色冶金设计院两度进行填平补齐设计，项目代号为 87-72 和 87-73，至此完成全部设计文件。新疆有色金属工业管理局建筑安装工程公司负责承建，由四队负责土建，三队负责安装，于 1975 年秋竣工，这就是 8766 选矿厂的由来。因设计和施工存在的问题较多，1976 年经过近百项技术改造，于 1977 年春季正式投产，真正实现了中国锂铍钽铌现代化的选矿，生产出大量的锂辉石精矿、钽铌精矿和批量的绿柱石精矿，有力地支援了国家国防尖端和军工建设。

8766 选矿厂的领导成员：党总支书记周宝光，厂长左政，后调离由副厂长李金海接任厂长，副厂长唐洪昌（后调离），副厂长孙传尧（负责生产技术和安全），副厂长王宝明（负责设备），副书记吴福常、贺德尔汉（哈萨克族）。

1963 年 12 月 23 日，国家计委批复冶金工业部报送的《新疆可可托海采选厂设计任务书》，决定 3 号脉露天开采能力（矿石）为 25×10^4 t/a；机选厂矿石处理能力为 750 t/d。

1964 年 5 月底，北京有色冶金设计院（当时称为有色冶金设计总院）派出设计工作组到可可托海与现场人员进行扩大初步设计；7 月完成了该项设计。此后，冶金工业部以〔1966〕冶基字 1746 号文，批复可可托海稀有金属选矿厂初步设计。建设规模为 750 t/d，选矿厂设计日处理矿石量为 850 t，其中 750 t 为 3 号脉所产矿石：铍矿石 400 t，锂矿石 250 t，钽铌矿石 100 t。另外有 3 号脉 α 和 1 号矿脉（阿依果斯、阿托拜矿脉）采矿石 100 t/d，设计年产品位为 8% 的铍精矿 1457 t，品位为 5% 的锂精矿 16068 t，品位为 60% 的钽铌精矿 33.77 t。

1966 年 5 月，冶金工业部下达新疆可可托海 3 号脉进行处理 750 t/d 规模和阿依果斯、阿托拜矿脉处理 100 t/d 规模的选矿厂设计的任务书。

厂址位于 3 号脉露天采矿场西 700 m 处的山坡上。厂区最高标高为 1260 m，最低为 1195 m，面积为 9 hm²。平面布置：粗碎厂房布置在厂区的东北角 1195 m 标高上，靠近矿石堆场最近的地方；主厂房与等高线平行布置在厂区中心，并将设备、土建基础落在岩石上；精矿脱水、包装工段布置在主厂房的下部；锅炉房布置在下风向标高较低的西南角处。

选矿厂分为破碎工段，磨矿、重选、浮选工段，脱水、包装工段。在破碎工段有粗碎厂房、细碎厂房、筛分厂房。另有试料加工室、机电修理室、化验室、选矿试验室及车间主任办公室、空压机房（为浮选柱用）。

选矿厂用水量为 6500 t/d，其中选矿用水 5500 t/d，安全贮水池按 4 h 用量容积为 1000 m³，水源取自额尔齐斯河。尾矿坝采用黏土斜墙堆石坝。初期坝顶标高 1222 m，坝顶宽 6 m，以后逐渐用废石加高。当尾矿沉淀池面积增大，不需搞冰下沉积时，便改为尾矿砂堆坝。该尾矿坝建在选矿厂西南面 1100 m 处的山麓。矿浆输送用 φ250 mm 铸铁管分四级泵扬至尾矿坝。泵站之间用矿浆池连接。尾矿输送管长 1100 m，设有一条备用管道。冰下沉积，每年夏季使尾矿坝蓄积足够水量，冬季天冷时在水面上结成 1 m 以上厚冰，在冰层下形成容积很大的空间，使每年 12×10⁴ m³ 尾矿浆注入冰下空洞。尾矿库排水：库内设有两口排水井，直径为 1200 mm，两口井轮流使用。库内澄清水用混凝土管排至额尔齐斯河。排洪用截洪沟导流。

全厂生产、生活采暖通风、用水加热采用机械化上煤、除尘的水管锅炉，总容量为 12 t/h。

供电、配电自总降压变电所输至选矿厂的 6 kV 配电线路，然后由选矿厂配电站进行变电、配电。

自动控制：

（1）破碎工段：破碎设备系列集中控制，自动除铁装置，原矿仓、粉矿仓料面、漏斗堵塞、圆磨润滑系统等有关测量及监视信号装置。

（2）磨矿、重选、浮选工段：棒磨、球磨机给矿量，水力旋流器矿浆溢流浓度，1 号磨选系统有 pH 测定，浮选矿浆液面自动调节，药剂自动输送，摆式给矿机、空压机、取样机、球磨自动装球机等自动控制；一段磨矿给水，浮选柱风压风量、磨矿润滑系统等有关测量及监视信号装置。

破碎工段及磨矿、重选、浮选工段各设集中控制室一个。

（3）脱水、包装工段：浓密机（箱）自动放矿、取样机、离心机、包装系统自动控制。

以上简要介绍的原则设计方案在施工设计和建设中已有较大的变化，多项自动控制系统根本没上。

2 号系统锂矿石浮选基本上沿用 8859 选矿厂的锂浮选流程，但主要技术经济指标长期未能达到 8859 选矿厂 1965—1966 年的水平。1982 年 3 月，8766 选矿厂又进行了强化搅拌、旋流器分级、泥砂分搅混合浮选的工艺流程改造，降低了药剂消耗量，提高了回收率。

7.2　选矿工艺及流程

可可托海 8766 选矿厂设计规模为 750 t/d，按矿山采出的三种类型矿石，磨选车间分为三个系统，即 1 号铍矿石系统（400 t/d）、2 号锂矿石系统（250 t/d）和 3 号钽铌矿石系统（100 t/d）。至 20 世纪 80 年代初，钽铌锂的选别指标接近或超过了设计指标。铍精矿的回收由于当时产品销路不好加之成本高而出现亏损，只进行了短时间的生产，铍尾矿选锂的选别指标低。尤其是处理量始终没有达到设计能力。

选矿厂破碎车间的实际生产能力可达到 60~70 t/h，1981 年为提高选矿厂的原矿品位、降低成本，破碎车间扩建了一条手选皮带，设计选出废石率为 6.54%，磨选车间铍矿石系统可达到 270 t/d、锂矿石系统可达到 230 t/d、钽铌矿石系统可达到 180 t/d。1986 年以后，8766 选矿厂曾多次进行技术改造，如改造搅拌设备，安装新型大浮选机取代旧式小浮选机，改善选锂工艺，进一步提高选矿技术指标和矿石处理能力。20 世纪 90 年代末，8766 选矿厂锂精矿产量曾达到 24012 t/a，成为我国锂辉石精矿产量最多的选矿厂，选锂工艺逐步完善，技术指标稳定，锂选矿技术指标达到国际先进水平，锂原矿品位为 1.2%，精矿氧化锂品位达 6% 以上，回收率为 84%~86%。精矿脱水采用离心分离机，显著降低了精矿水分（属国内最先将其用于稀有金属选矿厂的脱水）。

8766 选矿厂三个系统中 1 号系统为优先选铍的浮选分离锂铍工艺流程，2 号系统为优先选锂的浮选分离锂铍流程；3 号系统浮选流程同 2 号系统，但钽铌是两段磨矿两段回收，而 1 号、2 号系统只有一段棒磨后的一段回收钽铌。三个系统的钽铌粗精矿用管道输送到精选车间集中精选。

7.3　可可托海 8766 选矿厂设计及演变

本节主要表述可可托海 8766 选矿厂设计工作的演变过程。从 1958 年起到 1973 年最后一份填平补齐设计文件归档，北京有色冶金设计院投入了大量的人力和物力。孙传尧回忆，20 世纪 70 年代，该院有一支设计队伍常年驻在可可托海，双职工设计人员甚至把孩子带到可可托海上学。招待所里六七个人住一个大房间，他们经常在这拥挤的房间里工作，条件很艰苦，但设计人员工作兢兢业业，在施工服务阶段经常结合现场的实际情况下达设计变更文件。由于设计工作时间跨度大，停停建建演变内容多，参与设计工作的老同事大都已离世，当今在北京有色冶金设计院（今中国恩菲工程技术有限公司）已经无人能把设计过程说清楚。于是孙传尧请中国恩菲副总工程师、选矿设计专家邓朝安先生帮忙，邓朝安先生花费很大精力查阅了设计档案，提供了如下珍贵的资料。关于 8766 选矿厂的设计主要参阅 87-66 和 87-73 的设计文本。关于选矿工艺流程参阅图 7-1~图 7-3，本节省略。

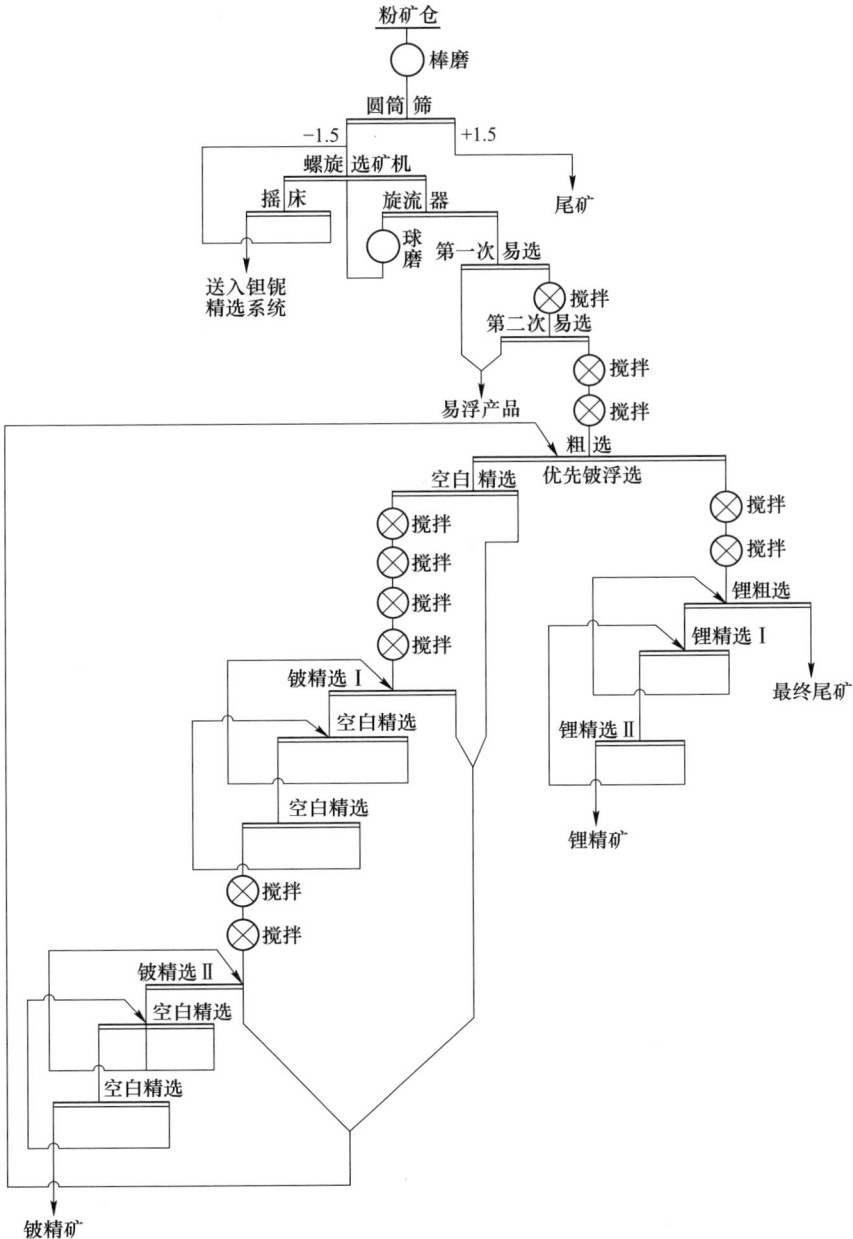

图 7-1　8766 选矿厂 1 号系统优先选铍的浮选分离锂铍、综合回收钽铌设计流程

粉矿仓

棒磨

圆筒筛

－1.5　　　　　　＋1.5

螺旋选矿机

摇床

旋流器

尾矿

球磨
－200目占65%　两次搅拌

钽铌精矿送至
钽铌精选厂精选

优先锂浮选

精选　　扫选

精选　　　　　　　　两次搅拌

锂精矿　　　　　　　铍浮选

精选Ⅰ　搅拌

精选Ⅱ　搅拌

精选Ⅲ

尾矿

精选Ⅳ

铍精矿

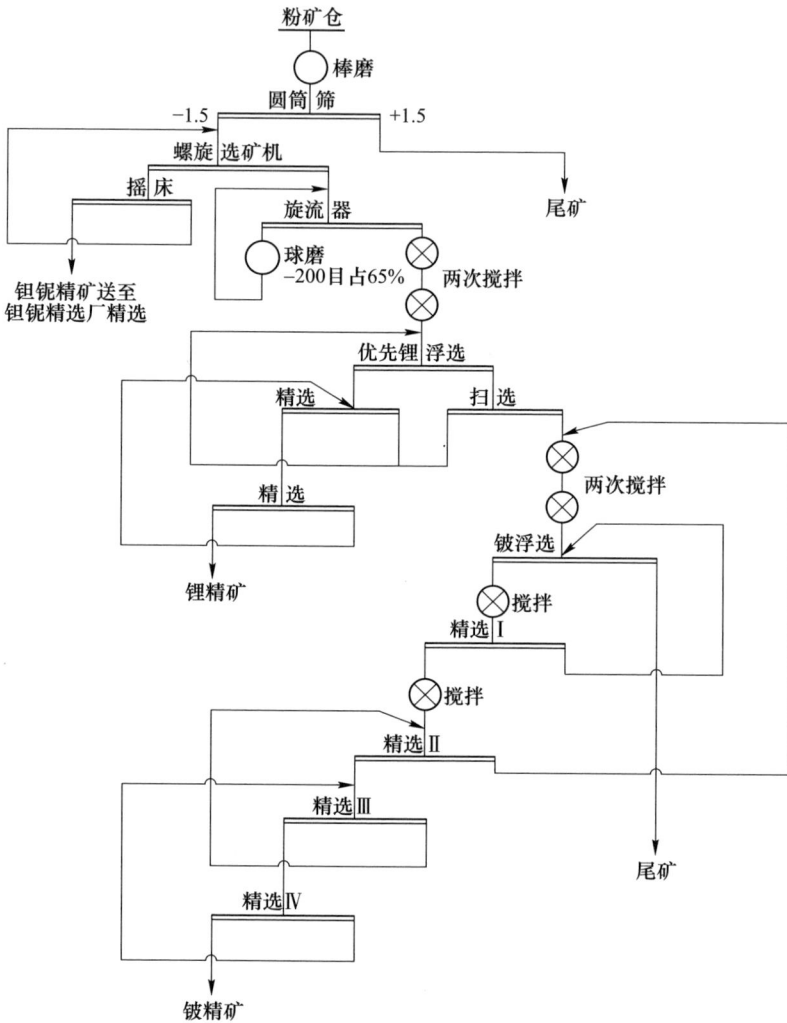

图 7-2　8766 选矿厂 2 号系统优先选锂的浮选分离锂铍、综合回收钽铌设计流程

7.3.1　矿山生产

3 号脉从 1941 年即已进行开采，1956 年以前为小露天及地下开采，1957 年以后全部转入露天开采。1951—1961 年 11 年内，由 3 号脉开采出的矿石量为 147 万吨，生产铍精矿 3057.8 t、锂精矿 76152.8 t（此期间锂铍精矿主要是手选矿块），完成矿山基建剥离量 362.5 万立方米。

1958 年 9 月，根据冶金工业部下达的设计任务书，冶金工业部有色冶金设计总院（现中国恩菲工程技术有限公司）完成了 3 号脉的露天开采设计。设计规模为日产矿石 1500 t，即 51 万吨/年。

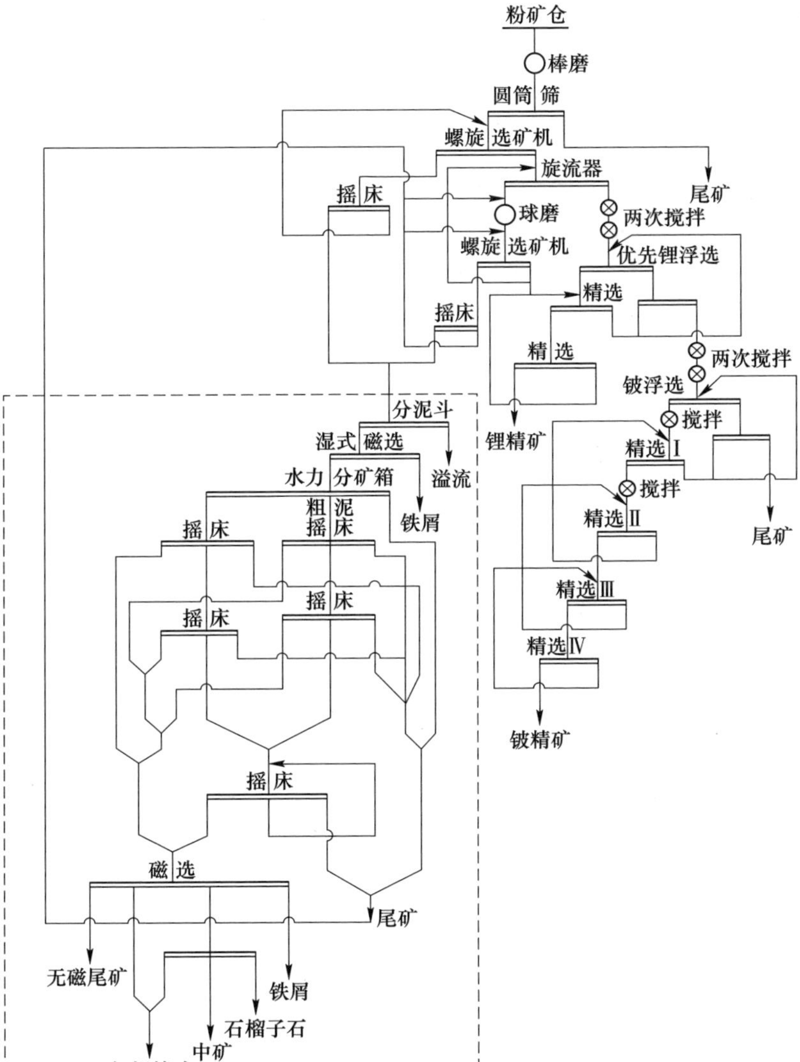

图 7-3 8766 选矿厂 3 号系统优先选锂的浮选分离锂铍、综合回收钽铌（含精选）设计流程

7.3.2 选矿厂设计及演变

7.3.2.1 概述

根据承担可可托海项目设计工作的中国恩菲工程技术有限公司档案资料，涉及该项目的工程项目代号有 87-58、87-66、87-72、87-73 和 88-59 等，时间跨度从 20 世纪 50 年代到 20 世纪 70 年代。项目设计采选规模从最初的 1500 t/d 到最终建设实施的 750 t/d，经历了快速立项上马、中间不断试验研究和方案调整，

到后面建设及试生产期间还在不断进行完善，最终建成了我国首座大型锂铍钽铌稀有金属采选矿山。

可可托海矿山初期采出的矿石是以手选为主的，在矿区设有锂辉石手选厂和绿柱石手选厂各一座。

1958 年冶金工业部下达设计任务书，要求有色冶金设计总院参照苏联米哈诺布尔选矿研究设计院所做的酸法流程选矿试验报告，在设计 3 号脉露天采场的同时，完成日处理矿石 1500 t 的选矿厂设计，设计总投资 805 万元（不包括机修及生活福利设施等）。后由于选矿流程及药剂供应方面存在问题，在进行了部分剥土工程后即停止了施工。

1959—1960 年，有色冶金设计总院地方工作组（相当于设计院现场设计队）协助可可托海矿务局，在可可托海设计和建成了一座 50 t/d 小型选矿试验厂（8859 选矿厂）。试验厂于 1961 年 7 月建成投产，用碱法选矿流程处理高品位锂辉石手选尾矿，至 1962 年 8 月生产了锂精矿 700 余吨，并利用 8859 选矿厂进行了低品位锂辉石手选尾矿的工业试验。

根据 1958 年设计任务书，3 号脉露天开采设计规模为 1500 t/d，选矿厂的最终规模应与采矿规模一致。考虑到当时选矿试验情况及各项建设条件，建议选矿厂由小到大分期建设，第一期先建设一座 200 t/d 锂选厂，以后再根据需要和可能性逐步进行扩建。

之后根据冶金工业部下达的对新疆可可托海 3 号脉进行日处理 750 t 和阿依果斯、阿托拜矿脉进行日处理 100 t 规模的选矿厂设计任务，设计院于 1966 年 8 月完成了可可托海选矿厂扩大初步设计。

750 t/d 选矿厂于 1970 年动工兴建。1973 年 11 月设计院提交了《新疆 87-73 工程填平补齐设计方案意见书》，项目当时主要厂房建筑基本完成，大部分设备基础也已完工，部分设备正在进行施工安装。

可可托海选矿厂设计过程可分为三个阶段，即 1958 年设计、中间设计方案调整和 1966 年设计。

7.3.2.2　1958 年设计情况

可可托海 3 号矿脉设计项目在这个时期的代号为 87-58。

最早的设计文件是 1958 年 5 月完成的《可可托海采选厂设计意见书》，企业名称为"新疆有色金属公司"，项目名称为"北疆稀有金属矿可可托海采选厂"，完成单位为"中华人民共和国冶金工业部有色冶金设计总院"，项目号为"87-58"，项目负责人为莫友怡。开采对象为可可托海 3 号脉，在原有基础上进行露天矿的改扩建，拟建的机选厂选矿工艺流程主要是参照苏联米哈诺布尔选矿研究设计院提供的试验报告拟定。该设计意见书主要目的是送冶金工业部批准，作为编制施工图的设计依据。

据设计意见书介绍，3 号脉已经采用露天开采，采出的矿石经过多年的手选，已经在地表堆存了 79.87 万吨手选尾矿，其中铍矿石尾矿 27.10 万吨、锂铍矿石尾矿 52.77 万吨，共有铍氧化物 1384.8 t、锂氧化物 2659.7 t。

项目建设规模为 1500 t/d，其中铍矿石 900 t/d、锂铍矿石 600 t/d。工作制度按 340 d/a，年采选矿石量为 51 万吨，矿山服务年限为 23 年以上。铍矿石按每天两班生产，6 h/班；锂铍矿石每天生产一班，8 h/班。

采矿按铍矿石和锂铍矿石两种矿石类型出矿，生产初期采矿生产能力不足时，可将地表堆存的手选尾矿送选矿厂作为补充，预计 1961 年采矿能够达产。

采出的两种矿石采用一套破碎系统，破碎流程采用两段闭路破碎。

根据苏联米哈诺布尔选矿研究设计院进行的可选性试验结果推荐的选矿流程，综合各流程之间相似的特点，并按各矿带相同矿石合并处理的可能性，确定采用下列两个流程：

流程 1：铍矿石选矿流程，混合处理 I、II、IV 号矿带矿石及一部分铍矿石手选尾矿，平均入选 BeO 品位为 0.07%。

流程 2：锂辉石及钽铌矿选矿流程，混合处理 V、VI、VII 号矿带矿石及一部分锂辉石手选尾矿，平均入选品位 Li_2O 为 0.91%、BeO 为 0.05%、$Ta_2O_5+Nb_2O_5$ 为 0.021%。

设计意见书指出：

（1）拟定的选矿工艺流程以苏联的可选性试验研究为依据，且试验矿样品位偏高，认为有必要委托试验研究部门进行半工业试验。

（2）选矿药剂种类多、用量大，其中 ИМ-11 及 ИМ-21 两种药剂国内不生产，建议委托研究单位研究替代药剂。

（3）试验研究资料中指出，利用浮选方法，氧化铍和氧化锂难以分离，尤其当两者含量比例为 1:25 时。由于地质报告没有提出铍矿石中氧化锂的含量，因而在生产中能否得到合格的绿柱石精矿难以预计。

（4）由于设计的钽铌精矿品位过低（见表 7-1），且考虑到矿石种类多、选矿流程复杂，拟在设计中建选矿实验室，以研究如何提高钽铌精矿品位，并指导将来选矿厂生产。

表 7-1 1958 年设计选矿指标

矿石类型	锂辉石			钽铌铁矿			绿柱石		
	原矿品位 (Li_2O)/%	精矿品位 (Li_2O)/%	回收率 /%	原矿品位 ($Ta_2O_5+Nb_2O_5$)/%	精矿品位 ($Ta_2O_5+Nb_2O_5$)/%	回收率 /%	原矿品位 (BeO)/%	精矿品位 (BeO)/%	回收率 /%
铍矿石	—	—	—	—	—	—	0.084	10	70
锂铍矿石	0.96	5	75	0.021	27.34	50	0.055	10	15.75
合计	0.96	5	75	0.021	27.34	50		10	

（5）对于矿石中的铷铯，由于没有储量及研究资料，故设计中未考虑其回收。

（6）由于选矿厂服务年限较长，拟在选矿厂的主要部分采用钢筋混凝土结构，其余采用木结构。

设计意见书在问题及意见最后一条指出，1958 年 7 月 1 日要完成全部施工图。

1958 年 6 月完成了《可可托海选厂施工图设计说明书》，项目名称为"北疆稀有金属可可托海选厂"，共两章，即第一章选矿生产篇和第二章尾矿设施篇。

在矿石性质及矿物组成方面，根据苏联米哈诺布尔选矿研究设计院稀有金属矿石选矿试验所对 8 个矿样的分析资料，矿石中的矿物组成见表 7-2。

表 7-2　矿物组成

矿物名称	样品中大致含量/%							
	1 号	2 号	3 号	4 号	5 号	6 号	7 号	8 号
锂辉石	0.5	0.5	25.5	18.0	12.0	1.0	1.0	14.0
绿柱石	2.0	1.0	0.5	0.5	0.5	2.0	0.5	0.3
钽铌铁矿	0.01	0.04	0.01	0.01	0.05	0.007	0.02	0.02
辉铋矿	0.03	微量	微量	微量	微量	0.03	微量	微量
氢氧化铁锰	少量	少量	少量	少量	1.0	少量	少量	1.3
长石	80.0	27.0	40.0	53.0	62.0	80.0	77.0	52.0
石英	11.5	49.0	30.0	23.0	9.0	10.0	12.0	24.0
白云母	3.0	20.0	4.0	5.0	15.0	5.0	5.0	8.0
磷灰石	2.5	少量	极少	0.5	0.3	0.5	0.5	0.4
石榴子石	少量	少量	少量	少量	少量	0.5	0.5	少量
其他矿物	0.5	2.5	少量	少量	少量	1.0	3.5	少量

从表 7-2 可以看出，锂辉石、绿柱石含量在各矿带中的分布是不均匀的。高品位锂辉石集中在 3、4、5 号样品的矿带中，而绿柱石则集中在 1、2、6 号样品的矿带中。这是将矿石分为两种类型，并分别进行选矿处理的依据。

设计选矿工艺流程在苏联米哈诺布尔选矿研究设计院推荐的矿石可选性试验流程基础上，作了部分调整：

（1）浮选方面：

1）锂辉石的推荐流程有两个：其中一个即在粗选时得精矿 1，扫选精矿经二次精选后得精矿 2；另一个是经一次粗选和两次精选得出精矿。考虑到粗选即产出精矿，品位不容易控制，因此采用上述第二个流程。但稍微作了调整，推荐流程中两次精选的中矿是返回到浮选前脱泥工序去的，而设计工艺流程则返回浮选槽中，主要是考虑矿浆在浮选前已经过两次脱泥，中矿含泥不会太多，还可省去砂泵扬送环节。

2）关于绿柱石浮选的推荐流程也有两个。设计时主要根据 1、6 号样品绿柱石浮选的推荐流程，但亦稍有改变，即在选矿工艺流程中取消了磷灰石扫选和第一次精选所得中矿的第四次精选，这样可简化配置，这是第一点改变；第二点改变是绿柱石浮选中第一次精选的中矿，从返回到浮选前的脱泥工序中去改为返回到浮选作业，可节省砂泵扬送。

（2）重选方面：

1）钽铌铁矿重选中第一段磨矿，推荐流程为磨至 2 mm，设计流程为配合下一段磨机的负荷，改为磨至 1.5 mm。

2）推荐流程中，重选得到的钽铌粗精矿先筛分分级，再用摇床选别和磁选才得出精矿。而设计流程则省去了筛分分级和摇床选别，将粗精矿直接磁选得出精矿。主要原因：一是处理量有限，每天仅几吨，按推荐流程会增加流程和配置的复杂性；二是根据现场实际经验，如此亦可产出品位并不低于设计工艺流程所规定的精矿产品。

设计的工艺流程由矿石准备、重介质选矿、重力选矿、浮选和磁力精选等部分组成。

矿石准备：采场来矿最大块度为 500 mm，经预先筛分后，进行两段破碎，破碎产品粒度为 -30 mm。破碎矿石若为铍矿石，则送往 630 m³ 粉矿仓，作为后续浮选的原料。破碎矿石若为锂铍矿石，则再进行一次筛分，-2 mm 筛下产品送往重选；2~30 mm 筛上产品送往 489 m³ 粉矿仓，作为后续重介质选矿的原料。

重介质选矿：先在重介质悬浮液密度为 2.8 g/cm³ 的条件下进行重介质选矿，得到两个产品，重产物为锂辉石精矿 1，轻产物再在重介质悬浮液密度为 2.63 g/cm³ 的条件下进行重介质选矿，产出的重产物为铍矿石，轻产物为含锂、钽、铌等的矿石。铍矿石送往铍矿石系统进行浮选，后者进入下一步的重力选矿。

重力选矿：重介质选别尾矿进行三段磨矿和三段选别。一、二段磨矿为棒磨，磨矿细度分别为 1.5 mm 和 0.5 mm。第三段采用球磨，磨矿细度为 0.1 mm。磨矿产品经水力分级机分级后，+0.074 mm 粒级进行跳汰和摇床选别，-0.074 mm 矿泥先经溜槽粗选后再经摇床复选。上述两部分选别得出的粗精矿，按 +0.5 mm、+0.074 mm、-0.074 mm 级别分别进行磁选，得出钽铌精矿和一部分强磁性矿物。所有摇床尾矿经浓缩脱泥后，进入锂矿石浮选系统，经一次粗选、两次精选得到锂辉石精矿 2 和最终尾矿。

铍矿石浮选：先进行反浮选，依次分选出铋锌混合中矿、磷灰石中矿、云母。其次进行混合浮选，去掉部分尾矿（石英），泡沫产品进行绿柱石浮选，槽底产品为长石精选，泡沫产品经五次精选，其产物再经磁选后便得到绿柱石精矿和石榴子石。

设计采用的浮选药剂种类及消耗量见表7-3。

表7-3　设计采用的浮选药剂种类及消耗量

药剂名称	H_2SO_4	丁基黄药	松油	水玻璃	油酸	HF
药剂单耗量 /$(g \cdot t^{-1})$	2700	120	84	125	48	1500
药剂名称	ИМ-11	ИМ-21	碳酸钠		煤油油酸	NaOH
药剂单耗量 /$(g \cdot t^{-1})$	475	100	2400		300	600

在施工图设计说明书中，除再次重复了1958年5月设计意见书提出的问题之外，还提出了其他一些待解决的问题，如：

（1）新疆有色金属公司北疆稀有金属总体规划草案中记载，按68/60009号合同规定，出售给苏联进出口公司的钽铌精矿，品位为60%。而设计的选矿工艺指标是根据苏联选矿试验资料，钽铌精矿品位仅能达到27%，与规定品位60%相差较远。故建议研究部门在进行半工业试验时，设法进一步提高钽铌精矿品位，并建议进出口公司与苏方协商，能否将出售的精矿品位降低。

（2）矿石储量中未报告铋含量，但试验中可得出产品，因此在设计中考虑了铋的回收，将来生产时品位和回收率指标可能有很大的波动。

（3）重介质选矿部分，因不掌握这方面生产实践经验，仅参考了书本杂志资料便进行了设计，将来生产中对控制介质比重、脱水等难免会出现问题，须在生产过程中逐步进行改进。

（4）为了尽量减小厂房的建筑面积以节省投资，设计中浓缩机采用露天布置，鉴于北疆气候严寒，溢流堰增加保温措施可能会获得成功，但还需要在现场进一步研究解决。

7.3.2.3　关于选矿厂修改设计

在87-58工程施工图设计完成后，根据设计院提出的选矿试验要求，冶金工业部有色金属研究院于1959年2月13日提交了《新疆有色金属公司可可托海选厂重介质选矿及钽铌铁矿重选试验报告》。矿样采自3号脉，为第Ⅲ、Ⅳ、Ⅴ号矿带的混合样，各矿带矿样配比为3：4：1，原矿Li_2O品位为1.7536%、BeO品位为0.044%、钽铌（$Ta_2O_5+Nb_2O_5$）品位为0.033%。

试验方法：首先采用重介质选矿回收锂铍，轻产品再送入重选和磁选回收钽铌。

按流程先后进行了两次试验，第一次原矿掺入锂尾矿10%，第二次原矿未掺入锂尾矿，所得指标如下：

（1）第一次试验：原矿 Li_2O 品位为 1.7335%、BeO 品位为 0.0368%、Ta_2O_5 + Nb_2O_5 品位为 0.036%。

1）重介质选矿：锂精矿品位（Li_2O）为 7.1746%，回收率为 27.15%；铍矿石品位（BeO）为 0.2430%，回收率为 18.15%。

2）钽铌重选+磁选：钽铌精矿品位（Ta_2O_5 + Nb_2O_5）为 15.107%，回收率为 12.0813%。

（2）第二次试验：原矿 Li_2O 品位为 1.7536%、BeO 品位为 0.044%、Ta_2O_5 + Nb_2O_5 品位为 0.033%。

1）重介质选矿：锂精矿品位（Li_2O）为 6.5275%，回收率为 30.7746%；铍矿石品位（BeO）为 0.3387%，回收率为 26.4508%。

2）钽铌重选+磁选：钽铌精矿品位（Ta_2O_5 + Nb_2O_5）为 7.5390%，回收率为 9.8028%。

第一次试验原矿中掺入了锂尾矿，所获得的钽铌精矿指标高，可推断出锂尾矿所含钽铌铁矿浸染粒度较粗。

在收到上述试验报告后，设计院于 1959 年 3 月 19 日提交了《关于新疆可可托海选矿厂修改设计问题的报告》。报告指出：87-58 工程已于 1958 年 6 月完成施工图设计，现场亦于 1957 年 10 月开始施工，并完成了选厂地基、土石方的挖掘工作。根据有色金属研究院的试验结果，混合处理 V、VI、VII 号矿带的矿石，钽铌的回收率过低，约为 9%，分析主要原因是 V、VI 号矿带中钽铌矿物嵌布粒度过细，难以单体解离。经与有色金属研究院共同讨论后认为，应将 VII 号矿带矿石单独处理，重介质车间改为处理 V、VI 号矿带矿石，不考虑回收钽铌（含钽铌的尾矿堆存起来）。浮选车间没有大的修改，但根据有色金属研究院试验结果，原设计需要回收的铋锌中矿及磷灰石不能回收，铍精矿品位为 5%~6%，且在浮选前必须增加去铁设备，温度提高至 18 ℃。因此，在修改设计中，确定不回收铋锌中矿及磷灰石，铍精矿品位定为 7%（考虑到经过磁选后品位会有所提高），并增加了去铁设备且提高了水温，以减少硫酸的消耗量（从 8 kg/t 原矿降低至 3 kg/t 原矿）。

7.3.2.4 中间设计方案调整情况

87-58 工程采选设计规模为 1500 t/d，设计院完成了施工图设计，并于 1959 年根据有色金属研究院完成的选矿试验进行了选矿厂设计修改。

到可可托海最终真正建成的选矿厂（项目号为 87-66）设计规模为 750 t/d，中间经历了什么、决策者出于什么考虑，期间有两份资料可以反映一些情况。

《新疆稀有金属小选厂建设条件调查报告及 1961 年小选厂建设规划》（草稿，手写），1960 年 10 月 25 日。

在报告前面部分写到："大跃进"以来，在党的社会主义建设总路线的指引下，在土洋结合、大中小并举的两条腿走路的方针指导下，于 1959 年开始先后在阿勒泰矿及可可托海矿务局建设了 50 t/d 的小型选矿厂，但都未正式投入生产。1960 年各种产品的生产计划及 1~9 月的完成情况列于表 7-4（作者认为表中的产量是手选产品）。

表 7-4　1960 年各种产品的生产计划及 1~9 月的完成情况

产品名称	单位	可可托海矿务局		阿勒泰矿	
		1960 年计划	1~9 月完成	1960 年计划	1~9 月完成
绿柱石	t	1700	1232. 5	800	600
锂辉石	t	17000	11914. 7	1500	1100
钽铌铁矿	kg	5000	3976. 8	7000	6000
铯榴石	t	75	53. 7	5	4. 6
云母	t	100	288	200	180

　　为进一步贯彻党的社会主义建设总路线和土洋结合、大中小并举的两条腿走路的方针，鉴于选矿试验已获得初步结果，根据地质资源和建设条件，在新疆地区大力发展以中、小型为主的土洋结合的稀有金属选矿厂，使小洋群之花遍开阿山，并为建大型机选厂创造经验、准备条件及培养技术力量，是十分必要而适宜的，也是适合矿脉分布特点的。

　　可可托海矿务局调查报告及建设规划部分内容如下：

　　（1）小型选矿厂的建厂情况。可可托海矿务局于 1960 年 8 月开始，利用 1959 年所建的厂房（原为选绿柱石）在可可托海改建了一座 50 t/d 的锂辉石小型选矿厂。由于部分设备需要矿务局自制，而机械制造及基建力量赶不上要求，因而建设进度较慢。

　　可可托海二矿于 1960 年 6 月开始，在一矿段建立了一座钽铌土重选厂（用木溜槽及土摇床），于 8 月中旬建成投入生产。生产情况良好，日产钽铌精矿量达 20~30 kg（一班工作），提前完成钽铌的生产任务，但此重选厂建于露天，只能夏、秋两季生产，入冬以后就不能生产了。

　　此外在可可托海原有一座日处理 30~50 t 的钽铌重选厂，设备有老虎口、球磨机及摇床等，因厂房内无采暖设备（实际上部分设备露天安设），故冬季不能生产。

　　可可托海四矿于 1958 年开始建一座水力重选厂（钽铌），设备有老虎口、对辊机及摇床等，日处理 30~50 t 原矿，每天可选出含五氧化二钽和五氧化二铌 3.7% 的重砂量 100 kg，生产不太正常，冬季不能生产。

　　（2）1961 年小型选矿厂建设意见。根据地质资源、建厂条件及可可托海矿务局意见，1961 年在可可托海矿务局建设下列小型选矿厂：在可可托海扩建

50 t/d 锂辉石选矿厂为 150 t/d；新建 100 t/d 绿柱石选矿厂，并回收钽铌；在二矿建 50 t/d 绿柱石选矿厂 3 个，其中 1 个回收钽铌，20 t/d 绿柱石选矿厂 1~2 个；在三矿阿斯喀尔特建 50 t/d 绿柱石选矿厂 1 个；在四矿阿克布拉克建 50 t/d 绿柱石及钽铌选矿厂 1 个。

（3）《新疆可可托海三号矿脉露天采场及第一期 200 t/d 锂选厂设计任务书（草案）》，1963 年 2 月。

设计任务书草案包括建设目的、建设规模、产品质量要求、建设依据及协作条件、建设地点、建设进度、投资额、设计单位及进度。具体内容如下：

一、建设目的

为满足国家社会主义建设和尖端工业发展对稀有金属矿物原料的需要，并改善原有企业的生产状况：

1. 改建三号矿脉露天采场，尽快恢复生产。

2. 逐步建设机选厂，改变手选生产方法，提高选矿实收率。

二、建设规模

1. 三号矿脉露天采场：第一期矿石生产规模为 500 t/d，最终矿石生产规模为 1500 t/d。

2. 选矿厂：第一期建设 200 t/d 锂辉石选矿厂，选矿厂最终规模可发展为 1500 t/d。

选矿厂扩建另行下达设计任务书。

三、产品质量要求

第一期 200 t/d 锂选厂生产锂辉石精矿要求 Li_2O 含量在 4% 以上。

四、建设根据及协作条件

1. 资源条件：三号矿脉露天采场根据 1958 年 4 月全国储委批准的《新疆可可托海矿床三号矿脉 1946 年至 1957 年 1 月 1 日地质综合储量报告》及开采现状进行改建。

第一期 200 t/d 锂选厂初期处理现已堆存的手选尾矿，以后处理 3 号脉开采的原矿，手选尾矿勘探资料由新疆有色金属工业管理局第一矿务局于 1963 年第一季提交。

2. 选矿试验条件：第一期 200 t/d 锂选厂根据有色金属研究院 1962 年 9 月提交的《可可托海 3 号脉锂辉石手选尾矿工业试验报告》及其补充试验报告进行设计。有色金属研究院于 1963 年 2 月提交了补充试验报告。

为处理原矿，由有色金属研究院提交处理原矿的试验报告，以便对设计进行校验。

3. 选矿药剂供应：环烷酸皂或氧化石蜡皂由冶金工业部解决。

4. 供电：由可可托海大水电站总降压变电所供电。

5. 供水：取自额尔齐斯河，自建水源地。

6. 生产物质来源：由第一矿务局所属文特卡拉煤矿供应。

7. 劳动力来源：技术人员由冶金工业部调配，劳动力由新疆维吾尔自治区解决。

8. 生活物资来源：由新疆维吾尔自治区解决。

9. 产品使用对象：供给国内稀有金属冶炼需要，部分储备及出口。

10. 运输协作条件：外部运输由第一矿务局统一安排。

11. 机修协作条件：采选设备之大、中修，由第一矿务局所属机械厂及汽车厂承担。为满足工作需要，上述二厂需进行适当扩建，其设计由新疆有色金属工业管理局第一矿务局负责。

12. 生产方法及技术经济依据：

（1）3 号脉露天采场应充分利用原有设备，采用露天开采。

单位投资：达到第一期 500 t/d 生产规模时为 200~220 元/(t·a)，达到最终 1500 t/d 生产规模时为 150~180 元/(t·a)。

平均矿石单位成本：15~18 元/t。

（2）第一期 200 t/d 锂辉石选矿厂采用碱法选矿流程。

单位投资：90~100 元/(t·a)。

锂精矿单位成本：280~350 元/t。

五、建设地点

新疆伊犁哈萨克自治州阿勒泰专区富蕴县。

六、建设进度

1. 3 号脉露天采场：1968 年以前恢复生产达到第一期 500 t/d 生产规模，1977 年以前达到 1500 t/d 生产规模。

2. 第一期 200 t/d 锂选厂于 1965 年建成投产。

七、投资额

1. 三号矿脉露天采场：达到第一期 500 t/d 生产规模投资约 3600 万元，达到 1500 t/d 最终规模投资约 3900 万元，总投资约 7500 万元（不包括汽车厂及机械厂扩建投资）。

2. 第一期 200 t/d 锂选厂投资约 600 万元。

八、设计单位及进度

由有色冶金设计总院负责设计。设计按二阶段进行，扩大初步设计于 1963 年完成，施工图待初步设计批准后另定。

在本报告附件中对选矿试验研究及选矿厂建设情况进行了描述："对 3 号脉的选矿试验工作，有色金属研究院和北京矿山研究院做了许多试验研究工作。到目前为止，用碱法选矿流程浮选锂辉石已基本获得成功。根据有色金属研究院 1962 年 9 月提交的《可可托海 3 号脉锂辉石手选尾矿工业试验报告》，获得如下指标：当原矿 Li$_2$O 品位为 0.8%～0.9% 时，精矿 Li$_2$O 品位可达 4.2%～4.5%，选矿实收率可达 75%～82%。但目前在锂辉石的选矿试验中，从锂矿石中回收绿柱石的问题尚未得到解决，在锂辉石的浮选过程中 90% 以上的绿柱石富集到锂精矿中，在锂精矿中 BeO 含量为 0.15%～0.2%，目前还不能把它分离成独立精矿。因此要求研究部门尽快解决这个问题，如果在第一期 200 t/d 锂选厂设计前不能得到解决并提交试验报告，在设计中只好预留一定的场地，以备将来综合回收增添设备之用。"

7.3.2.5　1966年设计情况

可可托海 3 号脉设计项目，在这个时期的项目代号变成了 87-66。

新疆可可托海稀有金属选矿厂扩大初步设计说明书（87-66 工程）：选矿厂扩大初步设计于 1966 年 8 月完成，项目名称为"新疆可可托海稀有金属选矿厂"，完成单位为"中华人民共和国冶金工业部第三有色金属公司"（作者注：有色冶金设计总院），项目号为"87-66"，设计队队长为胡恩堂，选矿工艺主要设计者包括张启富、李宝琛、柳杨和纪文元。扩大初步设计说明书共 10 章、81页，14 张附图。

设计说明书前言部分内容如下：

根据今年 5 月冶金工业部下达对新疆可可托海 3 号脉进行日处理 750 t 和阿依果斯矿脉、阿托拜矿脉进行日处理 100 t 规模的选矿厂设计任务，我公司于 5月底派工作组赴现场和矿务局一道进行了扩大初步设计。

根据设计任务和边区具体情况，按照毛主席思想和党的各项方针政策，贯彻了备战备荒为人民的指示，贯彻了少花钱多办事、勤俭建国方针和生产上从新、生活上从简的原则，对生活福利设施及生产辅助设施没有进行设计。为了充分利用国家资源，设计中对几种产品都考虑了回收，将国家急需产品（钽铌和锂）放在首位，凡是有条件回收之处，都采取了措施加以回收。

由于任务要求较急（扩大初步设计要求在今年 7 月做完），某些试验研究工作正在进行，因此在扩大初步设计阶段一些问题不能最终确定下来，需要在施工图设计之前陆续加以解决。

扩大初步设计中存在的一些问题及处理意见摘要如下：

（1）选矿流程。几年来，有色金属研究院及北京矿冶研究院对可可托海 3 号脉的原矿和手选尾矿进行了多次的选矿流程试验研究工作，基本上解决了锂、铍及钽铌的回收问题。1965 年以来，新疆有色金属工业管理局科研所在两个研究院试验研究的基础上，又拟定了一个新的选矿流程，该流程吸取了两个研究院的优点，进行了简化，并采用了廉价的纸浆废液代替某些选矿药剂。该流程目前正在 8859 选矿厂进行工业性选矿试验。鉴于新疆有色金属工业管理局科研所正在进行工业性试验的选矿流程比较简单、药剂用量少、适于应用浮选柱等优点，在扩大初步设计中采用了此流程，要求科研所能够在施工图设计之前完成该流程的试验。由于选矿流程正处于工业性试验研究阶段，设计中考虑了改成其他两个研究院流程的灵活性。

（2）浮选柱。浮选柱是近代较新的选矿设备，它的优点是设备构造简单、投资和建设快、生产成本及维护成本低。根据研究院小型试验指标来看（锂精矿品位高于 5%，回收率近 70%），采用浮选柱代替浮选机是可能的。但目前工业性的浮选柱试验指标与浮选机的指标相比差距还很大。

根据这一情况，我们认为采用浮选柱选别此类矿石的规律性尚没摸索到，需要采取有效措施，积极地进行试验研究工作。并考虑到目前距离建设还有一段时间，可以更进一步地做些工作，为此扩大初步设计做了两手准备，按采用浮选柱进行，但考虑有可能采用浮选机的灵活性。当采用浮选机时，其设备数量如下：5A 型浮选机 92 台，4A 型浮选机 48 台，1A 型浮选机 42 台。为此，建议新疆有色金属工业管理局库存的 66 台 5A 型浮选机暂不外调，其不足数量可考虑由其他库存设备调来。

（3）关于阿依果斯矿脉及阿托拜矿脉的矿石，以前没有进行过选矿流程的试验研究工作，设计的流程及指标是参考有关资料拟定的。鉴于其矿石性质复杂、含金属种类多，拟定的流程是否合理，建议新疆有色金属工业管理局科研所能够在施工图设计之前对该流程进行验证。

（4）1965 年中国科学院地质报告证明，在 3 号脉中有富铪锆英石，但对它的成矿规律及分布情况还没有得出最后结论。目前研究单位还没有进行富铪锆英石回收方法的试验研究工作，本设计对富铪锆英石的回收无法考虑，只是留有扩建的余地。建议科研单位能够立即开始进行试验研究工作，在选矿厂投产前提出研究结果。

（5）选矿厂用水。设计采用了三号矿脉开采的疏干排水作为选矿厂的水源。疏干排水总量约为 18000 m³/d，选矿厂设计用水量为 6500 m³/d。故要求有色冶金设计总院对三号矿脉疏干排水的施工图设计和施工要在选矿厂投产前完成，以便满足选矿厂用水的需要。

（6）机电修理站。其任务主要是承担选矿厂设备的检查、日常维护以及部分的小修工作量，主要设备的大、中修理以及复杂的小修工作量均由矿务局直属机修厂承担。各种大型锻件、铸件及复杂的大型配件均由外委解决。

（7）对 8859 小型选矿厂的处理意见，根据新疆可可托海 3 号脉矿石种类多、性质复杂和富含多种稀有金属等特点，以及至目前尚有一些有用矿物没有搞清，多年的繁重选矿试验实践证明，今后对三号矿脉的选矿试验研究工作仍会很重，有保留 8859 小型选矿厂的必要。但试验研究任务并不是平衡的，为此，它也可以承担一定的生产任务。

（8）选矿试验室及化验室。鉴于矿务局有中心化验室和部分选矿试验设备，以及由于选矿厂建立，其化验分析样品增加不多，目前中心化验室有能力承担其全部任务，因此这次设计不增加化验室和选矿试验室。但目前中心化验室的位置不好，对附近托儿所和食堂有影响，建议矿务局在将来若对现有化验室的房屋进行大修，可不必再用原来的房屋，把中心化验室和选矿试验室一起迁至选矿厂附近原有轧钢厂的房子中（即利用原有轧钢厂的厂房进行改修）。

（9）材料及药剂仓库。矿务局原有炼钢厂厂房目前没有使用，空闲着，设计确定将其作为选矿厂的材料及药剂仓库。由于厂房多年不用，有严重失修破损之处，故需适当地加以修缮。

（10）根据西北建设指挥部对扩大初步设计审批意见，不建设 100 t/d 的 3A 钽铌生产系统，设计规模改为 750 t/d，为满足设备订货需要，设备明细表已经修改，而其设计说明书和图纸等没有进行修改，仍为 850 t/d。

7.3.2.6 新疆 87-73 工程填平补齐设计方案意见书

《新疆 87-73 工程填平补齐设计方案意见书》完成于 1973 年 11 月，项目代号变成了 87-73。该意见书反映了时代的特色，在设计单位"北京有色冶金设计院"上加盖了"冶金部北京有色冶金设计院革命委员会"印章，首页及主要设计负责人员页见图 7-4。

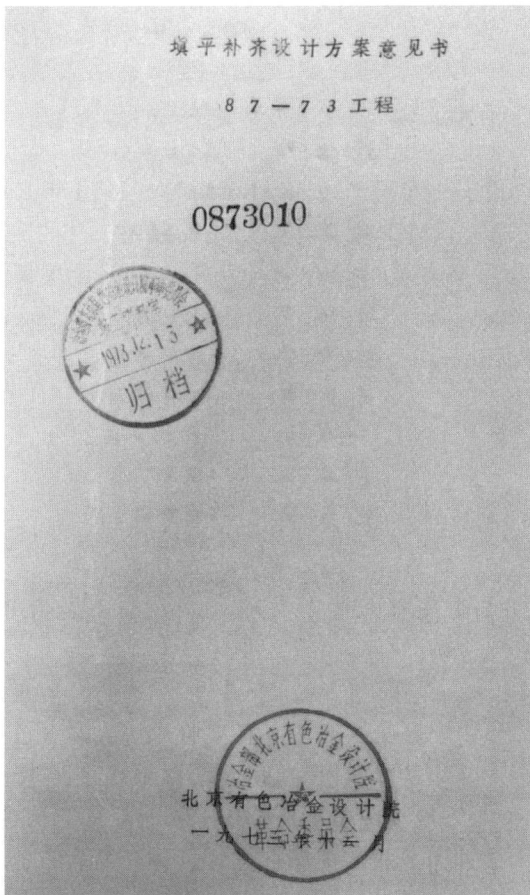

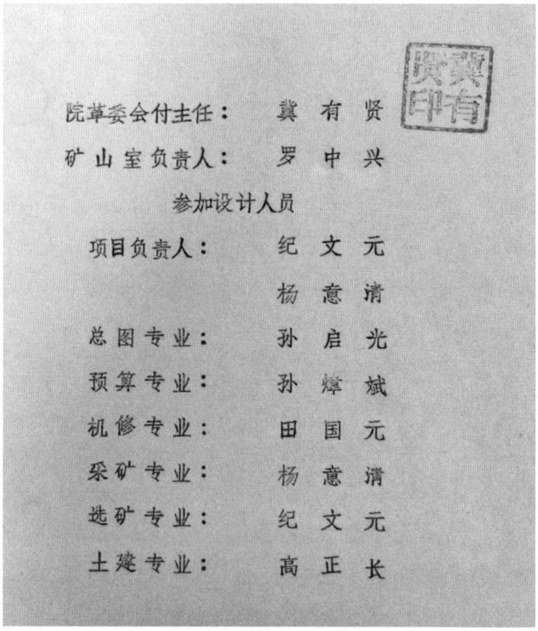

院革委会付主任：　冀　有　贤

冀有贤印

矿山室负责人：　罗　中　兴

参加设计人员

项目负责人：　纪　文　元

杨　意　清

总图专业：　孙　启　光

预算专业：　孙　焯　斌

机修专业：　田　国　元

采矿专业：　杨　意　清

选矿专业：　纪　文　元

土建专业：　高　正　长

图 7-4　意见书首页及主要设计负责人员页

该意见书反映了可可托海 87 工程项目在当时（1973 年）的一些状况，在意见书第一部分“填平补齐设计原则及存在问题的概述”中写到：

87 工程是于 1958 年开始进行设计的。几年来，设计规模及设计方案曾多次变更。1964 年及 1965 年，采矿部分做了两次修改设计。1966 年根据修改后的采矿规模又做了日处理能力 750 t 选矿厂的初步设计和施工图设计。

目前的建设情况：采矿基建剥离量仅欠 60 万立方米就达到 1965 年修改后的采矿设计指标。选矿厂于 1970 年动工兴建，目前主要厂房建筑基本完成，大部分设备基础也已完工，部分设备正在进行施工安装。四台发电机组，装机容量为 18000 kW 的水电站，已有两台机组投入了生产，另两台机组正在施工安装。选矿厂供水、供电系统主要部分已完工，尾矿坝工程正在施工。根据当前的建设情况和建设条件来看，只要采取一些积极措施，该企业应该很快便能全面投入生产。

前几年，根据冶金工业部的指示精神，采矿及选矿厂的生产辅助设施及生活福利设施均由可可托海矿务局自行调剂解决。因此，我院先后几次设计对生产辅助设施和生活福利设施以及其他一些有关设施都没有进行考虑，根据〔72〕冶基字 1854 号《对新疆有色局日处理 750 吨选矿厂一些问题的意见》的指示精神，为了确保 87 工程日处理 750 t 采选联合企业正常持续的生产，我院于今年 8 月派出工作组到现场进行了调查研究，听取了各方面对设计的意见，并作了“三结合"的填平补齐设计方案。

根据该矿的具体情况并结合冶金工业部对 87 工程历次设计的指示精神, 这次填平补齐设计方案是按照下述设计原则拟定的:

(1) 选矿部分基本上按照〔72〕冶基字 1854 号文件的指示精神确定填平补齐的设计方案。但精矿包装部分经技术经济比较进行了修改, 我们意见改为散装运输方案。

(2) 采矿部分除对影响 750 t/d 选矿厂正常生产的一些薄弱环节进行必要的填平补齐外, 其他部分按原设计不改。如原设计安全爆破距离为 200 m, 现根据冶金工业部 1973 年《爆破安全规程》规定改为 400 m。采矿汽机修设施及工业生活辅助设施原设计均在 200 m 爆破范围内, 考虑到上述设施的建筑物均为 1953 年修建的土木结构, 且均开裂倾斜, 为了确保安全生产, 我们意见将上述设施迁至 400 m 爆破范围外, 对现在 200 m 爆破范围外、400 m 爆破范围内的职工宿舍应结合宿舍更新逐步搬迁。又如为了降低采矿成本, 确定采用铵油炸药, 增加铵油炸药加工设施。

(3) 外部运输。精矿运输汽车经新疆有色金属工业管理局决定, 由可可托海矿务局自行管理。外部运输汽车及采矿自卸车的大修确定由新疆有色金属工业管理局汽修厂承担, 在可可托海进行三级保养。考虑到该矿处于高寒地区, 交通不便, 每年约两个月对外不能通车, 我们意见除充分利用矿务局现有汽车保养设施及设备外, 需适当提高其装备水平, 保证汽车的出勤率。因此, 确定采矿自卸车在新建采场汽保车间进行三级保养, 外部运输车均在矿务局现有汽修厂进行三级保养, 所缺的必要设备在此次设计中加以补齐。

(4) 考虑到该矿位于返修前线高寒地区, 矿石中含有较多的二氧化硅及放射性矿物, 同时又是一个较老的企业, 此次填平补齐设计拟定了:

1) 为改善工人的劳动条件, 确保工人的劳动保护, 将选矿厂主厂房处理放射性物质部分的湿式精选及干式磁电选部分单独划出, 另建精选车间, 加强防护措施。

2) 矿务局原有中心化验室位于食堂和托儿所、幼儿园之间, 对周围环境造成了污染, 为加强环境保护, 确定将中心化验室搬迁到精选车间附近。

3) 目前矿务局单身员工与家属的比例为 1:9, 经向新疆维吾尔自治区建委汇报, 单身员工与家属宿舍的比例按 3:7 采取, 办公室按全员的 10% 考虑。

(5) 由于这次填平补齐设计增加了一些建筑物, 原 87-66 工程的两台 4 t 锅炉能力不足。考虑到目前有些单位对锅炉进行改装能增加锅炉出力, 我们意见由新疆有色金属工业管理局工程公司负责进行考察研究并试验改装原有两台锅炉, 如试验成功可不增加锅炉, 不成功则需新增一台 4 号锅炉。

(6) 选矿厂自动化部分的设计, 考虑到目前矿务局 8859 选矿试验厂正在进行自动化试验，并已取得了一些成果。经与矿务局协商，8766 选矿厂自动化部分由矿务局自行设计。

（7）8766 选矿厂浮选用的热水加温设施，经与矿务局协商，由矿务局自行设计。原则上夏季全部用电，冬季尽量用电，不足部分用蒸汽补充。

选矿部分的填平补齐内容主要是选矿精矿包装及其他辅助设施，主要内容如下：

（1）精矿包装及贮存：钽铌精矿采用乳胶玻璃丝袋及木箱包装，每箱质量为 40~50 kg；细晶石精矿用铁桶包装，每桶质量为 40~50 kg。运出前贮存在新增钽铌精矿仓库中，仓库贮存量为 60 d。

铍精矿经离心机脱水后，精矿水分为 8%~12%，用乳胶玻璃丝袋及麻袋包装，露天贮存。

锂精矿由于品位较低（约 5.5%）、产量大（45.6 t/d）、价格低（687 元/t）、运输距离长（至乌鲁木齐 1000 多千米），考虑改用散装方案。这样每年可节省麻布片及乳胶玻璃丝布各 460 m^2，每年降低成本约 110 万元。为此确定，锂精矿经离心脱水机脱水后，精矿水分为 8%~12%，经皮带运输机运往锂精矿新增抓斗式矿仓中贮存。由于该矿每年约有 50 d 因风雪及道路翻浆不能通车，矿仓贮存量按 60 d 考虑。锂精矿运至乌鲁木齐后，一部分供 115 厂，另一部分暂用火车运往其他省，因此在乌鲁木齐转运站也建一个抓斗式矿仓，用作锂精矿的转运，矿仓贮存量定为 30 d。上述建于两地的锂精矿仓冬季都需要采暖，并各设一台 5 t 桥式抓斗起重机，同时为了减少人员，提高劳动生产率，建议车厢改为自卸式。

（2）中心化验室：可可托海矿务局中心化验室的主要任务是为 87 工程采选厂服务，同时也为 8859 选矿试验厂及矿务局所属各矿服务。

此次填平补齐设计中，突出地考虑了放射性物质对操作人员的危害，采取了必要的防护及通风设施，增加了铀钍分析室、放射性物理分析室及电气设备、仪表仪器修理室、办公室。化验室建筑物需新建，设备、仪器除补充一台 751 型分光光度计及六个空心阴极灯外，全部利用现有化验室的设备及仪器。劳动定员维持现状，不需增加。

（3）选矿实验室及材料库：新增实验室的主要任务是结合生产过程对矿石性质的变化提供合理的技术操作条件，研究改进工艺流程及解决生产中存在的问题，对采用新技术、新药剂、新设备及不断扩大综合回收等进行试验研究工作。

选矿厂的备品备件、劳动保护用品、仪器仪表、杂品等所用材料库需建筑面积为 270 m^2。经与矿务局研究决定利用原有轧钢厂的厂房作为选矿厂的材料库，但需做必要的修缮。

7.3.2.7　结语

在设计院档案室中，《87-73 工程填平补齐设计方案意见书》是 87 工程最晚的设计归档资料。选矿厂建设期间的技术服务报告、设计变更，以及项目设计回访和总结报告，在当前的中国恩菲工程技术有限公司设计咨询项目中已经变得很普遍；但 87 工程在当时为保密项目，归档资料中有机密、绝密的涉密等级。据了解，当时能够参加这一工程的设计人员，也是需要进行审查并遵守有关的保密规定。因此，这一项开始于 20 世纪 50 年代，完成于 20 世纪 70 年代的伟大工程，中间经历多次规模、方案的变化，项目也建建停停，到底期间项目发生了什么演变，也只有亲身经历过的项目负责人才能说得更加清楚。因为可可托海 87 工程是保密项目，即使是参加了这一工程初步设计和施工图设计的主要设计者，也可能并不知道某些具体事情。遗憾的是当年参加该项设计的老专家大都已离世，但他们的业绩永存。

7.4　8766 选矿厂建设

7.4.1　施工企业新疆有色金属工业管理局建筑安装工程公司

承担 8766 选矿厂建设的施工企业是新疆有色金属工业管理局建筑安装工程公司（以下简称工程公司）。1951 年可可托海矿务局的前身即中苏有色及稀有金属股份公司阿山矿管处就组建了自己的工程队和安装队，承担部分工程的施工。为建设可可托海水电站，冶金工业部于 1963 年 12 月 20 日以冶基字第 8954 号文批准新疆有色金属工业管理局成立"新疆有色金属工业管理局建筑安装工程公司"。该公司由可可托海矿务局工程队和安装队、阿勒泰矿工程队合并，并由可可托海矿务局的生产矿山抽调部分技术骨干组成。

在 87-66 工程之前，可可托海矿务局 8859 选矿厂的土建与设备安装、海子口水电站的大坝建设和地下厂房的建设、设备安装都有这支施工队伍参与。工程公司在冬季气候极端严寒的可可托海取得了一个又一个业绩，是一支特别能吃苦、能战斗的队伍。在二十世纪五六十年代，国家一穷二白，没有也不可能从内地成建制地调来施工队伍，尽管如此，国家还是从内地企业抽调了部分技术骨干来支援可可托海的基本建设，新疆有色金属工业管理局建筑安装工程公司就是在这样的背景下逐步成长、发展起来的。

考虑到可可托海天气、交通等诸多不利因素，工程公司从组建时起，就在所在地形成了自己独立的运营体系，有基建库、木材加工车间、动力站、运输车队和实验室等，满足不同建设项目的基建安装需要。

工程公司有一支坚强务实的领导干部及管理骨干和技术骨干队伍。工程公司领导先后有王勤俭、祝天学以及后来的林钧合等；担任施工三队的领导先后有赵李明、王国真、林钧合等，工程技术人员有邓国禄、李世杰、栾凤鸣、钟家琼等；施工三队设备安装班班长王继武，锅炉管道班班长刘金锡；施工四队领导有刘延鑫等。工程公司总部的技术人员有韩友章、武士琴、董紫敏等。

　　为适应不同基建项目对各专业的需要，工程公司的专业技术人员类别较齐全，有采矿专业、选矿专业、机械专业、电气专业、土建专业、计划统计专业、工程概预算专业、水工专业等，而且大都来自正规的大中专院校，如清华大学、东北工学院、西安冶金建筑学院、新疆工学院等；来自冶金工业部著名中等专业学校如沈阳冶金机械专科学校等的也不少。这些工程技术人员的相当数量，除了进入工程公司的领导层、各分队的领导层外，其余分布在公司和各分队的技术岗位上。

　　新疆有色行业的几个大项目都是由工程公司完成的。如：8859 选矿厂的土建工程、设备安装；海子口水电站大坝的建设、地下厂房的建设和水轮机的安装；喀拉通克铜镍矿的探采井建设，部分 11 万伏高压线的架设，铜镍矿选矿厂、冶炼及所有的工业设施、民用设施建设。

　　关于 8766 选矿厂的建设，北京有色冶金设计院在设计说明书中明确表示："新疆有色金属工业管理局建筑安装工程公司没有承担过大型工业与民用建设项目，施工经验不足，技术力量薄弱……"但就是这样一个并不被设计单位看好的工程公司，克服了预想不到的困难，以科学严谨加拼搏的作风终于建成了规模不算大，但工艺流程相当复杂的中国第一座大型锂铍钽铌稀有金属选矿厂，即 8766选矿厂。

7.4.2　艰难的建设历程

　　新疆有色金属工业管理局建筑安装工程公司于 1967 年初开始平整场地、开挖基础，当年开挖场地基础 2982 m^3，路面开挖 1933 m^3，开挖水沟 500 m，清雪5000 m^2。1969 年 9 月，工程公司集中部分主要施工力量主攻土建工程，到 1970年底，锅炉房、脱水车间、粉矿仓、浓密池等基本竣工，主厂房及破碎工段皮带廊基础已开挖，尾矿管道已开挖，主厂房行车已安装好，非标准设备及构件开始制作。

　　1970 年 5 月 6 日，冶金工业部发出《关于开展设计复查的紧急通知》，北京有色冶金设计院于 7 月底派出工作组到可可托海矿务局举办 87-66 工程设计复查学习班。参加学习和讨论的有以老工人为主的生产、施工人员和设计人员。通过1970 年 7 月 31 日至 8 月 7 日的集体行动，对设计工艺、机电、水暖、土建等逐一检查论证，最后对原尾矿坝设计做了较大修改，注意了尾矿坝基础处理及排洪问题；碎矿方案由过去设计的三段碎矿改为二段碎矿；钽铌选矿采用 8859 选矿厂试验成功的精选新流程，用磁选代替设计的重选；复查后增加了部分磁选机等，取消了介质摇床及部分自动控制仪器；将主厂房木板墙改为砖墙，部分楼板改为混凝土楼板；两个 400 m^2 木水池改成一个混凝土水池。因当时锂铍浮选试验仍在进行，工艺流程尚未最后确定，故选矿设备尚未定型。

1970 年下半年，根据军委"关于加强战备工作"的精神，冶金工业部要求新疆有色金属公司在 1971 年全力加快 8766 选矿厂建设进度及大型水电站基建收尾工程进度，要求 1971 年 11 月底前完成 8766 选矿厂全部土建工程，12 月试车。但到 1971 年底，8766 选矿厂土建工程仅完成 70%，设备安装只完成 8%，1972 年仅完成主厂房主体工程，1973 年 1 月至 6 月底，主厂房接近完工，但门窗尚未安装；浓密、脱水工程基本完工，破碎、筛分工程仅完成 70%~80%；锅炉仅安装一台。面对如此局面，1973 年底，可可托海成立矿区生产建设会战指挥部，集中力量加速 8766 选矿厂建设。1974 年，主厂房开始设备安装；破碎工段及皮带廊土建工程收尾及设备安装，钽铌精选车间土建开始。

1975 年，除完成主要生产系统建设安装任务外，加紧了辅助生产系统供热、供水、供电设备的安装；到 9 月，生产系统已基本竣工，初具生产能力，仅尾矿坝、锂精矿库及厂区排水系统尚未全部竣工；9 月、10 月投料试车后，对部分流程进行调整、小修，便陆续投入生产。整个工程包括破碎车间、磨浮车间、皮带廊道、浓密脱水车间、尾矿设施、锅炉房等。工业厂房竣工总面积为 7628 m²，建筑总体积为 55576 m³，外部管网长 8.84 km，贮水池总容积为 1050 m³，高压输电线路长 3.4 km，公路改建 1.6 km，通信线路长 4.3 km。该工程批准的设计概算为 693.2 万元，实际支出为 1466.98 万元。

8766 选矿厂是在"文革"时期进行设计和施工建设的。由于"文革"的影响，至 1975 年 10 月仓促竣工后，遗留的问题很多，以致无法正常生产。1976—1977 年，该厂用了一年时间进行改造。1977 年重新开车投产。

7.4.3 新疆有色金属工业管理局建筑安装工程公司的艰苦努力

上一节记述了 8766 选矿厂历经 10 年的艰难建设历程，分析其原因，有些是外部因素，有些是内部因素。本节具体记述施工单位的艰苦努力。

北京有色冶金设计院承担了 8766 选矿厂的全部设计，之前进行了现场的踏勘、工厂选址、可行性研究等一系列工作。因当时正处于"文革"期间，该院的设计工作受到影响，也影响了工程公司的建设工作。

可可托海是一个冬季十分寒冷的地区，一年无霜期不足半年，再加上"文革"的干扰和影响，土建工程进展缓慢。1973 年，为加速 8766 选矿厂及可可托海矿务局其他配套工程的建设，新疆有色金属工业管理局决定在可可托海成立基建生产会战指挥部，大大加快了 8766 选矿厂的建设速度。

以往冷清的 8766 选矿厂建设工地呈现出一片忙碌的景象，以纪文元总设计师为代表的北京有色冶金设计院的设计人员常年守在可可托海进行技术交底和施工服务。工程公司将施工一队、二队留在海子口水电站加紧电站的配套建设、水力发电机的安装、输变线路的建设与完善，把施工三队即负责设备安装的队伍调往 8766 选矿厂建设工地，施工四队也被调往 8766 选矿厂建设工地，负责土建工程。8766 选矿厂的厂房设备有大量非标件需要制作，即使在天寒地冻零下 30 多摄氏度的环境里，从粗碎的颚式破碎机到皮带运输机，再到圆锥破碎机、振动筛、棒磨机、球磨机、分级设备、螺旋选矿机、摇床、浮选机、搅拌槽、各种砂泵、泥浆泵的连接、安装，有大量的焊接工作，李如增等一批电焊工经常加班加点，没有休息日，也没有加班费，更没有奖金，工人们硬是要以最快的速度把 8766 选矿厂建成。

87-66 工程无论是厂房内外还是锅炉房，管道安装、焊接及隐蔽工程、地下工程特别多，以刘金锡为班长的管道班非常出色地完成了这些任务。以王继武为班长的设备安装班承担着大量的设备安装任务。在那个生产、建设极不正常的年代，设备订货也不正常，经常出现调剂设备、代用设备，这给安装带来了极大的困难，但这都被他们一一克服了。为了节约资金和争取时间，工程公司硬是把建设二厂房水电站用的皮带运输机在水电站建设不再用时，全部改造安装在 8766 选矿厂，8766 选矿厂所用的 11 条矿石运输皮带有 10 条是由二厂房水电站改造而来的，节约了大量的基建资金和时间，大大加快了建设进度。在安装这些旧皮带运输机时，他们一改过去运输皮带接头应用皮带卡子的旧工艺，采用了国内新的胶接皮带方法，淘汰了皮带卡子，实现了无缝的运输皮带，大大改善了皮带廊道的工作环境，减少了粉尘，减轻了工人的劳动强度，也大大减少了槽形托辊的损坏。

8766 选矿厂从 1973 年下半年开始进入建设的快车道，主厂房、四级泵站、尾矿坝、精选厂房、锅炉房、精矿库、破碎工段等所有这些设施及其中设备的安装，以及非标件的制作与日俱新。主厂房的取暖供热能力还未形成，工人们在零下 40 摄氏度的严寒天气里加班加点地工作，在零下 10 多摄氏度的情况下，一些混凝土工程就是加上抗冻剂、增强剂也要突击完成。1973—1975 年两年时间里，工程公司硬是把一个最初仅有厂房外壳的 8766 选矿厂建设起来了，设备基本安装到位，仅剩下零星还没到货的设备，如少量的精矿脱水离心机，绝大部分已经完工，初步具备试车的能力。

1975 年 9 月，8766 选矿厂剪彩试车，冶金工业部、新疆维吾尔自治区和新疆有色金属公司的有关领导都来出席剪彩仪式。至此，8766 选矿厂初步建成。

1975 年冬季即将来临，8766 选矿厂的锅炉房还不能正常工作，整个管道的走向这些隐蔽工程无人能说清楚，工程公司此时也非常着急，这个部分不移交，8766 选矿厂一整个冬季都将面临厂房挨冻、管道破裂的危险，后果不堪设想。工程公司以大局为重，把正带领管道工在外地工作的管道班班长刘金锡立即召回可可托海，刘金锡到来后很快查清了所有管道的走向，解决了锅炉安装和运行前的各种问题，成功地在取暖期到来前烘炉成功，保证了厂房的取暖、供气，为1975 年冬季厂房内的各项技术改造创造了良好的条件，大大加快了 8766 选矿厂早日投产的进度。

尽管 8766 选矿厂工程剪彩后又经过一年的时间进行各项技术改造，直到1977 年春季才正式投产，但新疆有色金属工业管理局建筑安装工程公司克服了"文革"十年期间的各方面困难，终于将 8766 选矿厂建成。参与建设的各单位和广大干部职工功不可没。

7.5　8766 选矿厂的竣工与剪彩

经过近 10 年的设计与施工建设，到 1975 年秋季，8766 选矿厂总算建起来了。这对于冶金工业部、新疆维吾尔自治区特别是新疆有色金属公司和可可托海矿务局都是期盼多年的大事。8766 选矿厂外景如图 7-5 所示，其磨矿工段见图 7-6。

图 7-5　8766 选矿厂外景

各级领导策划搞一个剪彩竣工仪式，这无疑是非常必须的，特别是在"文革"的后期显得更为重要。

8859 选矿厂的主要领导和技术骨干都集中到 8766 选矿厂，准备负荷联动试车，迎接剪彩仪式。大家的心情既高兴又紧张，因为事先没有单机或联动负荷试车，心中无数，不知道设备工况如何。

8766 选矿厂主厂房大门外参加剪彩仪式的人聚集了很多，彩旗飘飘，锣鼓齐鸣，一片节日气氛。各方的代表和重要人物都到了。有新疆维吾尔自治区的领导、新疆军区的领导、冶金工业部的司局长、新疆有色金属公司和可可托海基建

图 7-6　8766 选矿厂的磨矿工段

生产会战指挥部的领导等，因为 8766 选矿厂的建成无论从哪方面讲都是大事。

但是，恰在这时出现了紧急情况。1 号系统二段磨矿 φ2200 mm×2100 mm 的大型球磨机给矿试车时倒吐原矿，球磨机无法运转成了剪彩的瓶颈。一时间该台设备旁边围了一群人，北京有色冶金设计院的总设计师纪文元、电力设计师陈若颐、可可托海矿务局选矿专家张元新、8859 选矿厂副厂长李金海、技术员孙传尧、肖柏阳和施工三队安装班大班长王继武等都在。

孙传尧凭经验对安装班大班长王继武说："这台球磨机后端给矿口内的螺旋线装反了，矿石不往里走，得赶紧处理。"王继武马上反驳说："那不可能，这台球磨机是沈阳重型机械厂的名牌产品，不可能有问题！"孙传尧态度很坚定地说："赶紧把气焊工找来切割，否则剪不了彩！"双方意见不一致，有的人还在给矿端用手模拟一个相对运动，看看矿石是否往里走。孙传尧说："别比划了，快点干吧，外面都等着呢！"王继武说："纪总，你定吧！"有色冶金设计总院的纪文元总设计师看孙传尧态度坚定，一时又想不出别的办法，外面又等着剪彩，说："就按老孙的意见办吧！"于是，王继武迅速把电气焊工连带着切割工具调来。经检查发现还好，仅仅是最外面的一块螺旋片装反了，里面是正装的。不知道沈阳重型机械厂这一生产大型球磨机的著名企业，为何犯这样低级的错误。气焊工只把最外面的螺旋片切割掉就行了，球磨机给矿带负荷启动，外面剪彩仪式开始。

仪式是怎么进行的，谁主持，谁讲话，谁宣布开车，孙传尧等人一概不知，因为他们在主厂房按工序开车，准备迎接参观的人。

一波未平，一波又起。大批参观的人从外面进入主厂房磨矿平台，此后又看楼上的药台和螺旋选矿机、楼下的摇床，最后到浮选作业平台。此时问题出现了：连接各浮选回路的矿浆管道不畅通导致矿浆堵塞，浮选作业不顺流，各作业浮选机里的矿浆不停地灌入泡沫槽。这哪是正常浮选，一塌糊涂！这必将给参观的领导和来宾特别是行业专家留下不好的印象。孙传尧是联动试车的技术负责人，他感到剪彩仪式上出现这样的事故是很严重的，先不考虑谁的责任了，要马上想办法解决问题。于是他情急之下命令浮选工打开浮选机底部的排砂口，同时加大补加水和捕收剂及起泡剂的用量，使浮选作业所有的浮选机表面恢复稳定，泡沫层虚一点刚开车也属正常。

就这样过关了，剪彩仪式"顺利"结束。此后并没有停车，而是连续 36 h 运转考察设备性能和可靠性。施工方的技术负责人是张英迁，生产方的技术负责人是孙传尧。设备连续运行结束后开了一个简短的总结会，浮选机有一台电机烧了，其他设备从机械角度看无大问题，但从工艺角度还得长时间考察。

7.6　8766 选矿厂的主要技术改造

8766 选矿厂剪彩后，8859 选矿厂停产，除少数人在 8859 选矿厂继续做试验外，其余人员都转移到 8766 选矿厂接管该厂并进行了一段时间的生产调试，目的是进一步暴露设计、建设、安装和设备自身存在的一系列问题，为大规模的技术改造提供依据。否则，该厂不可能正常生产。

由于建设周期太长，无论是工艺还是设备都存在不少问题，易损零部件都没有满足生产的最低库存，没有供加工的蓝图和订货。此外，设备安装后能保留的图纸太少，安装图基本没有，随同设备到货的易损零部件图纸也基本没有了，如各种类型的砂泵、泥浆泵的易损部件、泵壳、叶轮、轴套、轴等，这些都是需要在正常生产时经常更换的。当时连满足短期生产的备品配件都没有。8766 选矿厂组织力量，并请可可托海矿务局抽调相当数量的工程技术人员突击进行零部件的测绘、各类轴的设计，零部件绘出底图、描图、晒成蓝图。大部分铸件由可可托海矿务局机械厂加工，少量需要到冶金工业部备品备件订货会上去订货，如圆锥碎矿机的锥形小齿轮、颚式破碎机的动颚和定颚、球磨机的大齿圈、各类减速机的齿轮等。从 1975 年下半年到 1976 年上半年，这些突击性的准备工作取得了较好的成绩，为 8766 选矿厂正常生产提供了设备保障。

技术改造历时一年。主要领导有周宝光书记、左政厂长、李金海（副厂长后任厂长）、孙传尧（1976 年 10 月任副厂长）、吴福常副书记、王宝明副厂长。主要工程技术人员有张泾生、廖春华、肖柏阳、余仁焕、朱瀛波、任学谦、沈炳度、周公国等。

以下简述主要的改造项目。

7.6.1　尾矿坝管涌及处理方案

8766 选矿厂的尾矿库由北京有色冶金设计院的专家张振亭设计。试车投产时发生管涌现象，不得不停产。孙传尧在 2023 年 2 月末打电话给张振亭询问此事，张振亭的看法如下："准确地说，8766 选矿厂的尾矿坝不是管涌而是漏水。产生的原因是当年尾矿坝设计没有土工布都用反滤层，施工单位没有按设计正规施工建造反滤层，因此产生漏水事故。以后土工布出现了，尾矿坝设计都用土工布，漏水和管涌现象就大大减少。"

解决的办法：一是施工方工程公司认真返工，建造反滤层。二是为了不停产、减少损失，由李金海厂长提议设计一台直径为 500 mm 的旋流器，由机电车间加工制造，在邻近尾矿库的山沟里高架安装并架设临时管道，旋流器脱水后的沉砂排在山沟里（因尾矿坝施工不能往库里排砂），溢流水沿明渠流进额尔齐斯河，这是临时短期的措施。由厂长李金海、副厂长孙传尧带领一批工人完成安装，生产运行情况良好。

7.6.2　解决粉矿仓冻结问题

8766 选矿厂在冬季投产。露天采场的原矿在零下几十摄氏度的严寒中原本是不冻结的，但破碎后进入粉矿仓遇到湿气和升温反而冻成一个整体，根本不下矿。如何解决？任何教科书里都没提到这一现象。在 8859 选矿厂生产时冬季也遇到过粉矿仓冻结问题，那时每个班都有人在粉矿仓上面用长钢钎子捣矿，需要特别小心，否则人掉下去被矿石埋住就是大事故了，而且规定不能一人捣矿。8766 选矿厂粉矿仓大，不可以再人工捣矿了。李金海和孙传尧经过试验，在给矿机上面的粉矿仓排矿口安装了一圈带孔的蒸汽管，使冻结的粉矿能连续不断地进入棒磨机，又不多耗蒸汽。这一办法很管用。

7.6.3　尾矿库冬季冰下沉积放矿

8766 选矿厂冬季投产前先向尾矿库里打入了少量的水，严冬里尾矿库表面结冰但冰面下的水不冻。放矿时将冰面凿开孔放进放矿管，实现尾矿冰下沉积放矿。否则边放矿边冻夏天化不开，一旦形成永久性的冻土层，尾矿库必然报废。

前几年孙传尧在清华大学矿业班讲课时讲到这一点，坐在第一排的大兴安岭一铅锌矿的董事长和总经理在下面交头接耳，孙传尧以为他们有不同的看法。课间休息时他们走上讲台对孙传尧说若能早一年听孙老师讲课就好了，他们矿的尾矿库就是这样报废的，没办法，现在只得用干堆的办法堆尾矿。他们原来是林业企业，转行到矿业建成一座 1000 t/d 的铅锌选矿厂，想早点投产抓效益，在严寒的冬季投产，边生产边排尾矿，夏天化不开形成了一个永久冰冻的尾矿库。这算是实践中的实例了。

7.6.4　木制摇床面全部更新

8766 选矿厂钽铌重选摇床全部由当地建筑安装公司制造，该公司没有摇床面制作的技术和经验。由于松木本身就不是好木料，木材防水没处理好，床面也没有正规处理，投产后床面遇水全部变形不能用。重选设备不开，钽铌矿物不回收，实际上全厂都不能生产。在没有好办法的情况下，可可托海矿务局选矿专家张元新来到 8766 选矿厂与孙传尧讨论怎么办？从南方重选技术发达地区买新床面，时间和经费都不允许，当地再做木床面质量不会超过原来的，似乎是没有出路。在此情况下，张元新建议用硬质塑料板做床面，上面钉木来复条，先做一台试用效果，如好用就全部推广。孙传尧认为此方案可取，于是在新工人中找来会木工活的刘仲华，两人开始制作床面。把木床面拆掉，利用原来的框架，用硬质塑料板铺好床面后，刘仲华精细地刨好细木条，钉在床面上形成来复条，最后用环氧树脂涂面。新摇床面制好后试用没想到效果良好，于是将主厂房的摇床全部换成塑料板来复条新床面。之后，刘仲华又到精选车间根据精选工艺的需要制作不同类型的塑料板新床面。张元新出了好主意，刘仲华立了一大功。

但这只是应急处理，没有时间做摇床面结构参数试验，更谈不上最优选择。

7.6.5　2 号系统浮选机烧电机的原因及处理方案

2 号系统是锂精矿的主要生产系统，投产时，几次出现浮选机烧电机的现象。一时间，钳工怪电工电机没检修好，电工怪钳工浮选机没检修好负荷太大，争论不休使该系统一直开不起来。一天晚上选矿厂还没有开车，孙传尧独自一人值班看守主厂房时又思考这一问题，趁着厂房里安静他决定查找原因。他开启 2 号系统的全部浮选机，空载时用电流钳测工作电流没有差异。待浮选机注水后再测电流，发现随着水位升高，电机工作电流差异变大，待浮选机注水满负荷后，部分电机升温严重，工作电流很高。他把每台浮选机的注水和升温以及电流变化逐一做好记录。放水后他钻进浮选机中逐台检查发现，凡属电机升温发热的都是该浮选机定子（俗称浮选机底部的固定盖板）的矿浆循环孔大，而不发热的矿浆循环孔小。谁也不可能注意到这种细微差别。他推测是由于大孔的定子矿浆循环量大导致循环负荷大。因手头没有小圆木塞子，于是他找了些垫圈和螺栓，把大孔的定子隔一个孔封一个，减少矿浆的循环量。再次注水试验时，原来发热的电机恢复正常。孙传尧一人整夜不断地爬进又爬出浮选机，经过一夜的观察和测量，早晨大家上班时他提交了一个完整的试验记录，感动得车间主任几乎落泪。经查，大孔的浮选机定子是机械厂不知道根据什么图纸铸造的，而小孔的定子是浮选机原装的。原因找到了，更换了定子，2 号系统顺利投产。

7.6.6　解决 ϕ3 m 搅拌槽沉砂及叶轮严重磨损问题

2 号系统投产后，锂辉石粗选的 ϕ3 m 搅拌槽叶轮磨损严重，几天就得停车放槽换叶轮，三叶片的叶轮被磨成鱼刺状，27 m^3 的原矿浆排入尾矿，导致金属大量流失。原因是搅拌槽粗砂沉槽矿浆悬浮不好。机电人员采取多种措施没能解决问题。一天下班后，孙传尧查阅设备图纸发现，该大型搅拌槽根据需要可以安装粗砂管连续排粗砂，但建筑安装公司没有给安装，导致槽内粗砂排不出去而在下部积累。他当即领着一名电焊工和管工，只用 2 h 就制作安装好了粗砂管。在叶轮搅拌区，粗砂连续不断地被压入粗砂管的下管口，又沿粗砂管连续上升到三通处从溢流口的下部排出搅拌槽，不含粗砂的矿浆仍旧从上部的溢流口排出。此后几个月，大型搅拌槽底部不再积累粗砂，也不必停车换叶轮了，从根本上解决了此难题。

ϕ3 m 搅拌槽矿浆粗砂管安装示意图见图 7-7。

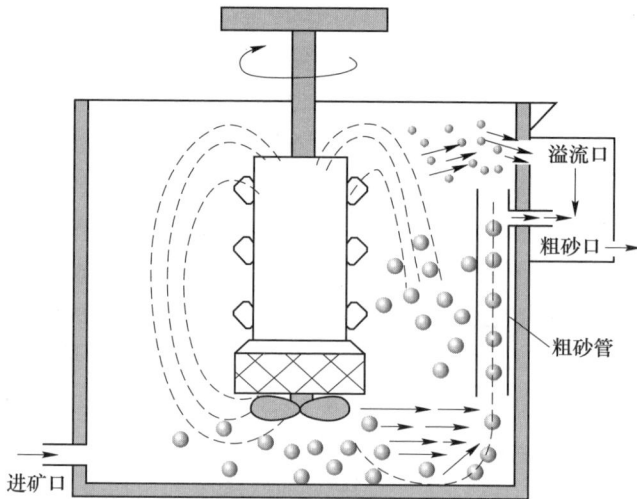

图 7-7　ϕ3 m 搅拌槽矿浆粗砂管安装示意图

7.6.7　2 号系统增加二段钽铌回收设备

8766 选矿厂原设计 3 号系统处理钽铌品位较高的 3 号脉Ⅶ带矿石，日处理 100 t 原矿，因此设计了两段磨矿两段回收钽铌的工艺。而 1 号和 2 号系统只设计在一段棒磨机排矿回收钽铌工艺。其实，2 号系统处理Ⅴ、Ⅵ带原矿中钽铌含量也较高，并且日处理量大，为 250 t。孙传尧经流程考察发现在 2 号系统二段球磨机排矿中有细粒钽铌流失，于是他与木工合作自制扇形溜槽用于二段球磨机排矿粗选钽铌矿物，粗精矿再用细粒级摇床精选，在二段球磨机排矿产品中回收细粒钽铌矿物并用于工业生产，提高了钽铌回收率。

7.6.8 改造钽铌粗精矿输送管道

由放射性流程考察得知，钽铌精选车间放射性较高，特别是干式强磁和电选作业放射性很强，因此设计时将钽铌精选车间远离主厂房 100 m 左右，主厂房的钽铌粗精矿用架空管道送到精选车间。

本来这是管道输送中一个很简单的问题，没想到却因此影响了生产。

也许设计师没考虑以下因素：（1）输送物料多是从一段棒磨机排矿中选出的钽铌粗精矿，粒度很粗，最粗的脉石粒度可达 1~3 mm；（2）冬季最低气温在零下 50 至零下 60 摄氏度；（3）粗精矿泵不是连续运转，有时不得不带负荷停泵。

基于以上原因，正常开泵时，粗精矿还能比较顺利地输送到精选车间，但是一旦停泵，粗精矿沿着管道（坡度不够）不能倒流回主厂房，会在管道中淤积甚至堵塞。尤其冬季停泵后管道迅速冻结，得搭脚手架上去把管道拆卸，再把每根管道扛到锅炉房化开冰冻后再装上，但一停泵又重复出现同样的故障，十分折腾人。这条小小的管道竟成了生产的瓶颈。

副厂长孙传尧看在眼里急在心上。他仔细观察和计算后发现管道设计坡度远远不够，停泵后矿浆不能自流必然会堵冻管道，于是他设计了两面坡的矿浆管道，大大提高了坡度，最高点再装一个空气管，停泵时使矿浆往两方向自流，此后再没有出现堵冻管道的现象。

27 年后的 2002 年，孙传尧回到 8766 选矿厂看见这条两面坡的矿浆管道仍在，问厂长："这条管道不好看，怎么还不改？"厂长回答："你离开 8766 后，有几次改了这条管道，但都不能用，没办法又恢复你的原样。"

7.6.9 冬季应急解决 8766 选矿厂供水难题

8766 选矿厂的水泵房建在大桥旁边的额尔齐斯河边，距选矿厂 2 km 左右。因冬季气温很低，供水管道深埋在地下 2.5 m。曾几次发生管道漏水事故，得组织人力挖管道寻找漏水点并修复，在冬季是很困难的工作。

水泵房内有一口 2 m 多深的取水井，水泵的吸水龙头就安在井里。水泵的供水能力是 288 m^3/h。每年入冬前都得组织工人清理取水井里的淤泥，以便冬季枯水期能正常供水。

1977 年冬季，额尔齐斯河水位很低，河水进不了取水井，8766 选矿厂面临无水停产的危险。怎么办？孙传尧与管道和供热专家刘金锡商议，想出一个"没办法的"办法：把水泵的吸水龙头延长直接伸到河里一处水流急、不冻的深水中，吸水管用锯末保温。吸水龙头外面加一个保温桶，桶里加几个热电偶确保吸水龙头不冻。外面建一个简易的木板房。这样在零下 40 至零下 50 摄氏度的严寒中从河里直接取水，保证了 1977—1978 年整个冬天 8766 选矿厂不因供水问题而停产，这个土办法有了大用途。

7.6.10　研制水泥螺旋选矿机

8766 选矿厂原设计使用轮胎螺旋选矿机，因其易变形并且分选面磨损后粗糙，厂领导提议研制一种新螺旋选矿机，这项任务由东北工学院毕业生周公国负责。周公国在二楼平台上轮胎螺旋选矿机旁边搭好一个架子，然后制作模板，模板上面涂一层水泥，用刮刀刮匀。借鉴刻槽摇床的床面，在水泥分选面上适当刻槽，直径和螺距同轮胎螺旋以便对比。

待水泥螺旋固结后投料试验，记得当时选别指标很好，但没有大量制作代替轮胎螺旋。

7.6.11　管理不善，尾矿管道冻裂

8859 选矿厂的尾矿是自流的，而 8766 选矿厂的尾矿是通过四级泵站加压输送的，尾矿系统比较复杂，管理难度大也缺乏经验。

早在 1975 年 9 月，广州有色金属研究院老工程师姚万里先生带队与 8859 选矿厂合作，很顺利地完成了优先选铍工业验证试验，为 8766 选矿厂 1 号系统流程的确定和设备安装提供了依据。临走时姚万里先生对该项目选矿厂技术负责人孙传尧说："老孙，今年冬天 8766 选矿厂投产你别的不用管，看好两根尾矿管子就行。"孙传尧点头致谢表示同意，但心里却有点想不通：我在 8859 干多年了，到 8766 就让我看好两个尾矿管子？

事实说明姚工的话十分中肯。此前已说明，北京有色冶金设计院张振亭经过艰苦的研究提出尾矿冬季管道输送中淤点、冲点和冻点的理论，并且据此在 8766 选矿厂尾矿输送中大胆创新地采用非保温裸露架空管道输送方案，其核心是管道矿浆流速。

冬季投产时，因主厂房问题多，孙传尧等把主要精力放在主厂房的技术改造上，对尾矿系统的管理关注不够，对姚万里先生的告诫和对张振亭的速度理论没有引起重视，导致 1 号至 2 号泵站的尾矿铸铁管道冻裂。事情是这样的：1 号泵站的砂泵随着运行时间增加，砂泵叶轮和泵壳磨损严重，导致砂泵的扬程扬量下降，矿浆在管道中的流速逐渐下降，因冬天太冷矿浆从管壁开始往中心冻结，最后将矿浆管道完全冻实。2 号泵站的砂泵工是一位年轻工人，经验不足（也可能睡觉了），一睁眼发现砂泵空转不打矿浆，手一摸泵壳烫手，他情急之下用冷水管冲水降温，砂泵壳立刻炸裂，好在他没有受伤。对于他没有认真坚守岗位发生事故，给与通报批评并少量罚款。

"一条铸铁尾矿管道冻裂报废了，教训很深刻，原因也是多方面的，但关键是姚万里先生的告诫没有落实。此时，只好临时架一条钢管使选矿厂尽快恢复生产。我们忽略了一个事实：8859 选矿厂尾矿是自流排放，而 8766 选矿厂尾矿用四级泵站扬送，这其中有很多技术和管理问题。我们没搞明白吃了大亏。"

7.6.12　破碎车间除尘系统技术改造与创新

8766 选矿厂在生产调试过程中发现破碎车间除尘系统无法正常运行，其中粗碎工段粉尘浓度高达 2408 mg/m³，其他各扬尘点粉尘浓度也在 1000 mg/m³ 以上，严重超过国家标准，危害工人的身体健康，生产无法正常进行。

原设计 8766 选矿厂破碎车间除尘系统采用密闭抽风，再经过干式旋流除尘器净化，尾气排入大气中。由于可可托海属高寒地区，冬季时间长，且冬季室外温度最低在零下 40 至零下 55 摄氏度，矿石在冬季进入车间破碎时无法洒水降尘，破碎机工作时产生大量的粉尘经抽风机送至室外干式旋流除尘器进行气固分离，由于干式旋流除尘器安装在室外，含有粉尘的热空气骤冷后会产生大量水汽，并迅速冻结，致使干式旋流除尘器冻结堵塞，整个系统无法正常运转，造成破碎车间除尘系统全部瘫痪。

8766 选矿厂处理的 3 号脉矿石中除含锂铍钽铌等稀有金属外，还含有大量的石英、长石等脉石矿物，其中二氧化硅含量极高。操作人员吸入粉尘后，二氧化硅粉尘沉积在人的肺泡中，长时间积累会患上硅肺病，严重威胁工人的健康与生命。

可可托海矿务局和 8766 选矿厂十分重视选矿厂破碎车间的粉尘污染问题。在调试及试生产过程中，决定组建破碎车间除尘技术攻关小组，由东北工学院1968 年选矿专业毕业生朱瀛波任除尘攻关组组长，成员有技术工人邱群、李青山、李金福等，由可可托海矿务局安全生产科和 8766 选矿厂共同领导。

攻关组成立初期，主要进行扬尘点设备密闭、抽风管道制作安装，并对各主要扬尘点进行粉尘浓度的测试调查。经调查发现，破碎车间粉尘治理的关键是解决室外除尘器的冻结问题。攻关组提出了必须改室外净化为室内净化的技术路线。这就提出了一个更难解决的课题：必须采用除尘效率高的除尘设备，否则空气在室内循环，很难保证除尘效果。

由于当时国内的除尘技术和设备还不成熟，标准除尘设备只有干式旋流除尘器、电除尘器等设备。这些设备在可可托海的特殊气候和 8766 选矿厂的工况条件下无法采用。寻找一种室内高效除尘设备是技术关键。于是，可可托海矿务局决定派技术攻关组赴内地有关厂矿考察学习其除尘技术和设备。1976 年 7 月派出朱瀛波等三人外出考察学习，先后到江西省西华山钨矿、辽宁丹东四道沟金矿、黑龙江西林铅锌矿等矿山调研，对上述矿山使用的湿式旋流除尘器、泡沫湿式除尘器及各种雾化装置进行实地考察和测绘（因此类除尘设备均为非标自制设备，没有成套图纸），通过对空气净化原理、设备结构尺寸、动力系统、空气运动轨迹、主要零部件尺寸等进行测绘，为研制高效湿式除尘设备掌握了必要的基础资料。

1976 年 9 月底，除尘组对选矿厂破碎车间主要扬尘点进行了除尘方案改造设计。在粗碎工段采用密闭抽风—室内湿式旋流除尘—水幕雾化洗涤的技术路线，在细碎工段采用密闭抽风—室内湿式泡沫除尘的技术路线。成功研制出高效湿式旋流除尘器和泡沫除尘器以及各种型号的喷雾装置。同年底完成了破碎车间的通风除尘系统的改造任务，顺利投入运行。经可可托海矿务局组织专家测试，原粉尘浓度最大的粗碎工段空气粉尘浓度降到 2 mg/m³，达到了国家标准。

1978 年 8 月，新疆维吾尔自治区在乌鲁木齐召开了安全生产先进集体、先进个人表彰大会，可可托海矿务局 8766 选矿厂被评为先进单位。选矿厂派技术负责人朱瀛波参会。会上授予可可托海矿务局 8766 选矿厂安全生产先进单位称号。共有 10 个单位获奖，8766 选矿厂是唯一的粉尘治理先进单位，并被授予一面红旗。朱瀛波同志在大会上做典型发言，介绍了选矿厂通风除尘的工作经验，并在新疆维吾尔自治区广播电台发表广播讲话。

可可托海 8766 选矿厂冬季除尘的成功实践，开创了我国高寒地区选矿厂通风除尘技术的先例。由于当时对知识产权认识的局限性，没有及时总结技术成果，没有报专利，但却为该项成果在行业大面积推广应用做出了贡献。

7.7　工　业　调　试

7.7.1　1 号系统优先选铍工艺流程的工业调试

前已说明，1975 年 9 月，8859 选矿厂与广州有色金属研究院合作很顺利地完成了流程工业验证试验，为 8766 选矿厂 1 号系统流程安装提供了依据。双方技术负责人是孙传尧、姚万里。

这次 8766 选矿厂 1 号系统的工业调试还是这两位技术负责人。由于 8766 选矿厂新建问题多，工业调试很不顺利。也可能 1975 年 8859 选矿厂的验证工业试验过于顺利了，因此 1976 年广州有色金属研究院的试验组比较乐观，他们夏季来到 8766 选矿厂后，姚工打算国庆前结束调试回广州。结果到了 1977 年元旦还没有顺利开展工业试验。考虑到冬季生产问题多，刚投产的新厂难保正常，于是请姚万里一行先回广州过春节，待春季请他们再来可可托海。

1977 年春季，经过大量的技术改造，8766 选矿厂已基本正常，具备工业调试的条件了。于是，姚万里先生带队再回到可可托海在 8766 选矿厂 1 号系统开展工业调试。除了姚工外，广州有色金属研究院的技术人员还有周维志、柴育民、张会文、胡应彬，他们各带一个班，章亮其和姚锐红两人一个班，四班三运转。此外还有王光智，他不倒班。副厂长孙传尧和姚万里上长白班任技术总负责人。李金海厂长领导试验。可可托海矿务局十分重视工业调试，特派出工作队进驻 8766 选矿厂监督。队长是潘厚辉，成员有姜国蕃等。

1 号系统设计生产能力为 400 t/d，实际上始终没有达产，最大处理量在 300 t/d 左右。

工业试验开始后，在流程和药剂制度没有大变动的条件下，各值班工程师有权调整药剂。周维志很善于动脑子，他在不同的作业吊几个小柴油桶加柴油调整泡沫，下班时把柴油桶收起来，对其他班暂不公开，因此周维志的选别指标总比其他三个班好。孙传尧和姚万里在一个时期内对周维志的操作要点也暂不公开，直到技术分析会上各班充分交流而得知。试验并不是一帆风顺，但因为有 1975 年 8859 选矿厂工业验证试验的基础，又几乎是原班人马（含主要浮选工），还没出现技术难点。经过两个多月的努力，铍精矿氧化铍品位达到 8% 以上，回收率尚好。但这个工艺流程的弱点是选铍后的选锂作业难调控，再加上原矿含锂品位低，一直没得出合格的锂精矿，锂的回收率也上不去。但无论如何，从绿柱石浮选角度看是成功了，并且正式转入生产。一批批氧化铍品位在 8% 以上的合格精矿发往湖南水口山铍冶炼厂。可可托海矿务局和广州有色金属研究院都很满意。

那时可可托海矿务局和 8766 选矿厂对广州有色金属研究院的试验组没有公款招待。试验结束后，孙传尧把广州有色金属研究院的人员请到家里做了一桌简单的饭菜，把春节抓阄抓到的一瓶没舍得喝的李渡高粱酒拿出来请客人喝，算是尽一点主人的心意。

孙传尧研究生毕业后分配到北京矿冶研究总院工作。1984 年他作为北京矿冶研究总院的科技人员与姚万里带领的广州有色金属研究院的人员在凡口铅锌矿相遇，老朋友相见十分高兴。姚万里说再也没有当年在可可托海做工业试验的气氛了，大家很留恋当年的合作。

7.7.2 2 号系统优先选锂工艺流程的工业调试

为了在 8766 选矿厂进行 2 号系统优先选锂工艺流程的工业调试，1976 年，新疆冶金研究所又在 8859 选矿厂补做了一次工业试验，该所的技术负责人是王翠民，8859 选矿厂的负责人是余仁焕。当时 8859 选矿厂大部分技术人员和工人已转移到 8766 选矿厂进行投产前的技术改造。参加 8859 选矿厂工业验证试验（1976 年 5 月至 8 月）的人员如下：

小型试验：马玉兴、周秀英、童瑞敏、项长林。

指标计算：丁菊云。

食　　堂：李永发、李文英、陈菊云、陈国兰、阿孜古、杨朝贵、曹师傅。

招 待 所：白玉兰、吴秀英。

破　　碎：贾玉兰、徐贤新、赵玉梅。

医生库房：孙喜忠。

磨矿、浮选等环节人员安排见表 7-5。

表 7-5　各班次人员表

班次	带班	磨矿	锂浮选	铍浮选	重选	加药	泵工	加工	样品	配药
甲班	吴庆胜	马智	王永才	马文波	苏先瑞	陈开姚	何有德	温度尔汗	邱士平	程晋华
乙班	黄炳炎	李代会	郑邦海	马增科	扎衣提	包红英	库尔班	郭素珍	吴冬梅	吴桂艳
丙班	刘仁辅	陈富	马跃武	励小龙	陈增寿	苏美容	文义元	奴西拉	哈提拉	

机　　电：张文学、胡振国、朱哈、郭殿怀、卢国庆、巴孜别克。

1977 年，在广州有色金属研究院与 8766 选矿厂合作完 1 号系统优先选铍工艺流程的工业调试后，新疆冶金研究所的试验组在 8766 选矿厂 2 号系统进行优先选锂工艺流程的工业调试，由 8766 选矿厂余仁焕负责，新疆冶金研究所的项目负责人是王翠民，参加人员有李复民、李跃华、黄炳然、吴庆盛、项长林、佟瑞敏等。在调试中同样遇到不少困难，几经努力也成功了。1 号与 2 号两个系统的工业调试成果获得新疆维吾尔自治区和冶金工业部科技成果奖，也获得了 1978 年全国科学大会奖。3 号系统的浮选流程类似 2 号系统，没有专门进行锂铍分离试验。

2 号系统的锂辉石浮选作业见图 7-8。

7.7.3　8766 选矿厂锂铍浮选分离完成工业调试后没有长期生产铍精矿

经过 1976 年一年时间的技术改造，原不具备生产能力的新建 8766 选矿厂正式投产，全厂设备运行正常，1 号系统和 2 号系统也先后完成了工业调试。但是，绿柱石的工业浮选却没能坚持很久。

1 号系统优先选铍工艺流程工业调试后，绿柱石浮选立即转产，铍精矿品位达到 8% 以上是合格品，发往湖南水口山铍冶炼厂。品位低于 8% 的铍精矿必须与高品位的铍精矿配矿，经分析化验合格后才能出厂，时任副厂长孙传尧负责技术又管生产，他了解这一情况，当时对铍精矿质量控制相当严格。

至于 1 号系统铍尾矿浮选锂辉石，无论是在工业调试期间还是转入生产后，

图 7-8 2 号系统的锂辉石浮选作业

一直不正常，选不出合格的锂精矿。其实 1975 年在 8859 选矿厂进行优先选铍流程工业验证试验时，尽管获得品位在 8% 以上的合格铍精矿，但也没有选出合格的锂精矿，该流程的弱点也在于此。孙传尧是 8859 选矿厂和 8766 选矿厂该两项工业实践的现场负责人，对情况了解。出现的一系列问题如下：

（1）作为 8766 选矿厂最大处理能力的 1 号系统，对锂精矿的生产没有贡献，甚至还降低了全厂锂精矿的质量。

（2）国家对锂精矿需求量大，价格又高，锂精矿是 8766 选矿厂的主产品，无论是产量还是经济效益都影响全局。

（3）尽管已生产出合格的铍精矿，但产量低，工艺流程复杂，质量难控制，成本高，干得越多、亏损越多。

面对如此情况，可可托海矿务局做出决定：8766 选矿厂 1 号系统停止处理 3 号脉Ⅰ、Ⅱ、Ⅳ带铍矿石，改为处理Ⅴ、Ⅵ带锂矿石。亦即停止生产铍精矿，全部生产锂精矿。

对于 8766 选矿厂而言，将铍矿石浮选流程改为锂矿石浮选流程是件轻而易举的事，只要把相关矿浆管道切换就行，用不了 2 h，当初在进行 8766 选矿厂技术改造时已考虑到流程的灵活性。进行锂辉石浮选是轻车熟路，浮选工轻轻松松就可以选出氧化锂含量在 5% 以上的高品位锂精矿。然而，对绿柱石浮选却是灾难，原因很简单：绿柱石浮选工业生产刚过关，还有待长期巩固、积累经验，无论工程技术人员或浮选工都应如此，远没有实现从必然王国到自由王国的转变。

自从 1 号系统绿柱石浮选停产后，几年之内再也没有恢复生产，即便是 20 世纪 80 年代以后有过短期选铍的工业实践，但铍精矿质量只达到 6.5% 左右。至于 2 号系统优先选锂工艺流程工业调试后，8766 选矿厂 2 号和 3 号系统的优先选锂流程从未生产出铍精矿。

可可托海 3 号脉岩钟部分的矿石已采完，采场已闭坑，Ⅰ、Ⅱ、Ⅳ带铍含量高的原矿一直没有认真处理，改为堆存。即使部分处理，也只回收锂辉石和钽铌矿物，没有回收铍精矿，留下了历史性的遗憾。如今，关于锂辉石和绿柱石浮选分离研究还得重新进行科技攻关。

7.8　旋转螺旋选矿机在 8766 选矿厂获得成功

新疆冶金研究所侯柱山、音德额两位重选专家发明了旋转螺旋选矿机，这是一个原创性的发明，该设备综合了螺旋选矿机、螺旋溜槽、摇床、离心选矿机的特点，是 1977 年研制成功的国内首创的设备。其具有结构合理、安装简单、占地面积小、操作简易、选矿稳定、分带清楚、处理量大、效率高、选矿富集比高、回收率高、运转可靠的特点。螺旋内参考摇床面设有来复条和刻槽，适用于不同的分选物料。

1978 年，侯柱山、音德额将此设备在 8766 选矿厂用于回收钽铌矿物并获得成功，此后，该设备取代了原设计的螺旋选矿机和摇床（见图 7-9），成为主厂房钽铌粗选的主选设备。该项成果获国家发明奖三等奖。

图 7-9　旋转螺旋选矿机全部取代了主厂房的轮胎螺旋选矿机

7.9　对新工人进行技术培训

7.9.1　培训浮选工用偏光显微镜检查浮选产品

关于此项培训，孙传尧曾写过一篇文章发表在《中国有色金属报》上，现转载如下：

用偏光显微镜在新疆可可托海选矿厂检查浮选精矿

孙传尧

近期，有新疆的同事告诉我：几十年前在可可托海选矿厂，我教会浮选工用偏光显微镜快速观测浮选精矿的方法，到现在仍很有效。但如今谁也说不清楚事情的来龙去脉，建议我写份材料介绍。于是，我就遵命写了如下的文字。

这一方法是我在新疆可可托海选矿厂工作期间，1974 年在 8859 选矿厂我本人使用，1976 年在 8766 选矿厂对工人培训后正式用于选矿厂生产实践的。原理很简单，就是"油浸法"的实际应用。该方法的提出是基于以下一些背景。

一、可可托海选矿厂需要这一检测方法

20 世纪 60 年代，我在东北工学院选矿专业本科学习时，只在"矿相学"课程中学过用矿相反光显微镜看不透明的光片，没有学过"晶体光学"和"光性矿物学"，不会用偏光显微镜看透明矿物。在可可托海选矿厂选别花岗伟晶岩矿石的浮选精矿中，无论是目的矿物（例如锂辉石、绿柱石）还是非目的矿物（例如石英、长石类脉石），几乎都是透明矿物。因此，无法用矿相显微镜看反光，浮选工用肉眼观察浮选精矿也很困难，不像重有色金属选矿厂，例如铅锌选矿厂，浮选工用一个白色陶瓷碗接一点浮选精矿泡沫，用水洗一下，再顺同一方向摇几圈停下一看，方铅矿、闪锌矿和黄铁矿呈三个同心圆环状分布，可以大致估计精矿中方铅矿、闪锌矿和黄铁矿的含量。但对于锂辉石和绿柱石精矿很难看清楚，除非很有经验的老师傅，也只能估计个大概。

1976 年，历经 10 年建成的可可托海 8766 选矿厂正式投入运行。这是当时中国规模最大、工艺流程最复杂的选矿厂。新招工入厂的十几名浮选工都是刚毕业的中学生或刚从部队复员转业的战士，从来没见过选矿厂，更没有操作过浮选，让他们操作三个系统的浮选作业，真是为难他们了！急需找一种简易的浮选精矿的检查方法，指导浮选操作。

二、我掌握该方法的原理和操作技能

我在 8859 选矿厂工作期间，1974 年 7 月至 8 月间，适逢成都地质学院的三位老师来可可托海矿区开门办学长达两个月，这是一项教学改革措施。栾世伟老师，苏联乌拉尔工学院毕业，讲授"稀有金属矿床学"；姚素珠老师，她同样毕业于乌拉尔工学院，讲授"晶体光学"和"光性矿物学"；张如柏老师，1957 年中南矿冶学院地质系毕业，讲授"稀有元素地球化学"。三位老师讲课极好。班上 50 多名学员几乎全是学地质专业的，我们几个学选矿的人也参加学习。当时姚老师曾问过我："你们搞选矿的学这些课干吗？"我回答："对我们太有用了！"光率体的概念比较抽象，但我们却容易理解，因为大学里我们学过投影几何和机械制图。

　　我学习相当刻苦，出乎老师的意料。"晶体光学"和"光性矿物学"这两门课我尤其下大功夫，除了课堂听课和实习之外，我还用 8859 选矿厂实验室的一台苏制米–5 的偏光镜着了魔一般地观察薄片和油浸，可以较熟练地运用单偏光和正交偏光，用石英楔子和石膏板，观测矿石薄片和油浸矿物粉末。包括矿物的突起、颜色、多色性、贝克线移动、干涉色、测定矿物折射率、一轴晶或二轴晶、正光性或负光性、正延性或负延性等。有一次我半夜上零点班，选矿厂因故停车，别人都到休息室睡觉去了，而我却伏在偏光显微镜上看了一整夜，直到早八点下班。20 世纪 90 年代末，我儿子在昆明理工大学本科学矿产地质专业，一年暑假，我问他："下学期开什么课？"他回答："晶体光学。"我说："这门课不好学，我先给你讲一遍。"于是，在没有任何教科书的情况下，我全凭记忆拿几张白纸连讲带画，用了两小时，把"晶体光学"的内容大致讲了一遍。寒假回来我问他："这门课学得怎样？"他回答："和你讲的差不多。"可见我当年下的功夫！

　　三、我为新工人进行培训

　　可可托海 8766 选矿厂是我国最大的锂铍钽铌选矿厂。主厂房磨浮车间分三个系统，1 号系统日处理量为 400 t，设计处理 3 号脉 Ⅰ、Ⅱ、Ⅳ 带的石英–白云母带矿石，回收绿柱石、锂辉石和钽铌铁矿；2 号系统日处理量为 250 t，处理 3 号脉 Ⅴ、Ⅵ 带的石英–锂辉石带矿石，回收锂辉石、绿柱石和钽铌铁矿；3 号系统日处理量为 100 t，处理 3 号脉 Ⅶ 带的叶钠长石–锂辉石带矿石，回收铀细晶石（含放射性的钽铌矿物）、钽铌铁矿、锂辉石和绿柱石。三个系统浮选前先均用重选法回收钽铌粗精矿，再用泵送到精选车间用重选、弱磁选、强磁选和电选法精选获得高品位钽铌精矿。全厂工艺流程复杂，几乎包括了所有的选矿方法。

　　我时任 8766 选矿厂副厂长。在选矿厂正式开车前，把新入厂的浮选工全部集中办培训班。考虑到工人的文化程度，我把"晶体光学"中入门但比较抽象的光率体概念简单讲解，重点讲 3 号脉的主要矿物，包括锂辉石、绿柱石、角闪石、云母、石英、长石、石榴子石、磷灰石等，用偏光显微镜在单偏光和正交偏光下，用折射率为 1.540 的浸油通过油浸法观测不同矿物的晶体光学特性。折射率为 1.540 的浸油与制作薄片用加拿大树胶的折射率相近，以便与《光性矿物学》书上的矿物晶体光学参数对照。我用液体石蜡和α-溴代萘两种液体按不同体积混合，在阿贝折射仪的监测下，配制成折射率为1.540的浸油。此外，我还配制了折射率小于1.500到大于1.600系列的浸油，供教学或测矿物折射率用。

无论是锂辉石精矿还是绿柱石精矿，影响精矿质量的脉石主要都是石英、长石和角闪石。我告诉学员：如果单偏光下几乎看不见矿物，推进上偏光镜正交偏光后看干涉色，一些灰色矿物出现了，这是石英一级灰的干涉色，表明浮选精矿中混入大量的石英。石英的折射率为1.540左右，与配制的浸油相近，在单偏光下，看不见石英的轮廓线，也就是说看不见石英，但正交偏光后，能看见的是石英的干涉色。在单偏光下，如果提镜头时矿物的贝克线（轮廓线）外移，表明是长石矿物，因为在选矿厂处理的原矿中，只有长石的折射率小于浸油的1.540，提镜头时贝克线才外移。根据单偏光下矿物的颜色、柱状晶形、高突起和多色性可判断为角闪石。此外，还告诉大家磷灰石、石榴子石和云母的鉴定方法。不同的脉石用不同的抑制剂，可以提高精矿品位。用油浸法看浮选精矿，只要把锂辉石、绿柱石和主要脉石矿物单偏光和正交偏光下的晶体光学特性熟练掌握就行，没有必要测矿物的折射率、轴性、光性、延性等。这样，复杂的问题就变得很简单，经过短期的培训，浮选工都能掌握。

具体操作方法：取少量浮选精矿泡沫，放在一个搪瓷盘中在小电炉上烘干，再取少量的代表性的干矿样放在载玻璃片上摊平使矿物不重叠，把一小片盖玻璃盖住矿样，将一滴浸油滴在盖玻璃和载玻璃的缝隙中，让浸油均匀地将矿样浸没，再将制备好的带有矿样的载玻璃片放在偏光镜的载物台上旋转观测，识别矿物种类，目测和估算视域中矿物的含量。平时，浮选工嫌麻烦，把干样品放在载玻璃上滴上浸油摊平，不放盖玻璃就放在偏光显微镜载物台上观测。观测结果一样，但不规范，也容易损坏物镜镜头。

四、存在的问题及建议

我于1978年到北京读研究生离开可可托海，2002年我回到可可托海8766选矿厂，在浮选工作台上看见久违了的偏光显微镜，我十分高兴。浮选工已换了几批，当初，是谁把偏光显微镜何时放在这里的已无人知晓了。此时已换了一台新偏光显微镜，但无人为浮选工配制折射率为1.540的浸油，浮选工不得已滴水看"油浸"，使得镜下的观察结果面目皆非。2016年我再次回到8766选矿厂，在浮选工作台上倒是看见了浸油，但折射率是否为1.540不得而知。此外，样品不烘干，将潮湿的矿样直接放到载玻璃上再滴浸油，镜下的观测结果同样是面目皆非。为此建议：

1. 必须按规范的操作方法取样、制样，用标准的折射率为1.540的浸油观测。

2. 在大专院校矿物加工专业开设"晶体光学""光性矿物学""岩石学"课

程，并加强学生的基本实验技能的训练。

3. 有条件的选矿实验室和选矿厂，都应配置偏光显微镜进行快速检测，提高工作效率。我在北京矿冶研究总院实验室做选矿试验时，经常用偏光显微镜观看浮选精矿或尾矿，对选矿试验研究很有利。

1974—1976 年开始，可可托海选矿厂用偏光显微镜油浸法检查浮选精矿，是国内最早的一家，至今也仍是唯一的一家选矿厂。国外是否有此类案例不好说。该方法完全可以推广应用到任何看透明矿物的选矿厂。

7.9.2　为新工人培训选矿厂设备操作

此项培训的主讲人是肖柏阳。他虽然是东北工学院 1968 年选矿专业毕业生，但他在可可托海承担了选矿设备的设计、维修与管理。从 8859 选矿厂干到 8766 选矿厂，对选矿厂的主要设备很熟悉。

在主厂房几乎集中了全部新工人，先在磨矿平台讲解 ϕ1500 mm×3000 mm 棒磨机和 ϕ2200 mm×2100 mm、ϕ1500 mm×3000 mm、ϕ1500 mm×1500 mm 不同规格的球磨机的结构和工作原理，再讲水力旋流器和螺旋分级机的分级原理，之后讲螺旋选矿机和摇床，在药台上讲解配药和加药系统，最后到浮选平台讲搅拌槽和浮选机的类型。这样把主厂房的主要设备都向这批新工人进行了讲解，并讲授操作要领及开停车顺序。这批新工人有机会受到一次较全面的培训，进入岗位后上手很快。

7.10　8766 选矿厂投产

1976 年 8766 选矿厂断断续续地开车调试，大大小小进行了近百项改造，当年亏损 100 万元。到 1977 年初调试改造基本完成，具备投产的条件。

至于何时算正式投产，没有严格的时间节点。粗略地说，1977 年春季应当是 8766 选矿厂的正式投产时间。由于 8859 选矿厂已进行了多年的锂辉石浮选和钽铌选矿生产实践，积累了较丰富的生产经验，因此 2 号系统最先投产，紧接着 3 号系统投产。这两个系统是锂精矿和钽铌精矿的主要生产系统。

8766 选矿厂 2 号系统生产流程见图 7-10。

两个系统生产的浮选锂精矿送入直径 12 m 浓密机浓缩后，再经卧式离心机脱水用皮带送往锂精矿库。用抓斗吊散装汽车运往乌鲁木齐 115 厂冶炼。

1 号系统投产晚是因为广州有色金属研究院姚万里等专家与 8766 选矿厂合作，经过两个月的技术攻关突破了低锂铍比原矿的优先选铍工艺，以批量生产氧化铍品位在 8% 以上的合格铍精矿为标志进入投产期，生产铍精矿和钽铌粗精矿，但没有产出合格的锂精矿。

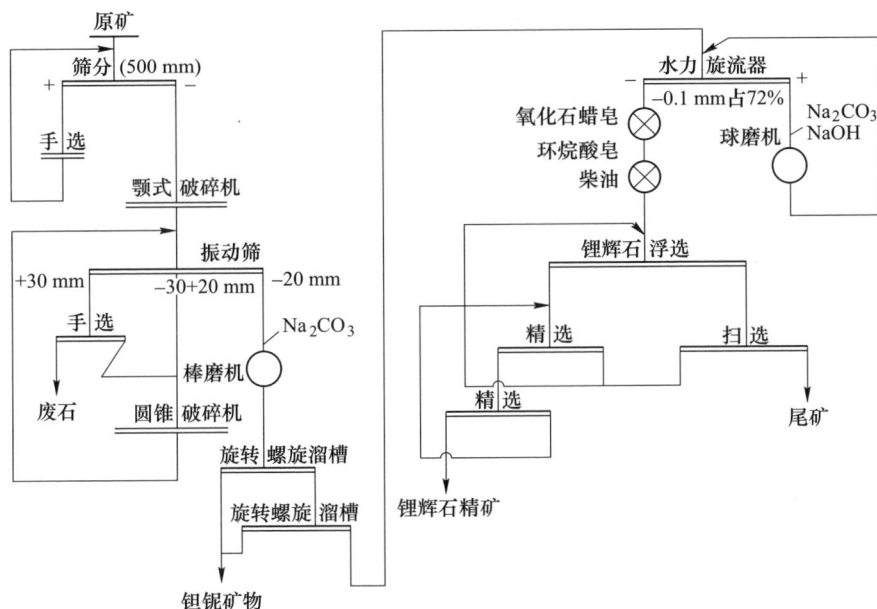

图 7-10　8766 选矿厂 2 号系统生产流程
（该流程图不是投产时的工艺流程图，已有很大变化）

　　那时孙传尧组织 1 号系统进行绿柱石浮选，铍精矿经 9 m 浓密机浓缩后用卧式离心机脱水，最后用麻袋包装，50 kg 一袋，只有品位在 8% 以上的铍精矿才可以运往湖南水口山铍冶炼厂，品位低于 8% 的铍精矿必须配矿合格才行。8766 选矿厂开创了中国工业浮选铍精矿的历史。锂精矿和钽铌精矿的生产在 8859 选矿厂于 1961 年早已开始。

　　前文已述，原矿中氧化铍的品位只有氧化锂品位的 $\frac{1}{20} \sim \frac{1}{10}$，铍浮选工艺流程复杂，难控制，成本高，干得越多赔得越多。另外，当时锂精矿国家需求量大，可是全厂最大的 1 号系统没有发挥作用。因此，1 号系统运行一段时间后，可可托海矿务局下令 1 号系统改为生产锂精矿。锂精矿产量大幅度提高了，但刚刚技术过关的绿柱石浮选被迫停产，留下一个绿柱石浮选和锂铍工业浮选分离的工程化难题，至今尚未解决。

　　2 号和 3 号系统浮选尾矿没有回收铍精矿，1 号系统选铍时铍浮选尾矿也没有产出合格的锂精矿。尽管工业调试已结束，甚至已获各级科技奖，但从工业生产角度看，三个系统都没有真正实现锂辉石和绿柱石同时综合回收，这一问题已延续了很多年。而且，1 号系统在 1977 年工业调试后趁热打铁正在生产合格铍精矿的时候下马了绿柱石浮选，此后再也没见过品位在 8% 以上的铍精矿。1977—

1990 年可可托海 8766 选矿厂生产技术指标见表 7-6。

表 7-6　1977—1990 年可可托海 8766 选矿厂生产技术指标

年份	原矿品位/%			精矿品位/%			回收率/%		
	$Ta_2O_5+Nb_2O_5$	Li_2O	BeO	$Ta_2O_5+Nb_2O_5$	Li_2O	BeO	$Ta_2O_5+Nb_2O_5$	Li_2O	BeO
1977		0.69	0.061		5.1	7.23		68.23	53.94
1978		0.75	0.068		5.47	7.94		70.60	44.48
1979	0.0135	1.16	0.071	53.60	5.86	8.29	45.60	79.79	39.63
1980	0.0159	1.10		53.94	6.17		43.48	78.09	
1981	0.0157	0.975		51.32	6.13		45.03	79.77	
1982	0.0154	1.29	0.093	55.18	6.13	5.73	50.27	84.50	47.66
1983	0.0160	1.27	0.0998	52.19	6.10	7.35	54.24	85.90	59.79
1984	0.0149	1.23		53.73	6.14		61.65	86.00	
1985	9.9178	1.27		71.44	6.05		55.89	85.31	
1986	0.0189	1.36		64.72	6.05		68.33	85.36	
1987	0.0156	1.28		68.81	6.05		68.82	84.19	
1988	0.0206	1.33		69.25	6.04		63.28	85.27	
1989	0.0236	1.32		66.58	6.08		68.95	86.45	
1990	0.0227	1.32		74.90	3.02		66.80	84.20	

注：表中有的数据可能有误，例如 1982 年的指标，原矿 Li_2O 品位不可能为 0.29%，应当为 1.29%；1990 年原矿 Li_2O 品位为 1.32%、锂精矿品位为 3.02%也不可信，太低了。

8 8766 选矿厂投产后的技术进步

8.1 低铁锂辉石生产技术研究及转产

20 世纪 80 年代初,受国内外市场的影响,锂辉石精矿的生产曾一度不景气。可可托海矿务局根据市场的需求,开发了低铁锂辉石的生产。一般把铁含量低于 0.2% 的锂辉石精矿称为低铁锂辉石。

在 3 号脉露天采场中,V、VI带矿石中能手选分拣出的低铁锂辉石具有一定的数量,外观颜色为粉色的基本都属低铁锂辉石的范畴,外观发青绿色的则是高铁锂辉石。对于细粒级的低铁锂辉石,无法用手选的方法分拣出来。

低铁锂辉石在特种玻璃、陶瓷材料、电视机显示屏的薄壳中有着广泛的应用,因此可可托海矿务局开始组织对 3 号脉低铁锂辉石资源进行调查研究。在地质人员的努力下,经大量岩矿取样分析,圈定了低铁锂辉石在 3 号脉中的储矿范围,做了生产前的资源储备。

新疆冶金研究所对低铁锂辉石的机选生产工艺进行了很好的研究,于 1984 年 5 月在 8766 选矿厂进行工业试验和生产。

低铁锂辉石的选别过程:球磨机内用河卵石作为磨矿介质将手选锂辉石磨细,经湿式强磁选机(仿琼斯型,由新疆有色矿机厂制作)除去铁含量高的锂辉石后得到 -100 目的低铁锂辉石产品。

此后,8766 选矿厂进行了一些技术改造。1986 年,可可托海矿务局组织力量自行设计、施工、安装了转筒式干燥机,从而完善了低铁锂辉石生产线。

8.2 8766 选矿厂和中心实验室综合回收白云母的研究

8766 选矿厂云母粉回收工艺研究从 1977 年开始。那一年李金海厂长参加广交会了解到国外市场需求,可可托海矿务局下达任务,中心实验室组成白云母试验组承担这一研究项目。经反复试验,完成实验室小型试验,制定出从锂辉石浮选尾矿中浮选回收白云母的简易工艺流程。1979 年 9 月在 8766 选矿厂进行工业试验并转产,生产出纯度为 90% 以上的云母粉产品。

1980 年中心实验室又研制出碱法阳离子捕收剂优先浮选白云母新技术,1981 年首次应用于生产,生产出白云母纯度达 95% 左右的云母粉产品。此后又继续对 3 号脉锂铍矿石中白云母的优先浮选进行研究，制定了白云母碱法优先浮选工艺流程。1981 年 7 月在 8766 选矿厂 2 号系统进行工业试验并转产，获得成功，生产出纯度为 95% 左右的云母粉产品。

随后又围绕着碱法优先浮选白云母这一课题进行综合利用方面的研究，先后研究制定了"碱法优先浮选白云母再选绿柱石"和"碱法优先浮选白云母再选锂辉石"两个综合浮选工艺流程，最终尾矿就是质量很好的长石-石英混合精矿，是制造玻璃的原料。

8.3　与中南大学合作进行片状云母回收及锂铍混选再分离工艺研究

2000 年 7 月，中南大学王毓华教授领导的团队与 8766 选矿厂合作，在实验室对 3 号脉原矿样、现场棒磨机排矿样和现场锂铍混合精矿样，开展了较系统的锂铍矿物工艺矿物学及锂铍浮选分离等相关研究工作，进而开展了片状云母回收及锂铍混选和分离的工业试验，具体内容分述如下。

8.3.1　云母分离回收试验

原矿性质研究结果表明，主要造岩矿物有钾斜长石、钠长石、石英，次要矿物有白云母、石榴子石、黑色或绿色电气石、磷灰石、水云母。有用矿物有绿柱石、锂辉石、锂云母、钽铌铁矿等。白云母主要产于石英-白云母及微斜长石交代集合体结构中，含量达 30%~40%，晶体大小（长×宽×厚）为（10~20 cm）×（5~10 cm）×（1~5 cm）。在靠近微斜长石块体处，呈（20~40 cm）×（10~20 cm）×（5~10 cm）的巨晶产出。在粗粒伟晶结构中，白云母呈绿色，片度相对较小，具有黏结性和"羽毛状"梗子层，可剥性较差。原矿中工业片状云母原料的出成率为 5%~10%，其余可作为碎云母回收。

8.3.1.1　原生产工艺流程及不足

8766 选矿厂原设计生产工艺未考虑片状白云母资源的综合回收。破碎系统采用传统的两段一闭路破碎流程，即一段采用 PE400×600 颚式破碎机开路破碎，二段采用 PYB1200 圆锥破碎机闭路破碎。磨矿采用一段棒磨加二段球磨工艺流程，浮选采用优先浮选锂辉石，石英、长石及云母等作为浮选尾矿排放。

经过对生产流程进行考察，发现原生产工艺流程存在以下不足：（1）两段一闭路破碎流程不能实现大片白云母资源的回收；（2）由于云母的片状特性，在磨矿过程中难以磨细；（3）大部分细粒云母在锂辉石浮选过程中进入锂精矿，会降低锂精矿质量。

由于原矿性质的变化，原矿中锂辉石含量逐年下降，而白云母含量逐年上升，一方面造成白云母资源的浪费，另一方面降低了选矿厂的生产能力，增加了锂辉石浮选难度和生产成本。

为此，根据原矿中云母矿物的形状、粒度（尺寸）、破碎和磨矿特性、可浮性等，提出云母资源可按+10 mm、+1.6 mm、+0.3 mm及-0.3 mm四种产品进行回收。其中，+10 mm云母产品应在破碎作业中回收；+1.6 mm云母产品应在棒磨机排矿端进行回收；+0.3 mm云母产品应在水力旋流器溢流回收；-0.3 mm云母产品应在浮选中回收。

8.3.1.2 粗粒片状云母回收技术

云母晶体的明显特征是呈片状，与矿脉中共伴生的锂辉石、绿柱石、石英和长石等矿物在晶体形貌上存在较大的差别。在破碎磨矿过程中，存在明显的选择性粉碎。云母矿物碎磨后仍呈片状，而伴生的其他矿物碎磨后主要呈不规则粒状。为此，借助于破碎产物形状的不同，可实现云母矿物与其他矿物之间的机械分选。

通常片状云母在筛分过程中易于穿过窄缝，而其他矿物颗粒难于通过窄缝。云母片在筛分过程中落到具有尖棱的筛条上时，处于不平衡的状态，为通过窄缝创造了条件。筛面以角钢筛面为最佳，脉石矿物的最大粒度应略大于条形筛的筛缝尺寸，得到的云母粗精矿再经圆孔筛或方孔筛筛分，细粒脉石矿物易透过筛缝，而云母晶体沿筛面滑下成为云母精矿。

A 片状云母通过筛缝的条件

片状云母能否通过条形筛筛缝，与筛缝的相对位置、角钢筛条及筛缝尺寸等相关。能透过筛缝的片状云母尺寸可由式 $L = 1.42N + S$ 确定。式中，L 为云母片尺寸，mm；N 为角钢尺寸，mm；S 为筛缝尺寸，mm。

由上式可知，云母片尺寸越大，要求角钢尺寸越大，这将导致筛分效率及云母精矿回收率的降低。因此，如何解决不同尺寸（面积和厚度）云母片的透筛率，是直接影响片状云母分选的关键。

实践证明，解决上述问题的有效办法是在筛条上沿纵向加装导向叶片，且间隔采用高度不同的导向叶片，增加不同尺寸云母片在筛分过程中的不平衡性，从而提高云母片的透筛率（一般可增加15%以上），从而增大筛子的处理能力及云母回收率。导向叶片安装示意图如图8-1所示。

B 条形筛筛缝尺寸的选择

影响片状云母分选的因素包括物料粒度组成及物质组成、矿物晶体形状、云母晶体的解离度、脉石矿物与云母片尺寸比例及云母片厚度等。其中云母晶体厚度和脉石矿物尺寸则是最重要的影响因素，直接决定着条形筛筛缝尺寸的选择。

针对+10 mm片状云母回收，其条形筛筛缝的尺寸可通过实验室筛分试验确定，即先从破碎产物中筛分出一批单体片状云母产品及脉石，用一组筛缝为

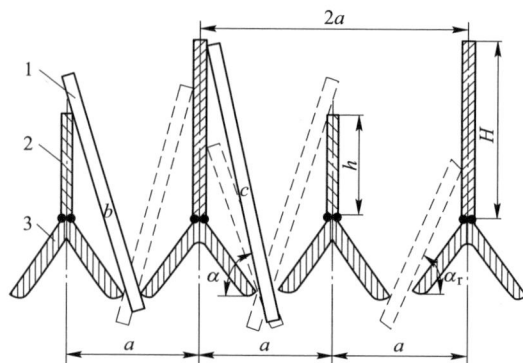

图 8-1　纵向导向叶片安装示意图

1—云母片；2—导向叶片；3—角钢筛条

2 mm、3 mm、5 mm、7 mm、9 mm 的条形筛进行筛分，确定云母精矿的回收率及品位，得到的试验结果如图 8-2 所示。

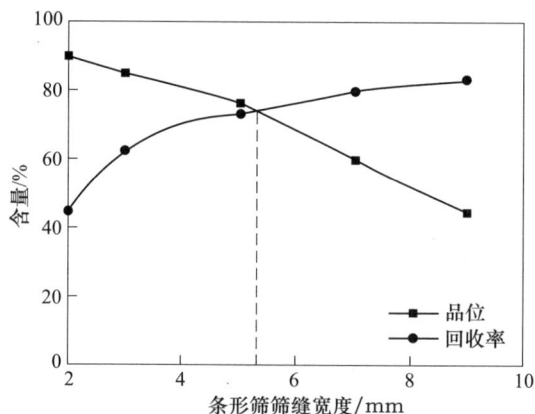

图 8-2　筛缝尺寸的试验结果

根据图 8-2 的筛分试验，可得到条形筛筛缝最佳尺寸为 5~6 mm，可据此对破碎生产流程及设备进行改造。

8.3.1.3　现场破碎流程改造

基于实验室研究结果，2002 年 12 月完成了破碎流程改造。在原两段一闭路破碎流程的基础上：（1）保留原破碎设备及闭路筛；（2）新增双层筛（上层筛孔尺寸 $a=10$ mm，下层筛孔尺寸 $a=5$ mm），改用角钢制作条缝筛板；（3）新增对辊机对 -5 mm 筛下物料进行破碎，破碎产物采用 $a=5$ mm 格筛筛分，减少云母精矿中脉石矿物含量，筛上产物为云母精矿。破碎流程改造共投资约 40 万元，改造后的破碎工艺流程如图 8-3 所示。

原矿

颚式破碎机

原有 双层筛
−15 mm +15 mm +50 mm 圆锥破碎机

新增条缝 双层筛
−5 mm +5 mm +10 mm

对辊机

新增 格筛
+5 mm −5 mm

云母产品　去磨矿

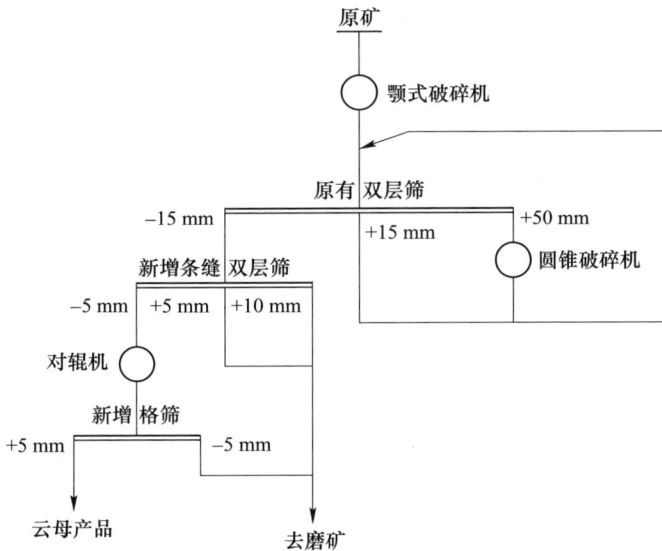

图 8-3　改造后回收片状云母的破碎工艺流程

由于新增双层筛为角钢条缝筛，−5 mm 筛下产品中仍存在部分条形脉石矿物，为进一步减少云母产品中的脉石矿物含量，对条缝筛−5 mm 产品采用对辊机破碎，由于云母为片状，被破碎的程度较轻，而脉石矿物被进一步破碎，之后采用格筛进行筛分，脉石矿物小于 5 mm 进入筛下产品，而云母片难以通过格筛，成为筛上产品。

破碎流程改造后，顺利产出了质量优异的片状云母产品，其产率在 4% 左右，平均面积约为 4 cm^2。每年可产出约 9000 t 片状白云母，按当时 1200 元/t 计算，年新增产值约 1080 万元。

在后续回收片状白云母资源的生产过程中，为进一步提高云母资源的分选效率和产出率，现场进行了多次技术改造，引入了风力分选设备，进一步强化了片状云母资源的回收。

8.3.2　原矿细粒云母及锂铍实验室浮选试验

在破碎流程中脱除粗粒云母的基础上，系统地开展了细粒云母浮选、锂铍混合浮选、锂铍浮选分离的试验研究，确定了云母浮选、锂铍混合浮选与分离浮选的工艺流程和药剂条件。

锂铍矿物浮选常用捕收剂为脂肪酸类（如油酸及油酸皂、氧化石蜡皂等），此类药剂的特点是捕收能力强、选择性差，特别是对硅酸盐矿物及氧化物均有捕收能力，这是造成锂铍矿物浮选分离困难的重要因素。

试验中采用了一种新型螯合捕收剂 A-1 酸（中南大学研制），属羟肟酸系列，分子结构中有两个极性基团（羧基和肟基），对绿柱石和锂辉石的浮选具有良好的选择性。A-1 酸与油酸配合使用，可产生良好的协同作用，获得更好的浮选指标。在确定了药剂制度的基础上，按照图 8-4 所示流程进行了全流程试验，试验结果如表 8-1 所示。

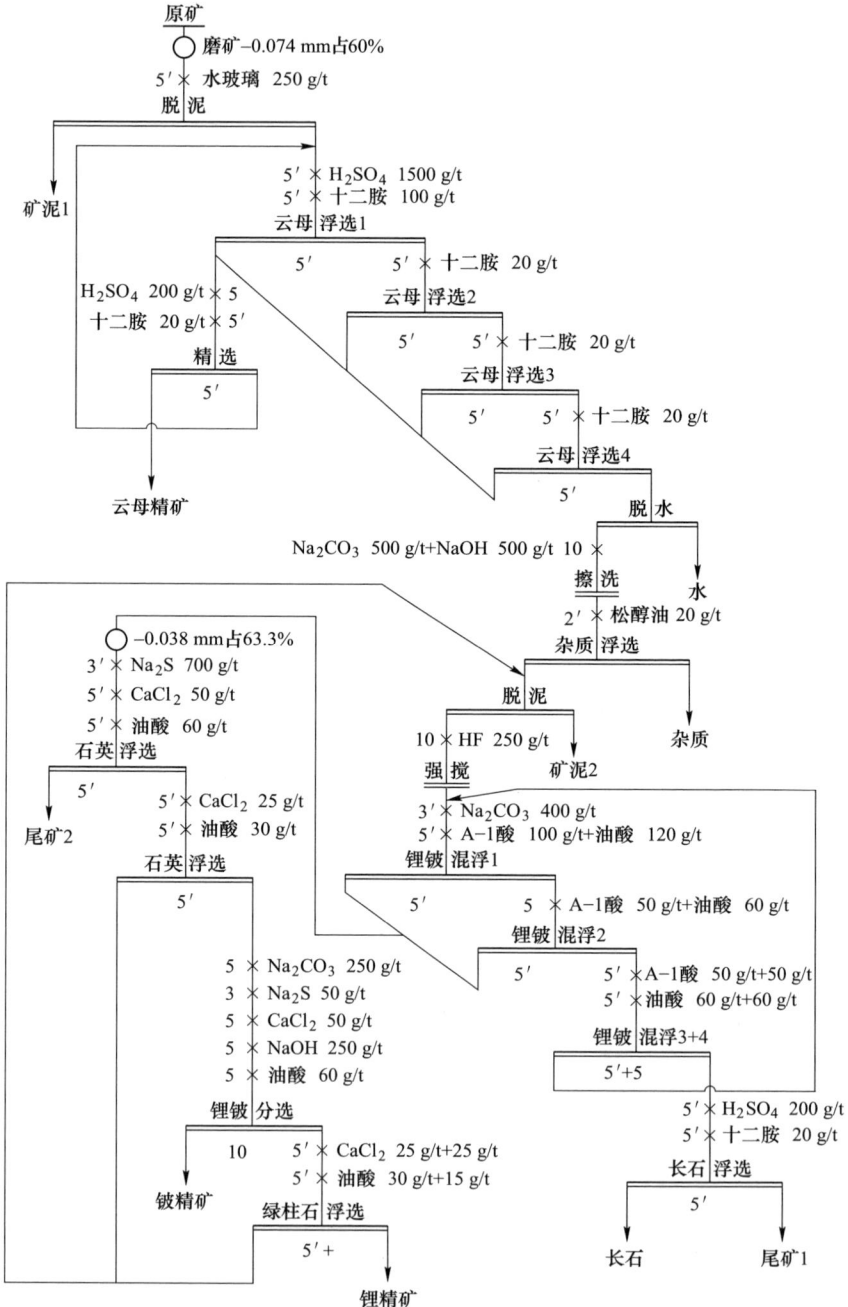

图 8-4　中南大学对可可托海 3 号脉原矿样实验室浮选工艺流程及条件

表 8-1　3 号脉原矿样实验室全流程试验结果

产品名称	产率/%	品位/%		回收率/%	
		BeO	Li$_2$O	BeO	Li$_2$O
矿泥 1	11.38	0.054	0.35	6.41	8.23
矿泥 2	1.42	0.13	0.34	1.89	0.99
杂质	0.19	0.048	0.081	0.09	0.04
云母精矿	18.37	0.026	0.50	5.05	19.02
铍精矿	1.10	5.61	1.29	64.86	2.94
锂精矿	4.49	0.33	7.18	15.56	66.69
长石	35.56	0.001	0.001	0.37	0.08
尾矿 1	25.55	0.0046	0.003	1.24	0.17
尾矿 2	1.94	0.22	0.46	4.53	1.84
原矿	100.00	0.095	0.483	100.00	100.00

由表 8-1 试验结果可以看出，对 3 号脉原矿样，采用实验室确定的工艺流程及药剂条件，能稳定地获得锂精矿（Li$_2$O 品位为 7.18%，回收率为 66.69%）和铍精矿（BeO 品位为 5.61%，回收率为 64.86%），同时考虑了综合回收云母精矿和长石。

8.3.3　现场棒磨机排矿实验室浮选试验

参照 3 号脉原矿样试验所确定的锂铍浮选工艺流程及条件，对现场棒磨机排矿样开展了试验研究，最终可获得锂精矿 Li$_2$O 品位为 7.53%，回收率为 84.99%。与此同时，可综合回收铍粗精矿、云母精矿和长石等产品，充分说明了试验所确定的锂铍浮选工艺流程及药剂制度对可可托海锂铍矿石的浮选具有良好的适应性和有效性。具体试验结果列于表 8-2。现场棒磨机排矿样的试验流程如图 8-5 所示。

表 8-2　现场棒磨机排矿样实验室试验结果

产品名称	产率/%	品位/%		回收率/%	
		BeO	Li$_2$O	BeO	Li$_2$O
矿泥 1	2.51	—	0.53	—	0.98
矿泥 2	0.96	—	1.25	—	0.88
云母精矿	19.45	—	0.64	—	9.15
铍粗精矿	0.66	2.00	2.14	28.09	1.18
锂精矿	15.34	—	7.53	—	84.99
长石	22.87	—	0.007	—	0.12
尾矿 1	30.74	—	0.075	—	0.17
尾矿 2	7.47	—	0.46	—	2.53
原矿	100.00	0.047	1.36	—	100.00

原矿
○　磨矿 −0.074 mm占60%
5′ × 水玻璃　250 g/t

脱　泥

矿泥1

5′ × H₂SO₄　1500 g/t
5′ × 十二胺　100 g/t

云母 浮选1

5′　　　　　5′ × 十二胺　20 g/t

H₂SO₄　200 g/t × 5　　　云母 浮选2
十二胺　20 g/t × 5′

5′　　　　　5′ × 十二胺　20 g/t

精　选　　　　云母 浮选3

5′　　　　　5′

云母精矿　　　　脱　水

Na₂CO₃　500 g/t+NaOH　500 g/t　10′ ×　　　水

擦　洗

脱　泥

10′ × HF　250 g/t　　　矿泥2

强　搅

3′ × Na₂CO₃　400 g/t
5′ × A−1酸　100 g/t+油酸　120 g/t

锂铍 混浮1

5′　　　　　5 × A−1酸　50 g/t+油酸　60 g/t

锂铍 混浮2

○ −0.038 mm占63.3%　　　5′　　　5′ × A−1酸　50 g/t+50 g/t
3 × Na₂S　700 g/t　　　　　　　　　　5′ × 油酸　60 g/t+60 g/t
5′ × CaCl₂　50 g/t
5′ × 油酸　60 g/t　　　　　　　　锂铍 混浮3+4

石英 浮选　　　　　　　　　　5′+5

5′　　　5 × Na₂CO₃　250 g/t　　　　5′ × H₂SO₄　200 g/t
尾矿2　　3 × Na₂S　50 g/t　　　　　5′ × 十二胺　20 g/t
　　　　5 × CaCl₂　50 g/t
　　　　5 × NaOH　250 g/t　　　　长石 浮选
　　　　5 × 油酸　60 g/t
　　　　　　　　　　　　　5′
锂铍 分选
　　　　　　　　长石　　　尾矿1
10

铍粗精矿　　　锂精矿

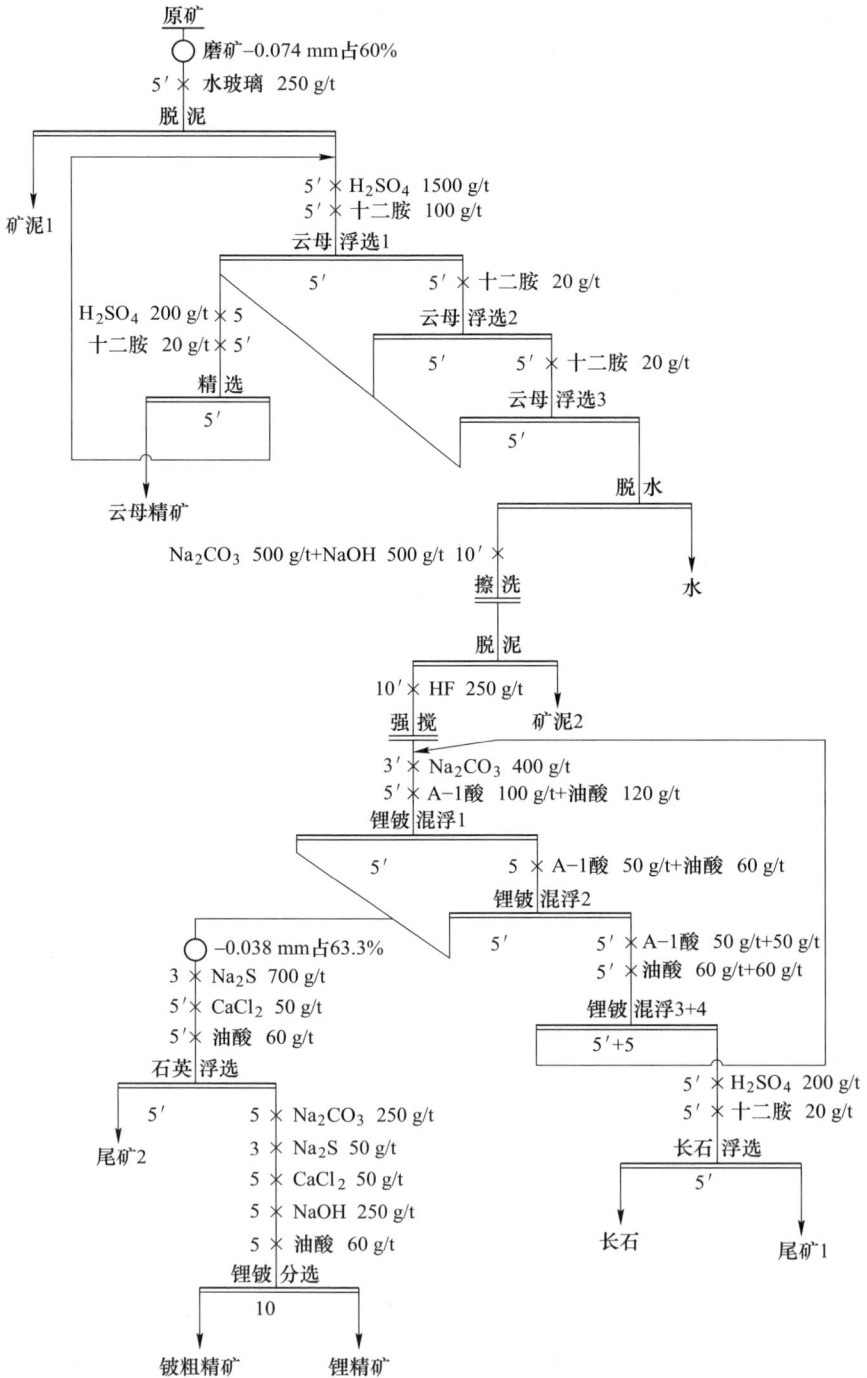

图 8−5　现场棒磨机排矿样实验室浮选试验流程及条件

8.3.4 工业锂铍混合精矿浮选试验

基于 3 号脉原矿样和现场棒磨机排矿样的实验室试验结果，现场完成了锂铍混合浮选部分的流程改造，生产出锂铍混合精矿。为进一步验证上述试验确定的锂铍浮选分离药剂制度的有效性，在实验室对取自现场生产流程中的锂铍混合精矿样开展了锂铍分离浮选试验，以确定获得合格精矿（铍精矿 BeO 品位≥8% 和锂精矿 Li_2O 品位≥6%）的最终工艺流程及条件。

在实验室对工业锂铍混合精矿样进行了多方面的探索试验。根据混合精矿试样的粒度组成及锂铍矿物含量分布特性，初步确定锂铍分选工艺原则如下：

（1）混合精矿再磨矿。目的是促进锂铍矿物充分单体解离和获得新鲜表面，为锂铍分选创造条件。

（2）分级浮选。混合精矿经磨矿后，仅加调整剂（Na_2S、$FeCl_3$）、不加捕收剂浮选。目的是将大部分易浮脉石矿物、矿泥及残留捕收剂，以及大部分 -0.038 mm 粒级锂铍矿物选入泡沫产品。槽内产品是矿泥含量低、锂铍矿物总量高达 85% 的产品。

（3）对易浮泡沫产品及槽内产品分别进行锂铍分离。两组产品矿物组成、锂铍含量、粒级特性等均不尽相同，因此在锂铍分选工艺条件上应有差异。

基于上述原则，根据混合精矿试样的粒度组成和锂铍矿物在不同粒级的含量分布特性，开展了现场锂铍混合精矿易浮泡沫产品与槽内产品的锂铍分离分组试验。

8.3.4.1 工业混合精矿实验室锂铍分选闭路流程试验

对现场锂铍混合精矿中的槽内产品和泡沫产品分别进行锂铍分离开路流程试验，结果表明所采用的分选工艺流程和药剂条件是合理的。为了进一步检查和校核所拟定的工艺流程能否稳定地获得铍精矿（BeO 品位≥8%）、考察中矿矿浆带来的矿泥及易浮脉石矿物是否将累积并妨碍浮选、找出中矿返回对指标的影响规律、查明中矿循环对药剂用量变化的影响等，分别对混合精矿的槽内产品和泡沫产品进行了实验室锂铍浮选分离的闭路试验。

A 槽内产品实验室锂铍分选闭路试验

槽内产品锂铍分选实验室闭路试验结果见表 8-3，工艺流程和药剂条件见图 8-6。

表 8-3 工业混合精矿槽内产品实验室锂铍分选闭路试验结果

产品名称	作业产率/%	品位/%		作业回收率/%	
		BeO	Li_2O	BeO	Li_2O
矿泥	4.20	0.79	4.47	2.51	3.17
铍精矿	11.12	8.76	1.27	75.92	2.38
锂精矿	84.68	0.33	6.60	21.57	94.45
合计	100.00	1.29	5.92	100.00	100.00

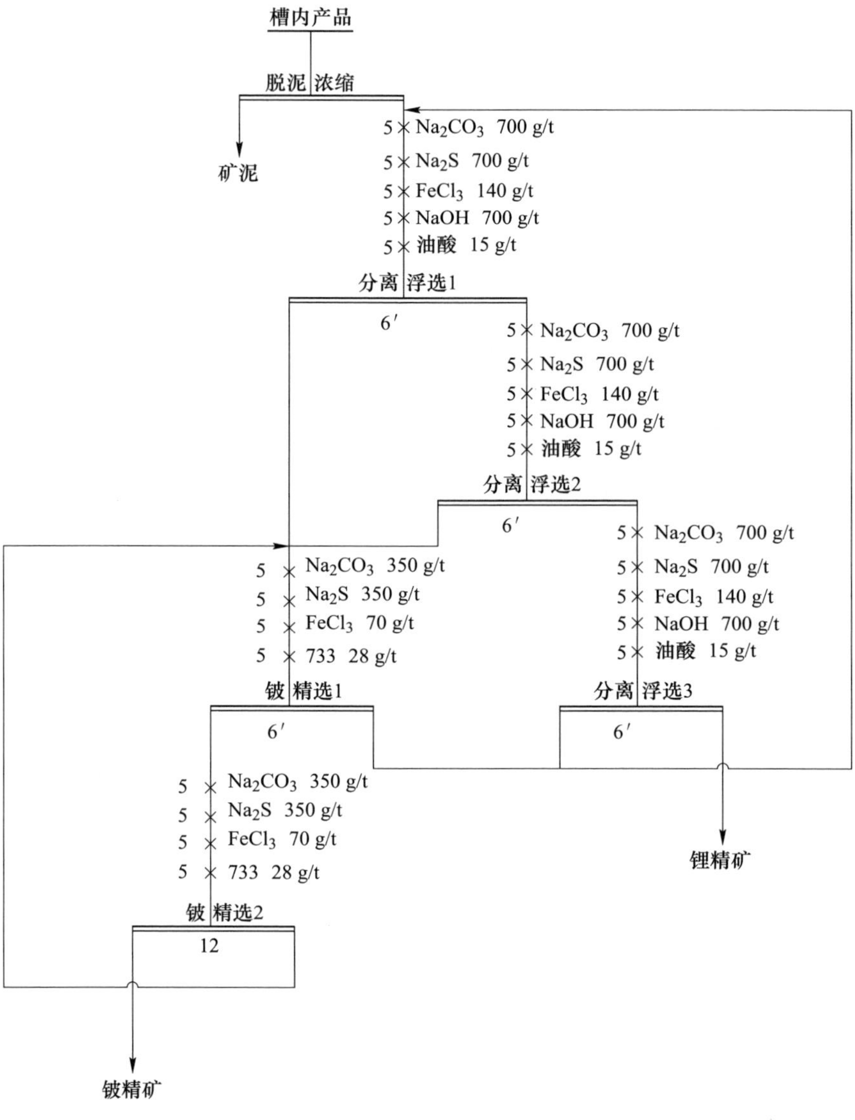

图 8-6   工业混合精矿槽内产品实验室锂铍分选闭路试验流程

由表 8-3 列出的浮选指标可知，试验采用的工艺流程及药剂条件是合理的，能有效实现锂铍分离并获得铍精矿（BeO 品位为 8.76%）和锂精矿（Li$_2$O 品位为 6.60%）。同时，应予指出，可将矿泥产品并入锂精矿产品中，此时锂精矿仍然保持较高质量（Li$_2$O 品位为 6.49%），并可将锂精矿作业回收率提高至 96.83%，避免锂金属的损失。

B   泡沫产品实验室锂铍分选闭路试验

基于泡沫产品的开路流程和药剂条件，进行了泡沫产品的闭路试验，试验流程及条件见图 8-7，试验结果见表 8-4。

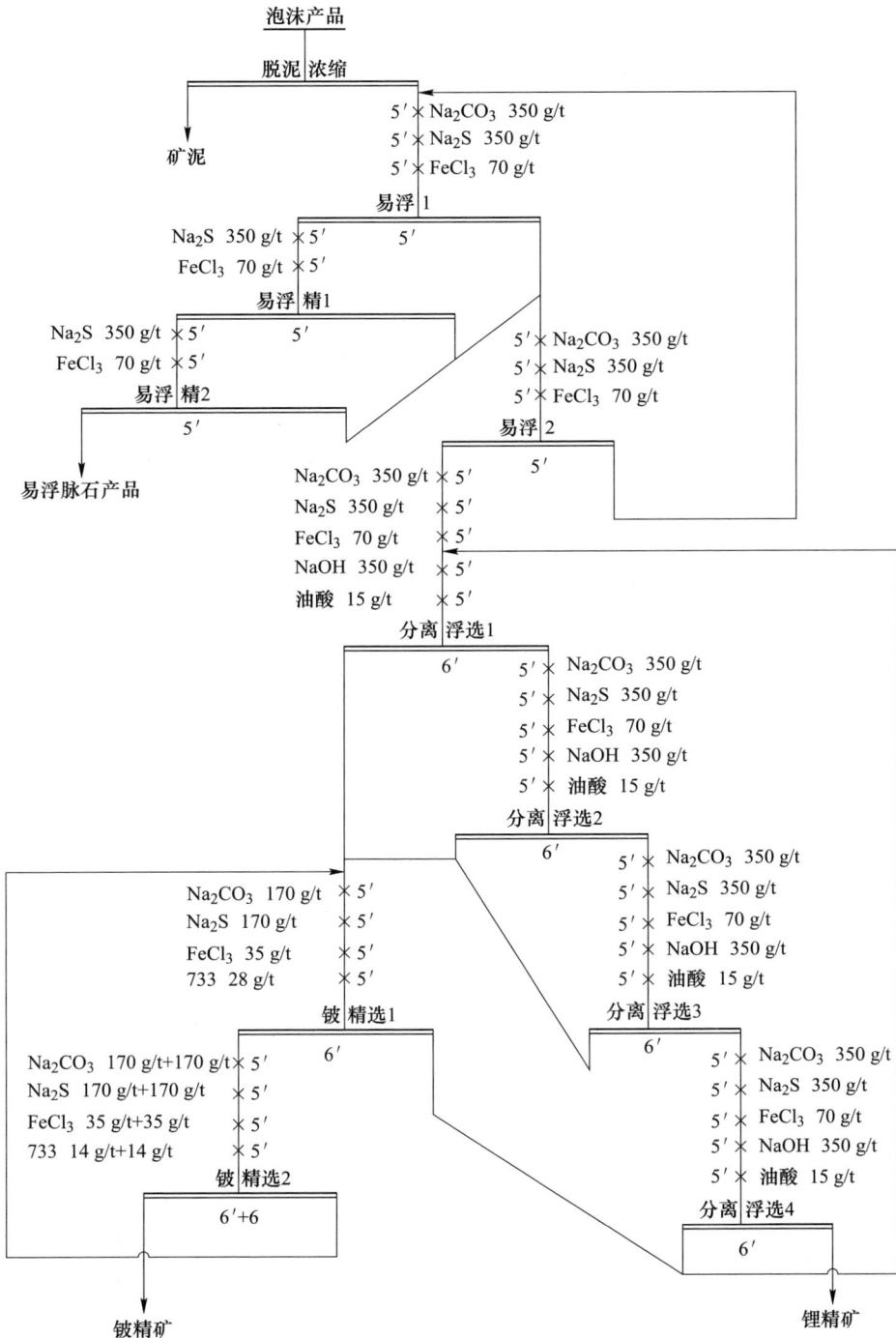

图 8-7 工业混合精矿泡沫产品实验室锂铍分选闭路试验流程

表 8-4　工业混合精矿泡沫产品实验室锂铍分选闭路试验结果

产品名称	产率/%	品位/%		回收率/%	
		BeO	Li$_2$O	BeO	Li$_2$O
矿泥	24.64	0.75	3.90	19.57	21.36
易浮脉石产品	14.52	0.34	0.79	5.23	2.55
铍精矿	6.91	7.70	1.83	56.35	2.96
锂精矿	53.93	0.33	6.10	18.35	73.13
合计	100.00	0.94	4.42	100.00	100.00

表 8-4 的结果表明，对混合精矿的泡沫产品在实验室进行锂铍分离，加强脱泥和脱除易浮脉石的作业是必要的，同时证明了采用的药剂条件（Na$_2$CO$_3$+Na$_2$S+FeCl$_3$+NaOH 与油酸或 733 匹配）是实施锂铍分离的有效药方，处理较复杂、难选的泡沫产品物料，仍能获得较好的分选指标，铍精矿品位（BeO）为 7.70%，锂精矿品位（Li$_2$O）为 6.01%。

8.3.4.2　混合精矿实验室锂铍分选综合计算指标

对现场锂铍混合精矿的槽内产品和泡沫产品样品在实验室分别处理的闭路试验指标进行综合计算，得到现场混合精矿锂铍分选的综合指标如表 8-5 所示。

表 8-5　混合精矿中泡沫产品及槽内产品实验室锂铍分选综合计算指标

产品名称	作业产率/%	品位/%		作业回收率/%	
		BeO	Li$_2$O	BeO	Li$_2$O
易浮脉石产品①	4.99	0.34	0.79	1.44	0.73
矿泥 1②	2.76	0.79	4.47	1.87	2.27
矿泥 2①	8.47	0.75	3.90	5.43	6.08
铍精矿 1②	7.30	8.76	1.27	54.72	1.71
铍精矿 2①	2.37	7.70	1.83	15.61	0.84
锂精矿 1②	55.59	0.33	6.60	15.70	67.57
锂精矿 2①	18.52	0.33	6.10	5.23	20.80
合计	100.00	1.16	5.43	100.00	100.00

① 混合精矿中的泡沫产品经锂铍分选得出的产品；

② 混合精矿中的槽内产品经锂铍分选得出的产品。

从表 8-5 的结果可知，流程中产出的铍精矿（含铍精矿 1 和铍精矿 2）中，处理槽内产品时获得的铍精矿质量较高［铍精矿 1 品位（BeO）为 8.76%］，而处理泡沫产品时获得的铍精矿质量偏低［铍精矿 2 品位（BeO）为 7.70%］。在保证铍精矿质量的原则下，将两个铍精矿产品合并，以获得最佳的铍回收率。

8.3.5 锂铍浮选分离工业试验

基于实验室锂铍浮选分离试验的研究结果，结合现场的实际情况，于 2003 年 6 月至 8 月，在对 8766 选矿厂 750 t/d 生产线进行流程改造的基础上，开展了锂铍浮选分离工业试验，工业试验流程如图 8-8 所示。工业试验分为工艺流程改造、工业试验调试和工业试验稳定运行三个阶段。

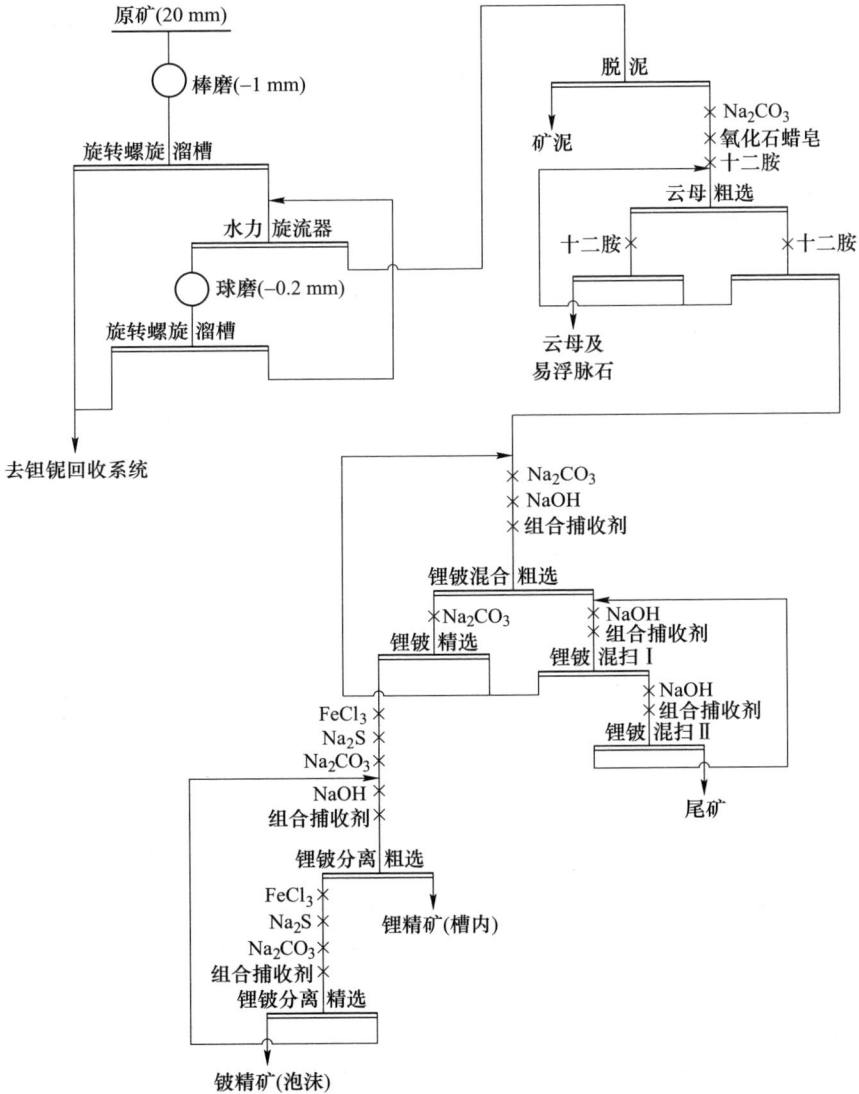

图 8-8 锂铍混选-混合精矿锂铍分离工业试验流程

从图 8-8 可知，为了满足后续锂铍浮选分离的要求，除在破碎流程中回收部分片状云母外，在锂铍混合浮选前，增加了脱泥作业和细粒云母浮选环节。与实验室试验不同的是，结合现场实际生产情况，工业试验中对细粒云母的脱除在碱性矿浆中进行，并将易浮作业与云母浮选作业合并处理。在锂铍混合浮选和锂铍分离浮选过程中，采用了油酸与羟肟酸的组合捕收剂，替代原生产使用的氧化石蜡皂、环烷酸皂和油酸。

工业试验先以 1 号系统锂铍混合精矿开展分离调试，在确定了锂铍分离工艺流程及条件的基础上，对 1 号、2 号、3 号系统锂铍混合精矿进行了集中分离调试。经过系统的工业试验调试，确定的锂铍分离药剂用量范围是：$FeCl_3$ 60 ~ 70 g/t、Na_2S 200~250 g/t、Na_2CO_3 400~450 g/t、NaOH 60~80 g/t、组合捕收剂 40 ~ 50 g/t。精选的药剂用量范围是：$FeCl_3$ 20 ~ 30 g/t、Na_2S 100 ~ 150 g/t、Na_2CO_3 100~200 g/t、组合捕收剂 15~25 g/t。

工业试验连续运行 15 个班次获得了较稳定的工艺指标，在原矿 Li_2O 和 BeO 品位分别为 0.22% 和 0.065% 的前提下，铍精矿 BeO 品位平均为 6.50%，对原矿 BeO 回收率为 46%。锂精矿 Li_2O 品位平均为 5.41%，对原矿 Li_2O 回收率为 57%。

本书作者认为，原矿 Li_2O 和 BeO 品位分别为 0.22% 和 0.065%，属于易分选的低锂原矿。但工业试验铍精矿 BeO 品位平均为 6.50%，达不到实验室的指标，与历史上两院一所的工业试验指标和 1977 年 8766 选矿厂 1 号系统铍精矿品位达 8% 以上的工业生产指标相差较大。但对于原矿 Li_2O 品位为 0.22%，锂精矿 Li_2O 品位平均为 5.41%，对原矿 Li_2O 回收率为 57%，指标较高。

8.4　建立手选废石系统

8766 选矿厂投产后，针对原矿品位低这一问题，提出了手选废石提高原矿品位的方案。根据地质部门提供的 3 号脉各矿带废石含量和在 8766 选矿厂碎矿实际测定的含锂辉石和绿柱石矿石的废石率，1981 年 8 月，由乌鲁木齐有色冶金设计研究院和可可托海矿务局共同设计，新疆有色金属（工业）公司施工建造了 8766 选矿厂碎矿车间手选废石系统，将矿石在破碎过程中预先选出不含锂辉石和绿柱石的脉石，提高入选原矿品位及原矿处理量，节约原矿处理费用。

手选系统于 1983 年正式投产，它与选矿厂破碎车间连接形成回路，选出废石，矿石经细碎后进入粉矿仓，投产后两年的工作情况是：1983 年 1 月至 9 月选出废石量为 7717.3 t，1984 年 6 月至 12 月选出废石量为 2034.9 t，废石品位低于浮选尾矿品位。

8.5　选矿厂尾矿库尾砂再选

鉴于 3 号脉岩钟部分露天矿已闭坑，早些年间锂辉石工业浮选工艺的不稳定，使得其尾矿库尾砂中 Li_2O 含量较高，有一定的回收价值。随着选矿技术的发展，以及浮选药剂的不断改进，已具备对尾矿进行再选的条件。

针对锂辉石尾矿的回收，从小型试验到工业生产的成功历经近一年的时间，浮选方法采用正浮选方式。精矿品位从 2.3% 提升到 5.8%（合格品位）。

8.5.1　入选物料的性质

8766 选矿厂尾矿库尾砂中，锂辉石的综合品位（Li_2O）为 0.5% 左右，含有 $Ta_2O_5+Nb_2O_5$ 品位为 0.004% 的钽铌铁矿、BeO 品位为 0.006% 的绿柱石，脉石矿物主要为石英、钾长石、钠长石及角闪石，另外含有少量的电气石；还含有 10%~15% 的云母粉，物料堆密度为 1.6 t/m^3 左右。通过对尾砂的筛析、化验，得出各粒级中的锂辉石金属量（Li_2O 品位）、产率及金属分布率，化验结果列于表 8-6。

表 8-6　尾砂中各粒级的 Li_2O 品位、产率及金属分布率

粒级	Li_2O 品位/%	产率/%	金属分布率/%
+80 目	0.97	20.7	42.11
-80 目+100 目	0.91	4.0	7.63
-100 目+150 目	0.53	24.7	27.46
-150 目+200 目	0.24	11.6	5.84
-200 目+240 目	0.16	5.1	1.71
-240 目+320 目	0.15	6.6	2.08
-320 目	0.23	27.3	13.17
合计	0.48	100.0	100.00

从表 8-6 可以看出，+150 目金属含量较高，占总金属量的 77.2%，所以本工艺流程主要是针对+150 目的矿砂再磨后进行选别。

8.5.2　工艺流程

(1) 磨矿工艺：尾砂是已经过磨矿浮选的，所以物料粒度较细，如磨矿时间较长，会造成物料过粉碎从而产生大量矿泥，不但对精矿指标有较大的负面影响，还会产生药剂损耗过高等不利因素。因此，要缩短磨矿时间。故此流程是物料经过振动筛将+10 mm 的粒级筛除后，采用一段磨矿方式，只使用一段球磨闭

路磨矿，其磨产品溢流矿细度达到 -0.074 mm 的粒级含量占 68%~72%，矿浆浓度为 28%~32%。因尾砂中 -320 目的粒级还占有相当一部分，其产率占 28% 左右，并且含锂品位低，金属分布率占 13.17%，对于锂辉石的浮选工艺来说，此部分已属矿泥，所以预先采用旋流器脱泥。

（2）浮选设备选型及工艺流程配置：进入浮选的矿浆浓度为 28%~32%，经过 10 min 的搅拌和药剂作用，经两段反浮选将易浮的杂质矿物选出进入尾矿。此后矿浆经 15 min 的搅拌进入浮选作业。各种药剂按照一定的药剂作用时间添加到各点中，矿浆温度控制在 15~20 ℃。浮选流程结构为四次粗选、两次精选、两次扫选。浮选时间：粗选 24 min、精选 3 min、扫选 12 min。搅拌桶规格为 ϕ1500 mm×1500 mm，易浮及浮选的浮选机采用 XJK-1.1 型。

（3）药剂制度及各项指标的对比：以 NaOH、Na_2CO_3 作调整剂，其中 NaOH 为活化剂、Na_2CO_3 为抑制剂，以捕收剂羟肟酸（P-17）替代原捕收剂氧化石蜡皂，环烷酸皂为捕收剂起泡剂。以往采用氧化石蜡皂捕收性能较好，但其选择性较差；而 P-17 对矿物的选择性较好，在一定的 pH 范围内（针对锂辉石的选别，pH = 9.5~10.5），P-17 能较好地吸附于锂辉石颗粒表面。采用分段加药方式，药剂作用时间：NaOH 为 25 min，Na_2CO_3 为 25 min，P-17 和环烷酸皂在易浮与浮选时各为 5 min。

（4）药剂用量：因尾砂是经过选别的，所以在矿物表面还残留着一定量的浮选药剂，没有被选别上来的有用矿物，其本身可能是比较难浮的矿物，因此在调整剂和捕收剂的用量上要做较多的条件试验。表 8-7 给出了药剂用量及各项指标的对比情况。

表 8-7　尾矿再选药剂制度及浮选指标

组号	药剂条件						浮选指标			
	NaOH 用量 /(g·t⁻¹)	Na_2CO_3 用量 /(g·t⁻¹)	P-17 用量 /(g·t⁻¹)		环烷酸皂用量 /(g·t⁻¹)		入料品位 /%	精矿品位 /%	尾矿品位 /%	回收率 /%
			易浮	5 号搅拌	易浮	5 号搅拌				
1	1000	800	10	50	100	100	0.64	3.46	0.35	50.4
2	1200	800	10	100	100	150	0.73	3.65	0.28	66.8
3	800	1000	15	100	80	80	0.77	4.00	0.48	42.8
4	800	1200	15	100	80	40	0.82	4.41	0.52	41.5
5	700	1100	10	100	50	150	0.71	4.06	0.45	41.2
6	400	1200	10	150	50	100	0.86	6.85	0.74	15.6
7	700	1400	20	150	100	50	0.80	6.67	0.57	31.4
8	900	1600	20	150	100	50	0.93	5.95	0.50	50.5

从表 8-7 可以看出，NaOH 用量过多，虽然尾矿品位较低、回收率得到了提高，但精矿指标会降低很多；Na$_2$CO$_3$ 用量超过一定的范围，不但精矿品位不会提高，而且尾矿品位还很高。以上说明 NaOH 和 Na$_2$CO$_3$ 的用量比例要适当。成本最经济、各项指标最理想的是最后两组，药剂用量较少，精矿指标较好，表明在一定的 pH 范围内（pH=9.5~10.5），各种药剂用量及其配比是重要因素。

8.5.3　小结

尾砂再选工艺反浮选易浮作业很重要。虽然物料在进入磨矿前就已经采用旋流器脱泥，但经磨矿后会产生一定量的次生细泥，易浮作业可将一部分脉石矿物及细泥脱出，对提高锂精矿品位有重要作用，这在工业生产中已得到了验证，并取得了较高的经济价值。

磨矿工艺、流程结构的确定，药剂种类的选择，药剂用量和配比，都是很重要的因素。

不足之处是锂精矿回收率较低，还需要进一步优化工艺条件。

8.6　建成重介质选锂系统

1999 年可可托海 3 号矿脉露天矿闭坑，8766 选矿厂面临着无矿可选的境地，其通过自主技术创新成功地将尾矿库的尾砂再选锂辉石工艺应用于实际生产中。8766 选矿厂自 2006 年至 2022 年一直对尾矿库的尾砂进行再选生产锂精矿。随着安全环保理念的日益提升，根据安全环保的要求，8766 选矿厂于 2022 年停止了对尾矿库尾砂的选别。考虑到 8766 选矿厂的可持续发展、选矿技术的日益提高及锂精矿价位的持续走高，新疆有色金属工业集团稀有金属有限责任公司（原可可托海矿务局，以下简称稀有金属公司）于 2021 年初与新疆有色金属研究所开始共同研发重介质选锂项目。

8766 选矿厂重介质选矿工艺是对前期 3 号脉所采出的 Ⅰ、Ⅱ、Ⅳ 带含低品位铍手选尾矿堆存矿石进行选别，其矿石主要含绿柱石、锂辉石、云母、长石、石英等矿物，其氧化锂含量平均为 0.24%，氧化铍含量平均为 0.062%，云母含量约为 27%。8766 选矿厂在 2005—2014 年间，采用风选方法对该矿堆部分矿石进行了云母的选别，其云母碎尾矿堆存至阿托拜处，形成了 50 万吨云母碎尾矿堆场，受技术条件的限制，当时该尾矿选择暂时覆土筑堆堆存。随着选矿技术的发展及企业长期战略规划的考虑，稀有金属公司于 2021 年就与新疆有色金属研究所合作，共同研究开发回收这部分低品位锂、铍矿石。两单位研究确定采用的选矿工艺流程后，新疆有色金属研究所立即组织技术人员进行实验室小型试验，并于 2022 年 3 月完成重介质小型试验，新疆有色金属研究所参加试验人员有纪国平、石美佳、吴伟、韩卫江等。同年 6 月，稀有金属公司委托兰州有色冶金设计研究院有限公司出具《可可托海云母碎尾矿资源化综合利用项目》建议书，同时委托辽宁牧鼎矿业科技有限公司进行了重介质选矿系统的选址和设备安装设计。2022 年 7 月，稀有金属公司依据小型试验工艺流程确定了工艺改造方案，并进行基础建设和设备安装；同年 9 月完成所有建设项目并进行了为期两个月的工业试验。2023 年 4 月，稀有金属公司在各项试验均得到现场验证的基础上，确定 8766 选矿厂重介质选矿系统正式投产运行。

为进一步提高锂精矿品位，提高产品附加值及满足市场需求，2022 年 2 月，对重介质工艺产出的锂精矿进行了人工智能分选机探索试验。试验证明，在入选锂粗精矿品位（Li_2O）为 3.0% 的条件下，通过人工智能分选机选别 +8 mm、−8 mm+4 mm 和 −4 mm 三种粒级锂粗精矿，获得了 +8 mm 粒级锂精矿品位为 5.47%、−8 mm+4 mm 粒级锂精矿品位为 5.23%、−4 mm 粒级锂精矿品位为 3.91%、综合锂精矿品位为 4.84%、回收率为 83% 的较好指标。在此基础上，8766 选矿厂智能分选系统（见图 8-9）于 2023 年 7 月正式投产运行，智能分选系统还存在一些问题和难点需要改进，但总体运行效果较好。人工智能分选系统的优点是能一次性达到合格锂精矿品位，工艺运行稳定，人员更易操作。

图 8-9　光电智能分选系统

该项目整体投资总额为 2564.97 万元，建设投资资金全部由稀有金属公司自筹解决。

工艺过程描述：云母碎尾矿用自卸汽车运至原料仓。原料给入 1 号带式输送机，送至双层直线振动筛冲水湿式筛分，筛上物料（+20 mm）由 2 号带式输送机送至装车点装车后运至尾砂堆存场；筛下物料（-1 mm）由渣浆泵输送至尾矿库，将-20 mm+1 mm 粒级物料加入介质搅拌桶中，入选物料和硅铁粉介质进行搅拌混匀，用砂泵打入旋流器中，底流产品给入脱介筛、脱水筛，得到锂精矿产品（Li_2O 品位>3.0%），其精矿产品通过振动筛分级为+7 mm 和-7 mm 两种粒级，+7 mm 粒级产品进入人工智能分选机进行进一步分选，使其精矿品位达到5.8%以上，-7 mm 粒级产品进行自然蒸发水分后，再进入智能分选机进行分选，得到产品精矿品位在4.5%以上。智能分选流程是采用光电选矿设备，根据矿物的表面光度、形状、解理面等差异进行不同矿种分选的工艺系统，通过智能分选可将重介质选出的品位为3%锂精矿一次性选别品位达到4.5%以上，尾矿平均品位为0.341%，中矿平均品位为3.896%。精矿作业产率为62%、中矿作业产率为15%、尾矿作业产率为23%。

截至2023年，重介质选矿系统处理量为1000 t/d，产率大于2%，日产出锂精矿20 t。硅铁粉介质和尾水均为循环使用。

稀有金属公司在成功选别阿托拜云母碎尾矿的基础上，后期计划于2025年对公司中7号原手选尾矿堆资源进行综合回收利用。已委托新疆有色金属研究所对7号尾矿矿石进行回收试验研究，综合回收工艺以重介质选矿技术为主线，结合相应的其他选别作业工艺，通过现场实践探索、实验室条件试验确定经济和技术指标合理的工艺流程，获得符合市场销售要求的锂精矿、铍精矿、长石、石英等产品。

已初步确定技术路线和方法：

将可可托海低品位锂铍矿石经破碎筛分后，获得-15 mm+1 mm 粗粒产品和-1 mm 细粒产品。对-15 mm+1 mm 粗粒产品拟采用重介质工艺，分别选出锂精矿、铍粗精矿、长石粗精矿和石英粗精矿，-1 mm 细粒产品抛尾。

（1）用智能分选工艺进一步分离锂辉石和脉石矿物，提高锂精矿品位。

（2）采用浮选工艺处理铍粗精矿，获得铍精矿。

（3）采用重磁联合工艺处理锂精矿和铍粗精矿，获得钽铌精矿。

（4）采用光选工艺，获得品质较好的长石精矿和石英精矿。

稀有金属公司重介质选锂工艺是对低品位锂铍矿进行综合回收，使得资源利用量加大，经济效果提高；同时对该部分尾矿回收利用后，可对原堆存场地进行环境治理和生态修复，使其与可可托海的自然风景相协调。响应尊重自然、保护自然，坚持保护优先、自然恢复为主的思想，符合可持续发展战略，有利于构建生态文明体系，推动经济发展绿色转型。从环境治理及资源综合回收利用角度出发，通过创新性的重介质选锂技术工艺，能够最大限度地回收国家矿产资源，避免资源浪费；增加企业经济收入，对稀有金属公司的生产与可持续发展将起到积极的推动作用；循环利用了废旧资源，达到国家提倡的循环经济的目的；有利于开展环境治理和生态恢复工作。

　　以上资料由新疆有色金属工业集团稀有金属有限责任公司提供。目前只用重介质选矿系统回收锂辉石，没有综合回收绿柱石和钽铌矿物。

8.7　其他选矿科研工作

　　脱水离心机的调试与改造。锂铍精矿脱水所用设备，设计院设计的是 WH-800 卧式离心机。因为 8859 选矿厂的离心机是立式吊篮式离心机，间歇性出精矿，工人要一铲一铲地把筛篮上的精矿铲下来，劳动强度非常大，北京有色冶金设计院的设计师为了让工人从繁重的体力劳动中解放出来，选用了 WH-800 卧式离心机，自动出矿，工人劳动强度大大降低。但随之而来的是这种离心机筛网磨损非常严重，1 副不锈钢筛网 2100 元，用 100 h 就报废了，4 台这种离心机 4 天就要消耗 4 副筛网，总价 8400 元，这在当时是不得了的消耗，工厂也难以承受，而且也极不容易订到备件。后来 8766 选矿厂派出的技术人员专门考察了这种离心机的使用范围、运转情况，才了解到这是一种化肥行业、制糖行业、味精行业用的设备，连续出料，不锈钢筛网又不锈蚀，用多少年也无需更换筛网。而可可托海出的料是锂辉石精矿，针对离心机筛网处理坚硬的金属精矿使筛网磨损快、消耗量大的缺点进行技术改进，大大延长了筛网的使用寿命，节约了成本。在此项技术改造中，于民昌、高成富、高希贵做出了贡献。

　　1982 年，8766 选矿厂引进橡胶衬板应用于磨矿作业。橡胶衬板的使用寿命比锰钢衬板提高了一倍多。后又引进了衬胶砂泵，效果良好，使用周期延长，也减少了维修工人的劳动强度。

　　1983 年，8766 选矿厂试验研究矿浆泥砂分别搅拌再混合浮选工艺应用于生产，取得了降低药耗、改善工艺过程的效果。

　　为提高锂精矿产量和解决精矿浓缩超负荷运转问题，1989 年对 3 号系统进行技术改造，1990 年 5 月投产，提高了 8766 选矿厂原矿处理能力和精矿产量。

　　8766 选矿厂进行中矿回收项目试验研究，提高了实际金属回收率。

❾ 对可可托海锂铍钽铌选矿技术及工业实践的再认识

9.1 可可托海锂铍钽铌选矿为国家建设建立了不朽的功勋

不必说可可托海二矿和四矿简易的钽铌重选厂，从 8859 选矿厂的建设到投产，再到 8766 选矿厂的建设与投产，至今已过去 60 多年的岁月，在长达半个多世纪的时光里，可可托海锂铍钽铌选矿的贡献已载入中华人民共和国的史册。

开创了中国锂铍钽铌选矿的历史： 以可可托海矿务局为试验基地，与北京矿冶研究院、有色金属研究院、新疆冶金研究所、广州有色金属研究院及北京有色冶金设计院中国顶级的稀有金属选矿研究设计院合作，开发成功花岗伟晶岩锂铍钽铌综合回收选矿工艺技术，填补了国家空白，并成功地实现了工业化生产，居世界领先水平。

在可可托海之前，中国广东、广西和湖北等省、自治区曾建有不同规模的钽铌选矿厂，但其钽铌矿物并不像可可托海 3 号脉与锂辉石及绿柱石共伴生，选矿厂规模小，选矿工艺技术也没有可可托海那样复杂。在有色金属研究院、北京矿冶研究院和北京有色冶金设计院工作的基础上，1961 年 7 月，在北京矿冶研究院（当时称为北京矿山研究院）吕永信等专家的协助下，8859 选矿厂开创了中国锂辉石浮选并综合回收钽铌矿物的历史。1977 年，在广州有色金属研究院（原有色金属研究院的选矿科研团队）、新疆冶金研究所和北京有色冶金设计院的共同协助下，8766 选矿厂工业浮选绿柱石获得成功，开始批量生产氧化铍品位达 8% 以上的优质铍精矿运往湖南水口山铍冶炼厂。这标志着真正意义上开创了中国花岗伟晶岩锂铍钽铌综合回收选矿的工业史。

为国家生产了大量的锂精矿、钽铌精矿和部分浮选铍精矿，有力地支援了国防尖端工业： 可可托海的锂精矿在乌鲁木齐 115 厂冶炼成多种锂盐及其他化合物。近年来随着锂在电池领域中的广泛应用，对锂的需求量急剧增加。从锂 6 同位素中提取的氚化锂是氢弹核聚变的原料，可以肯定地说，中国第一颗氢弹爆炸核聚变用的锂 6 同位素就是来自可可托海的锂精矿。

铍精矿在湖南水口山冶炼厂冶炼，在宁夏西北稀有金属材料研究院加工。铍合金用于洲际导弹铍陀螺制导，用于原子弹、氢弹的结构材料，用于卫星的铍镜。究竟是从可可托海浮选铍精矿冶炼铍还是从可可托海手选绿柱石中提取的铍，作者并没有结论，但肯定是可可托海的铍矿产品。

钽铌精矿在宁夏有色金属冶炼厂（今东方钽业）冶炼。钽广泛用于电容器，铌广泛用于超导及合金钢中。

至于锂铍钽铌在更多的民用产品中应用就不必多说了。由此可见，可可托海锂铍钽铌选矿对中国国防军工和尖端工业做出了重要的贡献。

学术上的贡献：由于保密工作的限制，在较长一个历史时期内，在可可托海工作的工程技术人员不可以发表关于锂铍钽铌选矿的学术论文和参加学术会议。但是早期为了研究制定锂铍钽铌的选矿工艺技术，北京矿冶研究院吕永信、吴多才、幸伟中等，有色金属研究院赵常利、罗家珂、周维志等，新疆冶金研究所侯柱山、音德额等还是留存了一些论文供学习交流。进入 20 世纪 80 年代以后，可可托海对外解密，不少研究者的基础研究样品都取自可可托海 3 号脉。例如，有色金属研究院张忠汉的硕士论文，东北大学印万忠、贾木欣的博士论文，北京科技大学呼振峰的博士论文等，都有创新的学术成果。孙传尧、印万忠合著的《硅酸盐矿物浮选原理》一书的全部矿样取自可可托海 3 号脉，主要内容是结合 8859 选矿厂和 8766 选矿厂的工业实践完成的基础研究工作。

作为经典技术对当今伟晶岩型锂铍钽铌选矿仍有指导意义：随着地质勘查工作的进展，近些年中国发现了多处花岗伟晶岩矿床富含锂铍钽铌，有的已进入开发阶段，如川西伟晶岩选矿厂的流程都是借鉴了 8859 选矿厂和 8766 选矿厂流程设计的。新疆大红柳滩大型锂铍矿床现在已进入开发阶段。吴福兴、秦克章等在喜马拉雅科考中新发现的琼家岗大型锂矿化带有待进入勘查阶段。此外，在新一轮找矿行动中，在阿尔金地区也发现多条含锂的伟晶岩矿脉。这些硬岩锂铍资源的开发和综合回收选矿工艺流程的制定，也必将参考可可托海 8859 选矿厂和 8766 选矿厂的工艺技术和工程实践。

培养造就了一大批技术骨干和领导：在本书 8859 选矿厂一章中已列举了一批技术骨干，他们或者继续在可可托海 8766 选矿厂发挥作用，或者调到其他单位任技术骨干或领导。以下再补充一些人员的情况（含与 8766 选矿厂业务相关的几位专业人员）：

周宝光调任可可托海矿务局局长、新疆有色金属公司总经理。

杨书良调到化学工业部化学矿产地质研究院任权威选矿专家。

李智调到中国第十冶金建设公司任高级选矿专家。

李士杰调到邯邢矿山局任高级选矿专家。

许鹏秋、姜毓苹调到河北省矿山冶金设计院作为技术骨干。

肖友茂先调到柳园铜矿，后任白银有色金属公司选矿教授级高级工程师。

刘仁辅调到成都矿产综合利用研究所任研究员。作为川西伟晶岩一个锂辉石选矿项目的负责人,他很轻松地完成了试验任务,别人不理解,其实这是他在可可托海积累的研究功底的释放。

林恒平调任南阳酒精厂总工程师。

沈炳度调任阜康冶炼厂厂长。

朱瀛波考取武汉理工大学研究生,毕业后先后任咸阳非金属矿研究所所长和武汉理工大学资源环境学院院长,博士生导师、教授。

余仁焕曾任8766选矿厂副厂长,考取东北大学研究生,毕业后曾任东北大学矿物加工系主任、东北大学辽宁分院院长。

吴晓清考取东北大学研究生,毕业后任马鞍山矿山研究院选矿高级工程师。

王介良调入马鞍山矿山研究院任选矿高级工程师。

周公国考取中南矿冶学院研究生,后去加拿大阿尔伯塔大学深造获博士学位。

张泾生考取长沙矿冶研究院研究生,后去德国亚琛工业大学当访问学者,回国后先后任长沙矿冶研究院研究室主任、副院长、院长,博士生导师。

孙传尧考取北京矿冶研究总院研究生,毕业后曾任该院选矿室工程师,科研处副处长、处长,副院长、院长,博士生导师。1991年当选俄罗斯圣·彼得堡工程科学院院士,2003年当选中国工程院院士,2000年当选全国劳动模范,2006年获光华工程科技奖、中国有色金属工业科技进步特别贡献奖。

陈开姚调任长沙矿冶研究院选矿高级工程师。

周秀英调任北京矿冶研究总院选矿教授级高级工程师,享受国务院政府特殊津贴专家。

耿直考取华中工学院研究生,毕业后任郑州磨料磨具磨削研究所副总工程师。

洪尚印考取西安交通大学研究生,毕业后任福建华侨大学机械工程学院院长、教授。

王文宗调任山东淄博钴厂高级工程师。

肖柏阳后任8766选矿厂厂长、可可托海矿务局副局长、新疆有色金属公司副总经理、总经济师。

邓荣州调任泉州粉末冶金厂工程师、泉州市工人文化宫主任,后任北京矿冶研究总院泉州设计分院院长、高级工程师。

王孝敏调至黑龙江小岭钢铁厂任调度,后任哈尔滨航运学校副教授,教画法几何、机械制图、工程制图、船舶制图等课程,多次被评为优秀教师。

张德滨调任哈尔滨大件运输公司技术处处长。

丁华调任哈尔滨标准件厂副厂长、总工程师。

励小龙调任新疆冶金研究所高级工程师。

方卫东调至新疆有色金属工业公司。

吴福常调任雅满苏铁矿办公室主任。

马增科调任可可托海矿务局纪委书记。

还有些人员调到新疆哈图金矿、托里饹矿、喀拉通克铜镍矿、阿希金矿任厂、矿领导。

9.2 8766 选矿厂设计、建设和企业管理中值得思考的问题

时间已过去半个多世纪，前面已谈到可可托海锂铍钽铌选矿的贡献。当今社会发展和技术进步的环境已与 8859 选矿厂和 8766 选矿厂建设与生产的年代有很大不同。经历了几十年的实践，回过头来冷静思考和评估过去的历程十分必要。

（1）对于绿柱石浮选企业的行为与国家的需求严重错位。可可托海 3 号脉以绿柱石赋存的铍资源储量大，且大半在缓倾斜部分。但是，对于绿柱石浮选存在以下具体困难：

一是矿石中氧化铍品位低，仅相当于氧化锂品位的 $\frac{1}{20} \sim \frac{1}{10}$，年产铍精矿量少，销售总额低。

二是绿柱石浮选工艺流程复杂，难控制，尤其是与锂辉石浮选分离很难。

三是绿柱石浮选成本高，并且浮选药剂种类多，不利于环保。

四是如果开采缓倾斜部分的铍矿石，在额尔齐斯河面以下，疏干排水工作量大，地下采矿成本更高。

仅就以上几点显见，绿柱石浮选干得越多，赔得就越多。

1977 年 8766 选矿厂 1 号系统工业调试成功并转产后，原本已经选出氧化铍品位在 8% 以上的合格铍精矿，因为产量少、成本高亏本而停产，改为生产锂辉石精矿。此后，长时间没有恢复浮选生产铍精矿，即使短期开展过工业试验，铍精矿品位也在 8% 以下。

这一现象并不是可可托海特有的，纵观我国的铍资源状况，这应当是普遍现象。一句话概括：从自身的经济效益差和技术管理难度大的角度看，非军口的采选企业浮选生产铍精矿没有积极性。

但金属铍是十分重要的战略资源，在国防军工、导弹核武器领域甚至是不可取代的金属。有资料表明，从国外进口铍精矿很难，因此必须立足于开发本国的铍资源。铍产品的下游用户，例如核武器、卫星、导弹等部门的企事业可以享受

军口的优惠政策。但上游采选冶的民口企业却享受不到任何优惠政策。这就导致铍矿石采选冶企业的行为与国家的战略需求严重错位。这一问题一直得不到解决。

（2）锂辉石与绿柱石浮选分离的工艺流程有待优化。浮选有个一般规律，哪一种矿物先浮选就对哪一种矿物有利。对于 3 号脉Ⅰ、Ⅱ、Ⅳ带的铍矿石，因含锂品位低，亦即锂铍比低，选择优先选铍流程是正确的。1975 年 8859 选矿厂的流程验证工业试验，1977 年 8766 选矿厂 1 号系统工业调试及转入工业生产，都选出了合格的铍精矿，这两项工作当时孙传尧作为现场技术负责人和现场工业试验的领导，与广州有色金属研究院以姚万里先生为首的专家组合作获得成功，尤其在 1977 年 8766 选矿厂 1 号系统工业调试成功后随即转入工业生产，选出氧化铍品位在 8% 以上成批的合格铍精矿销往湖南水口山铍冶炼厂，该项工作的负责人孙传尧深有体会。

但是，两次工业试验和生产都没有选出合格的锂精矿。究其原因：一是原矿含锂品位低；二是优先选铍作业前对锂辉石要强烈抑制，以确保铍精矿的质量；三是选铍尾矿要长时间、强搅拌、强活化和强捕收锂辉石，这必然导致锂精矿回收率和品位都不高，这也是该流程本身的弱点。好在该工艺流程中锂精矿不是主流产品，可用 2 号系统高品位的锂精矿弥补。

然而，对于最难选的高锂低铍，亦即高锂铍比的矿石，例如 3 号脉的Ⅴ、Ⅵ、Ⅶ带矿石，锂铍浮选分离工艺流程的选择就有很大学问了。对于这类原矿，锂精矿是主产品，必须保证锂精矿有高品位和高回收率。因此，采用 1 号系统的优先选铍流程，显然不适合高锂低铍原矿。其实，在优先选铍主流程之前还有一个反浮选排除易浮脉石的作业，对高锂的原矿在反浮选作业会增加锂辉石的损失。

可以说 8766 选矿厂 2 号和 3 号系统的高锂原矿设计时，选择优先选锂再选铍的流程不是最佳的选择。其优点是流程短，可保证锂辉石浮选，但最大的问题是锂精矿中铍含量高，铍损失大，导致最终铍精矿中铍的回收率低。20 世纪 70 年代，该流程在 8859 选矿厂又曾多次开展工业试验但都没有取得好的试验结果，在选锂作业作为铍的抑制剂先后采用过纸浆废液、碱木素，但对绿柱石都没有明显的抑制效果，后面选铍作业又照搬了"三碱、两皂、一油"。尽管 1977 年在 8766 选矿厂 2 号系统也完成了该流程的工业调试，但是始终没有形成铍精矿的生产能力。

这里不能不再提到当年北京矿冶研究院吕永信先生领导的团队研发成功适用于高锂原矿的工艺流程（见图 9-1）。

该工艺流程在原矿磨矿机内加碳酸钠和氟化钠。碳酸钠是硅酸盐脉石的有效

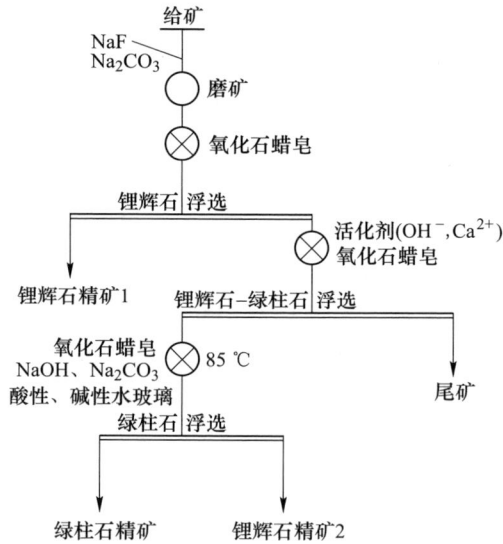

图 9-1　北京矿冶研究院的锂铍浮选分离原则流程

抑制剂，氟化钠是绿柱石的特效抑制剂，由此保证了在锂辉石部分优先浮选作业
获得高品位的锂精矿时铍的损失很低。锂辉石部分优先浮选尾矿中剩下的锂辉石
和绝大部分的绿柱石进行锂铍混合浮选，少量的锂铍混合精矿加温到 85 ℃加药
进行选择性解吸，尤其是创造性地使用酸性、碱性水玻璃使锂铍混合精矿浮选分
离得到高品位的铍精矿和第二锂精矿与优先选出的锂精矿合并，或返回到磨矿机
中。这是一个适合难选的高锂铍比原矿的锂铍浮选分离的工艺流程。该流程在
8859 选矿厂工业试验成功转入试生产时，铍精矿品位高达 9.62%，此后没见有
超过此指标的。但是，这一流程在 8766 选矿厂设计中没被采用。理由是氟化钠
有毒，混合精矿加温耗能。

　　现在回过头来看，这可能是该项目负责人吕永信先生在苏联米哈诺布尔选矿
研究设计院作为访问学者时，参考了该院 20 世纪 50 年代初的发明：用于白钨矿
与方解石等含钙矿物浮选分离时，采用粗精矿加温精选获得白钨矿精矿的彼得洛
夫法。吕永信先生将其用于少量的锂铍混合精矿加温选择性解吸再分离获得良好
的效果。著名的彼得洛夫法至今在中国白钨矿选矿厂中还在使用。

　　(3) 高锂铍比原矿锂铍分离还有优化的工艺流程吗？ 在当时的政治背景下，
处理高锂铍比原矿的北京矿冶研究院的流程在 8766 选矿厂设计中没有被采用可
以理解，现在已谈不上遗憾不遗憾了。但是如今 40 多年已过，直到可可托海 3
号脉的岩钟部分矿石已处理完，除了 1977 年在一个短时期内该选矿厂 1 号系统曾生产出合格的铍精矿外，岩钟部分各矿带的铍资源基本上没有再回收，锂铍分离技术也没有大的进展，甚至达不到历史最好水平，这才是最大的遗憾。

对于高锂铍比难分离的原矿，近几年新疆有色金属研究所在优先选锂作业研究成功一种对绿柱石高效的抑制剂取代当年的氟化钠、碱木素和纸浆废液，使锂精矿中铍的损失很少，这是一项重大的技术突破，有待在工业实践中验证。

鉴于当今选矿设备和工艺技术的进展，参考新疆有色金属工业（集团）有限责任公司在大红柳滩重介质预选的工业试验并借鉴北京矿冶研究院、有色金属研究院（广州有色金属研究院）和新疆有色金属研究所的工艺流程，可以设计几种新的分离工艺流程，工业上有成功的把握，但得经过试验验证。

当原矿氧化锂品位为 1.2%～1.4%、氧化铍品位为 0.04%～0.05% 时，利用选煤厂广泛应用的三产品无压给矿重介质旋流器或有压给矿两产品重介质旋流器，再精细选择合适的重介质后，将细碎或粗磨产品进行重介质优先选锂，可选出锂精矿氧化锂品位达 5% 以上，回收率为 70% 左右。这相当于当年北京矿冶研究院的部分优先选锂作业，区别是用重介质选锂而不用浮选，更不用氟化钠抑铍了。接下来的流程可分为以下几种，见图 9-2。

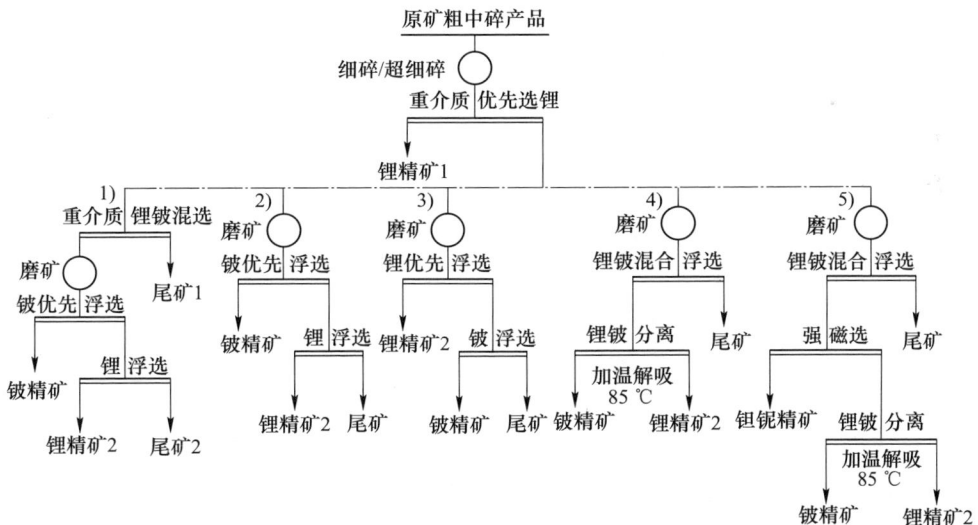

图 9-2　重介质优先选锂-锂铍浮选分离的几个典型流程

1）用重介质选出锂铍混合精矿再磨后锂铍浮选分离。这相当于当年北京矿冶研究院的第二步锂铍混选与分离，区别在于还是不用浮选。下一步锂铍分离容易，相当于有色金属研究院的低锂原矿的优先选铍工艺。其难点在于介质的选择与调控使锂铍混合精矿与其他硅酸盐脉石及石英能分开。

2）直接用有色金属研究院优先选铍流程进行锂铍分离，不必先获得锂铍混合精矿。因为重介质优先选锂后的矿浆相当于低锂铍比的原矿浆，用优先选铍流程可以实现锂铍分离，这在 1977 年 8766 选矿厂 1 号系统已有成功的工业实践。

3）用新疆有色金属研究所的优先选锂流程进行锂铍浮选分离。

4）如果第二段用重介质旋流器无法获得理想的锂铍混合精矿，就改用异步浮选法得到锂铍混合精矿，这一作业有成功的把握。然后锂铍混合精矿借助于北京矿冶研究院的加温选择性解吸法进行锂铍分离。

5）锂铍混合浮选精矿先用强磁选机选出钽铌矿物（细晶石选不出来）再锂铍浮选分离。

重介质优先选锂的尾矿进入下步作业之前都需要再磨。以上这些新思路是立足于当今选矿设备和技术的进步，并分析历史上 8766 选矿厂和 8859 选矿厂的工业试验及生产实践提出的，需要试验验证。

前面已提到，如果新疆有色金属研究所在优先选锂作业用新型药剂抑制绿柱石工业上获得成功，则流程可大大简化，可不用以重介质优先选锂开头的流程。但以重介质开头的流程最大的优点是节省磨矿成本，在工艺流程选择时应进行技术经济比较。

（4）关于综合回收钽铌问题： 可可托海 3 号脉入选 8766 选矿厂的矿石中均含有钽铌矿物，如钽铁矿、铌铁矿、钽铌铁矿、锰钽铁矿、细晶石等。20 世纪 60 年代有色金属研究院关于钽铌矿物的回收，黄会选、姜永才等做了大量的研究工作，特别是对Ⅶ带矿石研究得相当精细，提出的工艺流程见图 6-22。然而，这样复杂的流程工业上无法实施，厂房占地面积大、设备多，很难管理，产出的精矿量又少，并且因重选水量大而给后面的锂辉石和绿柱石浮选带来很大干扰。因此，无论是 8859 选矿厂还是 8766 选矿厂都没有采用这样复杂的流程。但是，这些研究工作无论在学术上还是工艺技术上无疑很有参考价值；并且研究工作的精细程度令人赞叹。

再看北京矿冶研究院的研究工作，该院并没有专门设立重选课题组研究钽铌选矿，起初的回收方案是从锂辉石浮选精矿中回收钽铌矿物。到工业试验时发现锂精矿很难消泡，无法用摇床回收，而当时也无高效的强磁选设备，该方案被否定。于是吕永信先生应急地提出一个简单的选别方案：在磨矿分级回路中，高浓度矿浆送入螺旋选矿机（预先筛分排粗砂），螺旋选矿机的重产物再经摇床精选得出粗精矿，再进入精选工段反复精选，得出的精矿 $Ta_2O_5+Nb_2O_5$ 品位达 50%~60%，富集比相当高，总回收率在 40%~50%。

这一简单的工艺流程成为经典，后来的钽铌综合回收大多参考了这种工艺。

精选无大问题，但粗选工艺值得讨论。

1）在主厂房三个系统中，最初设计只有 3 号系统是两段回收钽铌，1 号、2 号系统只在一段棒磨排矿中回收钽铌，导致细粒级钽铌流失，并且这两个系统处理量大。

2）钽铌重选之前没有分级，没有详细的试验数据。

3）除了 1978 年新疆冶金研究所侯柱山等发明旋转螺旋选矿机获得成功并取代螺旋选矿机和摇床外，没有做更多的研究。

4）8766 选矿厂用的摇床面是为了应急取代变形的木制床面而临时自制的塑料板来复条床面，没有研究和试验基础。

5）由于在主厂房粗选的各个作业中含钽铌品位低，取样分析误差大，因此不像浮选那样经常性地进行流程考察。

6）8766 选矿厂设计中以重选开头是有原因的：一是当时强磁选设备不如当今好；二是Ⅶ带矿石中相当多的钽铌矿物是细晶石，没有磁性，因此不可能用强磁选开头。

今后，在花岗伟晶岩锂铍钽铌综合回收选矿工艺中，如果钽铌矿物中没有细晶石，可以考虑采用强磁选机回收钽铌矿物。至于应用的作业地点、机型，应通过试验确定。

（5）关于三个系统磨矿机的选型与配置：8766 选矿厂 1 号系统处理量为 400 t/d，处理Ⅰ、Ⅱ、Ⅳ带的铍矿石。这类矿石在 3 号脉的矿石量最大。一段磨矿选用 $\phi 1500$ mm×3000 mm 的棒磨机开路磨矿，二段磨矿选用 $\phi 2200$ mm×2100 mm 的格子型球磨机用水力旋流器闭路。该系统自投产以来始终没有达产，最大日处理量仅 300 t 左右。

2 号系统处理Ⅴ、Ⅵ带锂矿石，其在 3 号脉的矿石量居中，处理量为 250 t/d。一段磨矿选用 $\phi 1500$ mm×3000 mm 棒磨机开路磨矿，二段磨矿选用 $\phi 1500$ mm×3000 mm 的格子型球磨机用水力旋流器闭路。该系统已达产。

3 号系统处理Ⅶ带的含钽铌的锂矿石，矿石量最少，处理量为 100 t/d。一段磨矿选用 $\phi 1500$ mm×3000 mm 的棒磨机开路磨矿，二段磨矿选用 $\phi 1500$ mm×1500 mm 的格子型球磨机用水力旋流器闭路。该系统已达产。

8766 选矿厂设计的服务年限是 30 年，为了使处理的 3 号脉的原矿量平衡，三个系统不同的处理能力是合理的。三个系统一段棒磨机的给矿粒度基本相同，矿石的可磨性相同，因排矿都进入重选，故粒度特性也基本相同。但是，三个系统的处理量差异如此大，为何一段磨矿都选用同一规格的棒磨机？作者当时在 8766 选矿厂工作时，没有过多地思考这个问题。如今回过头来思索，感到困惑不解，权威的北京有色冶金设计院为何这样设备选型？对此问题肖柏阳想得更多些。近期孙传尧与几个设计院的专家讨论过，比较一致的看法是：1 号系统棒磨机选小了，致使该系统一直不能达产。当时设计 1 号铍系统时，一段磨矿应选大型的棒磨机，如果没有大型棒磨机，应当再增加一台棒磨机并联，同时加大二段格子型球磨机规格。选用的二段 $\phi2200$ mm×2100 mm 的格子型球磨机也小。2 号系统选型相当。3 号系统一段棒磨机选大了，不过将来可扩产。孙传尧很赞同这些看法。但当年北京有色冶金设计院为何那样选型现在无人说得清楚。

（6）**关于矿浆管道设计**：厂区内矿浆管道设计问题较多，突出的问题是管道坡度不够，停泵时不能自流而堵塞管道。

关于主厂房到精选车间的钽铌粗精矿管道的改造，前面已说明了，此处不再重复。厂房内的矿浆管道像化工厂一样，弯头都是 90°，看起来很整齐漂亮，但实际上不能用，因为矿浆粒度较粗，停泵时水平段的管道必堵无疑。迫不得已，把所有水平段的矿浆管道都改成了斜坡的，之后没有再出现管道堵塞现象。

（7）**选矿厂经常因无水而停产**。从大桥水泵房用 288 m³/h 的高压水泵把额尔齐斯河水扬送到 8766 选矿厂的高位水池，因有水面自动控制系统，高位水池是不会缺水的，但有一个现象多次出现：高位水池的水是满的，但厂房内停水，迫不得已临时停车。大家判断管网里有空气。于是，在高位水池供水管道出口处加装一根细的钢管排气，以后这一现象不再出现。设计时不知道是否没有考虑这一现象。其他选矿厂有此现象吗？

（8）**白云母粉的回收**：8766 选矿厂原设计没有回收白云母粉。1978 年初，厂长李金海参加广交会得知外商要买云母粉，他回来后组织研究和生产，利用阳离子捕收剂从浮选尾矿中浮选云母粉获得成功。主要是最初的研究工作没考虑云母粉回收，北京有色冶金设计院因没有试验依据不能设计这一项目。好在之后8766 选矿厂与中心实验室合作，在工业上试验成功了。

此外，尾矿中大部分是石英和硅酸盐矿物，如适当处理，可以用作建材或用于其他领域。

（9）**绿柱石浮选药剂种类多，不利于环保**。锂辉石浮选的流程简单，药剂种类少，工艺技术很稳定。但对于绿柱石浮选，特别是与锂辉石的浮选分离，药剂种类多，给环保带来了压力。

为了抑制锂辉石需加大量的硫化钠。孙传尧在 8859 选矿厂参加过工业试验，选锂后的选铍作业，矿浆是绿色的，似乎从绿色的液体中捞绿柱石，很可怕。因此，必须寻找更合理的浮选药剂并改进药剂制度。在当今对环保要求更严格的环境下，是一种必然。

（10）**关于水力旋流器的给矿方式**：原设计三个系统的二段球磨机与水力旋流器构成闭路。办法是用矿浆泵把矿浆扬送到主厂房上部的稳压槽（高位槽），然后矿浆从高位槽自流进入旋流器，垂直高度为 6 m，亦即水力旋流器的给矿压力仅 5.88 N 左右。这种设计损失了部分砂泵扬程，有时砂泵"喘气"时高位槽的矿浆四处飞溅。后来孙传尧将其改造为砂泵直连旋流器，并在砂泵出口设有一个回浆管，保持砂泵矿浆池液面的稳定。这样做增加了旋流器给矿压力，提高了分级效率。但也出现因砂泵阻力大，有时砂泵抽不上矿浆的现象。因此砂泵与水力旋流器的连接方式还得研究和试验。

10 锂铍钽铌选矿技术在其他地区的发展与工业实践

借鉴于新疆可可托海锂铍钽铌选矿技术实践,在后来的几十年中,锂铍钽铌选矿技术在中国其他地区有了进一步的发展,包括川西地区花岗伟晶岩锂辉石资源的开发、新疆南疆大红柳滩和若羌地区新探明的锂辉石资源的开发,以及江西花岗岩型锂云母钽铌多金属矿的开发。在锂云母、钽铌和长石的选矿技术,锂辉石与锂云母选矿药剂,强磁选技术与装备,重介质预选技术和大型浮选装备的应用等方面取得了新的发展;同时,新建选矿厂的规模普遍大型化。如图 10-1 所示为中国锂铍钽铌选矿发展历程。

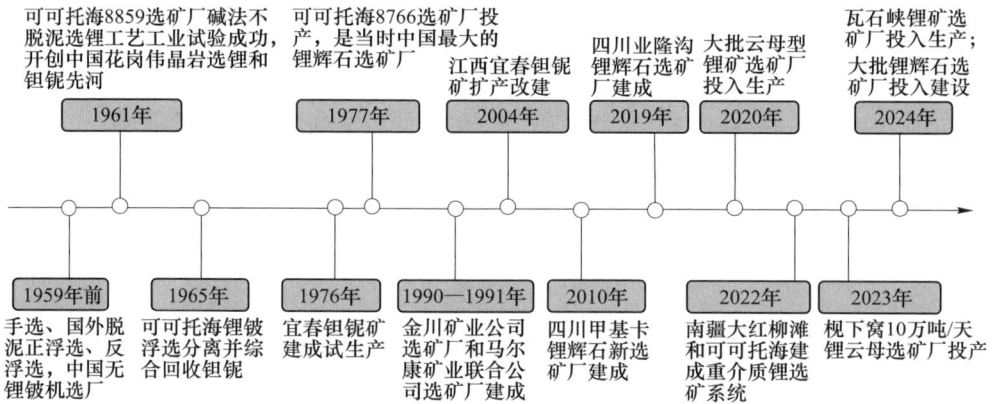

图 10-1　中国锂铍钽铌选矿发展历程

10.1　南疆地区锂辉石选矿

10.1.1　大红柳滩锂铍矿

大红柳滩锂铍矿是世界级超大型锂铍钽铌稀有金属矿,是在西昆仑地区的一项稀有金属勘查的重大突破,潜在的经济价值巨大。该矿位于新疆和田地区和田县,属于马尔康-雅江-喀喇昆仑巨型锂矿带。其相对位置见图 10-2。目前大红柳滩由新疆有色金属工业(集团)有限责任公司进行开发,已在山上建成重介质回收锂辉石的选矿生产线,并联合矿冶科技集团有限公司、东北大学、中南大学、新疆有色金属研究所进行锂铍钽铌综合回收的科技攻关。

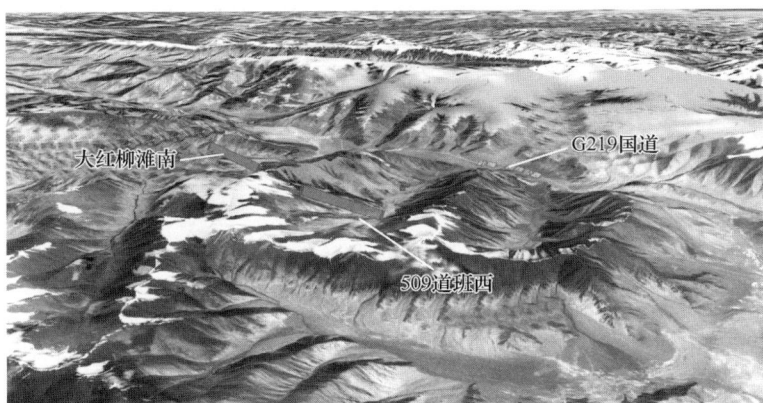

图 10-2 新疆大红柳滩锂矿相对位置图

该矿区地处 4400~6200 m 的高海拔地区，属低压、低温、干旱等特殊环境；大红柳滩锂铍矿产资源储量大，锂品位高，Li_2O 平均品位为 1.36%；BeO 品位为 0.041%，$Ta_2O_5+Nb_2O_5$ 品位为 0.016%。该矿多金属共伴生，结晶粒度粗；脉石矿物以硅酸盐矿物长石和氧化物石英为主。

10.1.1.1 矿石性质

新疆大红柳滩矿石为花岗伟晶岩型锂铍钽铌多金属矿，有用矿物主要是锂辉石、绿柱石、钽铌矿物、锂云母，含少量磷锂铝石、锂铁电气石、锂白云母及微量的锡石；造岩矿物主要为斜长石、石英，含少量钾长石，微量闪石、方解石、磷灰石、黄玉等。该矿石中锂辉石裂理发育，大多数晶体呈细晶集合体状态，极易碎裂，嵌布粒度较粗。

10.1.1.2 大红柳滩锂铍选矿试验与工业应用

新疆有色金属研究所已经完成了大红柳滩矿石重介质选锂并综合回收锂辉石和绿柱石的全流程扩大连续选矿试验研究，试验流程见图 10-3。先采用重介质选矿工艺，一段重介质回收锂精矿，二段重介质抛尾；浮选流程采用优先选锂-锂尾矿选铍的工艺。选锂采用两段粗选--一段扫选-三段精选-中矿集中选别工艺；选铍采用两段粗选--一段精选选别工艺。锂铍浮选的入选矿石为重介质二段中矿和筛分作业的细粒级矿石。在锂铍浮选工艺中，新疆有色金属研究所开发出两种调整剂：N 甲基 9 十七烯酰胺基乙基磺酸钠和 N-甲基脂肪酰胺基乙酸盐（已申请专利）。磨矿分级溢流经脱泥后进入浮选，在锂优先浮选作业，加入两种新型调整剂，在低碱度条件下浮选锂辉石同时抑制绿柱石上浮，可以提高锂精矿品位，降低绿柱石在锂精矿中的损失率；在中高碱度条件下活化并浮选绿柱石；实现了锂铍浮选分离。

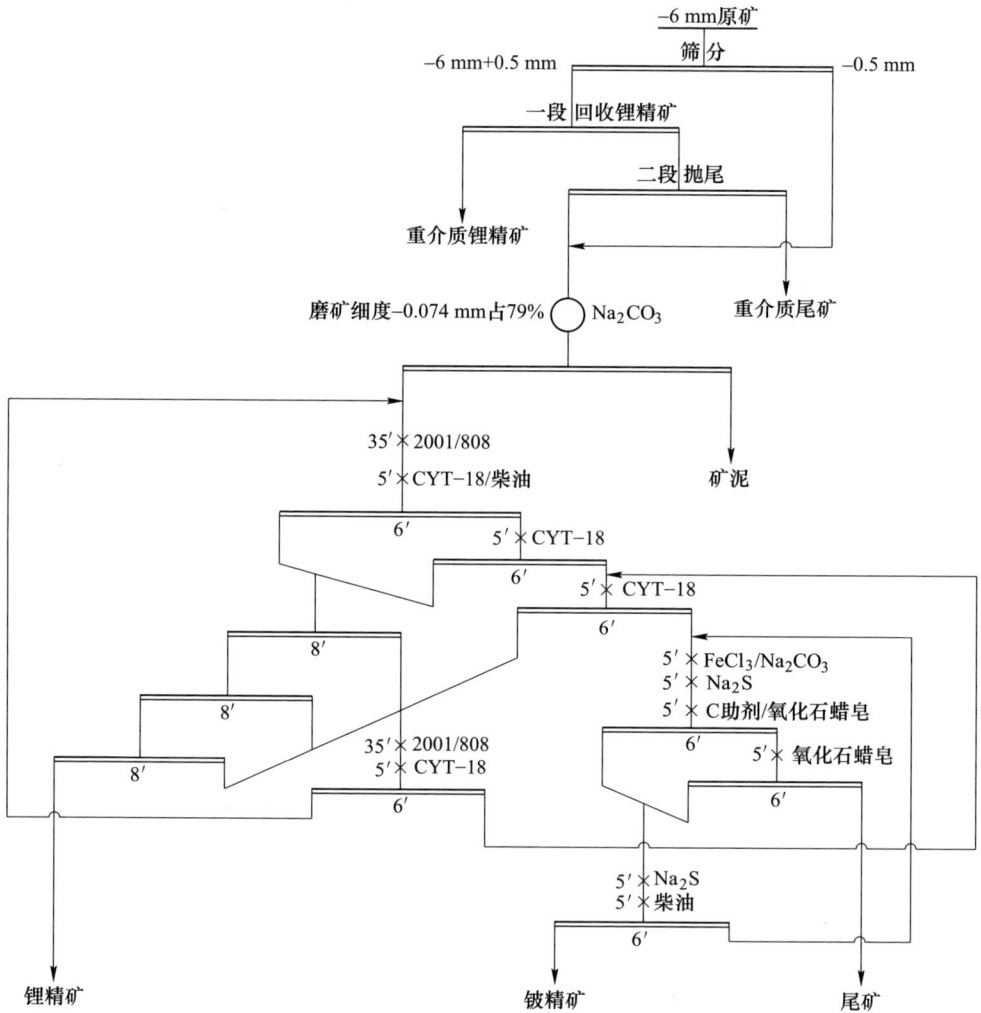

图 10-3　新疆大红柳滩锂铍回收扩大连续选矿试验全流程

扩大连续选矿试验指标：原矿 Li_2O 品位为 1.39%，BeO 品位为 0.040%；一段重介质锂精矿品位（Li_2O）为 6.27%、回收率为 64.6%，铍回收率为 5.6%；二段重介质中矿 Li_2O 品位为 1.28%，BeO 品位为 0.11%；重介质尾矿 Li_2O 品位为 0.10%，BeO 品位为 0.013%；重介质尾矿 Li_2O 损失 3.4%，BeO 损失 15%。部分指标见表 10-1。

工业应用情况：新疆有色金属（工业）集团有限公司已经在高海拔矿区建成 1000 t/d 锂辉石重介质生产线，生产运行稳定，2023—2024 年生产重介质锂辉石精矿品位（Li_2O）在 5.0% 以上，锂精矿回收率在 60% 左右。锂铍浮选分离工艺有待工业化。

表 10-1　大红柳滩矿石实验室选矿指标（扩大连续选矿试验指标）

产品名称	品位/%		回收率/%	
	Li$_2$O	BeO	Li$_2$O	BeO
原矿	1.39	0.040	100.0	100.0
重介质锂精矿	6.27	0.016	64.6	5.6
重介质尾矿	0.10	0.013	3.4	15.0
浮选矿泥	0.90	0.043	0.9	1.4
浮选锂精矿	5.06	0.041	25.6	7.3
铍精矿	1.48	6.220	0.4	54.7
浮选尾矿	0.24	0.021	5.1	16.0
总锂精矿（重介质+浮选）	5.84	0.024	90.2	12.9
总尾矿（重介质+浮选+矿泥）	0.17	0.017	9.4	32.4

10.1.2　瓦石峡锂矿

新疆若羌瓦石峡锂矿位于阿尔金锂多金属成矿带，志存锂业集团有限公司于 2023 年取得该矿的矿权，依据矿冶科技集团有限公司完成的选矿试验和工程设计，建设了 10000 t/d 的选矿厂（见图 10-4）。

图 10-4　新疆若羌志存瓦石峡锂矿选矿厂

10.1.2.1　矿石性质

该矿区矿石中的物质组成相对简单，锂矿物主要为锂辉石，含少量锂绿泥石，以及微量磷锂铝石、磷铁锂矿；钽铌矿物为钽铌铁矿。其他金属矿物还有褐铁矿、黄铁矿、锡石、赤铁矿、含钛磁铁矿、硬锰矿等。非金属矿物主要为钠长石、石英，其次为钾长石、白云母，含微量黑电气石、方解石、磷灰石、绿泥石、黑云母、钙长石、铁铝榴石、透辉石、角闪石等。

10.1.2.2 生产工艺流程

新疆若羌志存瓦石峡锂矿选矿厂设计工艺为重介质选出锂精矿并抛尾-重介质中矿及细粒级合并磨矿浮选，目前重介质车间尚未投入使用，浮选车间一系列于 2023 年 10 月投产，浮选车间二系列满足试车条件。由于矿山矿石供应不足，目前现场仅开一个浮选系列，处理能力约为 3000 t/d。目前生产原矿的泥含量较高，影响锂精矿品位，原矿品位为 0.8%，精矿 Li_2O 品位约为 4%、Li_2O 实际回收率约为 80%。该选矿厂设计原则流程见图 10-5。

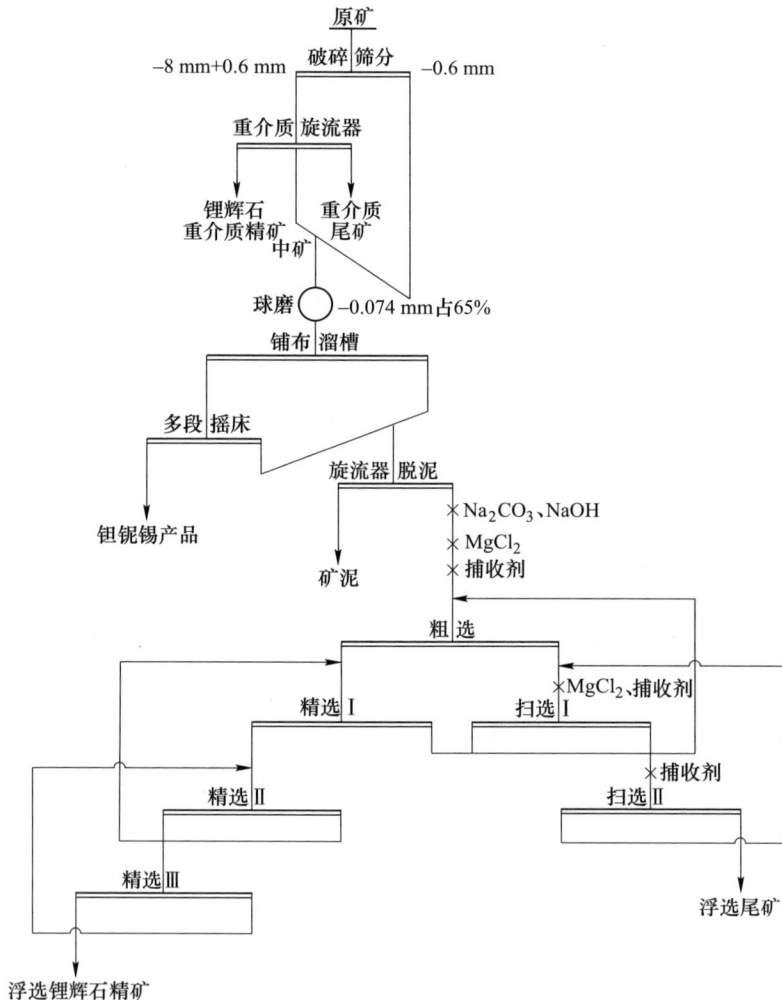

图 10-5 新疆若羌志存瓦石峡锂矿选矿厂设计原则流程

选矿厂设计工艺流程描述：原矿经破碎筛分后，筛上产品进入三产品重介质旋流器选别，沉砂为锂辉石精矿，重介质溢流为尾矿，重介质中矿与筛分筛下产品合并经磨矿分级后进入铺布溜槽回收钽铌锡等重矿物，溜槽精矿进入多段摇床提高重选品位，重选尾矿进入脱泥作业，脱泥底流进入浮选作业，浮选采用"一粗两扫三精中矿顺序返回"的流程获得浮选锂精矿。目前选矿工艺中没有回收绿柱石和钽铌矿物。

10.2 川西花岗伟晶岩型锂多金属矿选矿

10.2.1 川西花岗伟晶岩锂资源及分布

目前四川伟晶岩型锂辉石资源主要分布在川西地区甘孜藏族自治州和阿坝藏族羌族自治州。甘孜藏族自治州大型锂辉石矿山分别为甲基卡134号矿脉（甘孜州融达锂业有限公司），雅江县德扯弄巴锂矿（原探矿权属于雅江县斯诺威矿业发展有限公司，整合后归属于宁德时代新能源科技股份有限公司），雅江县的木绒锂矿（盛新锂能集团股份有限公司），措拉锂矿（天齐锂业股份有限公司）。阿坝藏族羌族自治州大型锂辉石矿山归属四川德鑫矿业资源有限公司（四川能投锂业有限公司），金川奥伊诺矿业有限公司（盛新锂能集团股份有限公司），马尔康金鑫矿业有限公司（国城矿业股份有限公司）。上述矿山资源储量及生产情况见表10-2。

表 10-2　四川川西大型锂辉石矿山资源储量及生产情况

矿山名称或归属	资源储量（Li$_2$O）/万吨	Li$_2$O 平均品位/%	计划开采规模/万吨	生产情况
甲基卡 134 号矿脉	41.08	1.3	250	40 万吨/年，在产
德扯弄巴锂矿	24.34	1.18	—	可研、初步设计阶段
木绒锂矿	99	1.62	—	可研、初步设计阶段
措拉锂矿	23.5	1.3	—	可研、初步设计阶段
四川德鑫矿业资源有限公司	41.23	1.42		150 万吨/年，即将投产
金川奥伊诺矿业有限公司	84.5	1.29		80 万吨/年，在产
马尔康金鑫矿业有限公司	68	1.33		矿山在产/选矿厂设计阶段

10.2.2 甘孜州融达锂业有限公司

甘孜州融达锂业有限公司（以下简称融达锂业）于 2019 年复产，实际生产规模为 1400 t/d，每年生产周期约为 10 个月。目前融达锂业相比 2012 年生产指标有显著提升，原矿入选 Li_2O 品位为 1.2%~1.5%，精矿 Li_2O 品位为 5%~5.5%，实际回收率为 65%~75%。回收率波动主要是由原矿性质变化导致的。融达锂业目前生产矿石为表层风化矿，部分矿体风化程度严重，云母及角闪石含量较高时生产指标不佳。目前融达锂业计划扩建矿山，将处理能力提升至 250 万吨/年，原计划选址于康定市鸳鸯坝，扩产计划由于选址离大渡河不足 1 km，在完成可研和初步设计后停止，目前在矿山周边重新选址，扩产项目处于可研阶段。扩产前融达锂业采用全浮选生产流程，具体生产流程为二段磨矿—预浮——次粗选两次扫选三次精选。新建选矿厂投产后拟采用重浮联合流程。

10.2.3 金川奥伊诺矿业有限公司（盛新锂能集团股份有限公司）

金川奥伊诺矿业有限公司（以下简称奥伊诺矿业）2023 年前处理能力为 1500 t/d，2023 年下半年完成扩产，扩产后实际处理能力可达到 2500 t/d。奥伊诺矿业目前生产给矿为表层风化矿，风化较为严重，原生矿的泥含量高、云母含量高，原矿铁含量高，原矿入选 Li_2O 品位为 0.7%~1%，锂精矿 Li_2O 品位为 4%~5%，尾矿 Li_2O 品位在 0.3%~0.4%间波动。

奥伊诺矿业部分矿石采用代料加工的形式运送至丹棱县四川时空新材料技术有限公司处理。四川时空新材料技术有限公司入选的业隆沟锂辉石矿品位较低，黑色杂质较多，结合选矿厂设备配置情况，最终确定了如图 10-6 所示的磨浮流

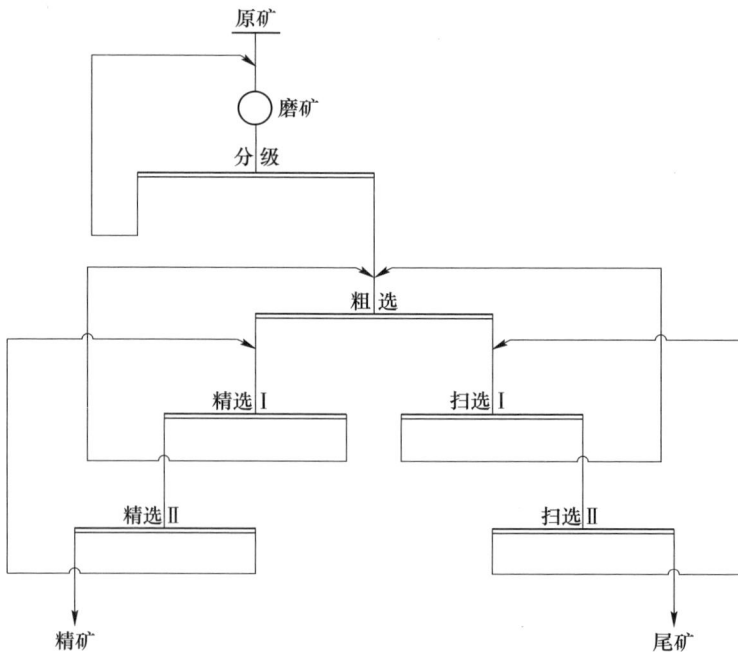

图 10-6 业隆沟锂辉石矿浮选工业试验工艺流程

程。矿石经一段闭路磨矿，控制磨矿细度-0.074 mm 占 61%~65%。浮选采用一粗两精两扫中矿顺序返回的流程，粗选入浮浓度为 30%~34%，具体药剂制度见表 10-3，磨浮工艺设备形象联系图与生产技术指标如图 10-7 和图 10-8 所示，磨浮工段设备配置如图 10-9 所示。试验期间原矿 Li_2O 平均品位为 0.72%，锂辉石精矿 Li_2O 平均品位为 4.36%，尾矿 Li_2O 平均品位为 0.2%，回收率达到 75.78%。

表 10-3　业隆沟锂辉石矿浮选分离工业试验药剂制度

作业段	碳酸钠用量/(g·t^{-1})	氢氧化钠用量/(g·t^{-1})	氯化镁用量/(g·t^{-1})	捕收剂用量/(g·t^{-1})
磨矿	600~1200			
粗选	500~1000	50~200	150~300	800~1200
扫选 I			50~150	300~500
扫选 II			20~100	100~300

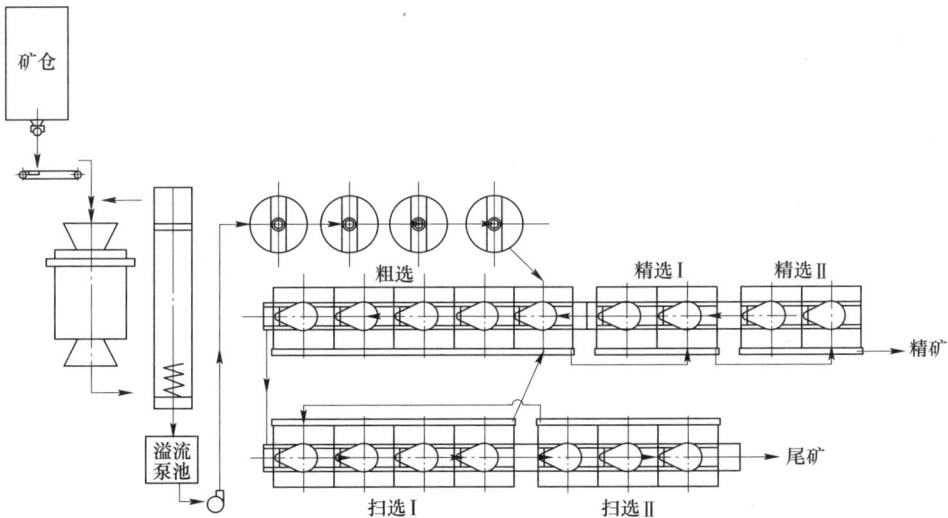

图 10-7　业隆沟锂辉石矿浮选工业试验磨浮工艺设备形象联系图

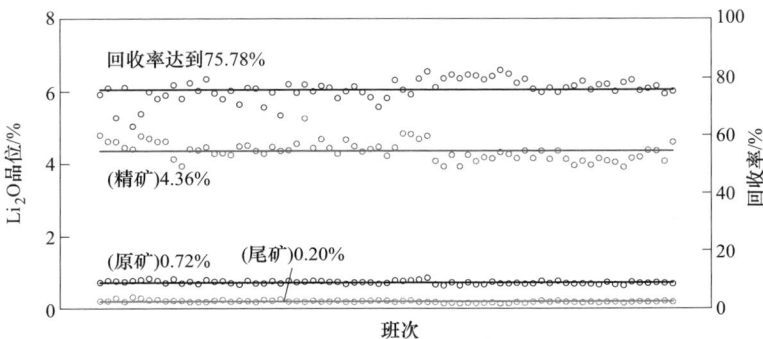

图 10-8　业隆沟锂辉石矿浮选工业试验技术指标

图 10-9   业隆沟锂辉石矿浮选工业试验磨浮工段设备配置

10.2.4   四川德鑫矿业资源有限公司（四川能投锂业有限公司）

四川德鑫矿业资源有限公司李家沟选矿厂目前已完成一期建设，计划于2024年7月试产，在此之前李家沟锂辉石矿由四川某企业的选矿厂代加工生产，代加工企业处理能力为 1000 t/d，磨浮流程及磨浮工艺设备形象联系图如图 10-10 和图 10-11 所示。李家沟锂辉石矿在生产中磨矿也是采用一段闭路流程，磨矿细度-0.074 mm 占 60%~63%。由于矿石中含有云母及少量绿泥石、闪石类矿物，故在锂辉石浮选前先采用预浮选流程，预先脱除部分细泥，以减少此类脉石矿物对锂辉石精矿品位的影响。预浮选脱泥后的矿浆进入一粗三精三扫中矿顺序返回的流程结构。经过现场生产调试，生产情况逐渐稳定，具体生产药剂制度及技术指标如表 10-4 和图 10-12 所示，现场磨浮设备配置如图 10-13 所示。该矿石杂质种类较多，平均原矿品位仅为 1.2%，与李家沟前期矿石差距较大。最终生产锂辉石精矿 Li_2O 平均品位为 5.46%，尾矿 Li_2O 平均品位为 0.29%，Li_2O 理论回收率为 80.26%。预浮选脱除的细泥部分产率为 1%~2%，Li_2O 损失在 1% 以内，最终锂辉石精矿 Li_2O 实际回收率在 79.26% 左右。

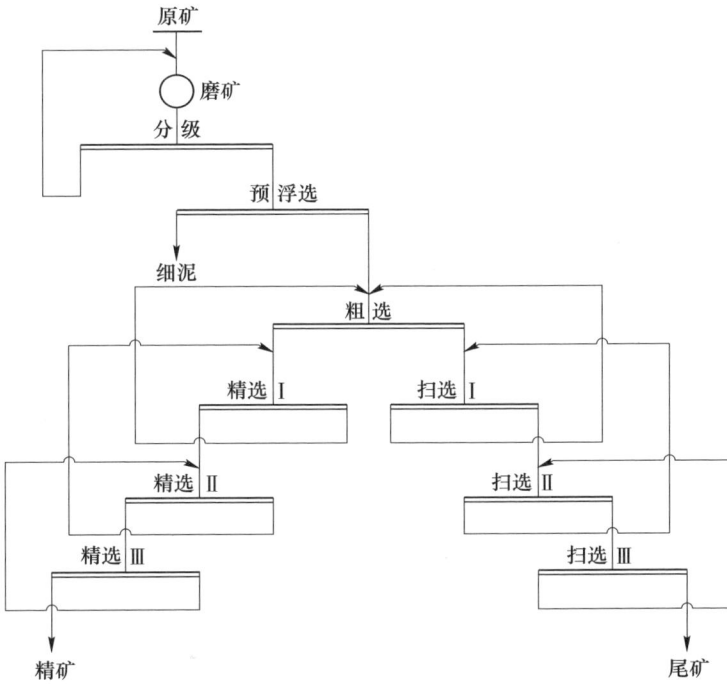

图 10-10 李家沟锂辉石矿浮选工业试验工艺流程

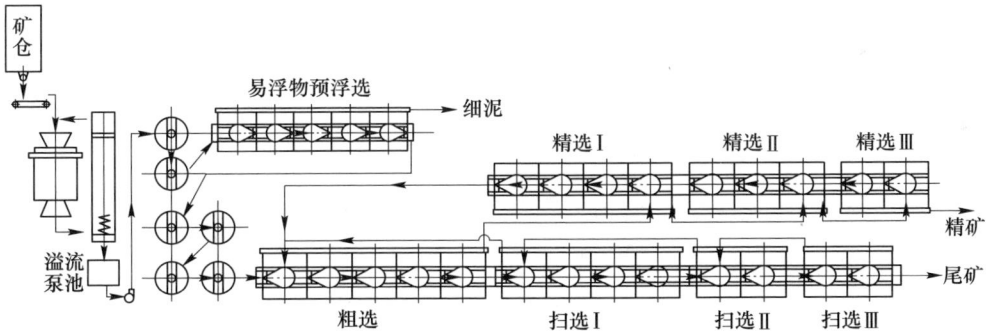

图 10-11 李家沟锂辉石矿浮选工业试验磨浮工艺设备形象联系图

表 10-4 李家沟锂辉石矿浮选工业试验药剂制度

作业段	碳酸钠用量/(g·t⁻¹)	氢氧化钠用量/(g·t⁻¹)	氯化镁用量/(g·t⁻¹)	捕收剂用量/(g·t⁻¹)
粗选	1000~1800	100~300	200~500	1000~1500
扫选Ⅰ			50~150	300~500
扫选Ⅱ	100~300			100~200
扫选Ⅲ				50~150

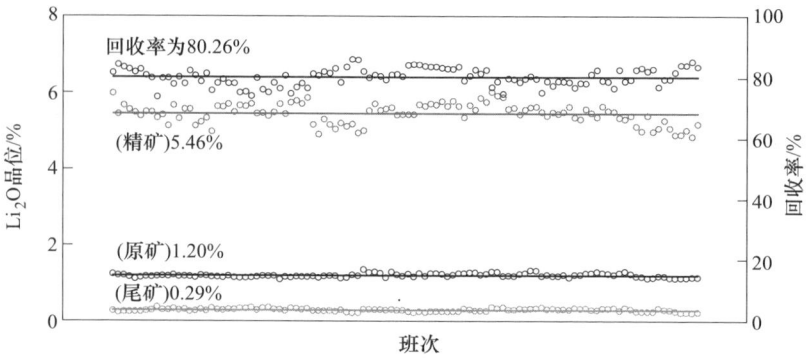

图 10-12 李家沟锂辉石矿浮选工业试验技术指标

图 10-13 李家沟锂辉石矿浮选工业试验磨浮车间

10.2.5 马尔康地区曾建选矿厂

20 世纪 90 年代，阿坝藏族羌族自治州马尔康县曾建有两座选矿厂。

（1）马尔康矿业联合公司选矿厂。该厂由新疆有色金属公司与马尔康县合资建设与经营。新疆有色金属公司彭士群（后任新疆有色金属公司副总经理）

曾在该厂任矿长八年，对其历史情况很清楚。彭士群介绍：1985年前后，新疆冶金研究所对该矿区矿样完成了实验室小型试验和扩大连续选矿试验，之后乌鲁木齐有色冶金设计研究院完成选矿厂设计，1991年建成采选联合企业（是地下开采）。

该厂设计规模为200 t/d。后经改造处理能力已达300 t/d以上。选矿流程包含重浮磁电联合流程。磨矿分级后，依次用螺旋选矿机、多段摇床、弱磁选、强磁选及高压电选获得钽铌精矿和锡精矿。钽铌精矿 $Ta_2O_5+Nb_2O_5$ 品位在30%以上，回收率在50%以上。重选尾矿浮选回收锂辉石。主要选矿药剂有碳酸钠、氧化石蜡皂、环烷酸皂等。原矿氧化锂品位为1.3%，锂精矿品位达6%以上，回收率在80%左右。该厂之后因资源枯竭而停产。

（2）金川矿业公司选矿厂。该厂的选矿试验也是新疆冶金研究所完成的，由乌鲁木齐有色冶金设计研究院完成设计。建成与投产时间也在1990年前后。起初由四川某企业经营，后来转让给新疆有色金属公司。新疆有色金属公司工程技术人员赵庚生和封国富（后任新疆冶金研究所所长和新疆阿舍勒铜业股份有限公司副总经理）先后任该厂厂长。封国富介绍：该厂先重选回收钽铌和锡石，之后精选获得钽铌和锡精矿。重选尾矿浮选锂辉石生产锂精矿。锂精矿品位为5.8%，回收率在75%左右。主要浮选药剂也是碳酸钠、氧化石蜡皂、环烷酸皂等。该厂处理量为200 t/d。因海拔高，自然灾害多，气候恶劣，地下采矿出矿难及其他原因，该厂后来停产。

纵观马尔康地区原两座选矿厂，锂辉石原矿品位高于可可托海8766选矿厂，锂精矿品位及回收率都较高，钽铌精矿品位较低，这可能与原矿中钽铌含量低有关。另外，与川西地区其他选矿厂一样，都没有回收绿柱石。这两座选矿厂的钽铌和锂辉石选矿的原则流程都借鉴了可可托海8859选矿厂和8766选矿厂的工艺流程。对于锂辉石浮选和钽铌选矿技术，在可可托海已经很成熟了，马尔康地区乃至川西地区的选矿厂在技术上不会遇到困难。

10.3 江西花岗岩型锂钽铌多金属矿选矿

10.3.1 宜春地区钽铌及锂云母矿资源概述

江西宜春地区是中国最大的锂钽铌资源聚集地，该地区的锂资源量占全国硬岩锂资源总量的31%，钽铌储量占全国钽铌资源储量的44%，已探明可用氧化锂储量为260万吨，主要集中在袁州区、宜丰县、奉新县和高安市；其中位于袁州区新坊镇的宜春钽铌矿，不仅是我国最大的钽铌矿，也是世界目前探明的最大的锂云母矿，现探明可用五氧化二钽和五氧化二铌储量为3.5万吨，现探明可用氧化锂储量为110万吨，是亚洲最大的含锂矿山。

10.3.1.1　宜春地区钽铌矿资源概述

宜春钽铌矿（414 矿）是宜春地区钽铌矿产资源的典型代表，该矿原矿 Ta_2O_5+Nb_2O_5 品位较高，具有良好的回收利用价值，宜春地区其他含钽铌矿石的 Ta_2O_5+Nb_2O_5 品位普遍低于 0.01%，综合回收难度较大。宜春钽铌矿是宜春地区钽铌矿产资源的集中地，具有较好的开发利用代表性。

宜春钽铌矿是我国主要的钽铌采选企业和锂钽铌原料生产基地。宜春钽铌矿床位于宜春市袁州区新坊镇，大地构造属于萍-广（钦-杭大断裂）深大断裂南侧，武功山隆起区北东段，是一个含钽、铌、锂、铍、铷、铯等多种稀有金属矿床，具备储量大、开采条件好、有用金属多与综合利用价值高等特点。

宜春钽铌矿矿区内钽保有资源储量为 16048 t，分别占全国（8.42 万吨）和世界（12.92 万吨）的 19.06% 和 12.43%。按氧化物计，矿区内存储五氧化二钽 1.95 万吨、五氧化二铌 1.56 万吨、氧化铍 4.95 万吨、氧化锂 75.22 万吨、氧化铷 40.17 万吨及氧化铯 5.43 万吨，宜春钽铌矿矿石化学组成及储量如表 10-5 所示。

表 10-5　宜春钽铌矿矿石化学组成及储量

化学组成	储量/万吨	平均品位/%
Ta_2O_5	约 2	0.0098
Nb_2O_5	约 1.5	0.0082
Li_2O	约 75	0.708
Rb_2O	约 40	0.2204
Cs_2O	约 5	0.0244

目前，宜春钽铌矿已形成年处理矿石量 231 万吨（4500 t/d 和 2500 t/d 两条线），年生产钽铌精矿（折合成含量 50%）350 t、锂云母（折合成含量 5%）12 万吨、锂长石 120 万吨的规模。

10.3.1.2　宜春地区锂云母矿资源概述

宜春地区拥有全球最大的多金属伴生锂云母矿床。据《宜春地区锂资源类型及工业应用报告》等资料，宜春市及其下属管辖地拥有探明可利用氧化锂储量逾 258 万吨，折合碳酸锂当量约 636 万吨，约占全国锂云母储量的 40%，可生产出氧化锂品位在 4% 左右的锂云母精矿约 6250 万吨。

宜春地区锂云母矿主要分布在宜丰县、奉新县、高安市和袁州区四大区域，包含可开采的锂云母矿山共 22 个，其中宜丰县属于核心区域，锂矿产资源储量丰富。宜春各县（市、区）已探明锂资源储量情况如表 10-6 所示，主要含锂矿山的锂资源储量情况如图 10-14 所示。

表 10-6　宜春各县（市、区）已探明锂资源储量情况

县（市、区）	锂资源储量/万吨
宜丰县	约 35000
奉新县	约 2000
高安市	约 10
袁州区	约 15000

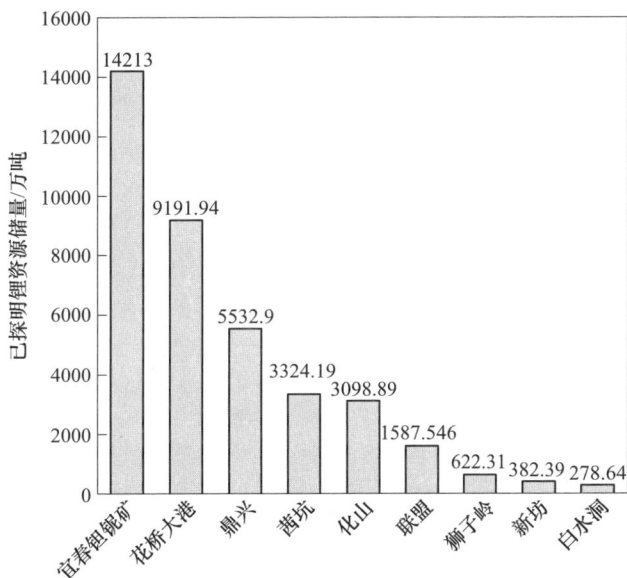

图 10-14　宜春地区主要含锂矿山的锂资源储量情况

10.3.2　宜春地区钽铌及锂云母矿石矿物学特征

根据矿石的矿物种类、矿床特性、风化程度、锂元素赋存状态和锂云母资源特点等，宜春地区锂云母矿石可分为钽铌型、锂瓷石型、瓷土型和霏细岩型，不同类型锂云母矿石的矿物学特征不同。从矿石元素含量来看，宜春地区锂云母矿石原矿 Li_2O 品位多为 0.3%~0.6%，属低品位锂云母矿石；从矿石矿物组成及含量来看，宜春地区锂云母矿石主要由长石、石英、锂云母（铁锂云母）等矿物组成，主要回收的目的矿物为含钽铌矿物、锂矿物和长石等矿物；从矿石主要矿物嵌布特征及嵌布粒度来看，钽铌型、锂瓷石型和瓷土型锂云母矿石中的长石、石英和锂云母（铁锂云母）常紧密共生，锂云母嵌布粒度以粗粒为主，有利于实现锂云母的较高单体解离度和高效浮选回收；霏细岩型锂云母矿石虽然原矿 Li_2O 品位较高，但其锂云母呈细小叶片状和鳞片状分布，且嵌布粒度十分细小，导致该类型资源的综合利用难度极大。宜春地区各类型锂云母矿石特性对比见表 10-7。

表 10-7   宜春地区各类型锂云母矿石特性对比

锂云母矿石类型	矿石性质	嵌布特征	嵌布粒度
钽铌型	主要由长石、石英和锂云母等矿物组成	钽铌主要赋存于钽铌锰（铁）矿中，锂主要赋存于锂云母中	粒度分布不均匀，大多分布在 0.074~0.5 mm，锂云母嵌布粒度以粗粒为主
锂瓷石型	主要由石英、长石、锂云母和方解石等矿物组成	锂云母呈粗粒嵌布，钽铌矿物呈细粒嵌布	+0.074 mm 粒级含量占 76.99%，锂云母嵌布粒度以粗粒为主
瓷土型	由石英、长石和铁锂云母等矿物组成	铁锂云母、长石和石英呈粗粒嵌布，钽铌锰（铁）矿和锡石呈细粒嵌布	铁锂云母主要分布在 0.074~0.5 mm
霏细岩型	由锂云母、长石、石英、磷灰石和高岭石等矿物组成	多呈细小叶片状和鳞片状分布，与其他矿物镶嵌十分紧密，分散程度极高	嵌布粒度十分细小

10.3.2.1 宜春地区钽铌型锂云母矿石矿物学特征

A 矿石性质

宜春地区钽铌型锂云母矿石以袁州区宜春钽铌矿（414 矿）为典型代表，宜春钽铌矿是我国重要的钽铌采选企业和锂钽铌原料生产基地，属于钠长石化锂云母化花岗岩型，矿床含钽、铌、锂、铷、铯等多种金属，具有开采条件好、储量大、有用矿物多、综合利用价值高的特点。

宜春钽铌矿矿石主要有价元素为锂、钽、铌、铯等，随着矿体开采深度的增加，矿石 Li_2O、Nb_2O_5、Ta_2O_5 品位不断下降，目前 Li_2O 品位为 0.4%~0.6%，$Ta_2O_5 + Nb_2O_5$ 品位为 0.02%~0.025%，Rb_2O 品位为 0.2%~0.3%，矿石 Li_2O、Ta_2O_5 和 Nb_2O_5 品位符合工业入选要求，具有较高的综合回收价值。宜春钽铌矿主要矿物有长石、石英和锂云母，次生矿物有钽铌锰（铁）矿、白云母、锡石、高岭石、磷灰石、细晶石、黄玉等，主要回收的目的矿物为锂云母和钽铌矿物。

B 主要矿物嵌布特征及嵌布粒度

宜春钽铌矿中锂云母为矿床特征矿物，呈白色、浅粉红色，与长石、石英、高岭石、钽铌锰（铁）矿共生，以鳞片状、片状及片状集合体嵌布，与其他矿物多为平直毗邻共生，部分夹层被石英或长石填充；锂云母矿物粒度分布不均匀，大多数分布在 0.074~0.5 mm，较为简单的嵌布特征及较粗的嵌布粒度有利于实现锂云母单体解离。宜春钽铌矿中钽、铌元素主要分布于钽铌矿物中，呈细粒浸染状嵌布于钽铌锰（铁）矿、细晶石、含钽锡石、锂云母等矿物中。

总体而言，钽、铌、锂作为宜春钽铌矿主要回收有价元素，钽铌主要赋存于钽铌锰（铁）矿中，锂主要赋存于锂云母中，赋存形式与嵌布特征关系相对简单，锂云母嵌布粒度以粗粒为主，可采用重选和浮选联合工艺回收锂钽铌矿物。

10.3.2.2　宜春地区锂瓷石型锂云母矿石矿物学特征

A　矿石化学成分分析

宜春地区锂瓷石型锂云母矿主要分布在宜丰县，以宜丰县茜坑矿区锂瓷石矿为主要代表，其矿石化学成分分析结果如表10-8所示。

表10-8　锂瓷石型锂云母矿石化学成分分析结果　　　　　　（%）

成分	Li$_2$O	SnO$_2$	Ta$_2$O$_5$	Nb$_2$O$_5$	Rb$_2$O	Cs$_2$O	SiO$_2$
含量	0.42	0.03	0.003	0.006	0.18	0.04	68.52
成分	Al$_2$O$_3$	K$_2$O	Na$_2$O	CaO	MgO	Fe$_2$O$_3$	TiO$_2$
含量	18.73	3.86	3.60	0.46	0.15	0.64	0.02

由表10-8可以看出，茜坑矿区锂瓷石型锂云母矿石的化学组成以 SiO$_2$、Al$_2$O$_3$、K$_2$O 和 Na$_2$O 为主，其中 Li$_2$O 含量为 0.42%，伴生有铌、钽、锡等有价元素，Ta$_2$O$_5$、Nb$_2$O$_5$ 和 SnO$_2$ 含量分别为 0.003%、0.006% 和 0.03%，K$_2$O 和 Na$_2$O 含量分别为 3.86% 和 3.60%，Fe$_2$O$_3$ 含量为 0.64%。需考虑采用磁选的方法对含铁物质进行除杂分离。矿石化学成分分析结果表明，Li 是该类型锂云母矿石中主要回收的目的金属元素，伴生的铌、钽、锡等有价元素含量较低，可考虑进行综合回收。

B　主要矿物组成及含量

宜丰县茜坑矿区锂瓷石型锂云母矿石主要矿物组成及含量分析结果如表10-9所示，锂的化学物相分析结果如表10-10所示。

表10-9　锂瓷石型锂云母矿石主要矿物组成及含量分析结果　　　（%）

矿物	石英	斜长石	钾长石	钠长石	锂云母	白云母	赤铁矿
含量	22.53	14.18	16.24	31.58	10.23	0.634	0.018
矿物	黑云母	方解石	磁铁矿	磷灰石	黄铁矿	黄玉	钽铌铁矿
含量	0.0057	2.68	0.61	0.83	0.0036	0.25	0.0094

表10-10　锂瓷石型锂云母矿石锂的化学物相分析结果　　　　（%）

项目	锂相		合计
	云母中 Li$_2$O	石英及其他硅酸盐矿物中 Li$_2$O	
金属量	0.39	0.032	0.422
分布率	92.42	7.58	100.00

由表10-9和表10-10可以看出，茜坑矿区锂瓷石型锂云母矿石主要由石英、

长石、锂云母和方解石等矿物组成，还含有少量的磷灰石、白云母、磁铁矿、黄铁矿、赤铁矿、钽铌铁矿、黑云母和其他脉石矿物。主要矿物组成及含量分析结果表明，Li 元素主要赋存于锂云母矿物中，因此矿石的主要回收目的矿物为锂云母；同时根据原矿 Li_2O 品位、云母矿物含量和云母 Li_2O 分布率，可计算出锂云母的 Li_2O 理论品位为 3.57%，表明宜春地区锂瓷石型锂云母矿理论上可以获得较高品质的锂云母精矿产品。

　　C　矿石主要矿物嵌布特征

　　宜丰县茜坑矿区锂瓷石型锂云母矿石的主要矿物嵌布特征分析结果如图 10-15 所示。

图 10-15　茜坑矿区锂瓷石型锂云母矿石主要矿物嵌布特征图

图 10-15 彩图

　　由图 10-15 可以看出，锂瓷石型锂云母矿石中的锂云母主要以片状和鳞片状产出，部分锂云母呈片状与石英紧密镶嵌，部分铁锂云母以细小鳞片状充填于长石和石英颗粒之间。长石主要呈板状结构产出，钾长石、钠长石和斜长石之间彼此交代呈集合体，部分长石矿物蚀变为高岭石、绢云母和黏土矿物；钽铌矿物主要呈细小的针柱状结构产出，大部分为细小的单体矿物颗粒，部分致密集合体被石英和长石包裹交代。锂云母矿物作为锂瓷石型锂云母矿石中的主要回收目的矿物，主要与石英和长石紧密镶嵌，嵌布特征相对简单，且锂云母矿物的粒度较粗，有利于实现其较高的单体解离度。

　　D　矿石主要矿物嵌布粒度

　　宜丰县茜坑矿区锂瓷石型锂云母矿石主要矿物嵌布粒度分析结果如表 10-11 所示。

表 10-11　锂瓷石型锂云母矿石主要矿物嵌布粒度分析结果

粒级/mm	产率/%	矿物嵌布粒度分布/%	
		锂云母	钽铌矿物
+0.15	32.93	38.16	12.94
-0.15+0.10	21.25	24.54	13.33
-0.10+0.074	13.09	14.29	22.34
-0.074+0.038	18.94	14.92	19.61
-0.038	13.79	8.09	31.78
合计	100.00	100.00	100.00

　　锂云母作为宜春地区锂瓷石型锂云母矿石的主要目的矿物，其+0.10 mm 粒级含量占 62.70%，+0.074 mm 粒级含量占 76.99%，表明该类型矿石的锂云母嵌布粒度以粗粒为主；但其钽铌矿物的+0.074 mm 粒级含量仅为 48.61%，而 -0.038 mm 粒级含量高达 31.78%，表明该类型矿石的钽铌矿物嵌布粒度以细粒和微细粒为主。总体而言，宜春地区锂瓷石型锂云母矿中的锂云母呈粗粒嵌布，而钽铌矿物呈细粒嵌布，因此该类型锂云母矿能实现锂云母的较高单体解离度及其高效浮选回收，而钽铌矿物的综合回收难度较大。

10.3.2.3　宜春地区瓷土型锂云母矿石矿物学特征

　　A　矿石化学成分分析

　　宜春地区瓷土型锂云母矿主要分布在奉新县和宜丰县，主要有奉新县枧下窝矿区和宜丰县割石里矿区的锂瓷土矿，矿石化学成分分析结果如表 10-12 所示。

表 10-12　瓷土型锂云母矿石化学成分分析结果　　　　（%）

	成分	Li_2O	SnO_2	Ta_2O_5	Nb_2O_5	Rb_2O	Cs_2O	SiO_2
枧下窝矿区锂瓷土矿	含量	0.33	0.015	0.0023	0.0061	0.15	0.045	71.76
	成分	Al_2O_3	K_2O	Na_2O	CaO	MgO	Fe_2O_3	TiO_2
	含量	15.42	3.16	3.61	0.52	0.052	0.36	0.015

	成分	Li$_2$O	SnO$_2$	Ta$_2$O$_5$	Nb$_2$O$_5$	Rb$_2$O	Cs$_2$O	SiO$_2$
割石里矿区	含量	0.34	0.025	0.0026	0.0056	0.171	0.024	71.37
锂瓷土矿	成分	Al$_2$O$_3$	K$_2$O	Na$_2$O	CaO	MgO	Fe$_2$O$_3$	TiO$_2$
	含量	15.97	3.13	3.83	0.40	0.035	0.30	0.0085

由表 10-12 可以看出，奉新县枧下窝矿区和宜丰县割石里矿区瓷土型锂云母矿石的化学组成以 SiO$_2$、Al$_2$O$_3$、K$_2$O 和 Na$_2$O 为主，四者含量常超过93%，矿石中 Li$_2$O 含量普遍在 0.4% 以下，伴生有铌、钽、锡等有价元素，但 Ta$_2$O$_5$ 和 Nb$_2$O$_5$ 的总含量普遍低于 0.01%，SnO$_2$ 含量普遍低于 0.03%。宜春地区瓷土型锂云母矿石的 Li$_2$O 品位较低，且伴生的铌、钽、锡未达到工业入选品位，因此获得合格品质的锂云母精矿及综合回收伴生有价元素的难度较大。

B　主要矿物组成及含量

奉新县枧下窝矿区和宜丰县割石里矿区锂瓷土矿（瓷土型锂云母矿石）主要矿物组成及含量分析结果如表 10-13 所示。

表 10-13　瓷土型锂云母矿石主要矿物组成及含量分析结果　　　　　　（%）

	矿物	石英	斜长石	钾长石	铁锂云母	高岭石	磷灰石	碳酸盐矿物
枧下窝矿区	含量	36.00	30.80	13.22	17.54	0.81	0.59	0.01
锂瓷土矿	矿物	锡石	萤石	黄铁矿	赤/磁铁矿	硬锰矿	绿泥石	钽铌锰（铁）矿
	含量	0.01	0.01	0.04	0.52	0.08	0.01	0.01
割石里矿区	矿物	石英	斜长石	钾长石	铁锂云母	高岭石	磷灰石	碳酸盐矿物
锂瓷土矿	含量	37.18	33.43	12.57	14.53	1.07	0.45	0.06
	矿物	锡石	萤石	黄铁矿	赤/磁铁矿	硬锰矿	绿泥石	钽铌锰（铁）矿
	含量	0.035	0.03	0.02	0.01	0.0001	0.01	0.04

由表 10-13 可以看出，宜春地区瓷土型锂云母矿石主要由石英、长石和铁锂云母等矿物组成，三者含量通常占据矿物组成的95%以上，含有少量高岭石、磷灰石、黄铁矿、赤/磁铁矿等，还伴生有微量钽铌锰（铁）矿及锡石，主要回收的目的矿物为铁锂云母。受原岩成分、变质程度和元素侵位等因素的影响，成矿过程中大部分铁元素以类质同象的形式进入矿物晶格中形成铁锂云母，导致云母 Li$_2$O 理论品位显著降低；假设矿石中 Li$_2$O 均以铁锂云母形式赋存，根据矿石 Li$_2$O 原矿品位和铁锂云母矿物含量，可计算出奉新县枧下窝矿区和宜丰县割石里矿区的瓷土型锂云母 Li$_2$O 理论品位分别为 1.88% 和 2.34%，表明宜春地区瓷土型锂云母矿原矿 Li$_2$O 品位低、铁锂云母的 Li$_2$O 理论品位低，严重影响该类型锂云母矿石的资源综合回收，锂云母精矿 Li$_2$O 品位难提升。

C　矿石主要矿物嵌布特征

奉新县枧下窝矿区和宜丰县割石里矿区瓷土型锂云母矿石的主要矿物嵌布特征分析结果如图 10-16 和图 10-17 所示。

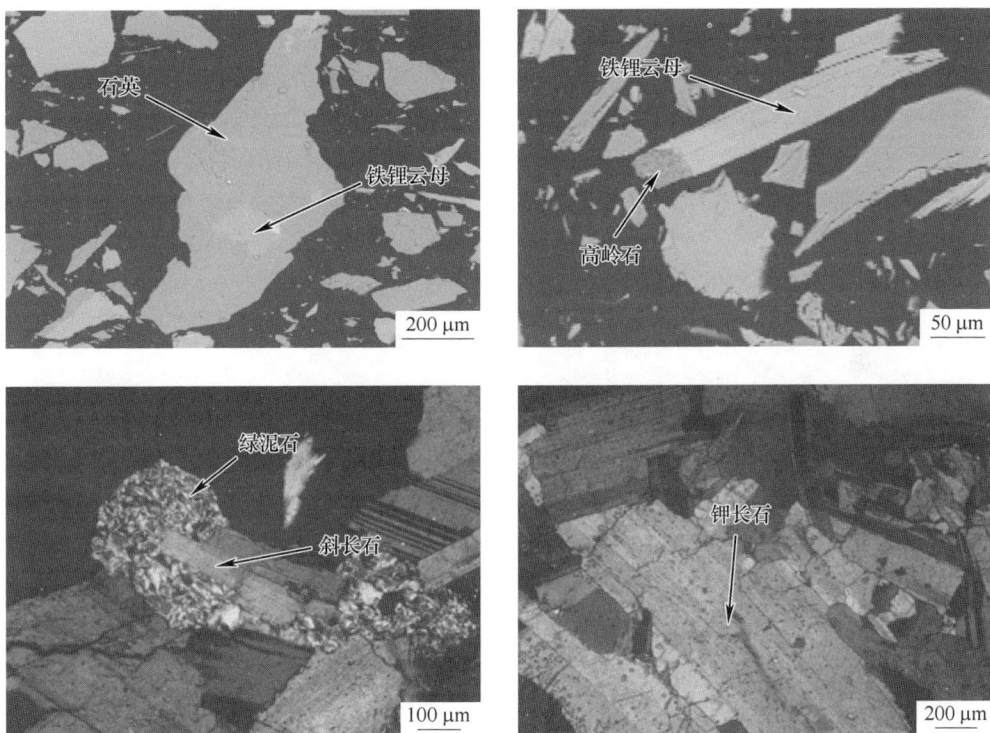

图 10-16　枧下窝矿区瓷土型锂云母矿石主要矿物嵌布特征图

由图 10-16 和图 10-17 可以看出，宜春地区瓷土型锂云母矿石中的铁锂云母多呈片状结构产出，主要与石英和长石毗邻连生，部分与高岭石等其他脉石矿物毗邻连生，少部分以包裹体形式嵌布于长石和石英矿物颗粒中。长石主要有斜长石和钾长石，部分斜长石被绿泥石交代，绿泥石具有程度不一的绢云母化，局部见以钾长石为主，且和少量钠长石交代连生，长石呈条纹状结构产出且具有弱—中等高岭土化。石英常与长石、铁锂云母等矿物毗邻相嵌，偶见石英交代铁锂云母呈残余状。铁锂云母作为宜春地区瓷土型锂云母矿石的主要回收目的矿物，其嵌布特征相对简单，嵌布粒度总体较大，有利于实现目的矿物较高的单体解离度；部分长石被蚀变为高岭石及黏土矿物，提高目的矿物单体解离度的同时细泥含量将急剧上升，导致捕收剂的选择性降低，影响锂云母的高效浮选。

图 10-16 彩图

图 10-17 割石里矿区瓷土型锂云母矿石主要矿物嵌布特征图

图 10-17 彩图

D 矿石主要矿物嵌布粒度

奉新县枧下窝矿区和宜丰县割石里矿区的瓷土型锂云母矿石主要矿物嵌布粒度分析结果分别如表 10-14 和表 10-15 所示。

表 10-14 枧下窝矿区瓷土型锂云母矿石主要矿物嵌布粒度分析结果

粒级/mm	矿物嵌布粒度分布/%					
	铁锂云母	斜长石	钾长石	石英	锡石	钽铌锰（铁）矿
−1+0.5	0	0	1.08	0.70	0	0
−0.5+0.2	18.26	18.10	19.15	25.93	0	5.00
−0.2+0.1	35.53	44.87	46.31	45.17	0	47.50
−0.1+0.074	16.59	14.95	13.52	12.43	0	34.50
−0.074+0.044	15.34	12.35	11.27	9.00	38.47	7.00
−0.044+0.02	9.58	6.50	6.07	4.77	49.59	6.00
−0.02+0.01	3.41	2.47	2.06	1.60	10.79	0
−0.01+0.005	1.09	0.66	0.49	0.35	0.97	0
−0.005	0.20	0.10	0.05	0.05	0.18	0
合计	100.00	100.00	100.00	100.00	100.00	100.00

表 10-15 割石里矿区瓷土型锂云母矿石主要矿物嵌布粒度分析结果

粒级/mm	矿物嵌布粒度分布/%					
	铁锂云母	斜长石	钾长石	石英	锡石	钽铌锰（铁）矿
−1+0.5	1.09	0	0	1.39	0	0
−0.5+0.2	27.44	12.95	20.41	27.23	0	0
−0.2+0.1	34.46	46.25	48.62	44.23	69.88	0
−0.1+0.074	13.04	16.48	13.99	11.80	0	0
−0.074+0.044	13.21	14.88	10.79	9.59	13.47	0
−0.044+0.02	7.53	7.10	4.81	4.49	14.52	0
−0.02+0.01	2.46	1.87	1.13	1.04	1.52	100.00
−0.01+0.005	0.64	0.40	0.23	0.20	0.55	0
−0.005	0.13	0.06	0.03	0.02	0.05	0
合计	100.00	约100.00	约100.00	约100.00	约100.00	100.00

由表 10-14 和表 10-15 可以看出，铁锂云母作为宜春地区瓷土型锂云母矿石的主要回收目的矿物，其嵌布粒度主要分布在 0.074~0.5 mm，钽铌锰（铁）矿嵌布粒度分别主要分布在 0.074~0.2 mm 和 0.01~0.02 mm，锡石嵌布粒度分别主要分布在 0.01~0.074 mm 和 0.1~0.2 mm，长石和石英嵌布粒度主要分布在 0.044~0.5 mm。总体而言，宜春地区瓷土型锂云母矿中的铁锂云母、长石和石英呈粗粒嵌布，钽铌锰（铁）矿和锡石呈细粒嵌布，铁锂云母较粗的嵌布粒度有利于实现其单体解离及高效浮选。

10.3.2.4 宜春地区霏细岩型锂云母矿石矿物学特征

A 矿石化学成分分析

宜春地区霏细岩型锂云母矿石以九岭山脉霏细岩型锂云母矿石为主要代表，其矿石化学成分分析结果如表 10-16 所示。

表 10-16 霏细岩型锂云母矿石化学成分分析结果 （%）

成分	Li_2O	SnO_2	Ta_2O_5	Nb_2O_5	Rb_2O	Cs_2O	SiO_2
含量	1.41	0.095	0.011	0.01	0.38	0.40	66.88

成分	Al_2O_3	K_2O	Na_2O	CaO	MgO	FeO
含量	16.91	4.50	3.13	1.43	0.059	0.024

由表 10-16 可以看出，九岭山脉霏细岩型锂云母矿石的化学组成以 SiO_2、Al_2O_3、K_2O、Na_2O、CaO 和 Li_2O 为主，其中矿石 Li_2O 含量为 1.41%。相较于一般花岗岩型锂云母矿石，该类型锂云母矿石的 Li_2O 品位较高，且伴生有钽、铌、铷、铯、锡等有价元素，Ta_2O_5、Nb_2O_5 和 SnO_2 含量分别为 0.011%、0.01% 和

0.095%，可考虑采用重选的方法对其进行回收。Rb_2O 和 Cs_2O 含量分别为 0.38% 和 0.40%，其普遍赋存在锂云母矿物中，可随锂矿物一并富集回收；K_2O 和 Na_2O 含量分别为 4.50% 和 3.13%，K_2O 主要赋存于长石和锂云母等矿物中，Na_2O 主要赋存于长石等矿物中。宜春地区霏细岩型锂云母矿石可回收利用资源种类多且含量较高，尤其是矿石中 Li_2O 品位明显高于宜春地区其他类型锂云母矿，具有良好的潜在综合回收利用价值。

　　B　主要矿物组成及含量

　　九岭山脉霏细岩型锂云母矿石主要矿物组成及含量分析结果如表 10-17 所示，锂的化学物相分析结果如表 10-18 所示。

表 10-17　霏细岩型锂云母矿石主要矿物组成及含量　　　　　（%）

矿物	锂云母	长石	石英	磷灰石	高岭石	其他
含量	38.5	27.2	29.1	2.7	1.5	1.0

表 10-18　霏细岩型锂云母矿石锂的化学物相分析结果　　　　　（%）

项目	锂相		合计
	锂云母中 Li_2O	石英及其他硅酸盐矿物中 Li_2O	
金属量	1.279	0.131	1.410
分布率	90.71	9.29	100.00

　　由表 10-17 和表 10-18 可以看出，宜春地区霏细岩型锂云母矿石主要由锂云母、长石、石英、磷灰石和高岭石组成，其中锂云母矿物含量高达 38.5%，是主要回收的目的矿物。根据原矿 Li_2O 品位、锂云母矿物含量和锂云母中 Li_2O 分布率，可计算出矿石中锂云母 Li_2O 理论品位为 3.32%。矿石主要矿物组成及含量分析结果表明，宜春地区霏细岩型锂云母矿石的 Li_2O 品位高、锂云母矿物含量高，具有较好的潜在综合回收可利用性，且理论上可以获得品质较高的锂云母精矿。

　　但是，以下的主要矿物嵌布特征分析表明，该类型锂云母矿石的选别富集回收难度极大。

　　C　矿石主要矿物嵌布特征

　　九岭山脉霏细岩型锂云母矿石主要矿物嵌布特征分析结果如图 10-18 所示。

　　由图 10-18 可以看出，九岭山脉霏细岩型锂云母矿石中的锂云母嵌布粒度总体十分细小，多呈细小叶片状和鳞片状分布，片厚多在 0.002~0.03 mm，片宽多在 0.008~0.08 mm；另外，矿石中的锂云母大多紧密镶嵌在长石和石英晶粒间隙或裂隙中，部分紧密包裹在长石和石英的晶粒中，少部分可聚合成粒度较粗的不规则团块状集合体，内部常夹杂不等量的微细粒石英、长石等其他矿物。霏细岩

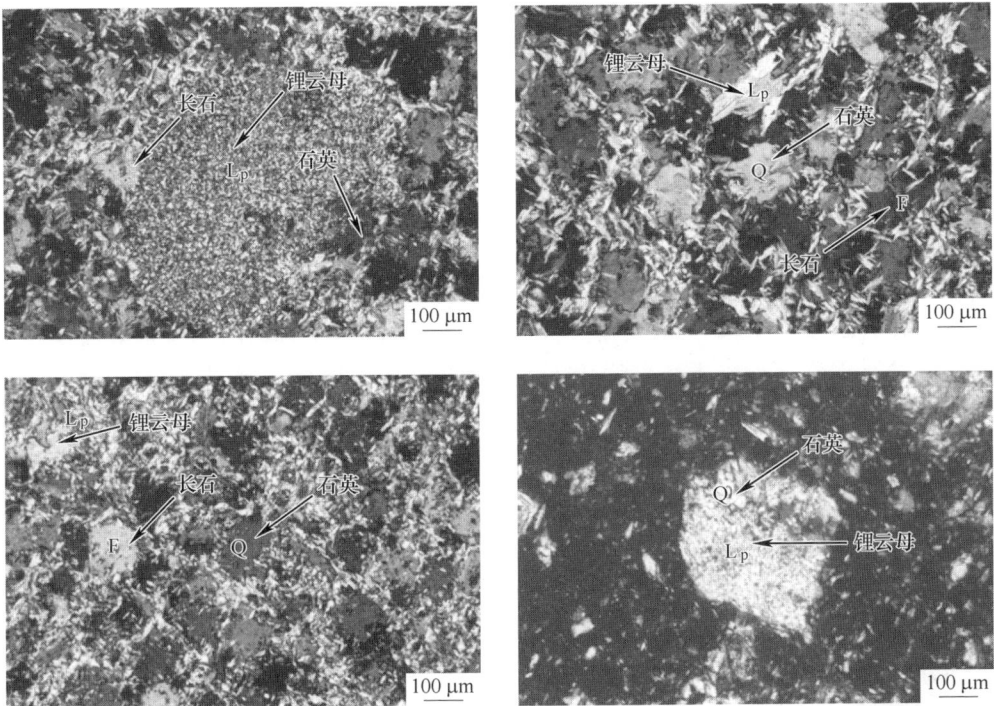

图 10-18 九岭山脉霏细岩型锂云母矿石主要矿物嵌布特征图

型锂云母矿石的主要矿物嵌布特征分析结果表明，锂云母的矿物嵌布粒度不仅极其微细，且与其他矿物镶嵌十分紧密，分散程度极高，因此该类型锂云母矿石的选别富集回收难度极大。

图 10-18 彩图

D 不同磨矿细度下锂云母的单体解离度

九岭山脉霏细岩型锂云母矿石不同磨矿细度下锂云母的单体解离度分析结果如表 10-19 所示。

表 10-19 霏细岩型锂云母矿石不同磨矿细度下锂云母的单体解离度分析结果

-0.074 mm 含量/%	解离度	单 体	连 生 体			
			>3/4	1/2~3/4	1/4~1/2	<1/4
50	分布率/%	45.2	20.3	9.5	9.2	15.8
	累计分布率/%	45.2	65.5	75.0	84.2	100.0
80	分布率/%	70.5	9.5	6.3	4.1	9.6
	累计分布率/%	70.5	80.0	86.3	90.4	100.0

由表 10-19 可以看出，随着磨矿细度的提高，虽然矿石中呈单体产出的锂云

母所占比例增加，但锂云母单体的粒度急剧降低，导致细粒和微细粒锂云母浮选困难，此外过高的磨矿细度将导致矿浆中的细泥含量急剧上升，严重恶化矿浆浮选环境。尽管宜春地区霏细岩型锂云母矿的原矿 Li_2O 品位较高，但由于锂云母嵌布粒度极其微细、嵌布特征复杂，导致该类型锂云母矿的综合开发利用难度极大。

10.3.3　宜春地区锂云母矿石选矿药剂

锂云母化学式为 $K\{Li_{2-x}Al_{1+x}[Al_{2x}Si_{4-2x}O_{10}](F，OH)_2\}（x = 0 ~ 0.5）$，是 TOT（硅氧四面体 T-铝氧八面体 O-硅氧四面体 T）型结构的层状硅铝酸盐矿物，经单体解离后，锂云母主要呈片状或者鳞片状结构，具有一定的天然可浮性。主要脉石矿物为长石和石英等，其可浮性与锂云母极为相似，加之锂云母硬度较小容易过磨成为微细粒，造成浮选分离困难。目前锂云母选矿药剂主要有三类，分别是浮选捕收剂、抑制剂和 pH 调整剂。

锂云母矿石浮选捕收剂包括阳离子捕收剂、阴离子捕收剂和阴阳离子组合捕收剂。传统胺类阳离子捕收剂一般在酸性条件下使用。阴离子捕收剂的选择性较差、捕收能力较弱。由于阴阳离子组合捕收剂间的功能配伍与增效机制，可在锂云母矿物表面产生选择性共吸附，因此阴阳离子组合捕收剂已成为锂云母矿石浮选的主流捕收剂。

10.3.3.1　阳离子捕收剂

在矿浆 pH>2 时，锂云母表面带负电荷，易与胺类阳离子捕收剂产生静电吸引作用，能够选择性吸附于锂云母表面，从而提高锂云母矿物疏水性，扩大锂云母与长石和石英的表面性质差异，有利于锂云母与脉石矿物的浮选分离。阳离子捕收剂主要分为伯胺、仲胺和季铵盐、醚胺、双子星胺类等。十二胺和椰油胺（均属伯胺类）在锂云母浮选中曾被广泛使用。

（1）伯胺。伯胺类捕收剂主要通过静电作用吸附在锂云母表面，从而实现其与脉石矿物的分离。该类药剂具有来源广泛、价格低廉的优点，但存在浮选富集比低、对矿泥比较敏感、泡沫黏度大、流动性差与严重腐蚀设备（酸性条件浮选）的问题，限制了其大规模应用。伯胺类捕收剂主要有十二胺、十八胺、椰油胺和混合胺等。

（2）仲胺和季铵盐。该类型捕收剂具有对矿泥适应性好、浮选泡沫易碎不发黏的优点，与锂云母容易产生静电吸附，而与长石、石英以可逆的物理吸附为主，作用比较微弱，能够使锂云母与长石和石英得到有效分离。该类型捕收剂主要有十二胺聚氧乙烯醚、十八烷基三甲基氯化铵和十六烷基三甲基溴化铵等。与伯胺类捕收剂相比，仲胺和季铵盐类捕收剂在一定程度上提高了锂云母浮选的选择性, 却同伯胺类捕收剂一样需要在酸性条件下使用, 因此存在设备腐蚀等问题, 大规模生产使用受到限制。

(3) 醚胺。醚胺类捕收剂较伯胺类捕收剂有更好的耐低温性、泡沫稳定性和更强的捕收性, 反应活性更高, 与锂云母矿物的作用力更强。醚胺捕收锂云母对温度不敏感, 能很好地适应冬季低温矿浆环境, 但醚胺、醚二胺及酰胺等药剂虽能在中性 pH 介质条件下实现锂云母的浮选, 但该类捕收剂对矿泥的耐受性不强, 浮选前要求的脱泥粒度较粗, 导致锂金属损失率较高, 不利于锂云母矿物的高效浮选回收。

(4) 双子星胺类。双子星表面活性剂由两个亲水基团和两个疏水基团组成, 具有特殊的溶液性质, 如极低的临界胶束浓度、更好的水溶性、更低的 Krafft 点。研究表明, 双子星胺类捕收剂的选择性更好、吸附能力更强。

10.3.3.2 阴离子捕收剂

一般阴离子捕收剂的捕收能力和选择性较差, 浮选锂云母时通常不单独使用。阴离子捕收剂主要有氧化石蜡皂、油酸钠、十二烷基磺酸钠等。单一脂肪酸类捕收剂浮选锂云母时, 需先加入氢氟酸等活化剂活化锂云母, 经活化处理的锂云母表面可暴露更多的金属阳离子, 以增加脂肪酸类捕收剂与锂云母的作用位点, 有利于锂云母浮选。阴离子捕收剂在锂云母浮选中更多是作为捕收剂的组分之一, 通常与胺类捕收剂组合使用, 通过阴阳离子捕收剂的协同效应实现锂云母的高效浮选。

10.3.3.3 新型组合捕收剂

当今, 锂云母捕收剂已进行了几代研发更新, 宜春地区大多数锂云母矿山企业主要应用来自山东、河北等地生产的新型组合捕收剂, 主要包括 6-1 系列、8-1 系列、KX、RT 等, 这些捕收剂的本质就是阴阳离子组合捕收剂, 可由伯胺、椰油胺、731 等多种不同阴阳离子捕收剂互配得到。目前, 这些捕收剂在锂云母浮选中体现了较好的适用性, 解决了传统单一胺类捕收剂应用环境恶劣、浮选指标不稳定等问题, 新型组合捕收剂的溶解性较好, 除冬季需要加温溶解捕收剂以增强其捕收能力外, 平时只需采用常温水溶解即可。由生产实践可知, 受矿石性质、原矿 Li_2O 品位等因素影响, 采用碳酸钠调节矿浆 pH 至弱碱性、六偏磷酸钠作抑制剂、新型组合捕收剂用量为 300~400 g/t 对锂云母进行浮选回收, 大多可获得 Li_2O 品位为 2.0%~3.0%、Li_2O 回收率为 70%~80% 的锂云母精矿。新型组合捕收剂大幅提高了捕收剂对矿泥的耐受程度, 降低了细泥脱除粒度及产率, 提高了锂云母矿物的浮选分离效率, 有效减少了矿泥中锂金属元素的损失。各类型锂云母捕收剂的优点及缺点对比如表 10-20 所示。

表 10-20　不同类型锂云母捕收剂的性能对比

捕收剂种类		优点	缺点
阳离子捕收剂	伯胺类	捕收能力强	浮选富集比低、对矿泥比较敏感、泡沫黏度大、流动性差与严重腐蚀设备
	仲胺和季铵盐类	矿泥适应性好、浮选泡沫易碎不发黏	需要在酸性条件下浮选，浮选设备腐蚀严重
	醚胺类	耐低温性能较好、浮选泡沫稳定、捕收能力较强	价格高昂
	双子星胺类	吸附能力较强，增强锂云母表面的疏水能力	合成路线比较复杂，产品价格比较高昂，工业生产应用难度大
阴离子捕收剂		起泡性好	捕收能力弱
新型组合捕收剂		选择性好、起泡性好	价格昂贵

10.3.3.4　宜春地区锂云母浮选抑制剂现状

宜春地区锂云母矿石主要伴生脉石矿物为石英氧化物以及长石等硅酸盐矿物，这些脉石矿物可浮性与锂云母极为相似，为扩大锂云母与脉石矿物之间的可浮性差异，需要添加抑制剂以尽可能地减少脉石矿物进入锂云母精矿。目前锂云母浮选抑制剂分为有机抑制剂和无机抑制剂。

（1）有机抑制剂：宜春地区锂云母浮选一般在中性或弱碱性矿浆中进行，使用有机抑制剂能够弥补无机抑制剂作用 pH 范围窄的缺点，在部分矿石浮选中已有采用。现涉及锂云母浮选的有机抑制剂有草酸、单宁和木质素类等，单宁其结构中的酚羟基能够通过化学和物理吸附，作用在长石和石英表面形成强亲水膜，同时还可以掩盖长石和石英矿物表面的捕收剂疏水层，使其受到抑制。木质素衍生物具有分散矿泥和抑制脉石的双重作用，能有效减少锂云母表面的矿泥罩盖，强化捕收剂与锂云母的吸附作用。

（2）无机抑制剂：

1）水玻璃。水玻璃在不同矿浆 pH 介质中可以胶态硅酸或硅酸根离子状态存在，使脉石矿物表面亲水、颗粒间静电斥力增强，是硅酸盐矿物良好的抑制剂与分散剂。

2）六偏磷酸钠。六偏磷酸钠以磷酸胶体或磷酸根的形式吸附在长石、石英等脉石矿物表面，减弱捕收剂在脉石矿物表面的吸附，增强脉石矿物的亲水性。六偏磷酸钠作为抑制剂，对长石和石英等脉石矿物的抑制作用比锂云母更强，且六偏磷酸钠具有分散矿泥的能力，减少细泥在锂云母矿物表面的罩盖，为捕收剂在锂云母矿物表面的选择性吸附创造良好的矿浆环境。

目前多种抑制剂对硅酸盐脉石矿物表现出较好的选择性抑制效果。六偏磷酸钠在锂云母矿石浮选中具有脉石矿物抑制效果好、药剂成本低、操作简单等优势，因此针对宜春地区锂云母矿石的浮选分离仍普遍采用六偏磷酸钠作为抑制剂。

10.3.3.5 宜春地区锂云母浮选 pH 调整剂现状

pH 调整剂主要有碳酸钠、氢氧化钠、硫酸等，随着捕收剂的研发更新迭代、浮选流程结构的优化，已经逐渐取消使用酸类调整剂。目前宜春地区大多数锂云母矿山企业主要使用 6-1 系列、8-1 系列、KX、RT 等新型组合捕收剂，要求浮选矿浆介质为中性或弱碱性，碳酸钠作为一种强碱弱酸盐，水解后显碱性，可以调节矿浆 pH 为 8~10，具有缓冲作用，价格低廉、安全性高、对设备腐蚀性低等，因此宜春地区锂云母矿山企业普遍采用碳酸钠作为锂云母浮选的矿浆 pH 调整剂。

10.3.4 宜春地区钽铌及锂云母矿石选矿原则工艺流程

长期以来，宜春地区采用重选-磁选-浮选联合工艺流程对钽铌及锂云母矿物进行综合回收，其选矿工艺及选矿指标存在以下问题：

一是回收的矿物种类单一，选矿效率低，除宜春钽铌矿可以有效回收钽铌矿物、锂云母和长石矿物外，其他类型矿石当前都只能主要回收锂云母矿物，伴生的钽铌锡等有用矿物富集回收难度大、效率低。为了最大限度地实现有用矿物的综合回收，大多数选矿厂的选矿工艺复杂、流程长。

二是细泥对浮选指标影响大，磨矿过程易产生大量的微细粒矿泥，由于矿泥比表面积大、表面能高、容易罩盖在目的矿物表面，导致捕收剂选择性降低，因此目前锂云母浮选前需要预先脱除部分细泥。

三是微细的嵌布粒度降低了矿物浮选分离效率。宜春地区存在大量霏细岩或细晶岩型锂云母矿石，该类矿石的锂云母矿物粒度十分细小，在实现锂云母矿物较高的单体解离度时，磨矿会产生大量细泥，导致矿物分离效率低、锂云母回收效果差、浮选药剂用量大等问题，因此目前该类矿石资源的选矿回收难度较大。

10.3.4.1 制定选矿工艺流程的原则

目前，宜春地区含钽铌矿物或锂云母的矿石，针对钽铌矿物的综合回收，大都采用重选方法。例如宜春钽铌矿采用摇床对钽铌矿物进行富集回收，重选尾矿浓缩后采用浮选方法回收锂云母。针对锂云母矿物的综合回收，大都先将磨细后的矿浆脱除矿泥，然后采用阴离子捕收剂、阳离子捕收剂或新型组合捕收剂进行浮选。针对长石矿物的回收，一般对锂云母浮选尾矿进行磁选脱除铁杂质，再通过浮选的方法分别得到长石和石英精矿。为了实现矿石中有用矿物的高效综合回收，通常会考虑以下几方面来确定矿石的原则工艺流程：

（1）长石、石英和锂云母是宜春地区锂云母矿石的主要组成部分，伴生有铌、钽、锡等有价元素，锂云母是主要回收的目的矿物，钽铌矿物一般作为综合回收的目的矿物。当钽铌矿物具有较好的回收条件时，可采用重选工艺优先回收得到钽铌精矿；也可采用重选或强磁选工艺进行富集回收。

（2）锂云母作为宜春地区锂云母矿石主要回收的目的矿物，在碎矿和磨矿过程中会产生大量矿泥，在锂云母浮选前，需设置脱泥作业改善矿浆浮选环境，降低矿泥对锂云母浮选的影响。

（3）宜春地区锂云母矿石中长石含量很高，具有一定的回收价值，但矿石中含有的少量赤铁矿、磁铁矿、黄铁矿等含铁矿物是有害杂质组分，在实现长石浮选回收之前，需采用磁选对这些有害组分进行除杂处理，以提高长石精矿纯度和长石粉焙烧后的白度。

（4）宜春地区霏细岩型锂云母矿石中的锂云母呈细小叶片状和鳞片状，嵌布粒度极其微细，且与其他脉石矿物紧密镶嵌，分散程度极高，只能通过提高磨矿细度并脱除次生矿泥的方式才能尽可能地回收该类型锂云母矿物。

10.3.4.2　选矿原则工艺流程现状及技术指标

A　宜春钽铌矿

宜春钽铌矿的选矿原则工艺流程如图 10-19 所示。

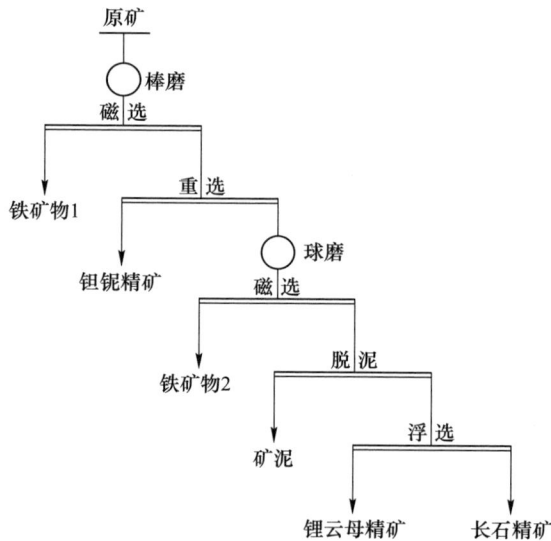

图 10-19　宜春钽铌矿选矿原则工艺流程

宜春钽铌矿采用重选-磁选-浮选联合工艺流程，磁选分离铁矿物，重选回收钽铌矿物，浮选回收锂云母矿物，可得到钽铌精矿、锂云母精矿和长石精矿。采用磁选除杂-重选回收钽铌技术对钽铌矿物进行了选矿回收，可获得 $Ta_2O_5 +$ Nb_2O_5 品位在 30% 左右、回收率在 40% 左右的钽铌精矿。重选尾矿再磨经磁选脱除铁矿物后，采用预先脱泥-锂云母浮选选矿技术对锂云母和长石矿物进行了分离回收，可获得 Li_2O 品位在 2.0%左右、回收率在 60%左右的锂云母精矿，以及 K_2O+Na_2O 含量在 9%左右、Al_2O_3 含量在 15%左右、Fe_2O_3 含量在 0.08%左右的长石精矿。

B　宜春地区锂瓷石型锂云母矿石

宜春地区锂瓷石型锂云母矿石的选矿原则工艺流程如图 10-20 所示。

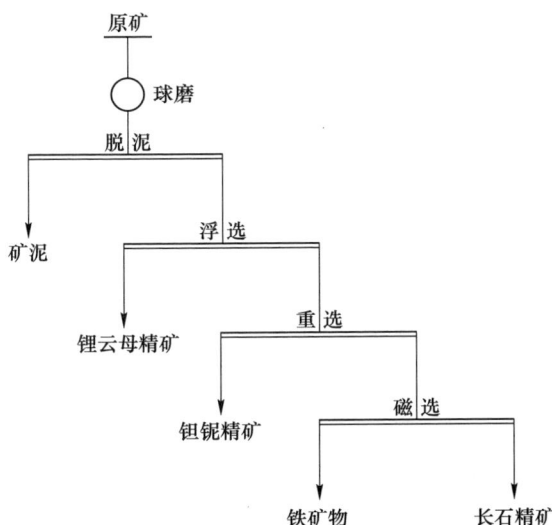

图 10-20　宜春地区锂瓷石型锂云母矿石选矿原则工艺流程

宜春地区锂瓷石型锂云母矿石采用浮选-重选-磁选联合工艺流程，浮选回收锂云母矿物，重选回收钽铌矿物，磁选分离铁矿物，可得到锂云母精矿、钽铌精矿和长石精矿。以宜丰县茜坑矿区锂瓷石型锂云母矿石为例，采用预先脱泥-锂云母浮选的方法对锂云母进行回收，可获得 Li_2O 品位在 3.3%左右、回收率在 73%左右的锂云母精矿。采用重选法对锂浮选尾矿中的钽铌矿物进行了综合回收，因钽铌入选品位偏低、赋存形式复杂、嵌布粒度微细，导致精矿品位和回收率偏低，可获得 $Ta_2O_5+Nb_2O_5$ 品位在 25%左右、回收率在 60%左右的钽铌精矿；采用磁选的方法对重选尾矿进行了铁矿物除杂，可获得 TFe 含量在 0.1%左右、白度在 70%左右的长石精矿。

C　宜春地区瓷土型锂云母矿石

宜春地区瓷土型锂云母矿石的选矿原则工艺流程如图 10-21 所示。

宜春地区瓷土型锂云母矿石采用磁选-浮选联合工艺流程，磁选分离回收铁矿物，浮选分离回收锂云母、长石和石英矿物，可得到锂云母精矿、长石精矿和石英精矿，铁矿物可作为钽铌锡回收原料。以宜丰县割石里矿区锂瓷土型锂云母

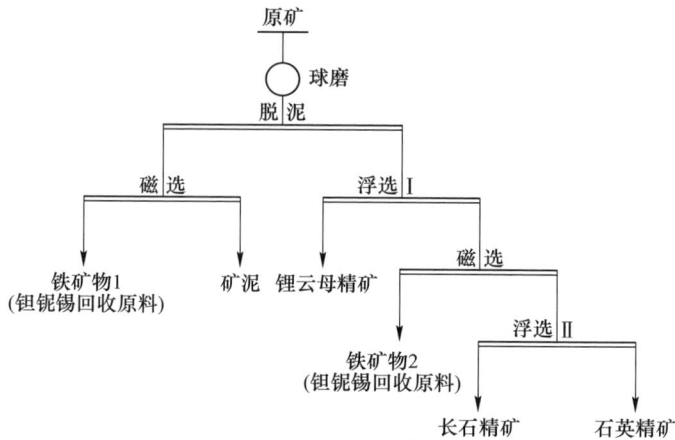

图 10-21　宜春地区瓷土型锂云母矿石选矿原则工艺流程

矿石为例，采用预先脱泥-锂云母浮选的选矿方法对锂云母进行了回收，可获得 Li_2O 品位在 2.2% 左右、回收率在 84% 左右的锂云母精矿。矿石中的钽铌锰（铁）矿具有弱磁性，钽铌锡嵌布粒度细、品位低，因此采用强磁选的方法对其进行综合回收和铁矿物除杂，获得的含铁物料可作为钽铌锡回收原料；采用浮选的方法对磁选尾矿进行长石与石英的分离，可获得 K_2O+Na_2O 含量在 11% 左右、Al_2O_3 含量在 18% 左右、Fe_2O_3 含量在 0.05% 左右的长石精矿和 SiO_2 含量在 94% 左右的石英精矿。

D　宜春地区霏细岩型锂云母矿石

宜春地区霏细岩型锂云母矿石的选矿原则工艺流程如图 10-22 所示。

宜春地区霏细岩型锂云母矿石采用磁选-浮选联合工艺流程，先通过磁选的方法富集回收锂云母矿物，再采用浮选的方法对磁精矿进行精选，可得到锂云母精矿和长石精矿。以宜春地区九岭山脉霏细岩型锂云母矿石为例，采用磁选预富集-浮选精选的选矿方法对锂云母矿物进行了回收，可获得 Li_2O 品位在 2.4% 左右、回收率在 40% 左右的锂云母精矿。

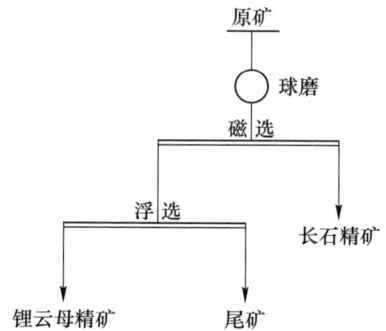

图 10-22　宜春地区霏细岩型锂云母矿石选矿原则工艺流程

10.3.5　宜春地区钽铌及锂云母矿石选矿生产实例

10.3.5.1　宜春钽铌矿选矿生产实践

宜春钽铌矿含钽、铌、锂、铷、铯等多种有价元素，目前矿石 Li_2O 品位为

0.4%~0.6%、$Ta_2O_5+Nb_2O_5$ 品位为 0.02%~0.03%、Rb_2O 品位为 0.2%~0.3%、Cs_2O 品位为 0.05%~0.1%。钽铌矿物主要是富锰钽铌铁矿、细晶石、含钽锡石等，锂主要赋存在锂云母矿物中，铷铯大部分赋存在锂云母矿物中，脉石矿物主要为长石和石英。此外还含有黄玉、磁铁矿、赤铁矿、钛铁矿、锰矿物和磷灰石等少量矿物。该矿是我国目前锂钽铌和玻璃、陶瓷工业的重要原料基地，其选矿工艺流程如图 10-23 所示。

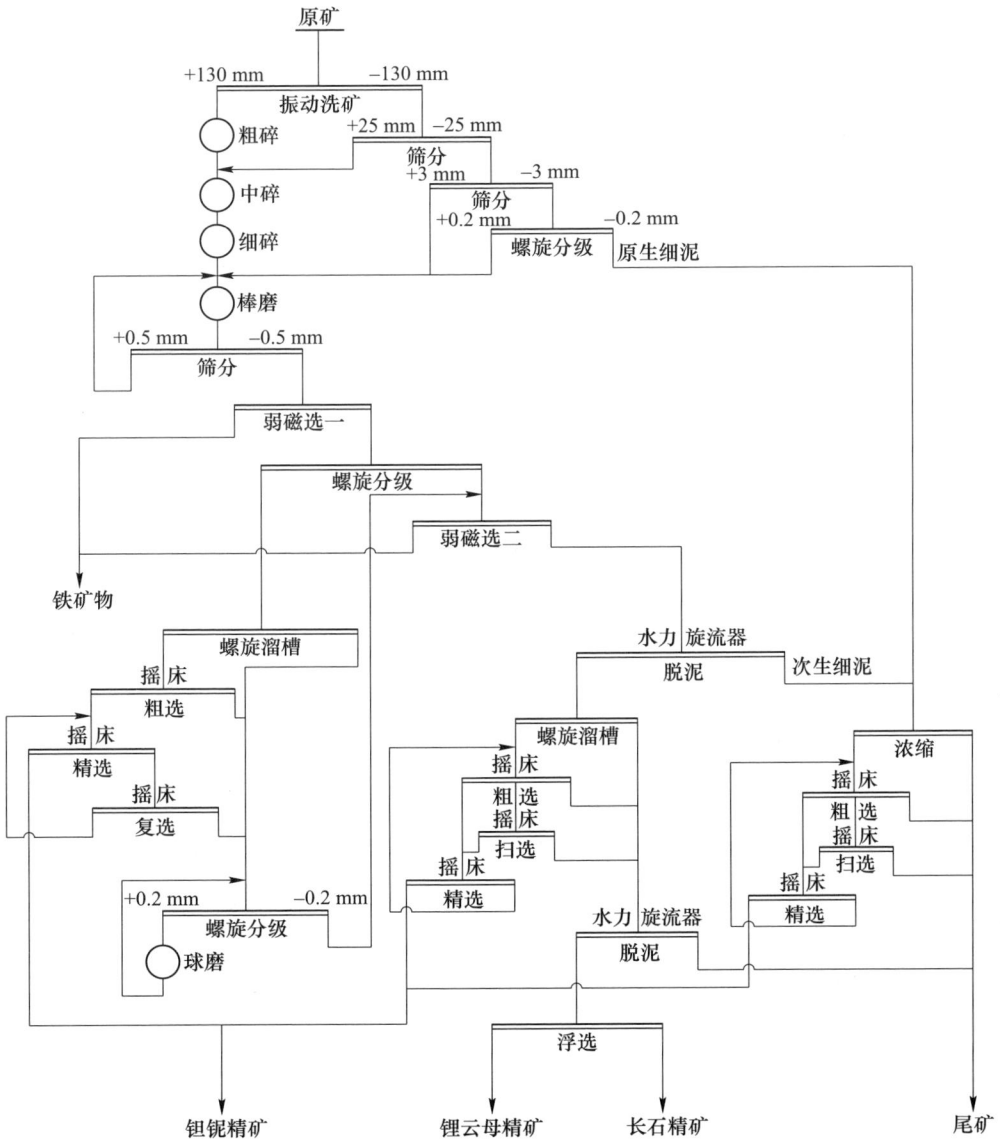

图 10-23　宜春钽铌矿选矿工艺流程

宜春钽铌矿选矿厂采用重选-磁选-浮选联合工艺流程，磁选分离铁矿物，重选回收钽铌矿物，浮选回收锂云母和长石矿物，最终可得到钽铌精矿、锂云母精矿、长石精矿和铁矿物。

选矿厂工艺描述：矿石经振动给矿筛洗机洗矿，筛上物料采用颚式破碎机粗碎、标准圆锥破碎机中碎、短头圆锥破碎机细碎，筛下物料经振动筛和螺旋分级机分级得到沉砂和原生细泥；螺旋分级机沉砂与细碎产品一起进入棒磨机棒磨，矿石单体解离后采用磁选机分离出铁矿物和铁屑，非磁性矿物分级后的沉砂先采用螺旋溜槽进行钽铌矿物预先富集，然后经摇床重选得到部分粗粒级钽铌精矿；摇床重选尾矿与螺旋溜槽尾矿合并进入球磨机再磨，再磨后产品与螺旋分级机溢流合并进行磁选和脱泥作业，沉砂采用螺旋溜槽预先富集和摇床重选的方法再得到部分钽铌精矿；脱泥产生的次生细泥与原生细泥合并浓缩，采用摇床重选的方法得到少部分细粒级钽铌精矿；钽铌尾矿经水力旋流器脱泥后浮选回收锂云母矿物，分别得到锂云母精矿和长石精矿。宜春钽铌矿可获得 $Ta_2O_5+Nb_2O_5$ 品位在 30%左右、回收率在 40%左右的钽铌精矿，Li_2O 品位在 2.0%左右、回收率在 60%左右的锂云母精矿，K_2O+Na_2O 含量在 9%左右、Al_2O_3 含量在 15%左右、Fe_2O_3 含量在 0.08%左右的长石精矿。

10.3.5.2　宜春地区锂云母矿石选矿生产实例

A　江西永兴特钢新能源科技有限公司

江西永兴特钢新能源科技有限公司其矿石含锂、铷、铯、钽、铌、锡等多种有价元素，锂是主要回收目的元素，目前矿石 Li_2O 品位为 0.4%~0.5%、Rb_2O 品位为 0.15%~0.2%、Cs_2O 品位为 0.04%。锂主要赋存在锂云母和铁锂云母矿物中，铷铯大部分赋存在锂云母矿物中，脉石矿物主要为长石和石英，此外还含有少量的方解石、磷灰石、磁铁矿、黄铁矿、赤铁矿、钽铌铁矿等。其选矿工艺流程如图 10-24 所示。

江西永兴特钢新能源科技有限公司采用重选-磁选-浮选联合工艺流程，磁选分离铁矿物，重选回收钽铌锡矿物，浮选回收锂云母矿物，最终可得到钽铌锡精矿、锂云母精矿、长石精矿和铁矿物。

选矿生产过程描述：原矿经粗中细碎三段一闭路流程破碎，细碎产品经筛选分级闭路，筛下产品再经检查筛分，检查筛分的筛上产品进入一段球磨，一段球磨排矿和检查筛分的筛下产品合并进入螺旋分级机，此螺旋分级机是预先分级和检查分级合一与二段球磨排矿构成闭路。螺旋分级机溢流经两段弱磁选排除铁矿物和铁屑，磁选尾矿用铺布溜槽粗选，铺布溜槽的粗精矿进入摇床精选和复选的重选主流程。铺布溜槽粗选的尾矿再经铺布溜槽一次扫选和摇床精选，此摇床精矿与重选主流程的摇床精矿合并成为钽铌锡精矿。重选尾矿经水力旋流器脱出锂云母矿泥，水力旋流器沉砂进入锂云母浮选作业，经一粗两精两扫选出锂云母精

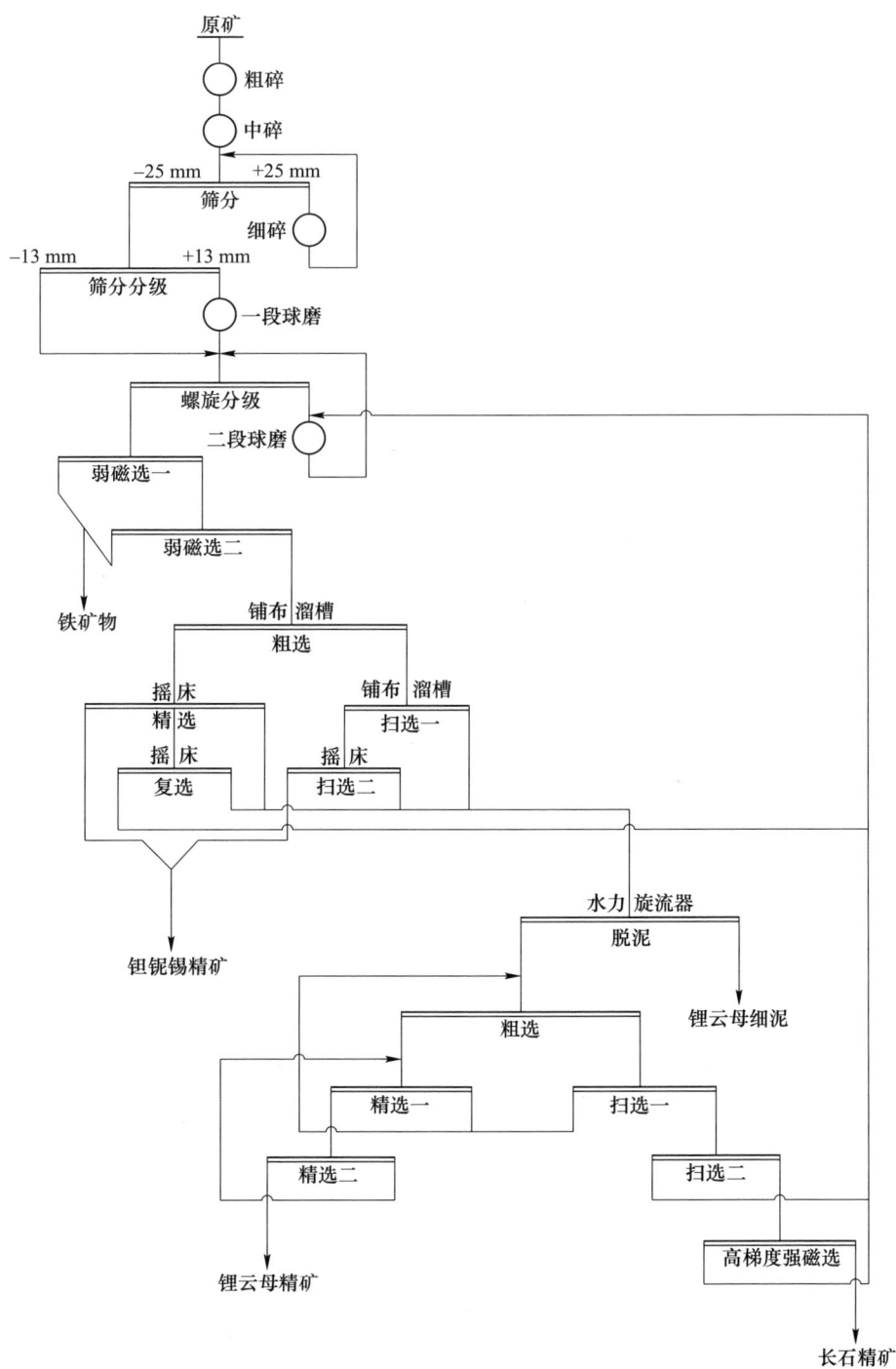

图 10-24 江西永兴特钢新能源科技有限公司选矿厂工艺流程

矿。浮选尾矿经高梯度强磁选除铁获得长石精矿。高梯度强磁性产品和重选复选摇床的重产品合并大闭路返至二段球磨给矿。江西永兴特钢新能源科技有限公司可获得 Li_2O 品位在 2.5% 左右、回收率在 80% 左右的锂云母精矿，$Ta_2O_5 + Nb_2O_5$ 品位在 5% 左右、SnO_2 品位在 40% 左右的钽铌锡精矿，$K_2O + Na_2O$ 含量大于 6%、Al_2O_3 含量大于 12.5%、Fe_2O_3 含量低于 0.1%、烧白度为 60% ~ 65% 的长石精矿。

B　奉新时代新能源资源有限公司

奉新时代新能源资源有限公司锂云母矿石含锂矿物为铁锂云母和富锂白云母（包括含锂白云母）；其他非金属矿物主要为石英，其次为钠长石、钾长石，含少量的高岭石、磷灰石、绿泥石，偶尔可见黄玉、斜长石、黄铁矿、绿柱石、方解石、萤石等。其矿物组成及相对含量如表 10-21 所示。

表 10-21　奉新时代新能源资源有限公司锂云母矿石矿物组成及相对含量

（%）

矿物名称	相对含量	矿物名称	相对含量
钠长石	35.42	黄铁矿	0.45
石英	31.73	萤石	0.14
富锂白云母①	14.45	黄玉	0.23
铁锂云母	2.33	绿柱石	0.15
钾长石	12.52	方解石	0.08
高岭石	0.63	斜长石	0.15
磷灰石	1.00	其他	0.26
绿泥石	0.46		

① 包括含锂白云母。

奉新时代新能源资源有限公司采用全浮选工艺回收锂云母，具体选矿工艺流程为：粗碎-半自磨-球磨，一段分级，一段脱泥，一粗两扫两精浮选获得锂云母精矿。其选矿厂（见图 10-25）规模为 10 万吨/天，在生产中应用了 320 m^3 浮选机，实现了低品位锂资源的规模化开发利用。

选矿厂生产指标：原矿品位为 0.36%、精矿品位为 1.71%、尾矿品位为 0.078%、浮选作业回收率为 81.40%、锂总回收率为 66.20%、脱泥锂回收率损失 18.69%，捕收剂单耗量为 434.66 g/t，碳酸钠单耗量为 375.69 g/t。

图 10-25   奉新时代新能源资源有限公司锂云母 10 万吨/天选矿厂

参 考 文 献

[1] 冶金工业部北京矿冶研究院. 新疆有色局第一矿务局第三号伟晶岩脉及手选绿柱石尾矿手选锂辉石尾矿稀有金属综合回收选矿工业试验报告 [R]. 北京：冶金工业部北京矿冶研究院，1965.

[2] 冶金工业部有色金属研究院. 新疆可可托海三号矿脉及锂铍手选尾矿中锂铍钽铌铋矿物综合回收选矿实验报告 [R]. 北京：冶金工业部有色金属研究院，1967.

[3] 新疆有色局设计研究所. 新疆可可托海三号脉锂辉石、绿柱石手选尾矿钽铌锂铍综合回收选矿工业试验报告 [R]. 乌鲁木齐：新疆有色局设计研究所，1967.

[4] 吕永信. 绿柱石及锂辉石碱法浮选问题——几个控制因素作用的探讨 [A]. 北京：北京矿冶研究院，1964.

[5] 吕永信，吴多才，杨敬熙. NaOH 处理对绿柱石及锂辉石的活化，新的碱法低温浮选流程及其工业实践 [A]. 北京：北京矿冶研究院，1964.

[6] 吕永信. 锂辉石-绿柱石浮选分离新方法——污染离子 Ca^{2+} 选择性解吸新方法 [J]. 矿产综合利用，1980 (1)：8-16.

[7] 李毓康. 含绿柱石、锂辉石矿石浮选分离工艺及"三碱"调整剂作用机理的研究 [J]. 国外金属矿选矿，1991 (Z1)：89-96.

[8] 吴多才. 几种油酸代用品对锂辉石浮选指标影响的研究 [J]. 有色金属（冶炼部分），1965 (2)：38-42.

[9] 周维志，胡桂珍，罗家珂. 绿柱石优先浮选及与锂辉石的分离 [C]. 北京：全国选矿讨论会，1964.

[10] 毛官欣，单乃宽，陆伯秋，等. 从混合精矿中分选绿柱石和锂辉石 [C]. 北京：全国选矿讨论会，1964.

[11] 罗家珂，周维志. 绿柱石浮选的几个问题 [C]. 北京：全国选矿讨论会，1964.

[12] 赵常利，陈连生，曾作福. 锂辉石浮选及工业实践 [C]. 北京：全国选矿讨论会，1964.

[13] 姚万里，张先华. 从绿柱石矿石中优先浮选石榴子石的探讨 [C]. 北京：全国选矿讨论会，1964.

[14] 张忠汉，李毓康，孙籍，等. 关于碳酸钠、氟化钠、硫化钠对 Ca^{2+}、Fe^{3+} 活化的绿柱石、锂辉石作用规律及作用机理的研究 [J]. 稀有金属，1983 (4)：4-11.

[15] 吕永信，幸伟中，李金荣. 概论锂辉石和绿柱石矿石浮选理论与实践 [J]. 有色金属（冶炼部分），1965 (6)：14-19，25.

[16] 爱格列斯. 硅酸盐和氧化物的浮选 [M]. 北京：中国工业出版社，1965.

[17] 孙传尧. 硅酸盐矿物浮选原理 [M]. 北京：科学出版社，2001.

[18] 孙传尧，印万忠. 关于硅酸盐矿物的可浮性与其晶体结构及表面特性关系的研究 [J]. 矿冶，1998，7 (3)：22-28，37.

[19] 张忠汉. 关于绿柱石锂辉石活化和抑制规律及其机理的研究 [D]. 北京：有色金属研究总院，1982.

[20] 印万忠. 硅酸盐矿物晶体化学特征与表面特性及可浮性关系的研究 [D]. 沈阳：东北大学，1999.

[21] 孙传尧, 杨锡惠. 矿物表面微量元素对浮游性的影响 [J]. 矿山地质, 1987 (4): 45-54.

[22] 孙传尧, 印万忠. 不同颜色锂辉石浮游性的差异及晶体化学分析 [J]. 有色金属, 2000 (4): 107-110, 103.

[23] 孙传尧, 印万忠. 同一矿体中锂辉石、霓石的浮游性差异分析 [J]. 中国矿业大学学报, 2001, 30 (6): 531-536.

[24] 印万忠, 孙传尧. 硅酸盐矿物表面特性的 X 射线光电子能谱分析 [J]. 东北大学学报 (自然科学版), 2002, 23 (2): 4.

[25] 贾木欣, 孙传尧. 几种硅酸盐矿物对金属离子吸附特性的研究 [J]. 矿冶, 2001, 10 (3): 6.

[26] 廖梅. 绿柱石的浮选机理 [J]. 国外金属矿选矿, 1992, 29 (10): 13-15.

[27] 刘仁辅. 锂辉石、绿柱石浮选分离若干问题的探讨 [J]. 新疆矿冶, 1981 (2): 19-26.

[28] 何建璋. 新型捕收剂在锂铍浮选中的应用 [J]. 新疆有色金属, 2009 (2): 2.

[29] 任文斌. 锂辉石尾砂的可回收再利用 [J]. 新疆有色金属, 2007, 30 (3): 2.

[30] 王毓华, 于福顺. 新型捕收剂浮选锂辉石和绿柱石 [J]. 中南大学学报 (自然科学版), 2005, 36 (5): 5.

[31] 贾木欣. 硅酸盐矿物表面特性的结构分析及对金属离子的吸附特性 [D]. 沈阳: 东北大学, 2001.

[32] 呼振峰. 磨矿因素对典型硅酸盐矿物浮选的影响 [D]. 北京: 北京科技大学, 2017.

[33] 吴庆胜. 锂辉石、绿柱石碱法不脱泥分离工艺流程及其特点的探讨 [J]. 稀有金属, 1980 (1): 42-46.

[34] 何炳奎. 低品位锂辉石矿石的选别及生产实践 [J]. 稀有金属, 1985 (4): 36-42.

[35] 周维志. 锂辉石的浮选及铍锂分离 [J]. 矿产综合利用, 1981 (Z1): 69-77.

[36] 贾木欣, 孙传尧. 几种硅酸盐矿物晶体化学与浮选表面特性研究 [J]. 矿产保护与利用, 2001 (5): 25-29.

[37] 张超达. 四川甲基卡稀有金属矿锂铍浮选研究 [J]. 四川有色金属, 1994 (1): 22-26.

[38] 于福顺, 王毓华. 锂辉石浮选理论及实践 [M]. 长沙: 中南大学出版社, 2015.

[39] 孙传尧. 分离钠铁硅酸盐霓石和铁矿物的新方法——络合浸蚀浮选法 (锂辉石的俄歇电子能谱) [D]. 北京: 冶金工业部矿冶研究总院, 1981.

[40] 邹天人, 李庆昌. 中国新疆稀有及稀土金属矿床 [M]. 北京: 地质出版社, 2006.

[41] ПОЛЬКИН С И. Обогащение руд и россыпей редких и благородных ме-таллов [M]. Москва: Недра, 1987.

[42] БОГДАНОВА О С. Теория и технология флотации руд [M]. Москва: Недра, 1990.

[43] Справочник по обогащение руд Основные працессы [Z]. Москва: Недра.

[44] АКАДЕМНЯ НАУКА С С С Р. Обогащение комплексных руд [M]. Москва-Ленинград: Издательство наука, 1964.

[45] ЧАНТУРНЯ В А, ШАФЕЕВ Р Ш. Химия поверхностные явленый при флотации [M]. Москва: Недра, 1977.

[46] ПОЛЬКИН С И. Флотация руд редких металлов и олово [M]. Москва: Государственное

научно-техническое издательство литературы по горному делу, 1960.

[47] ЭЙГЕЛЕС М А. Реагенты – регуляторы во флотационном процессе [M]. Москва: Недра, 1977.

[48] АБРАМОВ А А. Переработка, обогащение и комплексное использование твёрдыхполезных искапаемых ТОМ 2 [M].Москва: Издательство Московского государственого горного университета, 2004.

[49] TADESSE B, MAKUEI F, ALBIJANIC B, et al. The beneficiation of lithium minerals from hard rock ores: A review [J]. Minerals Engineering, 2019, 131: 170-184.

[50] WENGER M, ARMBRUSTER T, GEIGER C A, et al. Cation distribution in partially ordered columbite from the Kings Mountain Pegmatite, North Carolina [J]. American Mineralogist, 1991, 76 (11): 1897-1904.

[51] ZHU G L, WANG Y H, LIU X W, et al. The cleavage and surface properties of wet and dry ground spodumene and their flotation behavior [J]. Applied Surface Science, 2015, 357: 333-339.

[52] SOUSA A B, AMARANTE M M, LEITE M M. Beneficiation studies on a spodumene ore from Portugal [J]. Developments in Mineral Processing, 2000, 13: 40-46.

[53] MENÉNDEZ M, VIDAL A, TORANO J, et al. Optimisation of spodumene flotation [J]. The European Journal of Mineral Processing and Environmental Protection, 2004, 4 (2): 130 -135.

[54] AMARANTE M M, SOUSA A B D, LEITE M M. Processing a spodumene ore to obtain lithium concentrates for addition to glass and ceramic bodies [J].Minerals Engineering, 1999, 12 (4): 433-436.

[55] KWANG S M, DOUGLAS W F. Surface crystal chemistry in selective flotation of spodumene (LiAl[SiO$_3$]$_2$) from other aluminosilicates [J]. International Journal of Mineral Processing, 2003, 72 (1/2/3/4): 11-24.

[56] FELIX B, REINER H. New concepts for lithium minerals processing [J]. Minerals Engineering, 2010, 23 (8): 659-661.

[57] TONMOY K, SWAGAT S R, SURYA K D. Recovery of lithium from spodumene – bearing pegmatites: A comprehensive review on geological reserves, beneficiation, and extraction [J]. Powder Technology: An International Journal on the Science and Technology of Wet and Dry Particulate Systems, 2023, 415: 118142.

[58] KARRECH A, AZADI M R, ELCHALAKANI M, et al. A review on methods for liberating lithium from pegmatities [J]. Minerals Engineering, 2020, 145: 106085.

[59] BALE M D, MAY A V. Processing of ores to produce tantalum and lithium [J]. Minerals Enginneering, 1989, 2 (3): 299-320.

[60] YELATONTSEV D, MUKHACHEV A. Processing of lithium ores: Industrial technologies and case studies—A review [J]. Hydrometallurgy, 2021, 201: 105578.

[61] TIPPIN R B, BROWNING J S, LLEWELLYN T O. Continuous heavy liquid concentration of spodumene [Z]. Washington D. C. : US Department of the Interior, Bureau of Mines, 1970.

[62] REDEKER I H. Concentration of spodumene from North Carolina pegmatite ores [Z]. 1979.

［63］AGHAMIRIAN M, MOHNS C, GRAMMATIKOPOULOS T. An overview of spodumene beneficiation ［C］. Montreal：Canadian Institute of Mining, Metallurgy and Petroleum, 2012.

［64］MCVAY T L, BROWNING J S. Flotation of spodumene from pegmatites of Cleveland county, NC ［Z］. Washington D. C.：US Department of the Interior, Bureau of Mines, 1962.

［65］BROWNING J S, MCVAY T L. Beneficiating spodumene from pegmatites of Gaston county, NC ［Z］. Washington D. C.：US Department of the Interior, Bureau of Mines, 1961.

［66］TOREM M L, PERES A E, ADAMIAN R. On the mechanisms of beryl flotation in the presence of some metallic cations ［J］. Minerals Engineering, 1992, 5 （10/11/12）：1295-1304.

［67］BULATOVIC S M. Handbook of flotation reagents：Chemistry, theory and practice：Volume 1：Flotation of sulfide ores ［M］. Amsterdam：Elsevier, 2007.

［68］CHOUBEY P K, KIM M, SRIVASTAVA R R, et al. Advance review on the exploitation of the prominent energy-storage element：Lithium. Part Ⅰ：From mineral and brine resources ［J］. Minerals Engineering, 2016, 89：119-137.

［69］SRDJAN M. Handbook of flotation reagents：Chemistry, theory and practice：Volume 3：Flotation of industrial minerals ‖ Beneficiation of beryllium containing ores ［M］. Amsterdam：Elsevier, 2015.

［70］谢添, 杨思琦, 杨志兆, 等. 江西宜丰圳口里低品位锂瓷石矿选矿试验研究 ［J］. 有色金属科学与工程, 2022, 13 （6）：113-118.

［71］谢帆欣, 张博远, 杨思琦, 等. 江西宜春花岗伟晶岩型锂辉石矿中锂、钽和长石的综合回收 ［J］. 矿产保护与利用, 2022, 42 （3）：30-37.

［72］楼法生, 徐喆, 黄贺, 等. 江西低品位超大型花岗岩云母型锂矿地质特征及找矿意义 ［J］. 东华理工大学学报 （自然科学版）, 2023, 46 （5）：425-436.

［73］万泰安. 江西宜春 414 矿床钽铌富集机理 ［D］. 南昌：东华理工大学, 2022.

［74］肖志. 宜春钽铌尾矿中钽铌回收工艺研究 ［D］. 赣州：江西理工大学, 2023.

［75］李美荣, 孟庆波, 梁冬云, 等. 江西某钽铌矿矿物学特性及钽铌赋存状态研究 ［J］. 有色金属 （选矿部分）, 2021 （6）：17-26.

［76］刘洋, 王强强. 宜春钽铌矿细粒级低品位钽铌选矿工艺试验 ［J］. 现代矿业, 2023, 39 （7）：139-141, 145.

［77］杨志兆, 杨思琦, 谢帆欣, 等. 江西宜丰低品位锂云母矿中锂云母和长石的综合回收研究 ［J］. 矿产保护与利用, 2022, 42 （3）：24-29, 5.

［78］周贺鹏, 耿亮, 郭亮, 等. 江西宜春低品位锂云母矿综合回收工艺研究 ［J］. 非金属矿, 2020, 43 （4）：59-61, 98.

［79］罗仙平, 杨志兆, 张永兵, 等. 宜春锂云母矿矿物学特征与选矿原则工艺的确定 ［J］. 稀有金属, 2023, 47 （10）：1398-1411.

［80］徐龙华, 胡岳华, 董发勤, 等. 伟晶岩型铝硅酸盐矿物晶体各向异性及其浮选应用 ［M］. 北京：冶金工业出版社, 2017.

［81］程奇, 陈伟, 刘广义. 锂云母浮选捕收剂和抑制剂研究进展 ［J］. 矿产保护与利用, 2023, 43 （2）：11-19.

［82］李少平, 张俊敏, 迪里努尔·阿不都卡得, 等. 锂云母浮选捕收剂研究现状及展望 ［J］. 矿产保护与利用, 2020, 40 （6）：77-82.

［83］杨思琦．锂云母与石英浮选分离过程分子动力学模拟研究［D］．赣州：江西理工大学，2023．

［84］周贺鹏，张永兵，耿亮，等．调浆搅拌时间对含泥锂辉石浮选过程的影响［J］．稀有金属，2021，45（6）：702-710．

后　　记

从本书的前言和正文中已得知，中国锂铍钽铌选矿综合回收技术从新疆可可托海 8859 选矿厂工艺流程的研究和工业实践起步，到 8766 选矿厂工艺流程的确定、工程设计、建筑安装到投产运营至今已过去 60 多年。在过去的 60 多年间，北京矿冶研究院、有色金属研究院、新疆冶金研究所、广州有色金属研究院、北京有色冶金设计院和可可托海矿务局的选矿工作者完成了大量的研究工作，取得了多项科研成果，奠定了选矿厂建设的基础。北京有色冶金设计院完成了两座选矿厂的设计，新疆有色金属工业管理局建筑安装工程公司完成了建筑安装工作。冶金工业部做出了正确的决策，新疆有色金属公司及可可托海矿务局展示了良好的决策力和执行力。这段辉煌的历史是上述领导机关和企事业单位共同书写完成的，并且这些成就都是在极困难的条件下取得的。

作为技术开发源和辐射源，新疆可可托海锂铍钽铌选矿技术研究和工程实践的成功，引领了中国锂铍钽铌选矿技术的发展。但是，对可可托海半个多世纪中国最重要的选矿技术创新和工业生产史却没有详细的资料记载，这在新疆有色及稀有金属选矿史乃至中国锂铍钽铌稀有金属选矿史上是件非常遗憾的事。

孙传尧、周宝光与肖柏阳三人都曾在 8859 选矿厂和 8766 选矿厂工作过，他们既是技术骨干，也曾经是选矿厂的领导，是工程技术人员乃至工人的代表。作为一种责任和义务，三位作者力图尽可能真实地还原和抢救这段技术发展史，留下史料，也为当今和以后从事锂铍钽铌选矿技术研究、选矿厂设计和生产的同行提供借鉴与参考。

除此之外，2023 年，孙传尧作为项目负责人承担了中国工程院的战略咨询项目"当代锂铍钽铌战略性矿产资源选冶加工及综合利用战略研究"，在该项目执行过程中，主要承担单位矿冶科技集团有限公司的孙传尧、周秀英、朱阳戈、宋振国、孙志健、何文洁，以及新疆有色金属工业（集团）有限责任公司肖柏阳、何建璋，东北大学韩跃新、朱一民，中南大学王毓华等进行了相关企业调研并收集了最新的资料，增补和充实了部分章节，大大提升了本书在领域内的技术价值和工程实践价值。

本书以可可托海花岗伟晶岩的锂铍钽铌选矿技术研究开发和工程转化为主线，扩展到江西宜春地区含锂云母和钽铌矿物的花岗岩型矿石的选矿、川西伟晶岩锂铍钽铌选矿技术和工业实践的发展历程；此外还涉及目前新疆南疆大红柳滩等地伟晶岩型锂铍钽铌选矿综合回收的部分生产和在研项目，力图忠实地反映中国锂铍钽铌选矿技术研究和工程转化的历程。

编写本书的困难在于当年从事工艺技术研究的北京矿冶研究院、有色金属研究院、新疆冶金研究所、广州有色金属研究院的科研骨干，北京有色冶金设计院的设计骨干，参与选矿厂建设和施工安装的新疆有色金属工业管理局建筑安装工程公司的领导和技术骨干，也包括可可托海选矿专业的科研和生产技术骨干，有不少人已离世，健在的也大都是八九十岁的老人，很多事件已记不清、说不清了。但是，办法总比困难多。

2023 年 2 月中旬，孙传尧与北京有色冶金设计院原副院长陈楚才先生通电话说明写书的意图。1977 年 8766 选矿厂投产后，陈先生时任北京有色冶金设计院设计室的领导到可可托海现场回访调研过，时任副厂长的孙传尧在 8766 选矿厂接待过他。没想到这位 90 岁高龄的老领导、选矿老专家思路仍十分敏捷、记忆力和语言表达能力也很好。陈院长很兴奋地说："咱俩想到一起了！几年前听到一首歌《可可托海的牧羊人》使不少人知道可可托海了。可是我们北京有色冶金设计院为可可托海设计了两座稀有金属选矿厂，为国家做出了重要贡献却无人知道，我们自己也没有留下总结资料，应当把这段历史写出来公布于世。"

肖柏阳从 1968 年进疆至今仍然工作和生活在新疆。他在生产第一线从事过技术工作，担任过 8766 选矿厂、可可托海矿务局乃至新疆有色金属公司的领导，对相关历史情况很熟悉并在乌鲁木齐能查阅一些新疆有色金属工业（集团）有限责任公司的档案资料。他尽可能地访问还健在的当年领导和参与建设 8766 选矿厂基建和设备安装的老人。很遗憾，对当时场景能回忆起来、能说得清楚的老人很难找到。他费尽周折还是收集了一些珍贵的资料。

周宝光是可可托海选矿的元老，也是 8859 和 8766 两座选矿厂的主要领导，作为技术人员和选矿厂的领导，他与多家研究和设计院所都合作过。如今他虽年过 90 但仍思路清楚，特别讲述了二十世纪五六十年代可可托海选矿的情况，这恰恰是孙传尧、肖柏阳没有亲身经历过的史实，非常宝贵。

孙传尧长期工作在科研生产第一线。对可可托海这段亲身经历的历史记忆深刻，特别是亲身参与了几大研究院、设计院的工作，又对四矿选矿厂、8859 选矿厂和 8766 选矿厂的工艺流程、装备和生产运营情况熟悉。他又利用在矿冶科技集团有限公司（原北京矿冶研究院）工作的闲暇，详细查阅了 20 世纪 60 年代该院吕永信先生领军的代号为 320 保密项目的全部技术档案资料，这部分技术档案保存得相当好，为本书的编写提供了十分完整和准确的原始资料。

孙传尧还试图查阅有色金属研究院 20 世纪 60 年代关于可可托海锂铍钽铌选矿研究的主要研究报告和部分技术资料。但十分遗憾，20 世纪 70 年代初，该院包括选矿室在内的部分专业人员成建制地搬迁到广州，新建广州有色金属研究院。前几年，广州有色金属研究院又被广东省撤销，下属的研究所归属广东省科学院。这部分技术档案连同广州有色金属研究院的技术档案已经流失，找不到了。幸好孙传尧在可可托海工作期间留下了几本完整的工作笔记，在笔记中记载着各院所的研究工作，其中包括有色金属研究院的小型试验和工业试验的资料，用于本书编写。

对于新疆冶金研究所的工作，孙传尧在可可托海的工作笔记中同样有记载，也用于本书的编写。应当说，关于可可托海锂铍钽铌科研和生产方面的史料是基本齐全的、准确的。

本书编写过程中得到以下专家的大力支持并提供了较详细的资料：

中国恩菲工程技术有限公司副总工程师邓朝安先生查阅了原北京有色冶金设计院关于可可托海 8859 选矿厂和 8766 选矿厂的相关设计资料。邓朝安先生访问了几位当年参与设计的老专家，花费很大精力梳理了部分设计文档，写出了 8859 和 8766 两座选矿厂设计的文稿。

可可托海矿务局原副总工程师、地质专家贾富义先生对可可托海稀有金属矿床和 3 号伟晶岩脉十分熟悉，他本人就做了很多地质工作，为本书提供了丰富的地质资料。

可可托海 3 号脉的采矿与 8766 选矿厂的选矿工艺密切相关，新疆有色金属公司的采矿专家郑云曾任可可托海一矿（3 号脉）的矿长，郑云结合本人的工作并参考相关文献提供了 3 号脉采矿的资料。

武汉理工大学朱瀛波教授，作为当年 8766 选矿厂安全防尘技术负责人，真实且细致地写出了相关的章节。

江西理工大学罗仙平教授领导的团队，在江西宜春地区完成了多项科研工作，对该地区锂云母和钽铌资源及选矿技术很熟悉，罗仙平和杨志兆两位教授撰写了宜春地区锂云母和钽铌资源以及选矿技术的文稿。

中南大学孙伟教授领导的团队对川西地区花岗伟晶岩的选矿技术做了很多研究工作，提供了川西地区伟晶岩锂铍钽铌的资源和选矿技术的文稿。金诚信矿业管理股份有限公司白志强高级工程师提供了部分川西伟晶岩选矿厂设计资料。

张迎棋、石美佳提供了新疆大红柳滩选矿技术在研的情况。

参与本书编写工作的主要人员还有矿冶科技集团有限公司朱阳戈、宋振国博士。他们帮助撰写了有关章节，并参与文献资料的收集、部分技术资料扫描、重要复杂图表的绘制、内容编排和书稿审校等多项工作。此外，矿冶科技集团有限公司肖仪武、孙志健、刘方、刘书杰、王臻等人也为本书的撰写提供了资料。

中国地质科学院王登红研究员提供了国内外锂铍钽铌资源的相关资料。

为本书编写提供帮助的还有北京矿冶研究总院原科研处处长罗家珂（原有色金属研究院可可托海选矿项目的负责人之一），中南大学王毓华教授，新疆冶金研究所高级工程师朱军，原可可托海 8859 选矿厂、中心实验室科研人员后北京矿冶研究总院教授级高级工程师周秀英，中国有色矿业集团有限公司高级工程师孙希文，新疆有色金属工业集团稀有金属有限责任公司任文斌等。

中国锂铍钽铌选矿技术从 20 世纪 60 年代到 21 世纪初，已经完成了系统研究和工程转化。但是，在较长的一个时期，因中国锂辉石和绿柱石的生产企业很少，无论国家项目还是企业委托项目基本上没有，关于锂铍钽铌选矿科研与设计中断了很长一段时间。

进入 21 世纪以来，由于国家航空、航天、国防军工以及新能源产业的快速发展，对战略性稀有金属锂铍钽铌的需求剧增。中国新一代选矿工作者在锂铍钽铌选矿理论、工艺技术、装备、选矿药剂等领域不断取得新的进展。例如矿冶科技集团有限公司（原北京矿冶研究院）的研究和设计人员在吕永信等前辈奠定的良好基础上，完成了几十项锂铍钽铌选矿研究与设计项目，在国内外部分企业实现工业应用。中南大学、江西理工大学、广州有色金属研究院、新疆有色金属研究所、中国恩菲工程技术有限公司等研究设计机构也取得了突出的创新成果。这些新的业绩为当今以及今后中国锂铍钽铌选矿技术的进步和工程转化提供了新的支撑，并在国际上产生了较大影响。

本书涉及的试验研究、技术创新和工业实践，主要集中在 20 世纪 60—80 年代几大研究院、设计院和可可托海现场的工程技术人员所完成的原创性的工作，对此本书已作了较详细的介绍。此外，对当今其他地区的部分技术研究和生产实践也作了必要的阐述。为了使读者和同行能更多地了解锂铍钽铌选矿技术的发展，作者查阅了一些国内外的文献，并选择了一些列出。其中关于锂辉石选矿的文献略多，但十分遗憾，关于花岗伟晶岩锂辉石与绿柱石浮选分离并综合回收钽铌矿物的文献却极少见到，而这一领域的技术问题和工业实践恰恰是最难、最复杂的。文献表明，在这一领域中国学者的研究工作较多，也很深入，有理由认为始终居国际领先水平。

感谢中国工程院将中国锂铍钽铌选冶技术及发展战略列入咨询项目。

感谢冶金工业出版社对本书出版的大力支持。

作者对本书的编写和出版过程所有提供帮助的人一并表示诚挚的谢意。

作者怀着十分崇敬的心情，对参与中国锂铍钽铌选矿科研、设计、建筑安装和生产运营的诸多专家、学者、领导、工程技术人员和工人师傅们深表敬意和感谢，对已离世的长者表示深切的缅怀。这本书是专业同行们共同完成的，中国半个多世纪的选矿技术创新史、创业史、奋斗史连同诸位同行的高尚品格已载入史册，共和国不会忘记！

2024 年 8 月